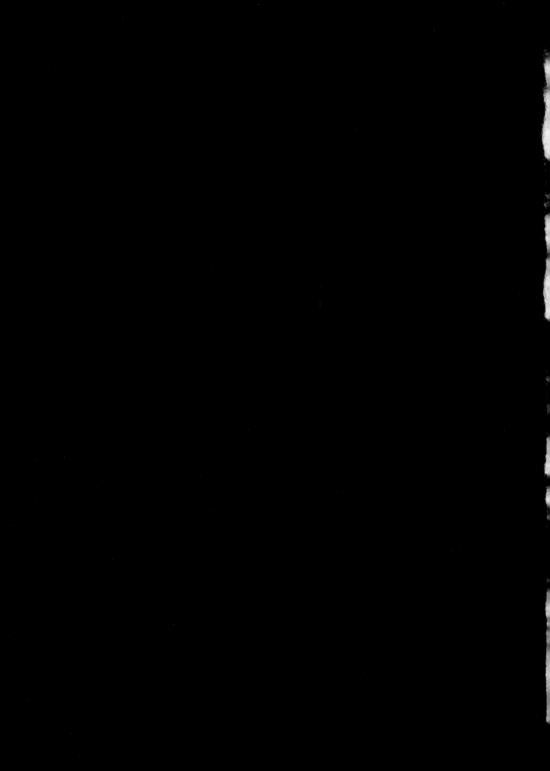

ワインスケープ
味覚を超える価値の創造
WINESCAPE

文化とまちづくり叢書

鳥海基樹 著

本書に登場する銘醸地や名所とフランスの主要都市

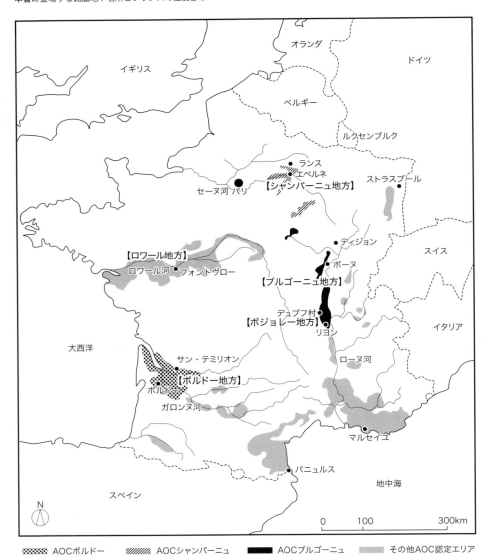

目 次

序　マンガストロノミー、喉が鳴る景観、ワインスケープ -------- 13

1．マンガストロノミーの国 ------------------------- 14
2．喉が鳴る景観 ------------------------------- 14
3．喉が鳴る景観から実益上の課題へ ----------------- 15
4．風土が産み出すもの -------------------------- 16

5．ワインスケープの発明小史 ----------------------- 18
　5-1　文化遺産としての認知 ----------------------- 19
　5-2　ワインスケープとワインの質の関係 ------------- 20
　5-3　保全手法の制度設計に向けて ----------------- 22

6．本書の構成 ------------------------------- 25
　6-1　フランスの、そして世界のワインスケープで今、何が起きているのか -- 25
　6-2　フランスに於ける銘醸地世界遺産の論理、展開、そして脱線 -------- 27
　6-3　フランスに於けるワインスケープの向かう先 ----------------- 27

第1編　フランスの、そして世界のワインスケープで今、何が起きているのか

第1章　フランス、そして世界のワインスケープの現在
——理想、ジレンマ、進歩的伝統主義 ------------------------- 33

1．理想のワインスケープと挽回景観 ----------------- 34
　1-1　ワインスケープの実益 ----------------------- 34
　1-2　理想のワインスケープ ----------------------- 35
　1-3　安定と刻苦の鏡像としてのブドウ畑 ------------- 35
　1-4　挽回景観による食の安心感の醸成 -------------- 36
　1-5　耕作放棄地の再生と克己の文化財 -------------- 38

2．バニュルスに見るワインスケープの理想と現実 --------- 39
　2-1　景観のオート・クチュール ------------------- 39
　2-2　「雄鶏の足」と戦後の変化 ------------------- 40
　2-3　近代化のジレンマ ------------------------- 41
　2-4　有形遺産から無形遺産へ ------------------- 41
　2-5　保全措置と土木教育 ----------------------- 42

3．ブドウ畑の景観問題 -------------------------- 43
　3-1　ボルドーの戦後 -------------------------- 43

3-2 拡張と放棄の同時進行 ------------------------ 44
　　　3-3 矛盾の背景 ---------------------------------- 45
　　　3-4 拡張のジレンマ ------------------------------ 46
　　　3-5 農地改変の不可逆性 -------------------------- 47
　　　3-6 非合理化という合理 -------------------------- 48

　　4．理想と現実の狭間で ------------------------------ 49
　　　4-1 伝統的材料か工業製品か ---------------------- 49
　　　4-2 減反政策と耕作放棄 -------------------------- 50
　　　4-3 地方分権が惹起する都市スプロール ------------ 51
　　　4-4 2000年代に顕在化した景観問題 ---------------- 52
　　　4-5 温暖化対策と景観破壊 ------------------------ 53
　　　4-6 進歩的伝統主義への試行 ---------------------- 54

第2章　ワインスケープの保全と刷新のための制度
　　──優品保護、醜景発生防止、特例認容 ------------------------------- 59

　　1．制度設計の基本理念と構造 ------------------------ 60
　　　1-1 前衛性の不可欠性 ---------------------------- 60
　　　1-2 地方自治体の階層構造 ------------------------ 61
　　　1-3 地方集権システム ---------------------------- 61

2．優品の保護 -- 63
　2-1 文化財保護制度 ---------------------------------- 63
　2-2 原産地統制呼称（AOC）制度 ---------------------- 68
　2-3 地方圏自然公園（PNR）制度 ---------------------- 69
　2-4 優良農地保護制度群 ------------------------------ 70
　2-5 優秀事例顕彰・認定制度 -------------------------- 71

　　　3．醜景発生の抑止 ------------------------------ 72
　　　3-1 都市計画の効用と問題点 ---------------------- 72
　　　3-2 国が所管する都市計画 ------------------------ 73
　　　3-3 広域共同体と基礎自治体が関与する都市計画 -------- 74

　　4．特例の認容と助言 ------------------------------ 79
　　　4-1 歴史的環境監視建築家（ABF）と賢人会議 ---------- 79
　　　4-2 建築・都市計画・環境助言機構（CAUE）------------ 80

第3章　飲食と銘醸地の世界遺産
　　──美食の危機、新たな保存論理、ネットワークの構築 ------------------ 85

　　1．飲食関連遺産の有形性と無形性 -------------------- 86
　　　1-1 美食をテーマとしたユネスコ世界遺産システムの併用 --- 86
　　　1-2 飲食に関わる無形遺産 ------------------------ 86

1-3 フランスの美食の国内事情と対外事情 ------------- 88

2．文化的景観としてのワインスケープ ----------------- 89
　2-1 文化的景観の語源論 ------------------------ 89
　2-2 東欧ビロード革命と文化的景観 -------------- 90
　2-3 ワインの銘醸地と世界遺産 ----------------- 91
　2-4 ワインスケープの世界遺産 ----------------- 93

3．ワインスケープに関わる保存論理の展開 -------------- 94
　3-1 奇景・刻苦・美観という論理 ------------------- 94
　3-2 ワイン関連遺産の保存概念とその拡張 ------------ 95
　3-3 銘醸地世界遺産の保全のための工夫 ------------ 97
　3-4 銘醸地の横断的比較とネットワーク化 ------------ 98
　3-5 ワイン観光推進のための国際プラットフォーム ------- 99

第2編
銘醸地世界遺産の論理、展開、少しばかりの脱線

第4章　サン・テミリオン自治区
── 原産地統制呼称（AOC）制度、拡張、博物館都市 ------------------ 105

序．銘醸地遺産か中世城郭都市遺産か ------------------ 106

1．副次的登録目的と景観の構造 ----------------------- 107
　1-1 スプロール防止策としての世界遺産 ------------- 107
　1-2 登録基準とイコモスの判断 ------------------ 108
　1-3 景観の構造 -------------------------- 109
　1-4 きめ細やかな農耕景観 --------------------- 111

2．高収益性が惹起する景観問題 --------------------- 112
　2-1 景観問題とその落とし所 ------------------- 112
　2-2 農地の拡張の問題 ----------------------- 112
　2-3 拡張と機械化の景観への影響 --------------- 113

3．社会の変容とスマート・スプロールの合理性 ----------- 114
　3-1 人口減少とサン・テミリオン特有の原因 ----------- 114
　3-2 高収入世帯の増加 -------------------------- 115
　3-3 スマート・スプロールの合理性 ---------------- 116

4．原産地統制呼称（AOC）制度が保証した世界遺産申請時の保全措置 ------- 117
　4-1 ワインスケープを守っていない保護制度 ---------- 117
　4-2 空洞の上に建設された都市 ------------------ 118

4-3 保全地区とハザード・マップ ------------------------ 119
4-4 原産地統制呼称（AOC）制度が保証した景観保全 ----- 120

5．後手後手の保全措置 --------------------------------- 122
5-1 文化財憲章 -- 122
5-2 外発的圧力と地域プロジェクト -------------------- 124
5-3 優品保護の強化に向けて ------------------------- 125

6．文化財保護と研究の進展 --------------------------- 125
6-1 建築的・都市的・景観的文化財保護区域（ZPPAUP）---- 125
6-2 建築・文化財活用区域（AVAP）への移行 ----------- 126
6-3 研究の事後的進展 -------------------------------- 128
6-4 シャトーの歴史的モニュメント化と修復の推進 ------- 129

7．都市計画とガヴァナンス ------------------------- 129
7-1 地方集権と個別的都市計画制度 ------------------- 129
7-2 広域で私人を拘束する都市計画へ ---------------- 130
7-3 緩衝地帯管理制度策定の遅れ -------------------- 131
7-4 別法による広域都市計画設定の圧力 ------------- 132

8．景観保護と賢人会議 ----------------------------- 133
8-1 フランス最古の名士団と組合 -------------------- 133
8-2 現代建築のワイナリーの出現 -------------------- 133
8-3 例外的許可と失敗 -------------------------------- 135
8-4 賢人会議 --- 135

9．ワイン観光ともうひとつのサン・テミリオン ----------- 137
9-1 世界遺産登録とワイン観光 --------------------- 137
9-2 もうひとつのサン・テミリオン -------------------- 137
9-3 ジャック・シラクと修復論 ----------------------- 138

10．結論 -- 139

第5章　シャンパーニュの丘陵・メゾン・酒蔵
——呼称保護、現代のストーリー、産業遺産 --------------------- 143

序．世界遺産の岐路としてのシャンパーニュ ------------- 144

1．地域用語の定義と申請の経緯 --------------------- 144
1-1 丘陵・メゾン・酒蔵 ------------------------------ 144
1-2 申請から登録までの経緯 ------------------------ 146
1-3 世界遺産登録申請の背景 ------------------------ 147
1-4 世界遺産登録とシャンパンの将来像 ------------- 148

2．現代から過去を照射するストーリー ------------- 149
2-1 論理の変容 ------------------------------------- 149

2-2 国際協調・女性の社会進出・企業メセナ ----------- 149
2-3 女性の社会進出と都市開発 ----------------- 150

3．遺産の概要と景観の構造 ------------------------ 151
3-1 遺産の概要 ----------------------------- 151
3-2 自然景観の構造 ------------------------- 152
3-3 都市景観の構造 ------------------------- 156
3-4 現代建築の覚醒 ------------------------- 159

4．地底の世界遺産 -------------------------------- 160
4-1 洞窟探検と利き酒 ----------------------- 160
4-2 適業適所の都市開発 --------------------- 160
4-3 サッカー場280面の地下空間 ------------- 161
4-4 戦争遺産としてのクレイエール ----------- 162

5．シャンパン産業遺産 --------------------- 163
5-1 工場の煙とシャンパン ------------------- 163
5-2 イギリスの醸造テクニックとガラス技術 ------------- 163
5-3 カタロニアのコルク技術と軽快な抜栓音 ------------- 164
5-4 イタリア起源のグラスとその美術工芸品への昇華 -------- 165

6．メセナ遺産と流通基盤遺産 ------------------------ 166
6-1 労働環境への着目 ----------------------- 166
6-2 舟運から鉄道へ ------------------------- 166
6-3 ブドウ畑の景観の発明 ------------------- 168
6-4 労働者とオリンピック ------------------- 168
6-5 工業化に対する反省的メセナ ------------- 170

7．景観問題 -------------------------------------- 171
7-1 自然景観 ------------------------------- 171
7-2 都市景観 ------------------------------- 172
7-3 スマート・スプロール思考の先駆者 ------------- 173

8．構成資産の管理 ------------------------- 174
8-1 優品保護の現状と構想 ------------------- 174
8-2 自然景観の保護 ------------------------- 175
8-3 都市の美観の保護 ----------------------- 179

9．管理組織、緩衝地帯制御、そして補完措置 ------------ 184
9-1 シャンパーニュ景観協会（APC） ----------- 184
9-2 ランス山岳地方圏自然公園（PNR） ---------- 187
9-3 緩衝地帯制御 --------------------------- 188
9-4 参画区域という懐柔策 ------------------- 188
9-5 景観憲章の構造 ------------------------- 189
9-6 補完措置 ------------------------------- 190

10．結論 -- 190

第6章　ブルゴーニュのブドウ畑のクリマ
　　──衒学的強弁、ヴァナキュラーな遺産、的外れな議論 ―――――― 195
　　序．起点のミス・リーディング ――――――――――――― 196

1. シトー会の土木遺産 ――――――――――――――――― 196
　1-1　水利エンジニア集団としてのシトー会 ―――――― 196
　1-2　ビジネス化によるワイン生産技術の発展 ――――― 197
　1-3　景観の構造 ―――――――――――――――――― 197

　　2．クリマとは何か ――――――――――――――― 199
　　2-1　クリマの衒学性 ――――――――――――― 199
　　2-2　農地の審美化 ――――――――――――― 200
　　2-3　クリマと有形・無形の遺産 ――――――― 200
　　2-4　クリマとボーヌのワイン遺産 ―――――― 201

　　3．ブルゴーニュの論理と一般人の論理 ――――――― 202
　　3-1　ワインの優劣への脱線 ―――――――――― 202
　　3-2　ブルゴーニュの論理の逆批判 ―――――――― 203
　　3-3　不可視の遺産による強弁 ―――――――――― 204

4. ヴァナキュラー工作物と人材育成 ――――――――――― 205
　4-1　建築家なしの建築 ――――――――――――― 205
　4-2　空積みという技術遺産 ――――――――――― 205
　4-3　コモンズ的遺産の私人への押し付け ――――― 206
　4-4　カボットとヨーロッパ ―――――――――――― 207
　4-5　人材育成 ――――――――――――――――― 209
　4-6　ブルゴーニュと石 ―――――――――――――― 211

　　5．申請と管理のガヴァナンス ―――――――――― 211
　　5-1　ワイン観光が示唆する不連続ガヴァナンス ――― 211
　　5-2　地方集権とスマート・スプロール ―――――― 212
　　5-3　申請組織とヴァナキュラー建築 ――――――― 214
　　5-4　領域憲章と地域の懐柔 ―――――――――― 216
　　5-5　適材適所の集権的管理組織 ―――――――― 216
　　5-6　申請と管理を支援する基盤と運動 ――――― 218

　　6．保全措置 ――――――――――――――――――― 219
　　6-1　目的別の手法の整理とラベリング制度 ―――― 219
　　6-2　ブドウ畑の景観の保全 ―――――――――――― 219
　　6-3　醜景防止のためのネガティヴ規制 ―――――― 224
　　6-4　優品保護のための規制 ―――――――――――― 228

7. イコモスとの応酬 ――――――――――――――――― 231
　7-1　イコモスの評価の問題 ―――――――――――― 231
　7-2　イコモスの現地調査から世界遺産委員会まで ―――― 232

7-3 イコモスの現地調査後の情報照会 ----------- 232

7-4 情報照会に対する情報照会 ----------- 236

7-5 最終的承認に向けて ----------- 241

7-6 世界遺産委員会での常識的議論と登録決定 --------- 242

7-7 ブルゴーニュの今後の課題 ----------- 243

8．結論 ----------- 244

第3編
ワインスケープの向かう先

第7章　文化財保護と都市計画の6次産業化
——ファッション化、テロワール、ラギオール観光 ----------- 251

1．ワイン投資と家族型経営の終焉 ----------- 252
1-1 投資商品としてのワインスケープ ----------- 252
1-2 家族型経営の終焉の背景 ----------- 252
1-3 小規模ワイナリーと消耗戦 ----------- 253

2．ファッション化と不動産の高騰 ----------- 254
2-1 ワイナリーのファッション化 ----------- 254
2-2 所有と生産・経営の上下分離 ----------- 255
2-3 ブドウ畑の証券化と金融業者の進出 ----------- 256
2-4 ワインの原価 ----------- 257
2-5 高騰するワインスケープ ----------- 258

3．企業の論理と原産地統制呼称（AOC）制度の崩壊 ------- 259
3-1 企業的生産者の行動論理 ----------- 259
3-2 資本の論理と畑の拡張 ----------- 260
3-3 ボルドーの拡張文化 ----------- 260
3-4 なし崩しになる原産地統制呼称（AOC）制度 -------- 261

4．原産地統制呼称（AOC）批判と再評価 ----------- 262
4-1 原産地異議申し立て呼称 ----------- 262
4-2 悪ワインが良ワインを駆逐する ----------- 263
4-3 ジョゼ・ボヴェのAOC評価 ----------- 264
4-4 社会的品質と持続可能性の概念 ----------- 264

5．テロワールとワイン関連遺産の6次化 ----------- 265
5-1 無形と有形を止揚するテロワール ----------- 265
5-2 テロワリストから集団的記憶へ ----------- 266
5-3 文化財保護と都市計画の6次化 ----------- 268

6. 無形・有形の融合と6次化 ------------------ 269
　　6-1 2次産業化による景観の維持と破壊 ------------ 269
　　6-2 減薬と景観的多様性の維持 ------------------- 269
　　6-3 ワインスケープという3次産業の抑制力 --------- 270
　　6-4 テロワールからラギオールへ ----------------- 271

第8章　ワイン観光
── 惰眠、販売補完策、子供の取り込み ------------------- 275

1. ワイン観光後進国・フランス ------------------- 276
　　1-1 ワイン観光の定義と歴史 ------------------- 276
　　1-2 フランスのワイン観光覚醒の背景 ------------- 277
　　1-3 ワイン観光とワインスケープ ----------------- 278

2. 先駆者ナパ・ヴァレー ------------------------- 279
　　2-1 ナパ・ヴァレーに於けるワインと芸術の結合 ------ 279
　　2-2 観光ワイナリーの誕生 --------------------- 279
　　2-3 ディズニーランドとワイン観光 --------------- 281

3. ボルドーの惰眠とブルゴーニュのジレンマ ----------- 281
　　3-1 『シャトー・ボルドー』展 ------------------- 281
　　3-2 シャトーとブドウ畑の荒廃 ------------------ 282
　　3-3 シャルトロン河岸の衰退 ------------------- 283
　　3-4 ワイン観光への覚醒と惰眠 ----------------- 284
　　3-5 郷土料理と生産直売 --------------------- 285
　　3-6 カルト・ワインと酒蔵開放 ------------------ 285
　　3-7 複雑性のジレンマ ----------------------- 287

4. 国策としてのワイン観光 ---------------------- 288
　　4-1 ワイン観光の現状 ----------------------- 288
　　4-2 ワイン観光の政策化 --------------------- 288
　　4-3 ラベル付与プログラムとデュブリュル報告書 ------- 289
　　4-4 プチ・フュテ、ミシュラン、そしてブドウ農民宿ガイドへ - 291
　　4-5 トゥール・ドゥ・フランスとワイン観光の屋外広告物規制 - 292

5. ボルドーのワイン観光 ------------------------ 294
　　5-1 世界遺産登録を契機とした組織化の動き ---------- 294
　　5-2 高級ワイン・リゾートという突出化の動き --------- 296
　　5-3 ワイン都市という拠点形成の動き --------------- 299

6. ワイン観光の逆説 --------------------------- 307
　　6-1 主客の動機の逆説 ----------------------- 307
　　6-2 建築の逆説 --------------------------- 308
　　6-3 目的の逆説 --------------------------- 310
　　6-4 時季の逆説 --------------------------- 313
　　6-5 ターゲットの逆説 ----------------------- 315

6-6 遊びのイメージの逆説 ------------------------- 319

7. ワイン観光の問題 ------------------------------ 322

第9章　現代建築のワイナリー
——白馬、電子レンジ、ハイブリッド・ヴァナキュラリズム ------------- 327

1. 現代建築ワイナリー後進国・フランス ---------------- 328
   1-1 アーキグラムのフランス批判 ------------------ 328
   1-2 歴史への甘え --------------------------- 328
   1-3 ブルゴーニュと反現代建築 ------------------ 329

2. シャトーと伝統 ------------------------------- 330
   2-1 シャトーの発明 ------------------------- 330
   2-2 19世紀と混乱の時代 --------------------- 331
   2-3 伝統の重みと建築的保守主義 --------------- 333

3. スペインとカリフォルニアという先駆者 ------------ 333
   3-1 シャトーかカテドラルか ------------------- 333
   3-2 フランスのワインのカテドラル -------------- 335
   3-3 リオハの先鞭とネットワーク化 -------------- 336
   3-4 正統性の顕示とワイン建築 ---------------- 338
   3-5「ワイナリーのショーケース化」から
       「ワインスケープのショーケース化」へ ----------- 338

4. ボルドーの覚醒 ----------------------------- 339
   4-1 美術の前衛性と建築の保守性 -------------- 339
   4-2 醸造技術とワイン建築 ------------------- 341
   4-3 建築計画の（再）3次元化 ---------------- 341
   4-4 環境規制による建築的変容の強制 ----------- 342

5. ボルドーの先駆的伏流 ------------------------- 343
   5-1 シャトー・ラフィット・ロートシルトと
       リカルド・ボフィル --------------------- 343
   5-2 パノプティコンの祖型と残響 --------------- 344
   5-3 シャトー・ダルサックと芸術の外表化 --------- 345
   5-4 シャトー・ピション・ロングヴィル・バロンと
       引用型ポスト・モダニズム --------------- 346

6. 成功 ------------------------------------- 347
   6-1 シャトー建築の成功と失敗 --------------- 347
   6-2 シャトー・シュヴァル・ブランとふたつの調和 ------ 347
   6-3 シャトー・スタールと品のある保全的刷新 -------- 349
   6-4 フィリップ・スタルクと景観調和 ------------- 350
   6-5 ワインスケープと実用施設の美化 ----------- 351
   6-6 ワイン建築とコラボレーション ------------- 352

7. 失敗 ----- 353

7-1 現代建築ワイナリーとスターキテクチャー ----- 353
7-2 シャトー・ラ・コストとワインの不在 ----- 354
7-3 インテリアのデザインの失敗例 ----- 355
7-4 シャトー・プリウレ・リシーヌと無意味な環境調和の表出 355
7-5 シャトー・グリュオー・ラローズと工事中の仮囲い ----- 356
7-6 ヘルツォーグ＆ドゥ＝ムーロンの挫折と成功 ----- 357
7-7 ジャン＝ミッシェル・ヴィルモットの成功と失敗 ----- 358
7-8 マリオ・ボッタの成功と挫折 ----- 360
7-9 シャトー・モンラベールとポルノグラフィー的建築 ----- 361

8. 弾力性のあるルール構築に向けて ----- 362

8-1 歴史的環境監視建築家（ABF）の個性と判断 ----- 362
8-2 シャトー・ラ・ドミニクの品のなさ ----- 363
8-3 前衛的デザインと補助金の矛盾 ----- 364
8-4 弾力性のある景観制度への組織構築 ----- 365

9. ハイブリッド・ヴァナキュラリズムとその超越へ ----- 365

9-1 シャトー・マルゴーとハイブリッド・ヴァナキュラリズム 365
9-2 2020年代の超越のために ----- 366

第10章　俯瞰と展望
── スマート・スプロール、好い加減の文化財保護、マイナスの政治主導、しかし植民地化の懸念 ----- 371

1. 建築・都市計画に関して ----- 372

1-1 アグリテクチャーへ ----- 372
1-2 イメージの経済学による都市計画へ ----- 373
1-3 スマート・スプロールへ ----- 374

2. 文化財保護に関して ----- 375

2-1 コモンズ以上文化財未満の遺産の保護へ ----- 375
2-2 3次元マトリクスの遺産概念へ ----- 375
2-3 好い加減の文化財保護へ ----- 376

3. ガヴァナンスに関して ----- 377

3-1 地方集権と中央分権へ ----- 377
3-2 ワインスケープ・コネクションへ ----- 378
3-3 マイナスの政治主導「も」必要へ ----- 379

4. 植民地化の懸念 ----- 380

あとがき ----- 382

参考文献一覧 ----- 384　　　　略称一覧 ----- 391
図版出典一覧 ----- 392　　　　索引 ----- 394

序

マンガストロノミー、喉が鳴る景観、ワインスケープ

1. マンガストロノミーの国

　フランス国内で無名、即ち評価が低いワインでも、シャトーと名乗れば、そしてフランス産であれば、それだけで高級ワインだと信じて飲む日本人を見て、日本をマンガとガストロノミー（美食）をつなげた「マンガストロノミーの国」だとする揶揄がある[1]。正誤はともかく、フランス人の日本像のひとつである。

　対して、日本では、ラベルを隠して飲む、いわゆるブラインド・テイスティング（利き酒）が盛んだという反論も考えられる[2]。しかし、日本ではそれはたいていの場合、醸造年やブドウ品種、造り手を当てるゲーム化、そしてショー化しているのも事実であろう。ワインの試飲をデギュスタシオンと言い、醸造年をヴィンテージやミレジメ、そしてブドウ品種をセパージュと言う衒学的享楽の一局面である。

　ワイン産業のグローバル化や巨大資本支配を批判した映画『モンドヴィーノ』の監督・ジョナサン・ノシターは、著書で、ブラインド・テイスティングは、銘柄や醸造年を当てるためではなく、ラベルの呪縛から解放されるためにすると述べる[3]。ラベルに書かれた情報を当てるためにブラインド・テイスティングをする日本人は、逆説的にその呪縛にもっと拘束されているのかもしれない。それに、ブラインド・テイスティングもしばしばマンガで見られるものなので、それもマンガストロノミーだと処断されるかもしれない。

　では、専門家の意見に従うのはどうか。アメリカの著名ワイン評論家・ロバート・パーカーの評価は最も信頼できるとされる。しかし、『モンドヴィーノ』で批判的に描かれている通り、著名ワイン評論家の意見は、その正誤はともかく、専制的圧力を形成する。ブルゴーニュの老舗ワイナリーの復活にかける若者を描いた映画『プルミエール・クリュ[4]』の主人公は著名ワイン評論家だが、時折、その権力に対する不安や不満を垣間見せる。

　フランス革命前後に活躍した美食家・グリモ・ドゥ＝ラ＝レニエールの昼食会では、入室前に社会的な帰属先を表徴する一切の装飾を外すことが求められていた。同席者の身分にバイアスを受けずに料理の論評をなさんがためである[5]。この伝でいくと、ワインに関するバイアスを外すには、社会的に箔の付いた専門家の意見に従うのも危険と言うことになる。

2. 喉が鳴る景観

　別の味わい方を挙げる研究者がいる。日本人に対してだけではなく、ワインを飲む全ての人々に、味わうに際してブドウ畑の景観を見てはどうかというのである。西欧では食用植物が植えられた庭園等を指して、「食べられる景観（edible landscape）」という表現が使われることがあるが、パリ＝ソルボンヌ大学准教授でフランスに於けるワイン観光研究の第一人者・ソフィー・リニョン＝ダルマイヤックは、ブドウ畑の景観に関し、「喉が鳴る景観」という表現を提示する[6]［図1］。

　ワインに対する学術的アプローチは数多ある。本書が着目するブドウ畑の景観の研究は、フランスでは地理学がリードしている。リニョン＝ダルマイヤックも地理学徒である。以下では、著書の邦訳もあるワインの歴史地理学者のロジェ・ディオンやジャン＝ロベール・ピ

ットを軸に、なぜ地理学がワインの景観に注目するのかを探ってみたい。ピットは「ワインを味わいながら、その風景、雰囲気、栽培者の人柄、それにいうまでもなくできた年の特徴がわかればこれほど深い喜びがあるだろうか」と述べる[7]。つまり、ワインの喜びに深みを付与するため、景観を知る必要があるとする。味覚の心理学を、「喉が鳴る景観」の地理学が補完すると解釈できよう。

図1 喉が鳴る景観は建築的・都市的・景観的な創造物から形成される（シャトー・マルゴー）

このアプローチは地理学者に限らない。例えば、ワイン・ジャーナリストのアンドリュー・ジェフォードも同様の意見を述べる：

―――― ブドウ品種は、いわばワインの風味に通じる『遺伝の道』だ。私たちがこれからたどるのは、『地理の道』である。［…］実はこれがワインの最も注目すべき点なのである。ワインには、土地の風味が宿る。［…］わかりやすく言おう。ワインを味わうとき、あなたは同時にそのワインを生み出した土地をも味わうことができる。ワインには、ブドウの品種よりも地域の特徴のほうが強く出るのである。[8]

ジャッキー・リゴーは、ワインの造り手へのインタヴューの集成の中で、「プルースト効果」を紹介する。マルセル・プルーストの『失われた時を求めて』のマドレーヌ菓子が記憶を呼び覚ます効果を有したことから、かくなる効用を「プルースト効果」と呼ぶ。そしてリゴーは、ワインは、飲み物としてだけではなく、春のうららかな花の微香、夏の雷雨の後の土の臭い、秋の収穫時の甘酸っぱい香り、そして冬のブドウ畑での枝の野焼きの芳香と、視聴覚だけでは得られない記憶の媒介装置であると述べる[9]。ここでは、嗅覚の記憶がプルースト効果を喚起し、その上に「喉が鳴る景観」が照射されている。

3．喉が鳴る景観から実益上の課題へ

ワインの味わいを決定するのは造り手か、ブドウ品種か、あるいは土地かという醸造学的論争には、門外の本書は立ち入らない。ただ、栽培者の人柄はともかく、多くの場合、雰囲気や風景といった「地理の道」は全くの関心外ではないかということである。この状況だけでも、ピットやジェフォード、あるいはリゴーの箴言には傾聴すべき点がある。

他方で、味わいの深化のためだけにブドウ畑の景観の知識が必要なのであれば、これもまた衒学の域を出ない。地理学、さらに実学である建築学や都市計画学がそれを扱う意味はない。工学や農学がそれを扱うのは、実学的な便益があるためである。

実際、ピットは同時に、ワインに限らず食品全般に関し「地理学者として」という断りを入れて学術性を強調しつつ、「質の高い食品は、質の高い景観を産み出す」と述べる[10]。即ち、

質の高い農業景観は食品の高品質化の結果で、つまりは、ブドウ畑の景観を初めとする農業景観は農学等の実学的課題でもあることを示唆する。ピットのこのような主張は邦文で見付けにくいものの、ともあれ、ブドウ畑の景観を知ることは、ワインの蘊蓄に留まらないことを主張する[11]。

　ピットは地理学者だから景観を筆頭に置くのは職業柄と言われるかもしれない。しかし、同様の意見はワイン・ジャーナリストからも聞こえてくる。例えば、パトリック・マシューズは以下のように述べる：

―――最良のワインは、美しく彩り豊かな農村風景をかたちづくり、小規模な農民を造り手に選ぶ。同時に、造り手の持つ技術や高潔さをも、その中に反映したものである。[12]

　つまり、マシューズは、農村がワインを造るという視点と同時に、ワインが農村を造るという視座を提示する［図2］。また、彼は、造り手が規模を決めるのではなく、ワインが造り手を選ぶとまで言う。さらに、2016年にボルドーで開館したワイン博物館であるワイン都市の学術準備責任者であったヴェロニク・ルモワンヌは、ブドウ農はランドスケープ・アーキテクト（景観意匠家）であり、「ブドウ畑が景観を彫琢する」とまで述べる[13]。

　「質の高い食品は、質の高い景観を産み出す」ことは事実であろうが、「質の高い景観」は必ずしも「質の高い食品」を産み出さない。しかし、「質の低い食品は、質の低い景観を産み出す」こと、そして「質の低い景観は、質の低い食品を産み出す」ことは、ほぼ確実であろう。実際、現代フランスのワインの消費者は、ブドウ畑の景観に一層の関心を寄せている。フランスに於けるワインに関わる景観研究の先駆者で、シャンパーニュの世界遺産登録に中心的役割を果たしたミッシェル・ギャールとピエール゠マリー・トリコーは、「今日、消費者は飲むことと同じくらい見ている[14]」という表現で、景観が消費者心理、ひいては食品の質や価格に及ぼす影響を記述する。建築学や都市計画学が介入すべきなのは、それゆえにである。

　本書は別段、日本に於けるワインや農業のあり方を議論する意図は毛頭ないし、フランスのそれの翼賛本でもない。ただ、「喉が鳴る景観」という別の視点を提示したいだけである。それに実益が伴うのだから、なおさらと言えよう[15]。

4．風土が産み出すもの

　考えてみれば、ワインに限らず本書の足場を

図2　農村がワインを造り、ワインが農村を造る（チンクエ・テッレの村道に置かれたかつての圧搾機）

形成する建築も都市も根は同じで、風土が産み出す。西欧、とりわけフランスでは、ここで言う風土とは、石や土、さらにはその場の気候やそこで暮らす人々の人為である[16]。

フランスでは、1970年代後半頃から、ワインに関し、質や味と土壌組成や微気候との連関に関する研究が開始された[17]。他方、建築・都市計画分野ではそれにやや先行して、農村部で、石、土、あるいは木

図3　ブドウ畑、建物、そして村道の石垣といったものは皆、風土が産み出す（スイス・マイエンフェルト）

で素朴に造られたヴァナキュラー（土着的）な建築や集落への注目が始まった。前者は、より良いワインを製造するための肯定的探求であり、後者は、乱開発と粗悪な工業建築を改悛する反動的着眼である。

岩石、あるいはその砕片が主に組成する土壌は、気候や人為と共に農作物の味に影響を与える。ワイン用語では、その総体をテロワールとかクリマと表現する[18]。他方、石や土は建築・都市の建設材料となり、地域の景観的なイメージに影響を及ぼす［図3］。専門用語では、それをヴァナキュラー特性と表現する。つまり、術語は異なるが、ワインと建築・都市は同じ1970年代に、同じ根に向かっての探求に乗り出した。ただ、前者は永遠に土壌特性から切り離せないのに対し、後者では今日では土着材料の使用はほとんどなくなっているし、将来的にもないだろう。

とはいえ、建築や都市計画では、とりわけオイル・ショック以降、風土を保全的に刷新する技術開発が進んできた。当初は歴史的環境との同化が命題とされたが、今日では、新建築を計画にするにしても、材料こそ土着性を持たないものの、伝統的景観の中で屹立しつつも破調をきたさない設計手法が探求されている。メタ風土性、あるいはハイブリッドな風土性とでも言えるのかもしれない。

例えば、本書で扱うサン・テミリオンは、このワインと建築・都市の同根性の好例である。地球の誕生以来続く地殻変動が岩石を初めとする土壌を形成し、地域独自のブドウ栽培の農業地盤を形成する。他方、地中から採掘された岩石は、建築、さらには都市となり、その上、採掘坑がワイン貯蔵庫として活用されている。それらの歴史的環境は、現代生活への適応のためのリノヴェーションを許容しつつ総体として保全されている。また、土着の建設材料とは無縁であるものの、景観の中に確固として表現され、それでいて歴史あるブドウ畑の風景とも矛盾しない現代建築のワイナリーが陸続として建設されている。

これはサン・テミリオンに限らない。シャンパーニュでは、ローマ時代の採石坑がシャンパン製造に活用され、ブルゴーニュでは修道士が人力で除去したブドウ畑の石が土留め壁や農機具小屋として残っている。繰り返すが、ワインも建築も都市も、風土が産み出す。

5. ワインスケープの発明小史

では、フランスではブドウ畑の景観は、いつ、どのように発明されたのか[19]。小史をものしてみたい。

ただ、その前に、本書の核となる造語をひとつ定義しておこう。仏語ではないが、利用至便な「ワインスケープ」である。マリア・グラヴァリ＝バルバは、それを、先行研究も勘案しながら、以下の通りに定義する[20]：

─────ワインスケープは、ワイン用ブドウ畑とワインの関係、酒蔵、樽熟成庫及びワイン生産に関連する他のインフラストラクチャー、自然や人類に関係する景観、そこに住まう共同体、人口の集積や建築、文化財、そして芸術的創造行為・創造物を含むものである。

そこで、本書では、それを受け、以下の定義で議論を進めたい：

─────ワインスケープは、一義的には、ワイン用ブドウ畑、それらの直近にあって醸造や貯蔵に供される発酵室・樽熟成庫・瓶貯蔵施設、その営農に関連する小屋等の建築物や土留め壁等の土木構築物、そして人々をそこに導く農道等の交通基盤を初めとする施設が形成する景観である。また、農民の住む集落、出荷されたワインを保管する倉庫群、そしてワインを流通させるための交通基盤等の都市的環境も含む。さらに、近年の変容を勘案し、二義的には、見学者を受け入れる試飲室やブティック等、そしてそのために設置されたアート作品が織りなす景観を指す。それらが歴史的なものか、現代のものかは不問である。

この定義は、以下に示すワインスケープの発見と覚醒の歴史を反射している。

ワインスケープを美観として賞揚する意識は、既に18世紀後半に萌芽している。1787年にイギリス人農学者・アーサー・ヤングは、以下のように記述している[21]：

─────フランドル地方、アルトワ地方の一部、豊穣なアルザス平野、ガロンヌ河沿い、そしてケルシー地方のかなりの部分は、農地としてというよりも、むしろ庭園として耕作されている。

ただ、これは国土を庭園として見る古典主義期特有の見方とも言え、さらにそこでの価値認知が保全を喚起するには至っていない。それには、一般的な歴史的環境同様、一定の破壊による危機意識の覚醒が必要で、となると、第二次世界大戦後の高度成長期を待つ必要がある。

事実、フランスに於けるワインスケープ研究をリードしてきたのは戦後の歴史地理学で、ロジェ・ディオンやマルセル・ラシヴェールという碩学、さらに1990年代以降はピットという泰斗により研究の基盤が構築されてきた。これが、関連分野を刺激してゆく。

まずは広く、農学のワイン関連分野の関心を見てみたい。国立ブドウ

表1：ブドウ農業の関心の変遷

年代	テーマ	関心事項
1970-1980	実務上の関心	区画単位での商品化の考察 ・耐久性 ・農薬残留
1980-1990	総合的実践へ	地域という意識の萌芽 ・農薬の影響 ・エコシステムへの関心 ・水質汚染 ・景観
1990-2000	持続可能性	惑星尺度へ ・天然資源 ・廃棄物 ・大気汚染 ・地球温暖化

樹・ワイン技術研究所 (ITV) のジョエル・ロシャールは、フランスのワイン用ブドウ農業の興味を表1のようにまとめている[22]。

つまり、農学分野でのブドウ畑の景観が発明されたのは1980年代である。そして、その問題意識が、本書の関心である建築や都市に流れ込むと仮定できよう。となると、その小史への問題意識は、以下の通りに換言できる:

① そもそも、どのような社会背景がワインスケープを文化遺産として認識する下地となり、1980年代にブドウ農業が、おそらく歴史地理学の影響を受けつつ景観へと関心を拡げる素地を造ったのか;

② かかる審美的価値認識の一方、それを保全する論理の構築のため、その下部にある経済効果が議論されたはずである。具体的には、どのような研究が、景観とワインの質、さらにはその価格の関係を明らかにしたのか;

③ その上で、どのような研究が、ワインスケープの保全的刷新の制度設計を考察してきたのか。

5-1 文化遺産としての認知

一般論として、ブルゴーニュ大学名誉教授の農村地理学者・ロベール・シャピュイは、1968年の5月に頂点を迎えたフランスの学生運動「68年5月」を、フランスに於ける農村の再評価の画期としている。「68年5月」とは、今日でもメイ・ソワサン・チュイット (Mai 68) と言えば通じる運動で、背景のひとつとして、行き過ぎた経済開発に対する反省があった。シャピュイは、そこからワインスケープを文化財として、自然遺産として、そして経済的な相続財産として活用する発想が生まれ、確立されていったとする[23]。

もう少し詳細かつ時代を下って検証すると、上述のギャールは、フランス人がワインスケープの重要性を認知したのは1980年代で、それには以下の3点の背景があったとする[24]。

まず、1971年に英語で刊行された『ワインの世界史』である。著名ワイン評論家・ヒュー・ジョンソンによる本書の仏語版が1977年に出版され、世界史の中にフランス・ワインを位置付けることが一般化した。

次に、1980年刊行のエミール・ペイノーの著書『ワインの味』がある。ペイノーはボルドー大学の醸造学者で、生産者向けの技術開発だけではなく、一般向けの講演や著作でも知られた。上書は、試飲という芸術に科学を組み合わせることで、ワインを専門家の独占から解放したとされ、それがワインスケープの認知にも貢献した。

最後に、1988年にポンピドゥー・センターで開催された『シャトー・ボルドー』展である。それまで味覚の専制下に置かれてきたワインが、視覚に対して解放された画期となる展覧会である。

同じ時期、造り手や専門家の側でも変化があった。1980年代までは、ペイノーを始めとする科学者による醸造学の発展が顕著だった。しかし、技術が一通り発達してしまうと、農民が頼りにするものは土しかなくなる。つまり、土地の (再) 発見である。ワイン関連書籍の

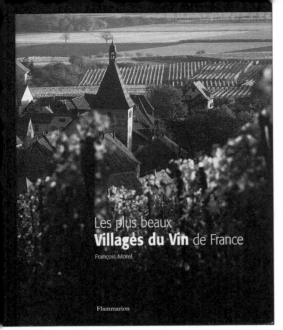

図4『フランス・ワインの最も美しい村々』の表紙

表紙と言えばワイン・ボトルや試飲であったのが、この時期から、ブドウ畑の景観がそれを飾るようになった。

その意味で特記しておきたいのが、2002年に刊行されたフランソワ・モレルの『フランス・ワインの最も美しい村々[25]』である［図4］。ブドウ畑を含むサン・テミリオンの景観の世界遺産登録が1999年であることを勘案すると、意外に早い一般書の刊行と言えよう。

明らかに「フランスの最も美しい村」を意識した書名からして、ワインスケープの一般的発見や、ワイン観光に向かう流れの初期の状況を知る上で興味深い書籍である。全土の67村が、いずれも2ページか4ページで紹介され、等質的にフランスの銘醸地を扱っている。本家の「フランスの最も美しい村」は1982年創設で、人口が2,000人未満等の条件があるが、同書は「村」とは呼べないボーヌ等も含まれている。また、巻末の村落一覧に、観光案内所の連絡先が記載されている点は、ワイン観光の萌芽とも言える。

5-2 ワインスケープとワインの質の関係

5-2-1 美観と味の関係

かくして価値の認知されたワインスケープは、醸造学や経済学とどのような関係を結んでいったのか。端的に言うと、文化遺産を純粋に文化財として保存するのは困難で、そこに何らかの経済効果が介在することの挙証が必要になったはずである。つまり、ここでの問題意識を換言すると、「美しいワインスケープの中で生産されたワインは美味なのか」、さらに雑駁には、「それが高く売れるのか」となる。

フランスでは既に1970年代から、景観とワインの質の関係を探究する考察が開始され、現在ではフランス・ブドウ畑・ワイン研究所（IFVV）が、農業担当省や国立原産地統制呼称院（INAO）と協働してそれを進めている[26]。それらを総合しつつ、景観と味の関係から見てみたい。

狭猾な書き方をすると、ワインスケープが美しいことはワインが美味しいことの必要条件だが、十分条件ではない。例えば、ランス山岳地方圏自然公園事務所は、2007年にシャンパーニュのブドウ畑の景観に関し、以下の機能を看取している[27]：

① その美観は広告媒体として商品の売り上げに貢献する；

② その美しさとシャンパンの質の間には相関がある；
③ 地域固有の文化財で生活環境の優位性を担保する；
④ 畑の環境配慮が地域全体のエコロジー保全に役立つ。

とりわけ①と②に拠れば、美観と生産物の間の正の連関があることになる。

ただ、逆もまた真なりとは言えない。例えば、ボルドーの銘醸地・ポムロールのシャトー・ペトリュスのワインの質は高く、ボルドーで最も高価なもののひとつである。しかし、ヘルツォーグ＆ドゥ＝ムーロンの建築も含めその建物は控え目で、周囲に拡がるブドウ畑の景観もこの地方にあっては標準的である。つまり、美観は質や価格の高さの充分条件にはなっていない。そもそも、同じくボルドーの銘醸地であるメドック地方の地形は平坦で、ブルゴーニュの複雑さに比較すれば単調と言わざるを得ない。しかし、ワインの質は突出したものがある。

5-2-2 美観と価格の関係

では、美観は価格に反映するのか。この設問は、有意な関係があるとする科学的命題になりつつある。

2000年代前半に、農業担当省のレジ・アンブロワーズ、上述のロシャール、あるいはアヴィニョン大学の経済学者・ジャック・マビーらが、ブドウ畑の美観のイメージが、ワインに価値を付与するという意見を主張し始めた。

例えば、アンブロワーズは、フランスのブドウ農は、2000年前後から、美しきものと良きもの (Beau et Bon) の関係に完全に気付いたとする。ブドウ畑や建築の美のイメージは、そのまま良きワインのイメージになると言う。それだけではない。ワインとは無関係の企業が、その景観のイメージを利用する事例も現れている。アルザスでは、ワインとは無関係の複数の外国の大企業が支社をブドウ畑の直近に設置し、そのイメージを利用していると言う[28]。また、ボジョレー地方は、インターネットによる高速通信環境を活用したテレワーク労働者の誘致運動を展開する。世界的に著名なブドウ畑に囲まれた、精神的に余裕のある生活を謳い文句とする［図5］。

ロシャールは、ブドウ畑や醸造施設の

図5 静穏なだけではなく世界的に著名な銘醸地でテレワーク可能であることを売りにしている

景観と、ワインの味の相関の実証は容易ではないが、イメージと価格の連関は明らかだとする[29]。多く消費者は、味よりもブランドでワインを選択する。消費者は全ての造り手のワインを試飲した上で購入することはできない。従って、格付けが明確な産地であれば、シャトー名や造り手名でワインが選ばれる。そうなると、さらなる増価のためのワインスケープの整備は合理的になる。また、集団として、美観を保全して醜景を抑止する政策の確立も、価値の付加行動として合理的であろう。これはまさに建築学や都市計画学が担当すべき事案である。

　マビーは、ブドウ畑の景観の価値を記述する中で、生活環境やコミュニケーション・ツールという景観の一般的価値に加え、既に観光に於けるそれを考察している。その保護に際しては、従来の文化財保護が依拠する優品性や稀少性という保存論理は通用せず、むしろ、たおやかさや慎ましさが論理になると論じている[30]。

　醜景を嫌う人はいても美観を避ける人はいない。そしてそれが産品の増価に帰結するのであれば、その保全や適切な刷新は経済的合理性を有する。繰り返すが、農業に建築学や都市計画学が介入すべき理由はそこに所在する。

5-3 保全手法の制度設計に向けて

5-3-1 世界遺産登録と研究の進展

　では、ワインスケープはどのように保全し刷新すべきなのか。その考究の契機は意外に遅く、1999年のサン・テミリオンの世界遺産登録であった[31]。その後、2002年にはポルトガルのアルト・ドゥロやハンガリーのトカイが登録された。ワイン生産地は副次的に過ぎないが、2000年にはフランスのロワール渓谷やオーストリアのヴァッハウ渓谷もそこに加わり、研究が本格化する。

　まず動き出したのが、ユネスコの世界遺産センターやイコモス[32]である。ワインスケープの保存問題を整理して保全手法を確立するため、各国の農業景観や文化財の専門家を集め、研究会を開催していった。

　ボルドーを本拠とする市民団体が、ユネスコと共催で、2001年5月30日から6月1日にサン・テミリオンの世界遺産登録記念研究会を開催した[33]。ここでは、1999年に採択された欧州景観憲章や同年のサン・テミリオンの登録を軸に、文化的景観の定義や保全の現況が報告された。

　また、世界遺産センターは、翌月の7月11日から14日まで、トカイの世界遺産登録を見込んで専門家会合を開催している[34]。世界遺産センター主催だけに、既に1997年に文化遺産に登録されたイタリアのチンクエ・テッレや、トカイと同年の登録となるアルト・ドゥロ、さらには2004年に登録されるポルトガルのピコ島等、後に登録される事案を含む25ヶ国からの参加があった。そこでは主に、保全のための制度設計に関する意見が交換された。

　そして、それらのネットワーク構築という意味で重要なのが、フォントヴロー会議である。フランスの銘醸地・ロワール地方の世界遺産登録を記念して、2003年7月2日から4日

にシノン近郊のフォントヴロー修道院で開催されたものである[35]。同会議では、これまでの研究会同様の議論がなされたことに加え、持続的な情報交換プラットフォームの基盤が建設された。その詳細は、銘醸地世界遺産に関する第3章で述べよう。

　以上のような複数の銘醸地世界遺産の誕生を承けて、イコモスは、2005年にワインスケープの保全に関する理論とケース・スタディの集成を作成した[36]。この報告書には、ヨーロッパのみならずアメリカのナパ・ヴァレーやチリといった新興国の銘醸地も参加し、さらにフランスが中心となった研究会という背景もあり、イスラム国のモロッコやチュニジアの生産地も論考を寄せている。

5-3-2 ワインスケープ専門家の誕生と議論の拡がり

　この研究会の主査を務めたのが、上述のトリコーである。トリコーはイル・ドゥ・フランス空間整備・都市計画研究所 (IAU-IdF) の研究官であると同時にイコモス・フランスの中核構成員で、2001年の世界遺産センターの研究会にもフランス代表のひとりとして参加している。彼は後にシャンパーニュの世界遺産登録でも学術委員として申請書の作成に参画した。ワインスケープの専門家にしてイコモスの内部事情も知悉していることから、現地調査の結果、情報照会という条件を突き付けられたブルゴーニュと異なり、シャンパーニュでは調査も大過なく、登録が妥当との勧告を引き出すのに貢献している。フランスは、このような専門人材を抱えるに至っている。

　これらの動きに、農政の側も再度ワインスケープ研究に回帰してきた。2006年の『原産地統制呼称 (AOC[37]) 制度と景観[38]』は農業担当省の依頼でなされた研究の報告書だが、それにより、そもそもはブドウ栽培やワイン生産の技術的指針であるAOC制度が、景観に対しても顕著な正の影響を及ぼすことが論じられた[図6]。さらに、景観はブドウ栽培の結果であると同時に、テロワールの機能の検証に使用可能な分析ツールであることが明らかにされた[39]。

　そして近年の研究動向として、畑でも醸造所でもなく、その流通基盤に注目するそれが上梓される等、分析軸の多様化が顕著であることを指摘しておきたい[40]。

　例えば、流通という意味で興味深いのが、ロジェ＝ポール・デュブリオンの『フ

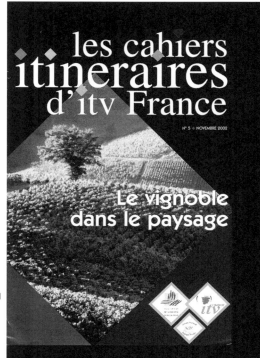

図6　地理的表示の景観への正の影響を論じた『原産地統制呼称制度と景観』の表紙

図7 伝統的土留め壁にいかな生態系が宿っているのかにまで研究が展開する

ランスに於ける、数世紀に亘るワインのルート[41]』である。ここで言うルートとは街道等の道筋だけではなく、流通も指す。つまり、本書は、ワインが運ばれた海運、舟運、そして陸運を扱い、空間としては港、運河、そして道路等を対象にする。さらに興味深いのは、それらの運搬を可能にしたアンフォラや樽、そして割れにくいボトルの生産技術や、流通に関わる職業、さらには酒税や関税も調べている。

シャンパーニュの世界遺産申請では、流通基盤となった街道や運河、さらには鉄道等が特記されており、かかる研究の拡がりは、銘醸地遺産の概念の拡張にも貢献している。

また、流通研究は、都市計画的視座も提供する。例えば、自動車社会の発達でワインの輸送に舟運が利用されることは滅多になくなった。ワインの貯蔵や荷捌きは都市郊外の高速道路や幹線道路沿いが便利であるため、ボルドーのシャルトロン地区にせよ、パリのベルシー地区にせよ、かつてのワイン倉庫群が取り残されている。それらの活用のため、ワインの流通基盤の研究が、基礎的知見を提供すると考えられる。これは、生産地のみを対象とした従来のワインスケープ論では保護や活用の視野に入ってこないためである。

さらなる展望を啓いておきたい。ブドウ畑の土留め壁の遺産が、ヨーロッパ各地にはある。スイスのヴァレー州ブドウ畑・ワイン博物館は、2009年から3年間かけてその調査・研究を進め、報告書を刊行している[42]。そこには、段々畑の土留め壁の構築技術だけではなく、石の隙間に生息する植物や昆虫、さらに蛇等の生き物の観察結果が所収されており、ブドウ畑の考察が醸造学や建築学の対象のみに留まらないことが理解できる。ワイン関連遺産の考究は、建築学や都市計画学を超えて、植物学や生物学といった理学にまで拡張してゆく［図7］。

5-3-3 ワイン観光と現代建築のワイナリーの探求

同様に、近年、研究が盛んになってきた切り口として、ワイン観光と現代建築のワイナリーがある。ここでは一点ずつ、アカデミックな研究を紹介しておきたい。

ワイン観光に関しては、上述のリニョン＝ダルマイヤックの『フランスに於けるワイン観光－ブドウ畑の新たな価値付け[43]』である。米国カリフォルニアのナパ・ヴァレー等に対して大きく遅れを取ったフランスのワイン観光に関し、これまでなされてこなかった統計的総括を行い、さらに消費の減退等から銘醸地への誘客が不可欠となることを詳述している。

詳細は第8章で見よう。

現代建築のワイナリーと伝統的ワインスケープの調和に関しては、その前段として、営農施設の建築史学が発展している状況を記述したい。例えば、エルヴェ・シヴィディノがレンヌ大学でそれに関する博士号を取得し、その博士論文が出版されている[44]。

それに拠ると、営農施設と周辺景観との調和の探求は戦前から主張されている。例えば、専門誌『技術と建築』では、1942年11-12月号で営農施設建築特集を組んでいる。そこには、「自然の枠組みの尊重と、建物群がそれら同士で、そして景観と和合すること」との表現や、「農村の建設物は堅固で、豪華さや他の余興もなく耐久性があるべきものだが、だからといってそこから美や、周辺の場との調和した魅力が排除されるわけではない」との文章が見られる[45]。

ただ、これは一部の意識の高い建築家のサークルに限定された議論で、戦後の急激な人口膨張に対処するため、生産量増加という至上命題の下、営農施設は工業化され地域性を失ったものが増殖していった。それへの反動は1973年のオイル・ショックを待たなければならず、また、イギリスという手本も必要であった。その結果が1977年の建築法であり、そこで設置された建築・都市計画・環境助言機構 (CAUE) が、1980年代になると農村での助言活動を本格化させる[46]。

2003年には、農業・食品・漁業・農事担当省が、文化・通信省と共同で『農業建物の建築の質[47]』という啓発ガイドを発行している。CAUEは、営農施設に限らずあらゆる建設行為に関して原則無料で相談を受け付けており、同ガイドでもその活用が薦められている。また、地域の県農業会議所がCAUEと共同開催する建築講習会も紹介されている。

シヴィディノを初めとするフランスの建築史学者達は、既にそれを歴史的に俯瞰する作業を進めているのである。

6.本書の構成

本書は、フランスの銘醸地のワインスケープを主軸として、とりわけ建築学と都市計画学の視点から、その文化的景観の保存を困難する要因、それに対抗した保全的刷新のための制度設計、その保存論理、それらを活用した観光の実態、さらには新たなワインスケープの創造に関する分析を行う。その構成は以下の通りである [図8]。

6-1 フランスの、そして世界のワインスケープで今、何が起きているのか

第1編は、フランスのワインスケープを取り巻く環境の一般論を展開する。

第1章は「フランス、そして世界のワインスケープの現在」と題している。地理学が理想化するワインスケープを、そのまま保全できれば最善である。しかし、採算性向上のための農地の区画形質の改変がなされたり、都市スプロール[48]を伴いながら住宅地開発がなされたり、耕作が放棄され荒れ地が残される土地もある。地球温暖化等、農業だけでは対処不可能な問題もある。そのジレンマを解読しながら、克服のための試行を紹介する。

図8　本書の見取り図

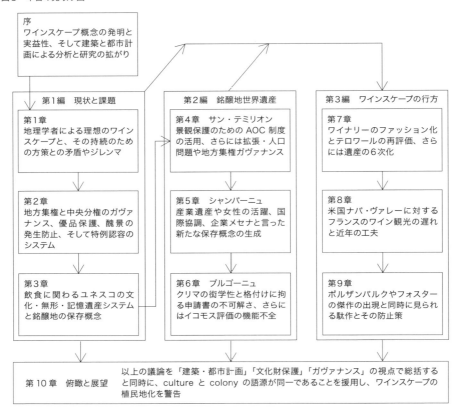

　第2章は「ワインスケープの保全と刷新のための制度」を解説する。以下でも繰り返すが、ワインスケープは伝統墨守が許されず、絶えざる革新が要求される。課題は、伝統に挑戦しつつもそれを紊乱しないシステムである。そこで、制度設計の前提となる地方自治の構造と、文化財保護や都市計画の制度を概述する。地方「分」権ではなく地方「集」権の考え方と、その階層性に従った優品保護、醜景発生阻止、そして特例認容のシステムを記述する。
　第3章は「飲食と銘醸地の世界遺産」と題している。現時点では成就していないが、フランスは銘醸地、美食術、そしてワインの格付けを、各々世界文化遺産、無形遺産、そして記憶遺産に登録し、飲食を軸にユネスコの世界遺産3システムを世界で初めて併走させようとしている。また、サン・テミリオン以降増加する銘醸地世界遺産の横断的分析からは、美観のみならず奇景や刻苦、さらには産業遺産や流通遺産等の銘醸地の新たな保存概念が抽出される。

6-2 フランスに於ける銘醸地世界遺産の論理、展開、そして脱線

第2編は、フランスに於ける銘醸地世界遺産を、保全的刷新を主軸に分析する。

第4章の「サン・テミリオン自治区」では、世界遺産登録のためのAOC制度の活用を論じる。他方、同地のワインに対する世界的な高評価に起因する農地拡張や、歴史的中心市街地に於ける人口減少・空家問題を考える。また、緩衝地帯管理を目的として地方集権的なガヴァナンスの構築、そしてそれに立脚した広域の都市計画の立案が進んできたことや、伝統的景観の保全と同時に前衛的なワイナリー建築を審査するプラットフォームの仕組みや運用を概説する。

第5章の「シャンパーニュの丘陵・メゾン・酒蔵」では、保全的刷新のための制度設計と同時に、申請の背景や新たな保存論理を考察する。前者は具体的には、世界遺産登録を通じた地理的表示の保護の推進である。後者は、女性の社会進出、国際協調、企業メセナといった現代的価値観を過去に照射したり、産業遺産という新たな切り口を準備することで遺産の多角的価値の挙証に成功した点である。また、地下に所在する文化財の保護方法も論じたい。

第6章の「ブルゴーニュのブドウ畑のクリマ」では、むしろ、世界遺産申請とイコモスの評価という二局面への批判を軸に論考を展開する。申請に関する批判は、顕著で普遍的な価値の挙証の不可解さに尽きる。物的環境の秀逸さの証明が必要なのに、ワインの優劣を論じる脱線により、登録申請の主張が不明確になっている。また、イコモスの評価者の主張も同様で、緩衝地帯内のわずかな懸念要因を過剰に論ずる等、非本質的な議論が錯綜した様子を整理したい。

6-3 フランスに於けるワインスケープの向かう先

第3編は、フランスの銘醸地が向かう先を、6次産業化・観光・現代建築を軸に考察する。

第7章の「文化財保護と都市計画の6次産業化」では、ファッション産業等のワイナリー経営への進出を軸に、再度拡張の問題を論ずる。そこからAOC制度の機能不全を明らかにする一方、それが啓く可能性をテロワールの概念を中心に展開してみたい。それにより有形と無形の遺産が止揚され、遺産概念が6次化する。事実、ワイン遺産は、造り方のみならず所作に関わるソムリエ・ナイフにまで考察範囲を拡げ、その観光にまで展開してゆく。

第8章の「ワイン観光」では、米国ナパ・ヴァレー等に対するフランスの惰眠を描き出すことから分析を始める。1980年代にはフランス・ワインの将来性が盤石ではないことが明らかだったのに、量ではなく質、遠路への流通ではなく直接販売で生き残る方策は採択されずじまいだった。それが、ようやく2000年代に入りワイン観光の名で本格化する。そして、今日では客数の季節変動の問題解決の試行や、子供を取り込む等の工夫がなされている。

第9章の「現代建築のワイナリー」でも、フランスの怠慢の描写から始めたい。ナパは無論、スペインのリオハ等と比較すると、シャトーの伝統に安住したフランスの現代ワイナ

リーへの覚醒は至って遅い。むしろ醸造技術の革新や環境規制の強化に強制される形となった。他方で、前衛性を追求する余り、周囲の環境との不調和に陥る例も散見される。その防止措置や、さらには近年のハイブリッド・ヴァナキュラリズムの完成に至る道程を明らかにする。

第10章は俯瞰と展望である。これまでの議論を俯瞰し、農に関わる建築・都市計画や文化財保護への展望を啓いてみたい。

以上の構成から明らかだが、本書の利点は、どこからでも、さらに専門家ではなくても読めることである。都市計画の知識がなくてもワインスケープの保全的刷新はケース・スタディで理解できるし、サン・テミリオンのことを知らなくてもシャンパーニュの考察は可能である。ワイン観光に関心がなくても、現代建築のワイナリーの考究には何ら妨げとならない。

本書に、日本批判やフランス礼賛の意図が皆無なのは前述の通りだが、読み方に関しても読者を拘束する意図は全くない。また、ワインではなくワインスケープを論ずる本書に於いては、ワインに関する知識も全く必要ない。ましてや、フランスに関する知見をやである。

本書が読者に問うのは、既知の事象を違った視点で見る好奇心、喉が鳴る景観に対する冒険心、そして読書に際しての批判的精神だけである。

さて、序の最後にもなって卑怯だが、本書の注意点を記しておきたい。

まず、本書は針小棒大の書である。筆者の知り得た事実は、上記の意欲的な問題意識の提示にも関わらず些少である。それを基盤として展開した本書では、捨象された事実は無化される一方、取り上げられた針ほどの要素が棒のごとく誇張されてしまうことに注意されたい。

次に、本書は依怙贔屓（えこひいき）の書である。筆者は建築学や都市計画学の知見に基づき上記の要素を分析し、科学的で実証的であることを心懸けた。しかし、とりわけ美に関する判断は十人十色で、筆者の主張は人によっては偏向とも映ろう。つまり読書中の懐疑こそが不可欠である[49]。

最後に、本書は一知半解の書である。専門分野はともかく、筆者の園芸学や醸造学の知識も不確かなら、ビジネスの知見も不充分である。にも関わらず、ワインスケープを取り巻く環境を考究する上でそれらに言及せざるを得なかった。それに対する叱正を仰ぎたい。

浅学非才の拙著に、諸賢の批判を乞う。

注

1 MANTOUX et SIMMAT (2012), p. 135.

2 一般社団法人日本ソムリエ協会は、2017年からブラインド・テイスティング・コンテストを開始したそうである。

3 NOSSITER (2007), p.157.

4 LE MAIRE Jérôme (un film de), *Premiers Crus*, DVD, Dreux, M6 Vidéo, 2015. なお、2016年秋から日本で公開されたこの映画のタイトルは『ブルゴーニュで会いましょう』とされている。因みに、プルミエール・クリュとは、4クラスあるブルゴーニュのワインの格付けに於いて上から2番目のそれで、仏語のタイトルは老舗の看板を守ることの大変さを表象したものとなっている。

5 橋本 (2014)、pp.235-236。

6 LIGNON-DARMAILLAC (2009), p. 103.

7 ピット (1995)、p.194。

8 ジェフォード (1999)、pp.198-199。

9 リゴー (編著) (2010)、p.411。

10 (interview), «Les Produits alimentatires de quailté créent des paysages de qualité», dans *Le Mauricien*, 21 juin 2014, pp. 10-11, p. 11.

11 邦文では、ピット、ジャン=ロベール (鳥海基樹訳):「ガストロノミーと景観」、『approach』(竹中工務店機関誌)、2017年春号、pp. 4 - 6 が存在する。

12 マシューズ (2011)、p.13。

13 LEMOINE et CLEMENS (2017), p. 5.

14 GUILLARD et TRICAUD (sous la direction de) (2013), pp. 134-135.

15 この「実益」はフランスに限った話ではない。神門 (2006)、p.279に拠れば、日本の農業史に詳しいペネロープ・フランクスは、日本文化と農業の結び付きの強さを指摘し、日本の広告産業にとって故郷の風景は「強烈な武器」であるとする。

16 「風土」の詳細に関しては、ベルク (2002) を参照のこと。

17 ポムロール (監修) (2014)、p.iii.

18 テロワールに関しては第7章で、クリマに関しては第6章で論ずるが、当座、前者は特色ある農産物を産出する特徴的風土、後者はさらに細かく限定された区画として理解されたい。

19 景観を「発明する」という概念は、ROGER (1997) 及びCAUQUELIN (2000) に拠っている。景観は生態学的な環境として存在するのではなく、人類がそれを美と認知して初めて実存する。つまり、発明のプロセスを経ることなしに存在しないためである。

20 GRAVARI-BARBAS Maria, «Winescape : tourisme et artialisation, entre le local et le global», dans *Revista de Cultura e Turismo*, ano 08 – n⁰ 3 : «Édition spéciale : Vin, patrimoine, tourisme et développement : convergence pour le débat et le développement des vignobles du monde», Outubro 2014, pp. 238-255, p. 239.

21 BERIAC Jean-Pierre, «Parcs, jardins et paysages», dans DETHIER (sous la direction de) (1988), pp.113-123, p.114からの再引用。

22 ROCHARD Joël, FOURNY Nadège et STEVEZ Laurence, «Paysage et environnement : de nouveaux enjeux pour la filière», dans INTERLOIRE (2003), pp. 220-223, p. 222.

23 CHAPUIS (2016), p. 47.

24 GUILLARD Michel, «De la Vigne symbole à la vigne spectacle: l'avènement du paysage viticole», dans (collectif) (2003), *Paysages de vignes et de vins...*, pp. 101-106, pp. 104-105.

25 MOREL (2002).

26 CLERGEOT Pierre, «Pour un zonage des espaces viticoles», dans *Géomètre*, n⁰ 2020: «Vignoble français – Un foncier repenser», pp. 32-45, p. 44.

27 PNR de la Montagne de Reims (2007a), p. 2.

28 AMBROISE Régis, «Le Paysage comme projet pour la viticulture: enjeux économiques, techniques esthétiques», dans INTERLOIRE (2003), pp. 260-266, pp. 260-262.

29 ROCHARD, FOURNY et STEVEZ, *op.cit.*, p.221. ロシャールは景観と味の関係は不明だとするが、近年の興味深い研究として、景観類型とワインの味の間には相関があるとする、OULES Stéphanie, PEYRUSSIE Elodie, DUCHESNE Jean et JOLIET Fabienne, «Paysage et go t du vin : une corrélation possible», dans *Sud-Ouest européen*, n⁰ 21, 2006, pp. 47-55を挙げておきたい。この研究は、シノン地域を事例に、まず視野内に占める景観要素の割合等の数量化データと、丘陵部か平野部かの定性的特性からブドウ畑の景観を5種類に類型化した。そして、ワインの官能検査の専門家10名に、それらの情報を伏せたまま同年に生産されたワインを試飲してもらい、近い味のワインでグルーピングをさせた。それを多因子分析にかけたところ、景観類型とワインの味には相関が認められたとするものである。

30 MABY Jacques, «Paysages et imaginaire: l'exploitation de nouvelles valeurs ajoutées dans les terroirs viticoles» dans *Annales de géographie*, n⁰ 624, 2001, pp. 198-211 ; *idem*, «Les Enjeux paysagers viticoles», *actes du symposium international Terroirs et zonage vitivinicole*, Office International de la Vigne et du vin, Avignon, juin 2002, pp. 823-831.

31 ワインスケープの主軸に世界遺産を選んでおきながらこの期に及んで本書の立ち位置を表明するのは卑怯かもしれないが、国際社会が共同して危機に瀕する世界的遺産を救出することが世界遺産システムの端緒であったとすれば、その理念は、

少なくとも先進国では、今日では形骸化していると言えよう。後述するように、ブランドの保護や売り上げの推進、あるいは観光客の増加を主眼とした世界遺産登録運動には、本書は全面的賛意を表明しかねる。また、日本に於いては、世界遺産への登録が目的化、さらにはショー化していないだろうか。陰険に換言すると、競技には関心がないのにメダル数だけを気にするオリンピックに似ている。世界遺産委員会での登録決定後に必ずなされる「これで日本の世界遺産は x 件になりました」という報道は、「これで日本の金メダルは y 個になりました」というそれと瓜二つである。総件数にいかなる意味があるのか、理解できない。他方で、世界遺産システムが遺産の価値認識につながり、保存論理や保全制度の発展につながるのであれば、一元的に否定はしない。また、それが文化遺産保護の途上国に於いて役立てられるのであればなおさらである。本書が世界遺産を論じる際には、かかる矛盾と葛藤、さらには克己と希望を根底に有していることを含み置き頂きたい。

32　UNESCO (United Nations Educational, Scientific and Cultural Organization) は国際連合教育科学文化機関、ICOMOS (International COuncil on MOnuments and Sites) は国際記念物遺跡会議とも訳されるが、本書では日本語の通称のままユネスコ及びイコモスと表記する。

33　(collectif) (2001), *Patrimoine et paysages culturels.*

34　UNESCO World Heritage Centre (2002).

35　INTERLOIRE, *op.cit..*

36　ICOMOS (2005).

37　略号は巻末の一覧を参照のこと。

38　ITV (2002).

39　VINCENT Eric, «Le Rôle des vignerons dans la conservation des paysages», dans PERARD et PERROT (sous la direction de) (2010), pp. 37-51, p. 44.

40　ブローデル (2015)、pp.434-435に拠ると、1929年に発足したアナール派は、マルクス主義的歴史地理学から、生産を第一列に置かず流通を重視するのは誤りだと攻撃されたという。ブローデルはそれに反論した上で、流通の構成要素として、道路、輸送手段、運搬された商品、倉庫、市場、定期市、交易、通貨、信用貸し、商取引の様々なプロセス、そしてそれに関わった人々の行動を挙げる。これを拡大適用すると、生産地や生産施設にばかり関心を抱くワインスケープ論は、マルクス主義のくびきから未だ逃れられていないということになる。

41　DUBRION (2011).

42　Musée valaisan de la vigne et du vin (2012).

43　LIGNON-DARMAILLAC, *op.cit..*

44　CIVIDINO (2012).

45　*ibidem*, p. 51.

46　*ibidem*, p. 273. CAUEは、建設許可申請手数料の一部で運営される非営利社団で、一般申請者や地方団体の相談に基本的に無料で応じる助言機関である。1977年の建築法も含めたその詳細に関しては、鳥海 (2010)、pp.270-273を参照のこと。

47　Ministère de l'agriculture, de l'alimentation, de la pêche et des affaires rurales et Ministère de la culture et de la communication (2003).

48　都市スプロールの定義は多様だが、本書では簡便に「都市空間が低密かつ無秩序に田園地帯を侵食すること」と定める。

49　本書では、愚見への科学的批判を乞うべく、反証可能性の担保として引用源を細大漏らさず示した。なので、勤勉な注釈参考は面倒に違いない。従って、愚論に首肯できる箇所に関しては、引用参照は不要だし、その方が円滑な読書ができよう。

第 1 編

フランスの、そして
世界のワインスケープで
今、何が起きているのか

第 1 章

フランス、そして世界のワインスケープの現在

――理想、ジレンマ、進歩的伝統主義

1. 理想のワインスケープと挽回景観

◼-1 ワインスケープの実益

　序に於いて、とりわけ地理学が「喉の鳴る景観」を研究し、それがワインを飲む際の蘊蓄となるだけではなく、イメージ、質感、さらには価格にも影響を及ぼすことを論じた。

　では、具体的にはワインスケープの実益とはどのようなものなのか。

　以下の整理から探ってみたい：

① まず、ワインはイメージ商品なので、そのワインスケープの質の向上が増価につながる；

② 同時に、近年の変化を記述すると、とりわけ2000代以降、銘醸地を対象としたワイン観光が興隆しており、美観がその基盤となってきている；

③ そして、それら双方の流れが合流する世界遺産登録という価値につながる。

　①のイメージは、雑誌広告やボトルに貼られるラベルといった間接媒体による販売促進という点でも重要である[1]。フランスでは、法案提案者の厚生大臣・クロード・エヴァンの名前からエヴァン法と通称される、1991年1月10日の煙草及びアルコール濫用対策に関する第91-32号法律により、アルコール飲料の広告はテレヴィ及び映画館で禁止されている。つまり、それらに頼らず、雑誌広告やラベル自体でいかに消費者心理を喚起するかが肝要になる。グラスに注がれたワインはどれも同じに見えるのに対し、風土の特性が表象されて明確な差別化が容易なワインスケープは、その理解の簡単さとも相俟って意義を増している[2]。

　②の観光を見ると、世界的ホテル・チェーンであるアコーホテルズ社長・ポール・デュブリュルが、2006年9月1日に政府にワイン観光に関する報告書を提出している。そこでは、今後のフランスのワイン産業の中での観光の重要性が再強調された上で、ワインの質を連想させるワインスケープの保全が最優先事項として取り上げられている[3]。ワイン消費の減退傾向にあって、ワイン産業の維持発展のために銘醸地観光の推進は不可欠で、そのための景観制御は必須となっている[4]。

　③は、①と②の統合である。1999年のサン・テミリオンの世界遺産登録は、顕著で普遍的な価値の後世への伝達というユネスコの理念に忠実なものであった。ただ、それは、結果としてワイン観光の勃興に拍車をかけた。そして、2015年のシャンパーニュやブルゴーニュのそれでは、文化財的議論と同時にブランドの保護や売り上げの増進が目論まれるようになっている。

　これらは本書の内容にも反射する。①のイメージの保存は、第2章でワインスケープの保全的刷新方策として論じるし、第7章でその概念の多角化が、第9章で新たなイメージの産出として現代建築のワイナリーについて敷衍される。②のワイン観光は第8章で特記されるし、③の世界遺産登録に関する総論を示す第3章や各論である第4章から第6章でも議論される。

1-2 理想のワインスケープ

フランスでのワイン用ブドウ栽培は紀元前4世紀頃に始まった。古代ギリシャのイオニアの都市・ポカイアは、紀元前600年頃にマッサリア（現在のマルセイユ）という植民都市を建設したが、そこで発掘されたアンフォラに、ブドウの搾りかすが残っていたと言う[5]。

図1 サン・テミリオンのブドウ畑。傾斜に応答した樹列の方向がきめ細やかな景観を形成する

つまり、フランスのワインの歴史は約2300年に亘る。今日見られるワインスケープは、その結果である。

では、かくも長きに亘り形成されたワインスケープの中でも、理想のそれはどのようなものか。ひと言でブドウ畑の景観と言っても、それは多様である。川谷、台地谷、侵食谷、谷底平野、平野、台地、直線斜面、湾曲斜面、丘、山麓斜面、あるいは山麓平野といった具合に、地形的分類だけでも10種類を超える[6]。そこで、視覚的リズムに着目してみたい。序に続き地理学的アプローチを続け、ジャン＝ロベール・ピットに耳を傾けてみよう：

――――ブドウ畑の風景は楽しい。〔中略〕古いブドウ畑では、区画は非常に細かく分割されていて、風景は最高の審美的効果があたえられる。それらがむき出しの大地と季節ごとに変化する葉の色とのコントラストによって、いっそうきわだつからである。満足感と感動は、美しく抑制された自然、ごく穏やかな庭園などから生まれてくる。のみならず、旧世界でも新世界でも大半のブドウ畑には、繁栄と観光による活用のおかげで、建築上の遺産や、みごとな現代建築がつくられるようになった。[7]

このように、地理学者による理想のワインスケープのひとつは、きめの細やかなそれである〔図1〕。

地理学の中でも人文地理学的アプローチによる小さな畑への憧憬は、社会学的な側面としても丁寧な営農を連想させる。農業歴史学者・マルセル・ラシヴェールが指摘するとおり、フランスのブドウ畑が小規模なのは、フランス革命による小作農解放以前から平等主義的慣習法により相続対象地の分割が行われ、ブドウ畑もその例外たり得なかったからである[8]。そして、営農が家族単位である限り、一世帯で営農可能な畑の規模は高が知れている。その丁寧な営農がきめ細やかな景観を形づくり、理想化される。

1-3 安定と刻苦の鏡像としてのブドウ畑

きめ細かな景観は、社会の安定性も含意する。ブドウ農業には様々な慣習が長く残存してきた。営農単位が家族で、農機具の個人的所有が経済的に困難であった時代の残滓である。例えば、ブドウの収穫時期の規制は、農機具や圧搾機の共有の名残である。抜け駆けによる

第1章　フランス、そして世界のワインスケープの現在　35

図2 スイス・ツェルマットのゴルナーグラート鉄道の車窓からのスナップ。標高約2000メートルの急傾斜地でも人はワインを造る

その独占の抑止のため、機器の秩序立った利用を上流で制御していた。また、ひとりが先駆けて収穫を開始すると、まだ仕事のない収穫人を安い報酬で雇用でき、本当に質の良いワインを生産する畑が人手不足になりかねない。さらに、早々に収穫を終えた者の中には、他人のブドウを荒らしたり盗んだりする不埒な輩もいたらしい。収穫が一斉なら、当人は自分の畑の世話で手一杯で、他人に迷惑をかけている暇はないという論理である[9]。

きめ細かく丁寧に耕作されたブドウ畑からは、このような安定した社会のイメージが立ち上がるのである。

ロジェ・ディオンにも耳を傾けよう。ピットの一世代前の彼は、むしろ刻苦を理想化する。これもまた、勤勉さという時代の価値観の表明とも言えるのかもしれない。

ディオンに言わせると、そもそも自然条件に恵まれた土地は多くはなく、人は競ってそれを占有する。後発者には自然条件や地理的条件から見て耕作困難な場所しか残されていないので、土地改良や適切な品種選択等の欠点の克服を強いられる[10]。それに、そもそも高品質のブドウ栽培は、穀物栽培が困難な痩せた土地で行われる。かかる場所では、ブドウ樹は子孫を残せない危機感から栄養を果実に回してその質を高める。その結果、ワインのアルコール度が上がる[11]。

つまり、なぜかくなる場所にブドウ畑を造ったかと思わせる生産地こそ、ワイン生産の成功の証となる[図2]。ディオンにとっては、銘醸地とは、このように農民の刻苦が看取できる場所であり、それはワインスケープとしてかなりの部分が可視化されて見て取れる。

現代人の理想は景観に留まらない。今や手摘みが宣伝になる時代で、アルザスやソーテルヌのように、一粒ずつ摘み取る場合はなおさらである[12]。刻苦は、外見のみならず行為にも求められる。

1-4 挽回景観による食の安心感の醸成

では、かくなる状態のワインスケープに、どのような問題が起きているのか。建築学や都市計画学による対策立案の前提として、景観問題を明確化しておきたい。まずは、具体例を見ておこう。

ピットやディオンが理想化するワインスケープの典型例と考えられるものとして、きめ細やかで刻苦の表徴の明白な段々畑の景観が挙げられよう。それを事例に、直面する現実

を見てみたい。

　段々畑は大規模化や機械化が困難で、とりわけ第二次世界大戦後は耕作放棄されることが多かった。ところが、とりわけ1980年代中盤から、特に地中海沿岸地方で再評価が始まる。農業省や環境省も段々畑の再評価のための調査や研究に着手し、その成果は1989年に『段々の景観』として出版されている[13][図3]。

　この時期は、段々畑も含めて近代化の中で放棄された景観の再評価が進展した時期でもある。例えば、環境省は1992年にそのような景観の再生の好例を示すため、挽回景観プログラムを開始した。その中で、複数の段々畑が選出されている。1996年には欧州レヴェルの実験的プログラムとして段々畑の農業再生に関する

図3　『段々の景観』の表紙

プロ・テラ(Pro Terra)プログラムが、イタリア、フランス、スペイン及びギリシャを中心に始まった。また、1997年にはブドウの段々畑を包含するイタリアのチンクエ・テッレが世界遺産となっている。

　フランスではこの時期に、牛海綿状脳症(いわゆる狂牛病)、口蹄疫(家畜伝染病のひとつ)、リステリア・モノサイトゲネス感染症(人獣共通感染症のひとつ)、遺伝子組み換え作物、あるいは農薬禍といった農業や畜産業に関わる問題が起きた[14]。生産至上主義の農業のあり方に加え、これらに対する消費者の懸念に対し、段々畑は「手作り」「伝統」「本物」といったイメージを付与され、それが広告に使用されることで、大規模化や機械化を実現できないことに起因する費用の吸収や回収が可能になった[15]。ワインで言うと、ボトルに貼られるラベルに、端的に段々畑が表象された[16][図4]。

　これは一定の潮流となったようで、時期は異なるが、コトー・ドゥ・ラ・ヴェゼールでは1999

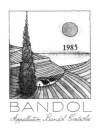

図4　段々畑がラベルに表象されることで製品の真正性を喚起し、さらには価格を高める

第1章　フランス、そして世界のワインスケープの現在　　37

年頃から、コトー・デュ・ジエでは2006年頃から、欧州連合の補助金を活用し、地域の非営利社団が中心になって段々畑のブドウ畑の再生が進められている[17]。

段々畑で生産される全産品が、環境面や衛生面で問題がないわけではない。そこで、フランスは挽回景観という認定制度により、国がラベルを付与することでその景観の回復への努力を顕彰し、観光や地方特産の食材のプロモーションを支援する制度を構築したのであった[18]。

1-5 耕作放棄地の再生と克己の文化財

挽回されたブドウ畑の代表例としては、スペイン・カタロニア地方のプリオラート、同じくスペイン・バスク地方のイルレギー、さらにはポルトガルのアルト・ドゥロが挙げられるが[19]、フランスを扱う本書では同国の事例を取り上げる。

原産地統制呼称 (AOC) 制度によるコンドリューの認定面積は300ヘクタールだが、戦後に耕作放棄が進行し、1975年には実際にブドウが栽培されていたのは15ヘクタールに過ぎなかった。それに対し、地元の農業会議所の有志が再生計画を立て、地域の土地整備・農村施設公社 (SAFER) による農地集積等の支援を受けつつ再作付けを進めた。その結果、1980年代後半には耕作面積は80ヘクタールに回復した[20]。今日ではローヌの白ワインを代表する銘醸地に数えられるまでになっている。

AOCサン・ジョゼフでは、その傾斜のきつさから、徐々に耕作放棄が進行していた。しかし、1980年代にAOCエリアの見直しを行った際、あえて歴史的丘陵部への拡張を決定した。そこは急傾斜の土地で、空積み工法[21]で建設された土留め壁のある段々畑の耕作が必要であったにも関わらずである。理由は、そこでの耕作を放棄した結果、サン・ジョゼフのワインに地域特有の風味が失われたとブドウ農達が考えたからである。そこで、県営農構造整備協会 (ADASEA) や全国ワイン関連職業横断委員会 (ONIVINS) の補助金を得て、9件のパイロット・エリアでの再生事業が始まった。その結果、130ヘクタールの耕作放棄地で再びブドウの作付けがなされるようになった。

ここではさらに、この再生の概念を越え、2010年代になって生成した新たなブドウ畑の文化財についても言及しておきたい。2012年6月15日に歴史的モニュメント (MH) に登録されたAOCサン・モンのサラガシのブドウ畑は、19世紀末期から20世紀初頭にかけてフランス全土で猛威をふるったフィロキセラ禍（ブドウ根アブ

図5 歴史的モニュメント登録されたサラガシのブドウ畑

ラムシの虫害）を逃れたというのが保存の論理である。フィロキセラが寄生したブドウ樹は、アメリカ産ブドウ樹の台木に接ぎ木して再生する。しかし、サラガシのブドウ畑では、樹齢150年から200年と相当されるブドウ樹が残存し、それらは接ぎ木されていない欧州純粋種である。また、品種を混合して密植させる旧来の栽培方法で植樹されたものも多い。フランス政府は、それを国家的文化財としたのであった[22][図5]。

まとめると、ブドウ畑のきめ細かさ、刻苦、さらには克己が理想化されたのである。

2.バニュルスに見るワインスケープの理想と現実

2-1 景観のオート・クチュール

フランスでの挽回景観のもうひとつの代表例は、地中海側でスペイン国境と接するバニュルスである。その景観に関し、ピットは、「バニュルスは景観とワインのオート・クチュール（高級仕立て服）[23]」だと絶賛するが、「挽回」となるからには、その前に問題があった。ピットは以下のように述べる：

──── さてわれわれはさらに歩をすすめ、ワインとその生産地とをいっそう強く結びつけていかなければならない。その場合いっさいの開発、ブドウの生態の変化、新たな建設を禁じるべきだと、いうつもりはない。なぜなら遺産には、活力がなければならないのからだ。しかし、一部の近視眼的栽培人が、蜘蛛型トラクターをいれるという口実でバニュルスの高台の小壁を撤去し、先祖の整備事業から生まれた素晴らしい景色を虫食いや破壊の危険にさらしているのを見逃すわけにはいかない。コート・ドール、ランスの山、シャトー・シャロンの麓の地に、倉庫だの、工場だの、分譲地だのを美的配慮が皆無のまま建設し、下から上にではなく上から下に見下ろした場合には、悲痛の念なくしてはこれらフランスの精華を眺めることができないようにすることは許せない[24]。

「挽回された」と評価される位だから、問題は解決したようにも見える。そもそもバニュルスのワインは発酵中のワインにブランデーを添加して発酵を止めて、甘味を残した天然甘口ワイン（VDN）と呼ばれるもので、通常のワインとの差別化が容易である。その利点も後押しし、現在でも市場評価が比較的高い。AOCバニュルスの仕様書は、2009年10月13日の第2009-1231号政令により規定されたものだが、以下の規定がある：

　　a. 水循環の制御工作物や（土留め壁、段々畑、斜面耕地等の）景観構成要素は、土壌の一体性や永続性のみならず、ブドウ畑の特徴的景観の尊重を保証可能な方法で維持されること。

　　b. ブドウ畑の特徴的景観の保全のため、（土留め壁、段々畑、法面、斜面耕地等の）景観構成要素は、重大な改変の対象とすることはできない。

つまり、AOCが生産方法のみならず、伝統的景観の維持をも課している。

しかし、これは表層的流れをなぞったに過ぎない。実際には理想と現実に引き裂かれたジレンマが残存している[25]。

2-2「雄鶏の足」と戦後の変化

　バニュルスは、ピレネー山脈が東側で地中海に接する海沿いの急傾斜地にあり、空積み工法の土留め壁を擁する段々畑でブドウが生産されてきた。この程度であればフランス全土で見られる平凡な耕作地に過ぎないが、バニュルスの景観を特殊なものとするのはインフラストラクチャーである。

図6　バニュルスの「雄鶏の足」は、まるで大地に彫刻された現代の抽象画をイメージさせる

　地中海岸では集中豪雨が少なくなく、優れた排水システムが必要とされる。バニュルスのそれは、斜面を斜めに下る幾本もの支溝と、それらを流れてきた水を集中的に排水するために傾斜に沿って工作された本溝を組み合わせたアグイユ(agouilles)と呼ばれる。この形状をピレネー地方の方言でpeu de gal、即ち「雄鶏の足」と呼ぶが、曲面で形成される斜面に直線による幾何学模様が刻まれる様相は、現代美術のコラージュにも見える［図6］。それらは、中景や遠景では、南仏特有の夏の山火事に備えた延焼防止帯とも相俟って、緑のブドウ畑に独自の幾何学模様を描く。さらに、近景では土木遺産的な趣も見せる。

　しかし、1950年代から変化が顕著になった。一方は耕作放棄、他方は機械化という流れが、この土木構築物を主軸としたワインスケープを変えてゆく。

　耕作放棄の背景は、傾斜地での辛い作業が嫌われたことである。それでも採算性が高ければ営農は持続的であろうが、ワインはそうは高くは売れなかった。あるいは、農業しか生活手段がなければ耕作の継続が期待できただろうが、海洋レジャーの時代の到来で、海辺に住む農民には別の働き口が容易に見付かった。

　バニュルスの耕作放棄は、単にワイン用ブドウの生産量が減少し、景観的も不格好な荒れ地が増加することだけを結果しなかった。生命、財産、そして身体を脅かす、山火事の危険性を高めた。地中海は夏場には極度に乾燥し、小火が大火につながることがある。ブドウ畑の維持は、農道兼用の延焼防止帯の管理も伴っていたが、その手入れがなされず、さらに放棄された土地に雑草が生い茂って引火と延焼の危険度が上昇する。その懸念が現実化したのが、1986年の山火事だった。

　機械化の背景は説明不要だろう。戦後しばらくは役畜のラバが活用されたが、1950年代からはトラクターが導入された。それらは当初米国製であったが、北米大陸での大規模農業のイメージに反してそれらはベビー・トラクター、あるいは一部の機種はポニー（子馬）と呼ばれ、フランスの零細営農にも適したものであった[26]。

2-3 近代化のジレンマ

ブドウ樹の間を役畜が牽引する鋤で耕している時代には、ブドウ畑の端部にはわずかな余白があれば良かった。動物は体をよじって方向転換ができるからである。しかし、トラクターはそうはいかない。その回転半径として5メートル程度の余白が必要で、かつその部分は水平であることが望ましい。となると、中景から遠景では、緑の樹列の端部に土色が現れ、それをさらに農道が囲む形となる。また、畑は斜面に造成されているから、この転回用の端部は傾斜の滑らかさの点でも不連続面を造り出す。さらに、樹列の間隔も、トラクターの通過と作業が容易になるように拡げられた。他方、トラクターの入れない狭小な段々畑は、その導入のために土留め壁を壊して拡幅されて平坦化される。

ブドウ栽培の方法も大きく変容した。かつては歳をとった樹を一本々々抜根して畑を漸進的に若返らせた。しかし、戦後になるとブルドーザーで一気に地起こしをして、全株を更新する方法が主流となった。となると、ここでも段々畑は不都合な存在となる。

上記の通り、ピットは蜘蛛型の脚を持つショヴェル掘削機を批判する。しかし、蜘蛛型ショヴェル掘削機が、戦後のフランスに於けるブドウ畑の再生に果たした役割は大きい。そのおかげで、ブドウ農は適切な時期に適切な作業をすることができるようになった[27]。それは、ブルドーザーによる大規模整地に対する次善の策で、確かに土留め壁の一定程度の取り壊しを伴う。しかし、平坦化はほとんど惹起しない整地法で、ブドウ農なりの精一杯の努力ではある。その否定は、営農自体の否定につながりかねない。景観か営農継続かと問われれば、答えは明白であろう。

また、近年の環境規制の盲目的適用も、バニュルスでは景観の維持とのジレンマを呈する。バニュルスのブドウ農業の維持には適切な農薬使用が不可欠で、とりわけブドウに直接噴霧しない除草剤の使用は、ブドウ農の労働を軽減してきた。また、評価は分かれるが、農薬の使用で表土が固まり、豪雨が斜面を駆け下ることで土壌流失への耐性を持たせることできる考えるブドウ農もあった。しかし、それも国や欧州連合の規制により困難になりつつある。急傾斜地での手作業での除草は、仮に人件費を用意できても、労働が辛過ぎて人が集まらない。

2-4 有形遺産から無形遺産へ

バニュルスでは、1986年の山火事を契機に公共主導で再生が進められた。1980年代後半は好景気が続き、ワインの売り上げも持ち直していた時代である。そこで、一部のブドウ農は、欧州連合の農業環境補助金（MAE）も活用した段々畑の再生に着手した。畑に再び手を入れ、ワイン生産を再開したブドウ農には「山の彫刻家にしてブドウ農」というラベルが付与され、ワイン販売の差別化と価値付加が行われた。ただ、それで伝統的景観が再生すると考えたのは楽観的に過ぎた。その帰結が、三方向で現れたからである。

まず、良好な方向性として、伝統的な小規模区画を丁寧に耕作する流れがある。

次に、懸念される方向性として、区画の集約による大規模化の流れがある。採算性向上の

ためには、機械化の推進と併行して規模の経済を追求する必要があり、そのために土留め壁やアグイユの撤去が進められた。それも、撤去とは言わずに再構成、近代化、あるいは整備という表現を借りて行われ、さらに一部のブドウ農に至っては、隣地と明らかな不連続性を産み出しておきながら、「ここはそもそも段々畑ではなかった」と強弁する者さえ現れた。

　最後に、上記のダイナミズムに対し、採算の取れない畑が放棄される流れである。

　この異なる方向性が遠景の中に共存した場合、景観はちぐはぐなものとなり、伝統的景観を見慣れた人々の眼には嘆かわしい状況と映った。さらに、これらの異なる流れは、ワイン生産を有形なものと見るか、無形なものとして捉えるかという、ふたつの考え方も生む。

　バニュルスは、2006年から世界遺産登録運動に乗り出した。フランス政府は既に2004年に、スペイン政府と共同で「ピレネーの地中海沿岸」を複合遺産として暫定リストに登録していたが、2006年に、地中海ピレネー郷土開発会議がスペインのアルト・エンポルダ広域区会議と共同で地方主導の世界遺産申請運動を立ち上げた。しかし、世界遺産登録されて伝統的景観の保存が課されることを恐れた一部のブドウ農は、同年に無形遺産登録を求める活動に着手している。広域の複合的景観の重要性には異議はないが、彼らにとっての遺産は天然甘口ワインの製造過程自体であるとの主張である。無形遺産と捉えれば、機械化や畑の区画形質の改変には問題がない。

2-5 保全措置と土木教育

　バニュルスには、世界遺産の登録基準で言えば、「(vi) 顕著な普遍的価値を有する出来事との関連」も適用可能な歴史がある。実際には申請時に使われていないが、上述の通り、バニュルスの地形は「雄鶏の足」の存在もあって複雑で、第二次世界大戦時には対独レジスタンスがその地の利を活用して、ナチス占領下のフランスからの脱出経路になっていたという[28]。

　このような歴史を活用するにせよしないにせよ、公的には有形の広域遺産登録を目指すだけあって、既に複数の保護措置がかけられている。そもそも海岸部には1986年1月3日の沿岸の整備・保護・活用に関する法律、通称「沿岸法」の規定により、都市化禁止地帯が設定されてきた。さらに、近隣の銘醸地・コリウールでは、既に1993年に「コリウールのすり鉢丘陵」との名称で約400ヘクタールが景勝地指定を受けていた。

　バニュルスでは2003年に「バヨリー河の盆地」と題された名勝地として、3,373ヘクタールが景勝地指定された。ただ、これは内陸部分で、地中海岸のブドウ畑には及んでいないので、今後その保護が必要になる。しかし、上記の意見の相違は、それを容易にはしないだろう。

　そもそも保護の網がかけられ、段々畑の維持を課されたら、耕作放棄がさらに進行しかねない。バニュルスは1993年に挽回景観ラベルに基づく事業措置で、15万フランの補助金

が交付され、約6キロメートルにわたりアグイユの修復が可能になった。しかし、全長は約6,000キロメートルなので微温的維持に過ぎない[29]。近年ではワインを含めた観光客も多く集まりつつあるが、それが観光産業を潤しても、農業にまで波及効果が及ぶかは不確かである。

さらに根源的には、バニュルスでの景観保全のためには、ブドウ栽培に関する知識だけではなく、空積みの土留め壁やアグイユの造成に関する土木技術の習得も必要になる。そのため、ブドウ農が同時に「ブドウ畑の建築家」となるための養成講座やその維持管理を監視する組織が必要になる[30]。それは無償ではできない。

バニュルスの理想の現実のジレンマは深いままである。

3. ブドウ畑の景観問題

3-1 ボルドーの戦後

景観的に美しい畑でできるブドウによるワインは、確かにイメージの良好さによる増価はあるが、必ずしも味が良いとは限らず、絶対的に高値で取引されるわけではない。例えば、チンクエ・テッレの急峻な崖でブドウを耕作するのは効率的ではなく、従って人件費を初めとする諸費用が余計に嵩む。しかし、チンクエ・テッレ産のワインは世界的名声を有しているとは言えず、価格も高価にはならない[図7]。また、かくも骨の折れる農業に従事する者は少なく、農民の高齢化も進行している。となると、例えば機械化により効率化を図ってゆくことが一案となるが、それではこれまでに保存されてきた段々畑を破壊することになる。

つまり、営農継続の必須条件が、逆に伝統的景観の破壊を惹起してしまう。トラクター用の農道の整備のために土留め壁を取り壊し、そのせいで土壌流失が深刻化する地域も少なくない[31]。また、空積み工法で造成された土留め壁は、石と石の間が授粉や土壌改良を助ける益虫や益獣の住み処にもなる。一種のビオトープで、生物多様性の源泉でもある[32]。しかし、土留め壁を厄介者扱いする機械化が、景観どころではなく営農基盤自体を破壊してゆく。他方で、機械化を進めなくても、耕作放棄で歴史的風景は崩壊してゆく。

段々のワイン用ブドウ畑のこのような苦悩は、フランスのワインスケープに関わる問題の象徴的一断面である。そこで以降では、議論を一般化してみたい。

まずは、銘醸地・ボルドー全般を見てみよう。そこでは戦

図7 チンクエ・テッレのワイナリーは小規模で著名とは言えない

後、以下の3点の経営環境の変化が見られた[33]：
　①機械の導入に対応可能なブドウ農だけが生き残った；
　②1956年の寒波で気候不順の年度をしのぐ蓄積のない造り手が淘汰された；
　③欧州連合のワイン版の減反政策である抜根奨励金で零細農家が営農を停止した。

　これらは景観にいかなる影響を及ぼしたのか。①と②を通分すると、近年顕著な外部資本の参入の現象が表出してくる。これは第7章で論じるし、現代建築のワイナリーの出現の背景になるので、第9章でも詳しく見る。

　②を換言すると、確固たる経営基盤の農家は生き残ったということになるが、それと①を通分すると農地拡張の問題が見えてくる。さらに、②と③の通分からは、耕作放棄の問題が明らかになる。つまり、ボルドーでは拡張と放棄という矛盾する現象が同時進行している。実は、これはこの銘醸地に限らない問題である。

3-2 拡張と放棄の同時進行

　フランスでは、1999年のサン・テミリオンの世界遺産登録を契機に、ワインスケープの研究分野が、景観分析を中心とした地理学や生産物の質を問う農学から、都市計画学的なものに移行してきた。調査報告から、問題を明確にして対策を考究する姿勢への変化である。

　国立ブドウ畑・ワイン技術研究所（ITV）は、2002年に『景観の中のブドウ畑』と題した冊子を発行しているが、それが看取する景観問題は以下の通りである[34]［図8］：
- 畑筆の拡張による景観の簡素化；
- 整備による丘陵部の変容；
- 樹木、樹林、垣、土留め壁等の景観的・建築的要素の排除。

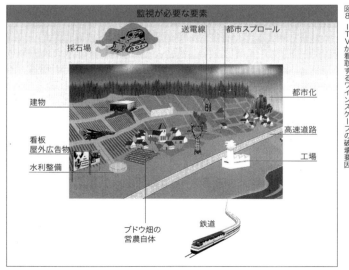

図8　ITVが看取するワインスケープの破壊要因

イコモスは、複数の銘醸地の世界遺産登録を受け、その保全に関する問題や解決策を整理するため、2005年に『ブドウ農業に関わる文化的景観−ユネスコ世界遺産条約の枠組みでのテーマ別研究[35]』と題した研究書を刊行している。また、それらの流れを受け、農業省は2006年に『原産地統制呼称（AOC）制度と景観』との報告書を発行している。いずれも、上述の『段々の景観』をまとめた農業省の研究官・レジ・アンブロワーズが寄稿しており、同専門官がまとめた問題点は以下の通りに整理できる[36]：

- 耕作放棄による景観の消滅（その原因として採算性の悪化、その結果として土壌流失、火災、建設行為）；

- 機械化等による景観の俗化（その原因として農地集約、水利工事、技術革新、関連建設物の利用形態の変化、その結果として伝統的景観要素の消滅）；

- 都市化による景観の混乱（その原因として道路や建物の建設、屋外広告物の増殖、その結果として生産物の質の低下）。

　総括すると、ボルドーのみならずフランス全体でも、一方で拡張が起き、他方で放棄が起きている。また、放棄はそのまま放置され荒廃した景観を発生させることもあれば、都市化に供されて都市と農地の入り乱れた混乱した都市スプロールの景観を産み出すこともある。そこで、以下では景観に引き付けながら、拡張と放棄という問題を見てみたい。どちらも往々にして伝統的景観の紊乱の様相を呈するが、なぜ、かくも矛盾した問題が起きるのか。

❸-3　矛盾の背景

　フランスでは欧州連合が2008年に実施したワイン市場制度改革[37]に備えて複数の公的報告が発表された[38]。そこで共通して言及される景況を、当時の統計を付記して列挙する：

① 消費の減少：国内でのワイン消費量は、1970年には5,563万ヘクトリットルだったが、2008年には3,080万ヘクトリットルとなっている[39]；

② 耕地面積の減少：1967年にはフランス全土で約1,400万ヘクタールあったブドウ畑は2007年には約900万ヘクタールに縮退した[40]；

③ 輸出量減少と輸出額増加：輸出量は1999年の約1,750万ヘクトリットルをピークに減少し、2007年には約1,480万ヘクトリットルとなっている。他方、1994年には33億ユーロ相当であった輸出額は、2007年には93億ユーロに成長した[41]。

　即ち、全般的な消費減退とそれに伴う耕作面積の減少の反面で、とりわけ輸出向け製品の単価上昇が見られる。

　消費減退は顕著である。フランス人はワインを飲まなくなっている。上記統計を国民1人当たりの年間消費量に換算すると、ピークは第二次世界大戦直前の170リットルであった。戦中・戦後は大幅に落ち込むが、戦後の1950年代に150リットルまで回復する。しかし、1960年代から減少し始め1975年に110リットル、1988年に85リットル、1992年に65リットル、1994年に62リットル、2000年に60リットル、つまりピーク時の約3分の1になってしまった。このトレンドを延長すると、フランス人は2021年にワインを飲まなくなる

第1章　フランス、そして世界のワインスケープの現在　　45

と言われたのもこの頃である。これは、ワイン業界の不況とも通底する。

　にも関わらず、フランスでは1980年代後半まで、ワインの将来性への危機感がほとんど皆無であった。フランス人が日常的にワインを飲まなくなり、パーティの際に、家ではなくレストランで、ワインの産地での思い出を語りながら、AOC制度で質の保証されたワインを飲むようになったとは記述されている[42]。しかし、世界的な消費量の減少や新興国ワインの台頭は予測されていなかった。

　かかる市況にあって、直接販売や通信販売は小規模生産者にとっては残された手段であると同時に好機でもあり得る[43]。そのことに早く気付くべきであった。

　そもそもからして農業は浮沈が激しい。上記の問題群と時期が一致しない統計だが、フランスの農業系の企業収入は、前年比で、2008年には20％減、2009年には35％減である一方、2010年に50％増等の不安定さを見せる。2009年の不況を見ると、乳業が54％減、果物業が53％減、野菜業が34％減である。ワイン関連の詳細な数字は不明だが、ワイン関連産業の独立系従業員（給与ではなく出来高で所得を得る人々）の収入は2009年に8％減で、末端の労働者の段階でこの数字なので、業界としてはさらに収入が減っていたと考えられる。ワイン産業、しかも高品質のワイン業が、2009年の農業収入の減少の足を引っ張ったとの指摘もある。これは、リーマン・ショックで新興国の富裕層が一時的に高級ワインから遠ざかった結果でもある。そして、昨今の農家は減収に耐えられるほどの資金力がなく、ワイン業で見るとブドウ農の廃業等が見られ、造り手も2015年までに14％、4,400軒減少すると予想された[44]。

　これらを見ると、②の耕作放棄の問題は当然の帰結である。

■3-4　拡張のジレンマ

　他方で、③の輸出の好況は、中国経済の減速はそれを鈍化させはしたが、リーマン・ショック後も続いている。デヴィッド・ローチとワーウィック・ロスが監督した2013年の映画『世界一美しいボルドーの秘密』は、ボルドー・ワインを買い漁る中国人を主題にした批判的ドキュメンタリーである。かかる好況は、とりわけ著名銘醸地での増産、即ちブドウ畑の拡張を動機付ける。

　銘醸地であればなおさらだが、一般的生産地でも、耕作面積の増加による規模の経済の追求や、機械化のための合理的規模の形成は支配的要求である[45]。また、拡張にもいくつかの手法がある。複数の畑筆の統合や、それまで

図9　サン・テミリオン近辺でのワイナリー建設工事

畑ではなかった部分の開墾が典型的である。

　ワインのような、品物によってはボトル一本で数十万円の値段の付く農産物の場合、当然ながら、生産者は価格を下落させない程度の稀少性を維持しつつの増産の誘惑に駆られる。解決策としては拡張がほぼ唯一解となる［図9］。

　無論、農家が増収を追求するのは当然で、拡張を論難するのは無責任である。そもそも、ブドウ農業の再生という視点に立脚すれば、細分化した畑の合筆も一元的に否定的捉え方をすべきではない。例えば、AOCサン・プールサンでは、アリエール県農業会議所と土地整備・農村施設公社（SAFER）が共同で土地整備集中事業（OGAF）を活用した農地集約を実施し、若い世代のブドウ農業への参入を促進して成功した[46]。

　問題は、その拡張による外部不経済の発生、ワインの価値の押し下げ、そしてワイン観光の阻害というジレンマを解くことにある。

　外部不経済の発生とは、拡張が当該農家に利益があっても、隣地等に不利益をもたらす場合や、農家に一時的に収入増加をもたらすものの、長期的には営農が持続不可能になる要因を産み出したりする場合である。

　例えば、拡張のための生垣の撤去で、生物の多様性（とりわけ鳥と虫）が失われ、環境の悪化が深刻化することが指摘されている［図10］。生垣を構成していた木々や低

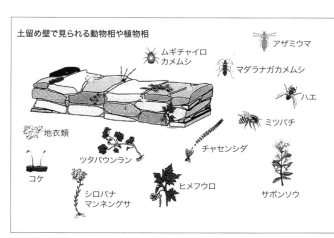

図10　土留め壁には農業の益虫が多く住むだけではなく、地域生態系のビオトープの様相を呈する

木の深い根が補給していた地下水層からの栄養素や水分がなくなるため乾燥リスクも高まる。その結果、粘土層が失われ、土は急激に侵食されて、数十年以内に肥沃さがなくなる。危機的事態で、今後十年から二十年の間に生産性が著しく減少することが懸念されている[47]。

　ブドウ畑の中にぽつりと立つ樹木は、機械化によりトラクターの通過に障害となったり、採算性の高いブドウ畑であれば、より多くのブドウ樹を栽培するために伐採される。しかし、それは、景観的に重要であるばかりではなく、ブドウ樹の受粉を促進したり害虫を補食する益虫の住み処である可能性もある[48]。それがなくなれば、長期的には営農の持続性の障害となる。

3-5　農地改変の不可逆性

　ワインの価値の押し下げとは、ワインはイメージで買われる商品であることに起因する。

サン・テミリオンやモンタルチーノでは、ブドウ畑が穀類畑や牧草地を駆逐してモノ・カルチャー化し、景観を単純なものに変容させている[49]。ブランド化された産品のイメージは重要なのに、農民自らがワインスケープを毀損し、ひいてはその価格を下落させるリスクを冒している。

　産出量を増やそうと不適切な土地にまでブドウ畑を拡げると、個性が薄れてつまらないワインになりかねない。必要なのは、生産性の論理ではなく精鋭主義のそれなのにである。ただ、そのためには消費者がその分高い値段を払うことが前提となる。つまり、消費者教育が必要になる。ワインの場合、全ては産地の自然条件や生産者の手腕次第で、それを消費者の好みや選択に適合させる余地は小さい。そのまま受け入れて買って飲んでもらうしかなく、気に入らないと言われればそれまでになる。商工業分野の一般的マッチングが通用しない[50]。

　また、生産者の側でも、誠実さを武器にブランドを守る矜持が必要になる。収量を減らして質を高めるのは無論、出来が良くなければ出荷しないとか、セカンド・クラスのワインにする等の覚悟が求められる。

　そして、この種の負の外部性の発生問題は、農業本体に限定せずに考察すべきであろう。というのも、今日、銘醸地はワイン観光に依拠して生き残りを図るものが増加しているためである。拡張によりワインスケープが崩れて観光客が減少するかもしれない。ワイン観光の減収が、農家のワイン生産の増加による増収よりも大きい場合、拡張は最適解ではなくなる。

　経済学で言うトレード・オフの考え方だが、農業でそれが難しいのは、選択行動の不可逆性が大きいことである。ワイン観光が最適解になった途端、即座に拡張で侵食された農地や森林を元に戻し、かつてのような景観的多様性を回復させるのは容易ではない。数百年かけて築き上げたものを、一瞬で再現できるはずがない。また、文化財保護の観点からは、それが真正性のある修景方策と呼べるかどうかも疑念が残る。

　イメージを悪化させるのは拡張だけでないことも悩ましい。バニュルスを事例に見たが、とりわけ地中海岸の山岳地帯では夏季に山火事の危険性がある。ただ、防火のために道路の拡幅が行われると、ブドウ畑の景観の構成自体が変わる可能性がある[51]。火災でも景観は失われ、防火でも景観が崩れるジレンマである。防火は合理的なのに、それがワインスケープを毀損する矛盾が起きかねない。合理化の非合理である。

3-6 非合理化という合理

　ピットはトラクター導入という合理化を批判するが、それは一元的に非難すべきものではなく、臨界点を見極めるべきものである。

　ブドウ畑の景観の特徴のひとつに規則性がある。整然と並ぶ樹列からは勤勉さや清潔さの印象が生まれ、それがワインや観光に価値を付加する。この規則性は農作業の合理化の産物である。当初は密植であったものが、馬で鋤を引けるようにするため等高線に平行な線

形にしたり、高度の高い場所から低い方向に移動することで重量物の運搬を容易にすべく等高線に垂直な線形にしたりと、各地方の農業の実情に合わせた植栽がなされてきた。列を成して植栽されるため、軍隊や宗教団体、あるいは時代が下ると金融権力に擬えられることすらある[52]。それが今日では、肯定的評価を受けている。つまり、合理化が合理である段階である。

ところが、合理化が閾値を超過すると、不合理に陥る。ここでは、外国の事例を挙げよう。

貴腐ワインの銘醸地・トカイはハンガリーにあり、1989年に始まる東欧の共産主義国の民主化運動前は、実質的にソヴィエト連邦の支配下にあった。かくなる体制下で、特権階層用として、さらには外貨獲得用として重要だったのが、トカイ・ワインである。必然的に増産が目論まれ、機械化が進められた。その結果、トラクター用の通路の確保のため、ブドウ樹は3メートルという長大な間隔で植栽された。

密植でブドウ樹同士を競争させ、より良い実を実らせる樹を残してゆくのはブドウ栽培の古典的鉄則だが、守られなかった。つまり、破壊要因は自然でも人為でもなく政治である。かくして伝統的景観は破壊され、ワインの質も下落した。合理化の不合理である。

トカイ・ワインがかつての質と景観を回復させるには、ビロード革命後の西欧諸国の支援が必要で、2002年の世界遺産登録は、地域の人々の復旧活動とそれを支援したフランス等の成果である。かくして機械化を断念し、手作業の必要な密植に回帰した。つまり、トカイでは、非合理化こそが合理となった。

ただ、このトレード・オフ方程式の右辺と左辺の入れ替わりは一瞬でも、トカイのブドウ農地の回復には10年以上がかかっている。合理化は安易だが、意図的非合理化は困難であることの証左である。繰り返すが、土地の区画形質や農法の変更は不可逆性が強い。

4. 理想と現実の狭間で

4-1 伝統的材料か工業製品か

ワインスケープを考察する際、ブドウ樹のみを対象としていては不充分になる。

畑を良く観察すると、ブドウ樹が独立して植栽されていることはほとんどない。必ずそれが寄り掛かる支柱が立てられ、ツルや枝が巻き付くワイヤーが張られている［図11］。

しかし、ここでも伝統と現代の狭間の葛藤がある。例えば、杭は伝統的にはアカシアや松が材料であったが、鉄、アルミ、あるいはプラスチックのものも増加している。また、今日では仕立てに当然にように使われる針金

図11 初春のブドウ畑では、むしろ杭や針金が近景を構成する（サン・テミリオン）

も、19世紀末のフィロキセラ禍の流行まではフランスでは全く使われていなかった[53]。つまり、真正性の原点を工業化時代以前に設定すると、現代の栽培方式は成立しない。杭の材料も同様で、工業素材を全否定すれば、営農は不可能だろう。

　観察の視野をもう少し広げると、ブドウ畑に付随する木立や、丘陵の頂冠部の森や林が見えてくる。木立の樹種にも意味があり、例えばアカシアはブドウの添え木として有効であるために植林されていた[54]。しかし、そもそも今日では木立はトラクターの運行のために伐採され、森や林はブドウ畑の拡張のために開墾される。

　人為的空間に眼を移すと、農作業小屋や農道等が見えてくる。これらも伝統的ワインスケープに於いて重要である[55]。土留め壁や石垣のような土木工作物も勘案する必要がある[56]。これらも、工業素材で機械的に造るのが経済的に合理だが、歴史的様相をまとわせることができるとは限らない。また、伝統的外観にしたことで、それは似而非建築と呼ばれよう。

　どこまで時代を遡及させればオーセンティックなのか。

　ブドウ樹の剪定は、聖マルティヌス（316年頃〜397年（または400年））の食いしん坊のロバが、ブドウの新芽を食べてしまったことに遡る。そのことで、短く、低く剪定することの利点が知られた[57]。また、ワイン用ブドウ栽培の学理を初めて本格的にまとめあげたのはアリストテレスであった。ブドウ樹の高貴化のため接ぎ木の理論と技術を明らかにした[58]。

　ここまで理想を追うべきなのか。それとも現代の合理性を取るべきなのか。誰もが納得する完璧な回答はない。

4-2 減反政策と耕作放棄

　意図的に市場流通量を減少させて価格を上昇させる操作はいかなる分野でも行われる。フランス、そしてヨーロッパのワイン分野でも、生産量が過剰でその価格の下落に歯止めが利かないと、その最上流にあるブドウ生産で生産調整をすることが行われてきた。いわば、ワイン版の減反政策である。

　そもそも、銘醸地ならばともかく、テーブル・ワインの生産地のブドウ農は、一般論として質の高いものを生産する意欲を欠如させていた。豊作貧乏を恐れて収量の少ない年を喜び、凶作からしばしば高い貨幣収入を引き出す悪弊に陥っていた。また、彼らのブドウ、あるいは樽買いされて引き取られるワインは混醸に回されるため、売れてしまえば後の評価等は気にする必要もなかったし、ましてや消費者の嗜好に応答しようという積極的意思は懐胎してこなかった[59]。

　そこに投入されたのが欧州連合の抜根奨励金である。

　抜根が進んだのは1980年から1990年代にかけてで、フランスのワインが内外共に需要を減少させていた時期に重なる。ただ、それは全土で均質的に進行したわけではなく、地域別で見ると、テーブル・ワインの生産地でブドウ畑の面積が減少した反面、ボルドーを含むアキテーヌ、ブルゴーニュ、あるいはアルザスといった銘醸地では微増の状態にあった[60]。上述の統計が示唆する通り、銘醸地での拡張と非銘醸地でのブドウ耕作の停止が同時に起

きた。
　減反政策と抜根を受け、別の作物への転作が進めば景観破壊は惹起されないし、場合によってはより美しい農業景観が形成される可能性もある。しかし、ディオンの前言の通り、そもそもワイン用ブドウ畑は、地味の痩せた傾斜地に造成されるので、穀類畑や牧草地への転用は困難である。というか、そのような場所しか嗜好品のブドウには場所が残されていなかった。そこで耕作が放棄されれば、残るのは荒地だけとなる。徐々に自然に戻ってゆくのかもしれないが、土地改変は不可逆性が大きいので、数十年の単位の時間がかかろう。
　拡張は景観の単純化を招き、放棄はその荒廃を惹起する。それが同時に起きてしまったのがフランスであった。

4-3 地方分権が惹起する都市スプロール

　ボルドー地方は、ディオンやピットの理想のブドウ畑の定義からやや外れる。フランスでは稀有なことに、平坦な土地でブドウ栽培が行われている。通常、ブドウ畑の耕作放棄は転作に連結せず、土地管理の放棄に帰結する。対して、平地の多いボルドーでは、ロードサイド等の好条件の土地であれば、住宅や商業施設等の沿道開発の可能性がある。これは、地価からも推断できる。
　歴史的環境監視建築家(ABF)[61]を構成員とする非営利社団・全国ABF協会(ANABF)は、2006年3月発行の機関誌で「ブドウ畑の景観とワインの建築」と題した特集を組んだ。それに拠れば、農地は1ヘクタール平均4,500ユーロの地価だが、別荘地とすれば3万ユーロ、住宅地とすれば7万6,000ユーロで、農産地でそれらに均衡するのは原産地統制呼称(AOC)の掛かったワイン生産地の7万3,000ユーロのみである。ボルドー地方では、ブドウ畑は都市化に対抗可能な唯一の農業的土地利用となっている[62]。換言すると、ブドウ畑の耕作放棄は、別の作物への転作に帰結せず、都市開発を誘発する可能性が高い。
　例えば、サン・テミリオンでは、世界遺産の構成資産エリアではブドウ農業が都市開発よりも収益が大きいので開発は起きないが、近隣の中核都市・リブルヌ方面のロードサイド開発や住宅の都市スプロールが懸念されている。ロードサイド開発やスプロール自体には性善も性悪もない。というか、農家や醸造所が散在するスマート・スプロールや、集落が点在するコンパクト・スプロール、あるいは商店やサーヴィスをまとめたコンパクト・マーケットは銘醸地に相応しい郊外開発の形式である。

図12　ボルドーの市外に出るとすぐにブドウ畑とロードサイドの巨大店舗の併存が始まる

ただ、それがブドウ畑の美観との齟齬を発生させたり、周辺の優良農地での営農に悪影響を及ぼす場合、阻止しなければならない[図12]。伝統的景観を構成するブドウ畑の内部や周辺に計画される現代の建物の意匠は重要なのである[63]。

　ここで問題なのが、フランスでは都市計画が基礎自治体にまで地方分権され、政治銘柄となることが多い点である。高齢で後継者のいないブドウ農は、営農よりも住宅分譲を志向する。そして、かかる有権者を意識した首長や議員は、開発容認型の都市計画を策定する。フランスでは一般的法定都市計画に景観規制を内蔵することが可能なので、建物意匠の制御を組み込む必要があるが、それを失念したり、コスト増を嫌悪する有権者を意識して割愛する自治体もあろう。となると、都市計画の地方分権は、伝統的景観の崩壊を招く逆説になる。

■4-4 2000年代に顕在化した景観問題

　とりわけ2000年代に入って注目されているのが、観光公害と地球温暖化である。前者は、ワイン消費の減退を観光で補完するという発想の下、とりわけサン・テミリオンの世界遺産登録と期を一にして着手された政策だが、屋外広告物による景観破壊の他、自家用車の流入増加等で静穏な農業環境が紊乱されることが危惧されている。後者は、長期的には気温が上昇して良質のブドウが生育しなくなることや、短期的には激しい雨水による土壌流失で栽培自体が困難になることが懸念されている。いずれも、耕作放棄を惹起する可能性がある。

　観光から見ると、屋外広告物は景観規制で制御可能だし、自動車利用も駐車場配置等を通じた都市計画で対応できる部分もある。今後、経験と知見が蓄積されてゆくはずである。また、IT技術や自動運転自動車の発展は、屋外広告物や観光地直近の駐車場を無用にする可能性もある。

　他方で、地球温暖化は、長期的には全世界尺度の問題として解決すべきだし、短期的には農法の工夫等により対応すべきであろう。ここでは、議論が脇道に逸れるものの、ワイン観光と絡めて論じてみよう。

　フランスでは、ほとんどの建物に冷房空調が設置されていない。高温でも湿度が低く日陰では暑さをしのげるためである。しかし、地球温暖化の影響からか、観光繁忙期の夏季に熱波が襲うことが頻繁になっている。その逸話をひとつ紹介する。

　2003年、フランスは熱波に襲われ全土で約1万5,000人の死者が出た。その大半が冷房設備のない家屋で暮らしていた高齢者であった。それだけでもイメージが悪いのに、ワインエキスポ (Vinexpo) で、新興国ワインのパヴィリオンで空調が故障して蒸し風呂状態になった。

　同エキスポは、ボルドーで奇数年の6月に開催されるワインの商談会である。年次によっては5万人近い来訪者があり、ボルドーの観光業界にとってはコンヴェンション観光の一大機会である。そこでの問題発生は、観光業界も温暖化対応に遅れていることを暴露した。

対して、同年のロンドン・ワイン・フェアではそのようなミスもなく、快適な商談会となった[64]。

　フランスはワインの生産地だが、価格はそれを投機対象とするロンドンで決まっていると言われる。その背景にはワイン取引のグローバリゼーションがあるが、フランスは、価格決定の場を自国に引き寄せようとしているのに、空調問題で失敗した。地球温暖化は、間接的にだがワインの価格の決定にも影響を及ぼす。

4-5　温暖化対策と景観破壊

　2003年の熱波を地球温暖化が主因と完全に結論することは不可能らしい。ただ、2000年代に入っての気候変動がブドウ栽培に影響を及ぼしているのは事実のようである。例えば、2017年は、5月初旬の遅霜と低温でブドウ樹の生育が不良になり、サン・テミリオンを初めとする南部の地方でも問題が起きている[65]［図13］。

　温暖化は、原産地統制呼称（AOC）制度の見直し論も惹起する。例えば、ブルゴーニュのいくつかの村では、収穫前35日間の平均最低気温が、1973年と2005年の間で4度上昇している。つまり、果実の成熟がより早く、より唐突になっており、これはアルコール度は無論、芳香や酸味といったブルゴーニュ・ワインの根幹にも関わる側面に影響を及ぼす[66]。現在の農法を維持する限り、ブルゴーニュ・ワインは甘く、切れ味の曖昧なものに変化してゆくだろう。その特徴の維持のためには、究極的には地球温暖化の抑止が必要だが、それが不可能である場合、AOCの規定を修正して味覚的特性を保守するしかない。となると、景観にも

図13　サン・テミリオンの遅霜を報じる新聞記事（2017年5月16日付『リベラシオン』紙）

影響があるかもしれない。

　建築学や都市計画学では温暖化自体に対応できないが、気象条件の変化に一部順応することはできる。問題は、それが景観破壊を惹起しないかという検証である。例えば、豪雨の抑止は不可能だが、それに対する排水施設の充実は土木的に対応できる。これを事例にしてみよう。

　ブルゴーニュはワインで金儲けをしたが、ボルドーは金でワインを造ったと言われる。巨額投資で排水設備を建設し、そのおかげで銘醸地となった。ソーテルヌの著名ワイナリー・シャトー・イケムは、1,000ヘクタールの畑に対して配水管が100キロメートル張り巡らされている。では、なぜ排水が重要なのか。

　ブドウ樹の根は、水分や養分の吸収と同時に空気を取り入れている。ワイン用ブドウ品種では根の活発な呼吸が必要で、根への大量の酸素供給が不可欠になる。排水性が劣悪だと土壌中の空隙が水で満たされ、根は酸欠状態に陥る。逆に、排水条件が良いと、根は活発に酸素を取り入れることができる。また、水は温まると冷却速度が遅くなるので、水分含有率が小さいほど、昼夜の温度差が大きくなり、果実の成熟に有利になる。また、排水性の良好な土壌では概して根が深く発達するため、ブドウの生理学的安定性が高まり、良質な果実の品質につながる。

　ブルゴーニュの伝統的造り手・アンリ・ジャイエは、表土近辺の微生物の繁殖のために必要に応じて犂を入れて耕し、表土に空気を含ませよと述べる[67]。つまり、排水不順で表土に長期間水たまりができれば、嫌気性以外の微生物は死んでしまう。

　しばしば、石灰質土壌、白亜質土壌、あるいは砂礫質といった表現で地質学的議論がなされるが、それは排水性の良好さゆえにワイン用ブドウの好適地であるに過ぎず、地質自体に本質的な意味はない[68]。

　ところが、とりわけ収穫期の降雨は曲者で、せっかく密植、間引き、そしてグリーン・ハーヴェスト[69]で味の密度を上げたブドウの実が水っぽくなる。地球温暖化に起因すると考えられる豪雨の増加は、水利工事の充実を要請するが、水利工事は往々にして伝統的景観を破壊する[70]。バニュルスのアグイユはブドウ農の積年の作品だが、現代であれば安易にコンクリート造にしてしまいがちである。つまり、地球温暖化対策が、景観の紊乱を招く危惧がある。

　それに、景観問題を惹起せずとも、30年前であれば当然だった土木事業も最小化が提唱されている。擁壁の撤去、地面の水平化、水路の変更等は、テロワールの働きに影響を及ぼすと考えられている[71]。

■4-6 進歩的伝統主義への試行

　景観保全に固執して伝統的農法の墨守を押し付け、技術革新を否定するのは本末転倒である。生産性を向上させ生産物の品質を改善する機械化や農薬の一元的否定は正しいとは言えない。追求すべきなのは、その上でのテロワールの新たな機能のさせ方であり、新た

な形態の景観の造り上げ方である[72]。

　では、どうすれば良いのか。

　周知のように、ユネスコの世界遺産制度は、エジプトの考古学遺跡がダム建設で水没の危機に晒され、その救出を国際社会の協力で進めたことに端を発する。それが約半世紀を経て、国や地域によっては、観光客誘引のための商業的ラベリング制度に堕落し、申請の順位を上げるための陳情合戦が展開され、筋の悪い案件でも登録を実現するためのロビー活動が巷間囁かれている。

　他方で、それが、歴史的環境保存のための文化財保護制度や都市計画システムの改善を推進し、遺産保存のための理念を鍛錬し、それらを国際社会で共有する方策になることは、世界遺産制度の豊かな副産物である。そこから長所を抽出するに如くはない。

　また、遺産という術語からは伝統というそれが想起されるが、伝統主義イコール反進歩主義ではない。進歩に逆行するのではなく、より知的に進歩するのが伝統主義である[73]。であれば、銘醸地世界遺産の分析からは、逆説的に、進歩的伝統主義に基づく農業のあり方も垣間見えるはずである。

　そこで以下の章では、かくして鍛え上げられつつあるワインスケープの保全的刷新のための制度設計と、銘醸地の世界遺産登録の現状を明らかにしてゆこう。

注

1　OULES Stéphanie et al., «Paysage et goût du vin – Une correlation possible?», dans *Sud-Ouest Européen*, nº 21: «Territories et paysages viticoles», 2006, pp. 47-55, p. 54.

2　だからこそ、JUAREZ (2011), pp.76-77は、かくなる広告規制がフランス・ワインの国際競争力を削いでいるとする。

3　DUBRULE (2007), pp. I. 3. 1 et suiv..

4　LIGNON-DARMAILLAC (2009), p. 227.

5　LACHIVER (1998), p. 25.

6　HERBIN et ROCHARD (2006), pp.60-67より作成。

7　ピット (2012)、pp.279-280。

8　ラシヴェール (2001)、pp.177-180。

9　ラシヴェール：前掲書、pp.326-328。

10　ディオン (1997)、pp.64-65。

11　ディオン：前掲書、pp.48-49。

12　ガリエ (2004)、p.413。

13　AMBROISE, FRAPA et GIORGIS (1989).

14　GUELIN Marie-Noëlle, «La Culture alimentaire française – Un atout pour la France», dans *Cahiers Espaces*, nº 76: «Terroir, vin, gastronomie et tourisme», décembre 2002, pp. 10-13, p. 11.

15　ALCARZ Françoise, «L'Utilisation publicitaire des paysages de terrasses», dans *Etudes rurales*, nº 157-158, 2001, pp. 195-210, p. 208.

16　AMBROISE, FRAPA et GIORGIS, *op.cit.*, p. 97.

17　CHAPUIS (2016), p. 61, p. 93 et p. 131.

18　ただし、LAURENS Lucette, « Les Labels paysage de reconquête, la recherche d'un nouveau modèle de développement durable», dans *Natures, sciences, société*, nº 2, 1997, pp. 45-56, p. 48が指摘するように、このプログラムでは環境省の担当者の個人的ネットワークで募集の打診がなされ、かつ先着順で100件のラベル付与が決定する等、選考課程が不明解だという批判もある。

19　CAMOU et DUBARRY (2016), pp. 14-19.

20　AMBROISE, FRAPA et GIORGIS, *op.cit.*, pp. 92-95.

21　本書でしばしば登場する空積み工法（pierre sèche）とは、モルタル等の充填剤を使用せずに、平板な石材を積み上げて

乾式で壁体を構築する方法である。充填剤がないので、崩壊しないように水平・垂直を保持しながら積み上げるには独自の技術が必要になる。かくして建設された石垣は、一定の通風性や排水性を有するため、ブドウ栽培に適した土木構築物となる。

22 CHAPUIS, *op.cit.*, p.75. なお、歴史的モニュメントとは基本的に建造物の保存制度で、第2章で説明する。

23 PITTE Jean-Robert, «Banyuls ou la haute-couture du paysage et du vin», dans *Revue des œnologues*, nº 105, septembre 2002, pp. 5-6.

24 ピット (2012)、p. 280。

25 以下の記述は、GIORGIS Sébastien, «Le Paysage singulier du cru Banyuls dans les Pyrénées Orientales (France) », dans ICOMOS (2005), pp. 93-98、 及 びCONSTANS Michèle, «Le Patrimoine paysager viticole de Banyuls, entre rencontruction et destruction», dans PERARD et PERROT (sous la direction de) (2010), pp. 181-199を参考にしている。

26 CIVIDINO (2012), p. 65.

27 CHAPUIS, *op.cit.*, p. 44.

28 PUIG y RIEU (2006), p. 138. 因みに、この書籍は、アルト・エンポルダ広域区会議がピレネーの地中海岸の世界遺産登録推進のために刊行した書籍である (p.30)。

29 フランは1998年12月31日までのフランスの通貨単位で、1ユーロは6.55957フランなので約2万3,000ユーロとなる。インフレ補正等を省略して単純に1ユーロを130円として換算すると、日本円で約300万円になる。

30 VINCENT Eric, «Le Rôle des vignerons dans la conservation des paysages», dans PERARD et PERROT (sous la direction de), *op.cit.*, pp. 37-51, p. 48.

31 VITOUR (2012), p. 9. 因みに、同書に拠れば (p.18)、銘醸地の世界遺産の中でも土壌流失が深刻なのがトカイで、80％以上の場所で、年間1から3センチメートルの表土が失われているという。

32 ROCHARD (2017), p. 306.

33 GROLLIMUND (2016), p. 36.

34 ITV (2002), p. 10.

35 ICOMOS, *op.cit.*.

36 AMBROISE Régis, «Les Pressions et les enjeux paysagers concernant les sites viticoles» dans, ICOMOS, *op.cit.*, pp. 51-55; INAO et Ministère de l'agriculture et de la pêche (2006), p. 9.

37 本改革に関しては、山本 (他) (2009)、pp. 40-58を参照のこと。

38 HANNIN et al. (sous la direction de) (2010), pp. 225-226の参考文献一覧を基に、国会やその委員会に提出された報告書を通読した。

39 HANNIN et al. (sous la direction de), *op.cit.*, p. 27.

40 *ibidem* ; CHAPUIS, *op.cit.*, p. 43. 2010年にはさらに788万ヘクタールに減少している。

41 LIGNON-DARMAILLAC, *op.cit.*, p. 24.

42 LACHIVER, *op.cit.*, p. 563 et p. 567.

43 LIGNON-DARMAILLAC, *op.cit.*, pp. 44-45 et p. 47. ただ、ブドウの減株は、安価なテーブル・ワインを産出する地方で見られるもので、サン・テミリオンのあるアキテーヌ等の銘醸地には関係ない。

44 JUAREZ, *op.cit.*, p. 184.

45 ここでは、農地の集約と拡張は別物であることを明記しておきたい。一般的な農地になるが、しばしば効率的農業経営のためには、農地面積は最低15ヘクタール必要で、これでコストは現在の零細農業の半分になる (神門 (2010)、p.108)。かくなる論理で農地集約の見本とされるのがフランスである。フランスは1960年に農業基本法を制定した。ゾーニングの徹底は無論だが、主業農家に的を絞った支援や、土地整備・農村施設公社 (SAFER) による農地集約を進めた。その結果、食料自給率は1960年の99％から2010年の129％に、面積は17ヘクタールから53ヘクタールに拡大した (山下 (2015)、p.174)。他方で、採算性の向上は、集約だけではなく単収の上昇等でも達成可能である。大規模経営と採算性には比例関係はない。小麦農家の統計だが、米国では平均180ヘクタール、フランスでは55.8ヘクタールだが、それでもフランスが強いのは単収が高いからである (山下 (2010)、p.90)。

46 CHAPUIS, *op.cit.*, p.56.

47 ルプティ・ド・ラ・ヴィーニュ (2015)、p.119。

48 IFV (2015), p. 21.

49 VITOUR, *op.cit.*, pp. 22-23.

50 ガリエ：前掲書、p.412。

51 IFV, *op.cit.*, p. 20.

52 PIGEAT (2000), p. 64.

53 ラシヴェール：前掲書、p.138。

54 ディオン (2001)、p.17。

55 OULES et al., *op.cit.*, p. 48.

56 FABBRI Laurence, «Mettre en Tourisme le paysage viticole – Les Costières de Nîmes et le vignoble champenois», dans *Espaces Tourisme & Loisirs*, nº 255, janvier 2007, pp. 29-32, p. 32.

57 ガリエ、前掲書、p.39。

58 古賀 (1975)、p.74。

59 マンドゥラース（1973）、p. 185及び pp. 242-243。

60 LIGNON-DARMAILLAC, *op.cit.*, pp. 44-45.

61 ABF（Architecte des Bâtiments de France）は、直訳すると「フランスの建物の建築家」となる。1789年のフランス革命前のアンシャン・レジューム（旧体制）期、「フランスの建物」とは宮廷や役所、宗教建築等の公共建築で、ABFとはそれを担当する建築家を指した。その用法が今日まで残存し、文化財建造物の保護を担当する公務員建築家を意味している。ただ、「フランスの建物の建築家」では日本語として不成立であること、そして今日の業務は歴史的環境の監視にあることから、本書では歴史的環境監視建築家と意訳する。

62 DE BOISMENU Antoine, «Le Paysage viticole, un espace menacé», dans ANABF（2006）, pp. 21-23, pp. 21-22.

63 ITV, *op.cit.*, p. 12.

64 JUAREZ, *op.cit.*, p. 186.

65 BROCHEN Philippe, «A Saint-Emilion, les vignerons refroidis par le gel printanier», dans *Libération*, 16 mai 2017, pp. 16-17. この記事に拠ると、サン・テミリオンでは、遅霜と同様に、2013年から2015年の３年連続で雹害も顕著だった。

66 LARAMEE DE TANNENBERG et LEERS（2015）, p. 35.

67 リゴー（2012）、p.28。

68 清水（1999）、pp.53-54。

69 ブドウの実が緑の内に間引き行い、残った実に味を凝縮させる手法である。

70 ITV, *op.cit.*, p. 11.

71 リゴー（2010）、p.157。

72 VINCENT, *op.cit.*, p. 46.

73 島村（2003）、p.51。

第 **2** 章

ワインスケープの保全と刷新のための制度

――優品保護、醜景発生防止、特例認容

1. 制度設計の基本理念と構造

1-1 前衛性の不可欠性

　ワインスケープは複合的である。ブドウ畑の農耕景観もあれば、醸造所の建築的景観もある。段々畑の土留め壁のような土木工作物もあるし、歴史的シャトーのような装飾豊かな建造物もある。古建築のモニュメントもあるし、リノヴェーションされた現代的空間もある［図1］。

　歴史的環境をそのまま真似れば良いではないかとの議論は、ワインスケープでは成立しない。ワイン製造に関わる施設は、著名ワイナリーほど伝統よりも技術的先進性を示すために現代建築を採用する[1]。つまり、歴史上への安住は容易だが、マーケットからは「旧態依然たる」という烙印を押される。そもそも、今日では歴史的な建造物も、建設当時はアヴァン・ギャルド（前衛的）な建築として衆目を惹いたものであった。従って、ワインスケープの保全的刷新の要諦は、歴史的環境やヴァナキュラー（土着的）な環境を堅実に保全しつつ、そこに緊張を以て屹立しつつも景観を乱調に陥らせない方策の探求となる。

　そのためには、3段構えの方策が必要になる。まずは優品の保護制度

図1　シャトー・マルゴーひとつとっても、ワインスケープは多様な景観で構成されている

であり、次に醜景の発生抑止の仕組みであり、最後に質の高いものを許可する特例認容の方策である。制度論的・組織論的に換言すると、以下の整理となる[2]：

- 優品保護：文化財保護制度、原産地統制呼称（AOC）制度、自然公園制度、優良農地保護制度、顕彰・認定制度
- 醜景発生防止[3]：都市計画制度、国立原産地統制呼称院（INAO）の介入、ブドウ農自身によるガイドライン
- 特例認容：歴史的環境監視建築家（ABF）と賢人会議、建築・都市計画・環境助言機構

(CAUE)

■-2 地方自治体の階層構造

本論に入る前に、地方公共団体の階層性や国勢に関し、日仏間で構造的に差異の大きな部分を確認しておきたい［表1[4]］。一見して明白なのは、フランスには国と県との間に地方圏[5]という地方自治体が存在することと、多大な基礎自治体数であろう。総人口が我国の約半分で国土面積が約1.5倍であることを勘案すれば、自治体の規模は至って小さい。

表1：地方自治と国勢に関する日仏比較
（フランスは本土のみで海外県・海外領土除く）

	日本	フランス
地方圏 (région)	なし	18
都道府県 (仏では県 (département))	47	96
市町村 (仏では基礎自治体 (commune))	1,718	35,885
面積 (1,000km²)	378	552
人口 (1,000人)	126,860	66,330
人口密度 (人／km²)	342	110

人口規模的には、フランスの地方圏が我国の県に相当する。また、小規模基礎自治体は自力のみで行政サーヴィスを提供することが不可能かつ不合理なので、必然的に広域行政システムが必要となる。この広域共同体が、人口規模的には我国の市や町に相当する。ただ、いずれも、面積的には我国の県や市・町とは対応しないことを認識しておきたい。

ワインスケープという視点で見ると、地方圏は、例えば地方圏文化局 (DRAC) が文化財調査を行ったり、地方圏環境局 (DIREN) が後述する景勝地の指定や登録を実施したりと、その保全に重要な役割を果たす。また、基礎自治体や広域共同体は、ブドウ畑への無秩序な都市拡散を抑止するための都市計画の策定と執行を担うし、近年では地方分権された文化財保護制度の活用のイニシアティヴを取る等、基幹的役割を果たす。

同様に要注意なのは、フランスでは地方圏や県に国の機関委任事務が残っている点である。例えば、地方自治体としての県 (département) では、公選の県議会議長が行政組織を監督するが、機関委任事務組織は県庁 (préfecture) と呼ばれ、国から派遣される官選の県地方長官 (préfet) が組織を束ねる[6]。そのことをことさら強調するのは、ワインスケープの保全的刷新で行政内の中心的役割を担うABFは、中央の文化担当省から県庁内の県建築・文化財課 (SDAP) への出向官だからである。また、県レヴェルに於ける施設省[7]の出先機関である県施設局 (DDE) は、要請があれば、都市計画策定の専任職員を確保するほどの規模に満たない基礎自治体に代わり、都市計画文書の作成に携わったり、建設許可の審査を代替する。本書では、地方に於ける国による事務の執行を、地方分権ではなく中央分権と名付けて論じてゆく[8]。

また、団体という側面から付記すると、我国のNPOに相当する非営利社団 (association) が多数存在し、地域の文化財保護を実質的に担っているものも少なくない。本書では日本語での据わりの良さから「協会」と訳すが、概ね法人格を有する非営利の社団と理解されたい。中には、世界遺産申請の核となり、その後の管理でも中心的役割を果たすものもある。

■-3 地方集権システム

フランスでは、イル・ドゥ・フランス地方圏を除くと、地方圏及び県の環境保全型・規制型

第2章　ワインスケープの保全と刷新のための制度　61

都市計画への関与は小さい。しかし、基礎自治体の多くは弱小で、農村部のそれの中には自前の都市計画を立案する利益を見出さないものもある。つまり、いずれにせよ、国土計画の尺度から基礎自治体の都市計画のそれへの落差が大きい。

そこで考案されているのが、複数の基礎自治体による広域都市計画である。そもそも今日、基礎自治体単独で都市政策や交通政策、そして住宅政策を決定することは困難である。フランスでは、一般的に信じられているほどの集約的都市構造が維持されてはいないし、都市圏の単位と自治体の境界も一致しない場合が大半である[9]。そこで、人口集積地域を単位とした広域の都市政策が必要となる。

自治体合併も考えられようが、キリスト教の教会教区を単位として設置されたフランスの基礎自治体は、合併に対して拒絶反応を示す。また、一部事務組合方式による都市施設の共同運用の仕組みもなくはない。しかし、各基礎自治体が権限を委譲とした上で財源を共有し、代議員を通じて利害調整を行う基礎自治体間協力公施設法人 (EPCI) という広域共同体が選好される[10]。本書では、これを中央集権ではなく地方集権と名付けて論じてゆく。

具体的には、以下の4形式である：

- 大都市圏 (métropole)：全域人口が60万人以上の圏域の中で45万人以上の人口を有する集合体；
- 大都市共同体 (communauté urbaine)：全域人口が25万人以上の集合体；
- 都市圏共同体 (communauté d'agglomération)：全域人口が5万人以上、または県内最大の中心都市を持つ全域人口3万人以上、または人口1万5,000人以上の核都市を有する全域人口が2万5,000人以上の集合体；
- 基礎自治体共同体 (communauté de communes)：全域人口が1万5,000人を超え、人口密度が全国平均の半分以下の集合体。

本書に出てくる共同体で言うと、ボルドーは単独人口が2014年時点 (以下同様) で約24万6,000人で、周辺の27基礎自治体と全域人口約73万人の大都市圏を形成している。これは、例外的規模である。

シャンパーニュの中心都市のランスは、単独人口が約18万3,000人で、周辺の143基礎自治体と全域人口約29万9,000人の大都市共同体を形成している。

ブルゴーニュのワイン商が集積するボーヌは、単独人口が約2万1,000人なので、人口のみで論ずれば日本では町村規模と言える。周辺の52基礎自治体と都市圏共同体を構成しても人口は約5万2,000人に過ぎない。

ボルドー地方の銘醸地・サン・テミリオンは、本書では形式的にサン・テミリオン市と称するが、単独人口は約1,900人に過ぎない。周辺の21基礎自治体と基礎自治体共同体を結成しているが、全域人口約1万5,000人なので、我国では村の扱いとなろう。因みに、例えば2010年12月16日の地方団体改革関連法が典型的だが、フランスでは小規模共同体をさらに複数合体させて大規模化を図る動きが顕著で、サン・テミリオンは自身も含めて当初8基礎自治体で共同体を形成していたが、22基礎自治体で広域共同体を構成するに至ったも

のである。それでも上記の人口規模に留まる。

ともあれ、以上の地方自治の構造の下、各々が割り当てられた権限と財源を活用し、保全的刷新の理念の下にワインスケープの管理を施行している。以下で、その制度を見てゆこう［図2］。

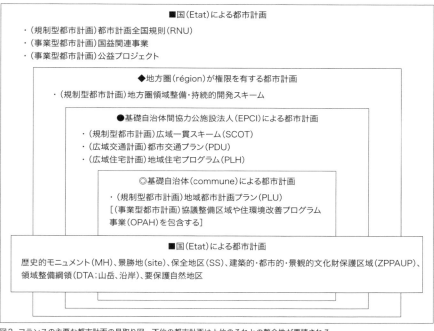

図2 フランスの主要な都市計画の見取り図。下位の都市計画は上位のそれとの整合性が要請される。

2. 優品の保護

2-1 文化財保護制度[11]

文化遺産や景観は、破壊されない限り保護措置が発明されることはない。つまり、開発計画が表面化して初めて保存が講じられるもので、予防的に保全の網が掛けられることは稀有である。本書で言う文化財保護制度も同様である。

ここでは主に文化担当省が所管する以下の4制度を見ておく：

① 1913年法による歴史的モニュメント（MH）制度；

② 1930年法による景勝地制度；

③ 1962年法による保全地区（SS）制度；

④ 1983年法による建築的・都市的・景観的文化財保護区域（ZPPAUP）制度。

これらは、2004年に文化財関連法規が集成された文化財法典が構成された際にそこに統合されている。しかし、ここではその成立過程を概観するため、創設法を記載しながら規

第2章 ワインスケープの保全と刷新のための制度　63

制内容を検証する。また、上記4制度の内、ZPPAUPは2010年7月に建築・文化財活用区域（AVAP）に名称変更され、2016年7月の法改正で、SSもAVAPも優品文化財地区（SPR）となった。しかし、必要となる図面や文書、あるいは手続き等に本質的な変化はない[12]。そこで本書では、基本的にSS及びZPPAUP（さらにはAVAP）が存続しているものとして議論を進める。

2-1-1 1913年法による歴史的モニュメント（MH）制度

端的には、歴史的建造物を保護するための制度である。根拠法は1913年12月31日法で、「歴史的または芸術的視点から、その保存が公益を呈する建造物は、全面的あるいは部分的にMHに指定される」（第1条）とされる。指定と登録の2段階のシステムで、2014年12月31日時点で指定MHが1万4,157件、登録MHが2万9,425件、計4万3,582件が対象となっている。

ワインスケープを視座に見ると、フランスで初めてMHとなったワイン関連施設は、1943年に指定されたボルドーのソーテルヌ地域のシャトー・イケムである。つまり、70年以上前からワインスケープの保存が行われている。しかし、ワイナリーをMHとして見る視座は充分深化しているとは言えない。例えば、メドック地域にはシャトー建築が多く残るが、シャトー・マルゴーが1965年に指定されたことや、シャトー・ラフィット・ロートシルトが1989年にシャトー本体のみならずボスニア樫の発酵樽等の醸造施設も含めて登録されたことを除くと、他にはほとんど事例がない[13]。

他方、本制度に関して注目すべきなのは、MHを中心とした周囲500メートル内の景観管理制度で、これは1913年法に1943年に加えられた規制である。指定・登録を問わず、MHから半径500メートル以内の物的環境の改変が、それと景観的矛盾を惹起しないかの審査が課される。

とはいえ、半径500メートル以内の全ての物的環境の改変が審査の対象となるのではなく、その改変が当該MHから見える場合（＝可視性の概念）か、あるいはある公共の場所からそれらが同時に見える場合（＝同時可視性の概念）に限定される［図3］。また、その審査を担当するのは基礎自治体の建設許可主事ではなく、国から県に

図3 可視性と同時可視性の概念を基に、モニュメント周囲500メートルで景観との整合性が検証される

中央分権された歴史的環境監視建築家（ABF）である。

　ただ、景観的矛盾は法の中で未定義なため、この制度、ひいてはそれを判定するABFに対する風当たりは強い。担当者によって許可・不許可の基準が相違するのは、明らかに望ましくない。また、なぜ場所性を勘案せず、一律に半径500メートルなのかという根本的疑義も残る[14]。MHになることは周囲に当該規制を発生させるのだから、関係者の公開意見聴取がないのはおかしく、また規制領域は公益地役として基礎自治体の一般的法定都市計画に挿入されるので、いっそこの民主的手続きを兼備した都市計画に委任してしまえばという議論もある[15]。そこで、ZPPAUP（またはAVAP）が設定されると、その形状が同区域の形態に合わせて矯正され、景観的両立に関する規則も同区域のそれに従うこととされた。

　とはいえ、この景観管理制度が廃止されないと言うことは、国民の支持を得ていると言うことだし、世界遺産の申請時にはむしろ強力な説得材料になる。また、今日ではむしろABFの側が、偽の歴史的環境を捏造するよりも、現代建築で歴史的環境と対立的に調和することを推奨する。それに関しては、後述しよう。

2-1-2　1930年法による景勝地制度

　本制度は、MH制度が自然景勝地にまで拡大されたもので、実際、法律の正式名称には「自然モニュメント」（＝天然記念物）という表現も現れる。当初は、この概念の方が景勝地のそれよりも優勢で、岩石、樹木、あるいは滝等の指定・登録が先行した。しかし、概念は徐々に拡張され、ピクチャレスクなイメージ等による価値や絵画に描かれる等の芸術的価値、あるいは伝承に登場する等の伝説的・歴史的価値や鉱物学や動物学等の科学的価値を持つ自然景観が含まれることで、大きな広がりを見せることとなった。

　この規制でも指定と登録という2段階の構造が採られているが、登録の場合でも、創設手続きには関係基礎自治体や県景勝地・眺望・景観審議会への諮問が必須とされている。また、その物的環境の改変に関して、指定景勝地の場合、景勝地担当省の直接かつ明確な許可が必要だし、登録景勝地でも歴史的環境監視建築家の審査の対象となる。旧いデータだが、2008年1月1日の時点で指定景勝地が約2,648件、登録景勝地が約4,793件ある。

　上述の通り、1943年にワイン関連施設としてはシャトー・イケムが初めてMHに指定されたが、面的空間保護は1981年のそれの所在するソーテルヌ地方の2,549ヘクタールに亘る景勝地指定を待つ必要があった[16]。

　この制度には職権指定という仕組みがある[17]。開発計画に対し、担当大臣が緊急指定を行うもので、本書ではブルゴーニュのコート・ドゥ・ボーヌ南部指定景勝地がそれに該当する。ともあれ、シャンパーニュやブルゴーニュの世界遺産申請で、本制度は広範に活用されている。

　ただ、景勝地制度には明文化された規則がなく、ABFによる建設許可毎の意見でそれを担保している[18]。そこで、一部の景勝地では、申請者側にも判断者側にも理解容易な景観ガイドラインを策定する動きがある。これに関しては、ブルゴーニュの事例分析で詳述したい。

第2章　ワインスケープの保全と刷新のための制度　　65

2-1-3 1962年法による保全地区 (SS) 制度

　先進国共通の戦後問題として、都市への人口集中に対応するための猛烈な開発、そしてそれに起因する公害や疎外の問題と共に、歴史的環境の滅失の問題が惹起された。しかし、上述のMH制度や景勝地制度ではこれに対処できなかった。そこで、作家にして文化大臣であったアンドレ・マルローにより1962年に創設されたのが、保全地区 (SS) 制度である。

　SSは、SS中央審議会及び関係基礎自治体への諮問を経て、都市計画担当省及び文化担当省の共同省令で創設される。2013年の時点で、全国に104地区が創設されている。

　奇妙なのは、規則である保全・活用プラン (PSMV) の策定が創設後でも可とされる点である。PSMVは、当該基礎自治体の首長が任命し、上記2省の承認を受けた作業グループにより策定されるが、その承認までは、ABFがPSMVを先読みした事前適用により、申請された建設行為がSSの保存理念と矛盾しないように審査をする。

　さらなる問題は、PSMVの承認・施行に至るまでの手続きと合意形成が平均14年を要することである。例えば、サン・テミリオンのSS創設は1986年だが、PSMV承認は2010年なので、この間24年間、建設申請者は、ABFの判断の下に、明文化された規則なしに許可を受けざるを得なかった。確かに、猛烈な都市開発の時代には、まずはその空間保護を宣言し、その後に保存規則を考案することも必要な方便ではあった。しかし、今日、規則なき拘束は困難になっている。

　では、本制度はワインスケープの保全的刷新に於いてどのように活用されているのか。制度の成立史からして、都市的な醸造施設群や出荷施設群が対象となろう。ただ、それらだけで一個のSSを形成するには規模が過小である。実際、サン・テミリオンのSSであれば中世の城郭都市を主体とし、ボルドーのそれであれば河川貿易都市全般を主軸としている［図4］。また、ブルゴーニュの中心都市・

図4　ボルドー保全地区のPSMV。北側に所在するワインの仲買の集積地区は含まれていない

ディジョンにはSSがあるが、ワインとの関連が濃厚とは言えない地区が指定されており、それがイコモスの調査で問題視される点は後に詳述する。

SSは国定の厳選主義の制度なので、世界遺産申請時等には有効な理論武装方策だが、ワインスケープの保全的刷新方策としては使い勝手が良いとは言えない。

2-1-4 1983年法による建築的・都市的・景観的文化財保護区域（ZPPAUP）制度

地方分権を定めた1983年1月7日法により創設されたのが建築的・都市的文化財保護区域（ZPPAU）で、これに1993年1月8日の景観法で「景観的」が加えられ、建築的・都市的・景観的文化財保護区域（ZPPAUP）制度となった。2010年から順次建築・文化財活用区域（AVAP）に転換されているが、ここではZPPAUPの呼称のまま議論を進める。

この経緯からも判るように、国主導の歴史的環境保全の地方分権が本制度の目的のひとつとされている。また、この区域が設定されると、そこに含まれるMH周囲500メートル規制と登録景勝地は撤廃され、ZPPAUPの規則だけが適用される。つまり、ABFの主観的判断を牽制する制度でもある。

2005年9月8日の第2005-1128号オルドナンス（行政命令形式の立法手続き）及びその施行令である2007年3月30日の政令により、ZAPPUP創設の発意が地方圏長官から、県地方長官の同意を得た上での基礎自治体または基礎自治体間協力公施設法人（EPCI）の首長とされ、基礎自治体横断型地域都市計画プラン（PLUi）を有する場合、その運用も基礎自治体からEPCIに移管される。

図5　例えばシャトー自体のみならず、周辺の植栽のあり方まで方向づけることができる

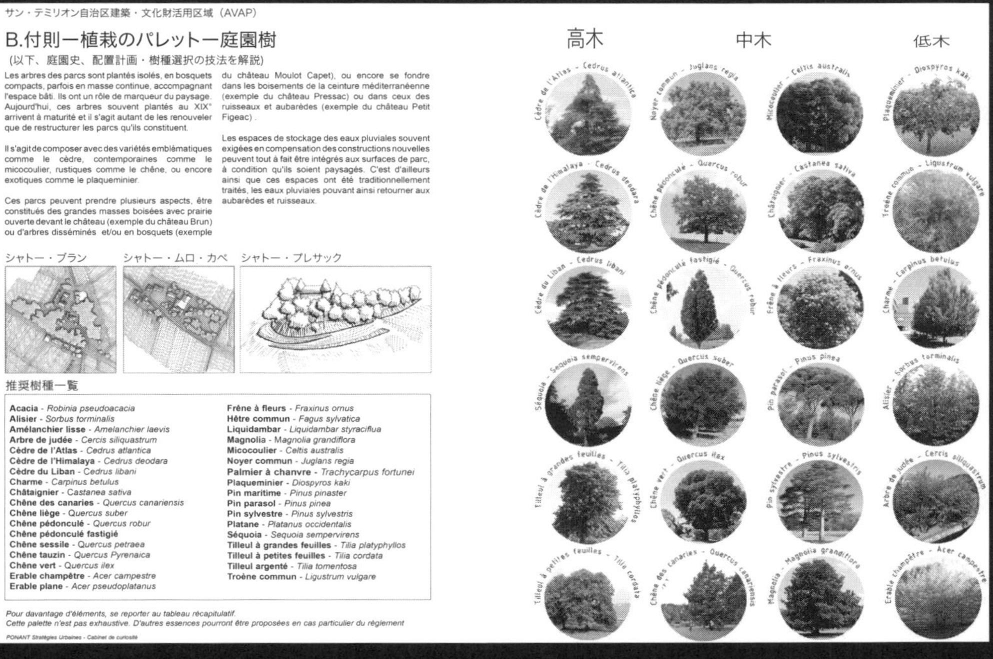
サン・テミリオン自治区建築・文化財活用区域（AVAP）

B.付則ー植栽のパレットー庭園樹

(以下、庭園史、配置計画・樹種選択の技法を解説)

Les arbres des parcs sont plantés isolés, en bosquets compacts, parfois en masse continue, accompagnant l'espace bâti. Ils ont un rôle de marqueur du paysage. Aujourd'hui, ces arbres souvent plantés au XIX° arrivent à maturité et il s'agit autant de les renouveler que de restructurer les parcs qu'ils constituent.

Il s'agit de composer avec des variétés emblématiques comme le cèdre, contemporaines comme le micocoulier, rustiques comme le chêne, ou encore exotiques comme le plaqueminier.

Ces parcs peuvent prendre plusieurs aspects, être constitués des grandes masses boisées avec prairie ouverte devant le château (exemple du château Brun) ou d'arbres disséminés et/ou en bosquets (exemple du château Moulot Capet), ou encore se fondre dans les boisements de la ceinture méditerranéenne (exemple du château Pressac) ou dans ceux des ruisseaux et aubarèdes (exemple du château Petit Figeac).

Les espaces de stockage des eaux pluviales souvent exigées en compensation des constructions nouvelles peuvent tout à fait être intégrés aux surfaces de parc, à condition qu'ils soient paysagés. C'est d'ailleurs ainsi que ces espaces ont été traditionnellement traités, les eaux pluviales pouvant ainsi retourner aux aubarèdes et ruisseaux.

シャトー・ブラン　シャトー・ムロ・カペ　シャトー・プレサック

推奨樹種一覧

Acacia - *Robinia pseudoacacia*
Alisier - *Sorbus torminalis*
Amélanchier lisse - *Amelanchier laevis*
Arbre de judée - *Cercis siliquastrum*
Cèdre de l'Atlas - *Cedrus atlantica*
Cèdre de l'Himalaya - *Cedrus deodara*
Cèdre du Liban - *Cedrus libani*
Charme - *Carpinus betulus*
Châtaignier - *Castanea sativa*
Chêne des canaries - *Quercus canariensis*
Chêne liège - *Quercus suber*
Chêne pédonculé - *Quercus robur*
Chêne pédonculé fastigié
Chêne sessile - *Quercus petraea*
Chêne tauzin - *Quercus Pyrenaica*
Chêne vert - *Quercus ilex*
Erable champêtre - *Acer campestre*
Erable plane - *Acer pseudoplatanus*
Frêne à fleurs - *Fraxinus ornus*
Hêtre commun - *Fagus sylvatica*
Liquidambar - *Liquidambar styraciflua*
Magnolia - *Magnolia grandiflora*
Micocoulier - *Celtis australis*
Noyer commun - *Juglans regia*
Palmier à chanvre - *Trachycarpus fortunei*
Plaqueminier - *Diospyros kaki*
Pin maritime - *Pinus pinaster*
Pin parasol - *Pinus pinea*
Pin sylvestre - *Pinus sylvestris*
Platane - *Platanus occidentalis*
Séquoia - *Sequoia sempervirens*
Tilleul à grandes feuilles - *Tilia platyphyllos*
Tilleul à petites feuilles - *Tilia cordata*
Tilleul argenté - *Tilia tomentosa*
Troène commun - *Ligustrum vulgare*

Pour davantage d'éléments, se reporter au tableau récapitulatif.
Cette palette n'est pas exhaustive. D'autres essences pourront être proposées en cas particulier du règlement

PONANT Stratégies Urbaines - Cabinet de curiosité

高木　中木　低木

Cèdre de l'Atlas - Cedrus atlantica
Noyer commun - Juglans regia
Micocoulier - Celtis australis
Plaqueminier - Diospyros kaki
Cèdre de l'Himalaya - Cedrus deodara
Chêne pédonculé - Quercus robur
Châtaignier - Castanea sativa
Troène commun - Ligustrum vulgare
Cèdre du Liban - Cedrus libani
Chêne pédonculé fastigié - Quercus robur
Frêne à fleurs - Fraxinus ornus
Charme - Carpinus betulus
Séquoia - Sequoia sempervirens
Chêne liège - Quercus suber
Pin parasol - Pinus pinea
Alisier - Sorbus torminalis
Tilleul à grandes feuilles - Tilia platyphyllos
Chêne vert - Quercus ilex
Pin sylvestre - Pinus sylvestris
Arbre de judée - Cercis siliquastrum
Tilleul à petites feuilles - Tilia cordata
Chêne des canaries - Quercus canariensis
Magnolia - Magnolia grandiflora
Erable champêtre - Acer campestre

区域の創設調査は、当該基礎自治体議会の議決の上、その首長の下に作業グループが形成されることで開始され、創設に関しても同議会の承認が必要とされる。SSほどの価値を持たない地区も対象にされるので、制度創設以来27年の2010年で627地区と、制度の創設以来約半世紀のSSの6倍以上の実績を残している。建物の内部にまで規制の及ぶSSに対し、外観中心というZPPAUPの介入の軽さが受容された証左である。

　ワインスケープという視点で見ると、ZPPAUPを活用すると、建物や街並みだけではなく、ブドウ畑の農耕景観の保護も可能だし、国家的な保護の網からはこぼれ落ちる、例えば段々畑の土留め壁のようなローカルな文化財も保全できる。また、SSにはない規制のフォーマットの自由度もあるし、それゆえに、現代建築に対しても寛容性を高めることもできる［図5］。

　実際、後述するように、本制度は銘醸地の景観保護の実効性の挙証のため、世界遺産申請時に広範に活用されている。

2-2 原産地統制呼称（AOC）制度

2-2-1 AOC制度の多面的機能

　AOC制度は、例えばAOCサン・テミリオンのように、地理的表示の接頭辞として使われることが多いものの、原義的には消費者保護、即ち、端的には偽造品防止を目的としている。例えば、20世紀前半までは、南仏のワインを発泡性ワインに加工してシャンパンを名乗って流通させることなど日常茶飯事だった。偽造の問題はブルゴーニュでも深刻で、20世紀初頭までは、他の産地同様、ブルゴーニュの小村を詐称するワインを合法的に生産し販売することが可能だった。例えば、ジュヴレ・シャンベルタンのワインを名乗るのに、そこで収穫されたブドウを使う必要はない。モレイやブロションといったジュヴレ・シャンベルタンと類似した村のブドウでできたワインに、場合によってはブルゴーニュ以外の地域で生産されたワインを混入させて販売しても何の咎めもなかった。

　これは、消費者の不利益であると同時に、真面目な造り手の利益も侵犯する。その防止策として創設された制度が、今日、同時に農産物やその加工品のブランド化に利用されている。

　ワインの偽造防止のための統制機能は別論に譲り[19]、ここでは間接的ながらも有効な景観保全の機能を概観する。偽造防止が主眼なのだから、本制度を規定するのは消費者保護を目的とする消費法典だが、その法律編第115-1条でなされるAOCの定義からは、逆説的に環境保護の必要性が看取される：

――――ある郷土、地方または地域性が、それを源泉とし、その質や特徴が自然要因や人的要因を含む地理的な環境による産物を指し示すのに供されている時、それらの名称が原産地呼称を構成する。

　また、欧州連合のワイン共通市場制度（OCM Vin）を規定する2008年4月29日の第479/2008号理事会規則第64条にも、以下の規定が見られる[20]：

————c. 加盟国は、とりわけ以下のひとつまたは複数の要素に関係し得る特殊な目的を遂行する生産者組織を認証することができる：［中略］とりわけ水質、土質ならび景観の質の保護のため、ワイン醸造の副産物の管理及び廃棄物の管理に関わる先導行為を推進し、生物学的多様性を保全または啓発する。

つまり、AOCは偽造防止や消費者保護という原義を超え、ブランド化や環境保全といった副次的な多面的機能を有するに至っている。

2-2-2 AOC と景観

文化財保護の実務家や研究者ではなく、ワイン生産の実務家の中には、ブドウ畑の景観保全に関し、文化財保護や環境保全、あるいは都市計画制度よりも、AOC制度を優位に置く者もある[21]。AOC制度の多面的機能に関しては、同制度を管理する国立原産地統制呼称院（INAO）も利用を促しており、同院と農業・海洋漁業省は2006年に『AOC制度と景観』という冊子を刊行している。その序文では、明確に、「AOCに於ける生産物、即ち傑出した農産物の生産者は、景観の質のために農民が果たす肯定的役割を知らしめる特別な責任を負っている」と述べられている[22]。

そこで、AOC制度の景観保全機能を整理すると、生産者の責務、栽培規定、そして都市計画への影響という3点となる。3点目の都市計画への影響に関しては、以下の地域都市計画プラン（PLU）に関する項で述べるとして、ここでは前二者を見ておこう。

まず、生産者の責務だが、そもそも、フランスでは農業の目的のひとつに景観保護が位置付けられている。例えば、1999年7月9日の農業の方向付けの第99-574号法律では、第1条で農業による「天然資源と生物学的多様性の保全と景観の管理」の義務が謳われている。また、2005年2月23日の田園地域の発展に関する第2005-157号法律は、複数の条項で農業による景観の保護を記述する。これらを併読すれば、AOC産品生産者の景観保全の責務は公的認知と言える。

では、具体的には生産者はどのように景観保全責務を果たすのか。それが、栽培規定による景観制御機能である。詳細は、サン・テミリオンの事例分析で例示するが、生産者はAOC制度の尊重を通じ、ブドウ畑の近景保全を完全に担うと言って良い。剪定や垣根構成、あるいは植栽密度の規定を守っている限り、畑自体の景観は完璧に統制され、紊乱のしようがない。他にも、例えばAOCクローズ・エルミタージュの仕様書は、「（土留め壁や段々畑といった）景観構成要素」の維持をも課している[23]。となると、文化財保護や都市計画の制度で守るべきなのは、植物以外の構成要素や、ブドウ畑の中景や遠景ということになる。

2-3 地方圏自然公園（PNR）制度

サン・テミリオンやブルゴーニュと異なり、シャンパーニュの世界遺産登録で特記すべきなのは、領域の多くが自然公園制度で守られている点である。これは、シャンパーニュのブドウ畑が、農地としてのみならず公園、ひいては優品的な景観として認識されてきたこと

図6 シャンパーニュでは「私」有農地が群として構成する景観が「公」園として認知されている

を意味する[図6]。ただ、自然公園とは言っても、生物学や生態学等の理論に基づき動植物の保護を目的としたり、地質学や地球物理学の視点から地形や地勢の保存を主眼とする国立自然公園ではなく、一定の開発を許容し、観光等を通じた地域振興の基盤となることを目的とする地方圏自然公園（PNR）である[24]。

　PNRを用いた営農と景観保全の相補は、シャンパーニュ以外でも一般的である。例えば、ペイ・ドゥ・ラ・ロワール地方圏やサントル地方圏が好例である[25]。国立自然公園がほとんど人の住まない区域を指定するのに対し、PNRは稀少な生態学的な環境と共に、余暇・自然・文化・教育・観光に資する自然環境の保護制度と位置付けられるため、地域の経済活動との両立が必須とされる[26]。

　PNRは1967年3月1日の政令で制度化され、1993年1月8日の景観法で制度的な基盤の確立を見た。PNRは憲章を策定して活動方針を規定するが、国立自然公園と異なり、建設許可申請者に対する法的拘束力を行使できない。しかし、環境法典法律編第333-1条に規定されるように、国を含む関係自治体の景観制御の枠組みを拘束することはできる。また、上記条項及び都市計画法典法律編第122-1条、第123-1条及び第124-2条は、関係自治体の都市計画文書が当該自然公園の憲章と両立していることも課す。両立が達成されていないと判断される場合、PNRは自治体を行政裁判所に提訴できる。つまり、建設許可権者が拘束されるのだから、その申請者も間接的ではあるが実質的に拘束される。

　PNRは拘束だけではなく、景観ガイドラインを策定して自らの規律を定めたり、建設許可申請者に対し、建築の質に関する啓蒙活動を担う。また、基礎自治体や基礎自治体間協力公施設法人（EPCI）が都市計画を策定する際に、助言や協力を行う。

　これらの詳細は、シャンパーニュでのランス山岳PNRに関する項で例示する。

2-4 優良農地保護制度群

　構築環境を守るために文化財保護制度が存在するように、生産性が高かったり付加価値の大きな産物を産み出す農地を守る仕組みが、フランスの農政にはある。

　前述の通り、フランスでは、農業の目的のひとつに景観保護が位置付けられている。農業の景観責務を謳った前掲の1999年の農業の方向付けに関わる法律は、農業保護区域（ZAP）制度を創設している。これは、基礎自治体または県地方長官の提案に基づき基礎自治体の都市計画に挿入される地役で、2006年1月5日の同名の第2006-11号法律第36条により

広域都市計画の策定権者にも提案権限が拡張された。これらは農村・海洋漁業法典法律編第112-2条に統合されている。

ZAPは建設物制御を目的とし、区域内の建設許可申請案件の営農への影響に関し、農業会議所及び県農業基本委員会（CDOR）の意見が徴され、否認の場合は県地方長官の理由を付した決定を通じてしかそれを覆せない。ただ、活用は遅れ、現在、ワインのAOCエリアは、創設済みのモンルイ・シュール・ロワールと調査中のピック・サン・ルー等の数件に過ぎない[27]。

モンルイ・シュール・ロワールはトゥール地方のワインの生産地で、2007年からZAPを活用して都市スプロールから300ヘクタールのブドウ畑を保護している[28]。フランスに於けるワイン販売は、仲買を通じる方式と同時に直売や協同組合方式も行われているが、その場合、購買動機の形成要因として景観は重要で、モンルイ・シュール・ロワールは、直売での販売促進のために景観を活用している。

ロワール渓谷がユネスコに2012年に提出した世界遺産管理計画に拠れば、構成資産内では5基礎自治体がZAPを利用した農地保護の検討を進めており、内4件がワイン用ブドウ畑である。具体的には、AOCヴヴレイのロシュコルボンとパルカイ＝メレイ、AOCトゥレーヌ・アンボワーズのアンボワーズ、そしてAOCオルレアンのクレリ・サン・タンドレである[29]。ただ、同管理計画では構成資産の164自治体に対してZAPの活用を推奨しているので、やはり利用は低調と言わざるを得ない。

理由は単純である。上述の通り、ZAPは基礎自治体の都市計画文書に挿入される。つまり、県地方長官という中央分権された国家の代理官が、地方分権された制度に介入することを、基礎自治体は嫌う。それは、他の保護制度に言えることで、余程の補助金が用意されている等の好条件が整わない限り、国と地方の制度の共存は容易ではない。

例えば、2005年2月23日の農村領域の発展に関する第2005-157号法律（LDTR）は、都市周縁農地・自然空間保護制度（PAEN）を創設したが、同様に活用は遅れている[30]。ボルドー近郊では、メリニャックとペサックの複数基礎自治体に1,200ヘクタールに及ぶPAENの設置計画があったが、一部所有者の反対で頓挫してしまった。また、ジャール渓谷の6基礎自治体に亘るPAENは、総面積780ヘクタールの内455ヘクタールを覆うものだが、ブドウ畑は含まれていない[31]。とはいえ、高生産性農地の保護には有効と考えられ、今後ブドウ畑は適切な対象となろう[32]。

２-5 優秀事例顕彰・認定制度

予算付けや賞金はなくとも、地方自治体や業界団体の優秀な取り組みを顕彰したり認定したりすることで、当該政策に関わる動機付けを確固としたものにする方策がある[33]。認定制度やラベリング制度がそれで、世界遺産もそれに含めても良いだろう。

ここでは、やや旧く、かつ第1章でも論じたものの、1992年に環境担当省が実施した挽回景観プログラムから見てみたい。そこでは、コトー・ドゥ・レイヨンやボーム・ドゥ・ヴ

ニーズといった複数のブドウの段々畑が選出された[34]。このような認定制度が呼び水となって、段々畑のブドウ畑の再評価が動機付けられる。例えば、アルザス・ワイン職域横断審議会（CIVA）とアルザス・ブドウ栽培者協会（AVA）は、段々畑を修景し観光客用散策路を整備している[35]。

また、芸術・歴史の都市・郷土（VPAH）も知名度の高い顕彰制度である。これは、文化担当省が1985年に開始した歴史的環境のラベリング制度で、当初は都市のみを対象としていたものが、2005年からは郷土も包摂するようになった。立候補する自治体は、歴史的環境の保全施策の整備状況や、住民の意識啓発プログラム等の実施現況をまとめて審査を受ける。認定されるとラベルが交付され、例えば観光ガイド等でそれを使うことで、その歴史的環境の豊かさをアッピールできる。文化財保護制度が専門家にしか理解不可能な歴史的環境保全方策であるのに対し、VPAHは一般向けの解り易さを有するシステムである。ただ、ランスやディジョンはワインスケープと直接的には無関係な歴史的建造物や街並みを軸に選定されている。また、サン・テミリオンやエペルネはワインスケープを主題として立候補したものの、現時点では加盟できていない点等、選定基準やプロセスに理解できない点もある。

欧州連合が設置したネットワークであるナチュラ2000（Natura 2000）も顕彰制度と言える。同制度は主に生態学的理由から保護すべき空間を規定する精神規定で、法的拘束力を有さないものの、都市計画文書での間接的開発抑制効果が期待できる。サン・テミリオンではドルドーニュ河畔が、シャンパーニュでは丘の頂冠部の森林がナチュラ2000エリアにされ、実質的に保護がなされている。

3. 醜景発生の抑止

3-1 都市計画の効用と問題点

ヘドニック分析を用いたボルドー地方のブドウ畑の地価に関する研究に拠れば、適切な土地利用計画は、農地価格に有意に正の影響を及ぼす[37]。また、都市部出身の議員の方が、ブドウ畑の保全に関してより厳格な都市計画を策定する傾向もある[38]。

ただ、問題点も少なくない。例えば、ボルドー・ワイン職域横断審議会（CIVB）元会長のロラン・フェルディに拠れば、高齢化と後継者不足に直面した農民は、宅地開発可能な都市計画の立案に好意的になり、都市計画文書は中長期的にはブドウ畑保全に反動的なものとなる[39]。また、広域共同体が構築主体となる都市計画である広域一貫スキーム（SCOT）は、策定から承認まで平均5年が必要で、農業の変化速度に対応できない[40]。地方によっては、都市化の他に道路や新幹線といった交通基盤や、各種処理場や発電所等の危険施設の整備が一時期に集中することがあり、それらとワイン産業の併存が問題化することも少なくない[41]。

逆に、農政側では、都市計画規則の硬直性を指摘する論者もある。とりわけ、営農を継続するための施設の建設許可取得が容易である反面、農業観光や生産直売施設のそれが下りにくいという意見である[42]。近年のワイン観光の進展を勘案すれば、妥当な批判と言える。

以上の問題の解消も目的とし、2010年7月27日の農業近代化の第2010-874号法律で農

村・海洋漁業法典法律編第112-2条が改定され、県農業空間消費審議会 (CDCES) が各県に設置された。そして、都市計画法典法律編第123-1条により、都市計画の策定や改定に際しての同審議会への諮問が義務付けられた。農業近代化法と都市計画は、農地保全とスプロール防止するという補完的関係にあり、その併用は今後一定の期待が可能とされている[43]。ただ、2012年2月9日にその運用に関する農業担当大臣及び持続的開発担当大臣の共同通達が出たものの、実績は未整理のままとなっている[44]。

そもそも、都市計画は開発と保全の双方の制御を目的とするもので、要は使い方次第で環境を保護することも破壊することもできる。例えば、基礎自治体議会が理由を付した議決をすれば、既成市街地以外でも建設行為が可能となる。つまり、抜け道はいくらでも存在する。ワインスケープで重要なのは、文化財保護制度やAOC制度の横出しがあってこそ都市計画が機能することである。

そこで、以下では国、広域共同体、基礎自治体に分けて、各々が所管する都市計画を概説する。また、都市計画法典を一次的な根拠とするわけではないが、環境保全を指向した土地利用制限を発生させる制度として、様々な綱領 (directive) や歴史的モニュメント保護制度等の体系がある。これら都市計画を補完する制度も、ワインスケープの保全的刷新には重要である。よってそれらも概説したい。

3-2 国が所管する都市計画

3-2-1 全国都市計画規則 (RNU)

フランスの基礎自治体の多さは前述の通りで、現在、後述する地域都市計画プラン (PLU) や基礎自治体土地利用図を具備している自治体は約3分の2に過ぎない。それ以外の基礎自治体は、農村部に所在して開発圧力がほとんどないため、独自の都市計画文書を準備していない。それらの領域の制御は、全国都市計画規則 (RNU) が担う。これは一般規則で、自治体に加筆・修正等の権限はない。

その基本精神は、既成市街地以外での建設可能性の制限の原則である。つまり、新たな都市化は許容されない。このことを勘案すると、開発と保全の調和を希望する基礎自治体は、独自の都市計画を策定するに如くはない。また、全国規則であるから、建築許可申請の判断は、国から県に中央分権された県施設局 (DDE) が行う。ここでも基礎自治体の独自性が稀釈される。

他方、ワインスケープの視点から注目すべきは、同規則は営農継続のための既存建物の建て替え等には寛容だが、その条件として、生態学的・文化的な遺産保護や、景観保護のための外観規制が課され得る点である。

本書で見ると、ブルゴーニュの小村では、同規則に依存しているものが複数ある。ワイン用ブドウの栽培が宅地開発よりも収益が大きく、開発が全く起きないためである。また、小規模自治体には都市計画の専任職員を雇用する財政的余裕もない。となると、都市計画を地方分権されてもむしろ困惑するばかりで、中央分権の仕組に依存した方が合理的なため

でもある。

3-2-2 山岳法と沿岸法及び景観保護・活用綱領（しばしば略して景観綱領）

　山岳の開発と保護に関する法律（しばしば略して山岳法）は 1985 年 1 月 9 日に、沿岸の整備、保護、そして活用に関する法律（しばしば略して沿岸法）は 1986 年 1 月 3 日に、それぞれ制定されたものである。両法により、山岳部や沿岸部には綱領（directives）が策定され、とりわけ沿岸に関しては、従来不可としていた海岸や湖岸から 100 メートル以内での開発の例外的な許可を可能とする海岸整備スキームの策定も認められた。

　ワインスケープに関して沿岸法が活用されているのが、第 1 章で紹介したバニュルスである。ここでは、海沿いのブドウ畑にリゾート開発が及ばないように、都市計画の上位法として土地利用を制限している。それ以外の銘醸地では、山岳法も含めてこの土地利用の制限方策は活用されていない。

　景観保護・活用綱領（しばしば略して景観綱領）は、1993 年 1 月 8 日のいわゆる景観法で創設された。ただ、山岳・沿岸整備綱領と同様に、基礎自治体にとっては精神規定である側面が濃厚である。そもそも、内容や構成に関する規定がなく、使用される図面も 1/25,000 から 1/50,000 という大縮尺のもので、きめ細かな処方というよりも大まかな指針を提示するための手段である[45]。ただ、自治体が策定する都市計画は、山岳法・沿岸法に基づく綱領同様、本綱領に関しても整合が義務付けられている。

3-3 広域共同体と基礎自治体が関与する都市計画

3-3-1 広域一貫スキーム（SCOT）

　広域の視点で発想しなければならないのは、都市計画だけではない。物的環境計画に限定しても、住宅、交通、持続的開発等の総合的視点が、人口集積地の尺度で必要になる。そこで 2000 年の都市連帯・再生法（Loi SRU）で創設されたのが広域一貫スキーム（SCOT）で、策定は基礎自治体間協力公施設法人（EPCI）と呼ばれる地方集権された広域共同体が担当する。

　これまでの広域都市計画が機能別の土地利用の誘導、つまりゾーニングを主眼としていたのに対し、SCOT は整備や再生の方向付けを示すプログラムとなった。また、生態学的・歴史的環境の保全にも強い関心を示し、その構成書類は都市の発展や保全の方向性を表現する。広い領域に一貫性を持たせる都市基盤施設として交通手段の勘案が不可欠なため、任意で交通対策を示す。これが示された場合のみ、都市化地域の設定が可能になり、施設やサーヴィスに関わるプロジェクトを明確にできる。それまでの広域都市計画である指導スキーム（SD）がトップ・ダウン型であるのに対し、SCOT は万華鏡とも工具箱とも呼ばれ、利用者が好みのツールを取り出せる[46]。

　SCOT は、都市の物的環境の整備指針を定めるだけではなく、住宅の均衡、社会的混合、公共交通、そして商業・経済施設の配分に関しての考察を含有しつつ策定される総合的都市整備指針、つまり、ともすれば総花的に乱立しがちな諸計画の一貫性の拠り所とされる。後述

する地域都市計画プラン（PLU）、地域住宅プログラム（PLH）、あるいは都市交通プラン（PDU）といった下位計画のみならず、保全地区（SS）の保全・活用プラン（PSMV）という国レヴェルの計画も本スキームと両立していることが要請される。

SCOTは都市化の制御と誘導という点で重要である。「計画なき土地に開発なし」の理念の下、1万5,000人以上の人口集積地域から15キロメートル以内に位置していながらSCOTに含まれていない基礎自治体は、県地方長官の同意なしには下位のPLUに於いて都市化区域を設定できない。つまり、都市化を欲する自治体は、広域共同体に加わって、SCOTで責任を分かち合う中で利益を享受するしかない。

銘醸地では、ある基礎自治体はブドウ用の農地や自然を保全しながら、他の基礎自治体はいわゆる迷惑施設やロードサイド型の商店を集中的に受け持つ必要がある。そのため、サン・テミリオンにせよシャンパーニュにせよブルゴーニュにせよ、SCOTという利害調整型の広域土地利用計画が活用されている。また、ワインスケープの保全的刷新という視座に立つと、都市計画法典法律編第121-10条は、都市計画文書が農業や景観の保護を可能にするような形式での区域区分をすることを課す。

3-3-2 基礎自治体が関与する都市計画規則

A. 基礎自治体土地利用図

1983年の地方分権以降、フランスでは基礎自治体の領域を対象とした都市計画の策定権限は当該基礎自治体が有している。具体的には基礎自治体土地利用図（carte communale）と地域都市計画プラン（PLU）である。

開発圧力のほとんどない農村部では、RNUに依存していれば大きな問題は生じない。しかし、その基本精神は、既成市街地以外での建設可能性の制限の原則で、既成市街地以外での都市化を許容しようとする場合、独自の都市計画文書が必要となる。だからといって開発圧力の高い基礎自治体と同様のそれを用意するほどでもないという場合、基礎自治体土地利用図で代替することが可能である。

歴史を繙けば、1983年1月7日の地方分権法によって、一時的という条件付きで創設された都市計画全国規則適用基準が、1986年に4年毎の更新により永続化可能とされ、さらにそれが2000年の都市連帯・再生法によって、基礎自治体土地利用図という名称の下、PLUやSCOTと同等の都市計画文書とされた。

策定は当該基礎自治体か都市計画権限を委任された基礎自治体間協力公施設法人（EPCI）が行い、県地方長官が上位計画や周辺基礎自治体の土地利用状況との整合性を検証する。また、その性質上、農業や林業に関係する文書の参照が義務付けられている。素案完成の時点で公開意見聴取が必要で、承認は当該の基礎自治体あるいはEPCI、及び県地方長官が行うという二重構造になっている。内容としては、説明報告書と図面文書から構成される。つまり、規則は定められない。また、建設許可申請の判断も、国が県に中央分権した出先機関に委任することもできる。小規模基礎自治体では、都市計画の専任職員を常備不可能であるた

めである。

　この文書は、ブルゴーニュの小村が活用していることを後に示す。

B. 地域都市計画プラン（PLU）

　地域都市計画プラン（PLU）は、単なる土地利用計画ではない。説明報告書、図面文書、規則、そして付録という4点の構成書類に加え、空間整備・持続的開発プロジェクト（PADD）という文書が必要になる。これは市民に向けた短・中期的都市計画事業の提示書類である。

　都市計画には規制型と事業型がある。規制型は、基本的に禁止される事項を列記するなり、許可されるそれを記述するなりして、建設許可を通じて私人の建設行為を制御する。つまり、申請が上がらない限り、都市空間は変容しない。他方、事業型は、端的な事例としては道路等の都市施設整備があり、公共が予算付けをして短・中期的に施行する。規制型と比較すると短期間で、劇的に都市空間の形態やデザインを変化させることができる。それらを、他の書類との統合するのがPADDである。縦割りで発想され、個々の問題の最適解ではあっても、それらを重合させると想定外の副作用が生じることがある。いわゆる合成の誤謬である。それを計画段階で解いてしまうことがPADDの主旨と言える。

　ワインスケープの保全的刷新という視座に立つと、都市計画法典法律編第123-1条は、「土地の農業上の価値、農業構造、及び高品質食材を生産する土地の勘案」をPLUが勘案することを課す。実際、規制型都市計画として最も活用されるのが、都市計画法典法律編第123-1-7条が定める地域の景観要素の保全である。これは1993年の景観法が基礎自治体の都市計画に与えた権限で、国家的に文化財保護制度を使って保存するほどの価値がないローカルな遺産でも、都市計画を通じて保全することが可能になる[47]。実際、メドックの景観が保全されたのはPLUの前身である土地占用プラン（POS）の機能に拠ってとする意見もある[48]。

　ワインスケープの保全的刷新では、文化財保護の網が掛からないエリアでの土留め壁や農作業小屋の保全が考えられる。シャンパーニュの事例研究で見るが、ワイナリーの集積地やブドウ畑を対象に特別な土地利用区域を設定して、伝統的な環境を緩やかに、しかし現代性を持たせながら変化させることもできる。また、都市計画法典法律編第113-1条によりPLUは指定樹林地（EBC）を設定できる。サン・テミリオンでは、それを利用して丘陵頂冠部の森林を保護し、ワインスケープの多様性を維持している。

　他方、事業型都市計画は、世界遺産登録を契機とした公共空間整備等で活用される。自動車交通を制限して歩行者優先空間を構築したりする手法である。近年では、自治体はさらに公共空間整備憲章を策定して、象徴的空間のみならず日常的空間にまで質の高い街路を展開させようとしている[49]。シャンパンの造り手の集積するエペルネ市のシャンパーニュ大通りは、建築・文化財活用区域（AVAP）で優品の建築文化財を保護すると同時に、事業型都市計画と公共空間整備憲章を併用して空間全体の価値を高めている好例と言えよう。

C. 土地利用に関係する公地役

　SCOTやPLUは、優品保護システムで扱えない生活基盤に関して扱うことができる。例えば、1970年代からの醸造技術の革新は、それまで以上に多量の浄水利用を条件とする。発酵タンクが水冷式であればそこで使われるし、衛生思想の発展は、タンクや発酵施設の常態的な洗浄を要求する[50]。となると、上下水道整備が重要になる。これは優品保護システムでは扱えず、基礎自治体の都市計画文書が担う役割である。

　また、都市計画法典とは別法に根拠を持つが、土地利用に関係するため、策定されると、PLUの構成文書の付録への付記が義務付けられている制度がある[51]。

　ワインスケープに関して重要なのは、上述の歴史的モニュメント (MH) や建築的・都市的・景観的文化財保護区域 (ZPPAUP) である。これらは都市計画の付録に挿入され、都市計画を拘束する。

　文化財法典法律編第521-1条が規定しPLUや基礎自治体土地利用図に挿入される予防考古学区域も、ワインスケープに関して重要である。フランスの銘醸地ではかつての採石坑を利用して地下蔵としているものが少なくない。それらをワイン文化財というよりも考古学視点で破壊から守るための仕組みである[52]。

　生態学的・動物相的・植物相的価値自然区域 (ZNIEFF) は、1993年1月8日の景観法第23条と2002年2月27日の法律第109条が規定する制度で、法的強制力は有さない。しかし、地方圏長官は、基礎自治体等の都市計画文書の策定に際し、その勘案を促すために報知を行う。これは、サン・テミリオンの複数のブドウ畑の丘陵頂部の樹林地にかけられ、登録申請時に景観保全の担保として活用された。

　また、前述の通り、2005年2月23日の法律により都市計画法典法律編第143条の一連の項が修正され、都市周縁農地・自然空間保護制度 (PAEN) のためのゾーニング設定が可能となっている。それは中央分権された県が基礎自治体(あるいは基礎自治体間協力公施設法人)との合意で設定するものである。PLUの既成市街区域と市街化区域には設定できないので、基礎自治体の主導で農地の蚕食を防止する手段としての有用性は限定的だが、例えば自然区域内に所在し、県レヴェルで認知される高い生産性の農地の保護には有効なので、ブドウ畑でも活用が可能であろう[53]。

D. AOCと都市計画

　原産地統制呼称(AOC)制度による優品保護機能に関しては前述した。それは、近景の制御を通じ、ワインスケープを保全する。

　AOCは同様に、醜景発生の抑止機能も有する。例えば、未加工または加工された農産物または食品の統制呼称に関する1990年7月2日の第90-558号法律の第5条は、以下を定めている：

　————AOCのあらゆる保護組合は、策定中の空間整備または都市計画文書、都市施設、建設、地上または地下開発、経済活動配置プロジェクトが、生産地域または生産条件、呼称生産物の質

またはイメージを毀損すると思料する際は、権能を有する行政当局に提訴できる。

あるゆる決定に先立ち、当該当局は、国立原産地統制呼称院 (INAO) への諮問を経た農務大臣の意見を徴する。農務大臣は意見を与えるため、行政当局に要請を受けた日付から起算して3ヶ月を有する。

つまり、生産者自らが守るというより、都市計画の策定機関への働き掛けの権利を有する。ワイン法制を見る限り、地域の生産者組合はINAOの単なる諮問相手としか位置付けられていないが、INAOにAOCの地理的範囲や生産方法を提案するのはこの現場組織で、実質的には個々のAOCのほとんど全ての決定権を有する[54]。また、実体的に損害を与えるのではなく、イメージの悪化に関する予測からも審査請求権があることも注目したい。例えば、AOCエリアの直近で開発行為が企画された場合、建設前のアセスメントでは汚染が定量的に想定されなくても、消費者のイメージに悪影響が予想されれば、審査を要求できる。ワインがイメージで買われる商品であることの証左である。

生産者組合だけではなく、INAOも都市計画に関して発言権を持つ。INAOの使命は農村・海洋漁業法典法律編第642-5条が定義する9項目だが、その第7と第8はAOCの質の確保を明示しており、それを説明する同第643-4条が上記1990年7月2日の法律第5条を取り入れたものである[55]。また、2000年の都市連帯・再生法 (Loi SRU) 以降、INAOはPLU策定時の法廷諮問機関となったので、それまで個別的に対応してきた開発関連案件を、上流のプラン策定段階で制御可能となった[56]。

これらの条項により、食品の内容と明確な地理的区分であるテロワール[57]を関連付けるAOC制度は、土地利用計画策定の有意な根拠となる[58]。事実、AOCエリアの存在を都市計画文書の策定に際して勘案しないのは困難で、例えば、国務院は、1992年7月22日にAOCグラーヴの約100ヘクタールの工業系区域化を不可とする判例を残している[59]。また、公共事業等による収用に際しても、AOCエリアでは注意を要する。公益事由による収用法典規則編第122-3条は、その際には農業担当大臣に諮問すべきことを明記しているのである。

フランスの都市計画担当省が設置する研究所の2009年の報告書では、近年の食料の安全性や地産地消に関する問題を地域食料ガヴァナンスと称し、それと都市計画との連関の探究の重要性が提唱されている。その中にAOCが挙げられており、AOCを都市計画の中で扱う計画技術の確立の必要性が強調されている[60]。

3-3-3 ブドウ農自身による憲章やガイドライン

近年では緩やかな仕組みでブドウ農の覚醒を促進する憲章方式での景観保護が見られる。時間、つまりはコストがかかる方式ではあるが、都市計画規制等の他力で拘束を受けるよりも、緩やかな約束事という自力で景観を管理する方が望ましい。

憲章策定方式は、フランス国立ブドウ畑・ワイン研究所 (IFV) が実験的に推進しており、地域の農業団体と協働して試案を制作している[61]。例えば、ブルゴーニュ・ワイン職域横断審議会 (BIVB)、コート・デュ・ローヌ・ブドウ農総合組合 (SGVCR)、ボジョレー・ブドウ農ユニ

オン (UVB)、コスティエール・ドゥ・ニーム保護・管理委員会 (ODGCN) 等が、憲章を策定して公開している。

　無論、憲章は組合の加入者以外には拘束力を及ぼさないし、そもそも緩やかなガイドラインで解釈の余地も多く残されているので、都市計画や文化財保護のような強制性や明解さはない。とはいえ、建築や景観の専門家ではないブドウ農が、白紙の状態で営農施設の建設行為や農地の区画形質の改変に対処する必要はなくなる。また、それらの憲章は、都市計画や文化財保護の規制策定の予備調査にもなる。

4. 特例の認容と助言

　今日、年間1,000万平方メートル超の農業関連建築が建設され、非住居系建物の面積を分母にすると全建築面積の35％以上を占める。従って、農村風景の管理には農地自体や農家、あるいは街並みに加え、工作物を含めた農業関連施設の建築の質を高める必要がある。本書の視座で見ても、ブドウ畑での新規建設物のデザインは、ワインの価格にも関わる重要事案である[62]。

　上述の通り、著名ワイナリーほど現代建築を採用するので、問題はワイナリーの建築を前衛的にしながら歴史的環境を毀損させない方策である。歴史的優品は、保護はされるが新建築を産み出さない。また、都市計画でできるのは悪いものを造らせないことだけである。つまり、質の高いデザインは優れた建築家のみがなし得る。

　重要なのは、それが優秀であるかと判断することと、それを少しでも優秀な方向に誘導することである。これらは、明文化したルールという形ではなく、個人なり組織なりによる助言という形を取る。

4-1 歴史的環境監視建築家 (ABF) と賢人会議

　建築的・都市的・景観的文化財保護区域 (ZPPAUP) の項で、同区域が歴史的モニュメント (MH) 周囲500メートル規制と同時に登録景勝地を撤廃し、歴史的環境監視建築家 (ABF) の主観的判断がなされなくことを紹介した。

　対して指定景勝地はそのままとなる。シャンパーニュにせよブルゴーニュにせよ、指定制度を活用したワインスケープの保全が試行されている事実は、ABFの判断は、批判はあるものの、専門家として信頼を獲得していることの証左と言えよう。

　ところで、ABFはその名の通り歴史的環境の監視を職務とする。この資格をもつ建築家は各県に平均2名が配属されるだけなので、フランス全土でも200人ほどしかいない。欠員発生時にだけ資格試験と採用試験を兼ねたコンクールが開催される難関国家資格である。基本的任務は建設許可申請のチェックで、新規建設物が歴史的環境との間に景観的断絶が起こさないか、どの県でもひとり年間平均3,000件の審査をこなす。

　ABFも、1980年代までは、歴史的環境内部ではその複写を造ることを推奨してきた。しかし、今日では、むしろ前衛的デザインでの対立的調和を模索する。ただ、現代建築のワイ

ナリーに関する第9章でも述べるように、ABFの嗜好で前衛が行き過ぎた案件でも許可を下ろしてしまうこともある。

そこでサン・テミリオンで取られたのが、賢人会議という仕組みである。これは自治体の首長が議長となり、ABFや都市計画担当官等の公務員に加え、生産者団体やブドウ農組合の代表、さらには学識経験者を加えた集団判断体制である。ABFは主観的判断をしていると批判されるが、実態としてはABF個人への精神的負担は至って重い。賢人会議はそれを軽減すると同時に、地域が自ら景観の方向性を規定できるという利点もある。属人的判断というよりも、属時的判断、即ち時代の空気を反映した判定システムと言える。

▓4-2 建築・都市計画・環境助言機構 (CAUE)

フランスでは、営農施設に限らず建設許可申請前に建築デザインを相談可能な機関が、各県に建築・都市計画・環境助言機構 (CAUE) として設置されている。本機構は1977年1月3日の建築法で創設された[63]。運営資金に関しては、1978年12月29日の財政法により、建設行為が外部経済を発生させるという論理に基づき、建設許可時に県により徴収される税で賄われている。

機構への相談は全て無料で、営農施設に限った統計はないが、フランス全土で年間約7万8,000件の助言を与えている[64]。CAUEは啓蒙活動も活発に展開しており、営農施設に関し、例えば、ロワレ県のCAUEが「建築と農業」というウェッブサイト[65]を開設して農業関連施設の秀逸事例を紹介している。

ワイン関連施設のデザインに関しては、各県のCAUEの担当者は、一般的にその設計の質は高いとする[66]。CAUE、さらにABFや賢人会議の助言に拠り、少なくとも致命的醜景の発生が抑止されているとも言えよう。

ただ、CAUEは政府公認建築家の設計が必要な170平方メートル以上の案件には助言しない原則があり、さらにABFも優品空間の内部や直近でしか介入する権限ない。また、PLUに景観関連条項を挿入するか否かは、自治体の意向次第である。つまり、文化財保護の網の掛かっていないブドウ畑で、大規模なワイン関連施設が醜景を発生させる蓋然性は捨て切れない。実際、現代建築のワイナリーに関する第9章で示す通り、問題があると思われるデザインのワイナリー建築も少なくない。

注

1 CIVIDINO Hervé, «Le Vin, expression contemporaine de l'architecture agricole», dans ANABF (2006), pp. 50-52, p. 52.

2 制度に関しては、AMBROISE Régis, *Cadre juridique, outils et compétences pour le paysage en agriculture*, APPORT (Agriculture, Paysage, Projet, Outil, Réseau, Territoire), juin 2009を参照し、実態や事例に関しては既往研究を適宜活用する。

3 なお、屋外広告物に関して規定しているのは環境法典法律編第581-1条から第581-40条だが、管見の限り、屋外広告物規制に関しては、ブドウ畑に特化した事例はないため割愛する。

4 Ministère de l'Intérieur, *Les Collectivités locales en chiffres 2016*, Paris, Documentation française, 2016等の仏語資料の他、外務省や総務省のホーム・ページ等より作成した。

5 地方圏とは仏語のrégionの意訳である。州という訳語も使用されるが、米国のそれを想起して州法や州兵をイメージする

と不本意なので、本書では地方圏で統一する。なお、2016年1月1日に地方圏が合併し、コルシカ島を含む本土の地方圏は13となったが、本論で扱う内容はそれ以前の政策立案に関係するものが大半なので、旧名での記述を基本としている。

6 　地方圏にも公選の議長と官選の地方長官が存在する。地方圏議会は、県や基礎自治体の議員が代議員となり、そこから公選で地方圏議会議長（président du conseil régional）が選出される。基礎自治体の首長（maire）や県議会議長（président du conseil général）も、議会の多数派から選出される。いずれも首長と議会のねじれを防止し、安定した地方自治を実現するための仕組みである。

7 　Ministère chargé de l'équipementのことで、都市施設を扱う。フランスでは内閣毎に省庁再編が行われるため、本論ではこの呼称に統一する。

8 　仏語では地方圏や県への機関委任事務はdéconcentrationと言われ、地方分散と邦訳されることもある。本書では地方集権との対比を明確にするため中央分権と命名した。

9 　フランスの都市スプロールに関しては、鳥海基樹：「古いヨーロッパ・フランスは抵抗する」、三浦展（編著）：『下流同盟－格差社会とファスト風土』、東京：朝日新書、2006年12月、pp.195-234を参照のこと。また、都市圏の単位と都市計画の尺度の相違に関しては、鳥海（2010）、pp.270-273を参照のこと。

10 　我国では、広域共同体は「地方公共団体」の一種とされているが、フランスでは法的性格を「地方団体」とはせず、「公施設法人（établissement public）」と位置付けられている。

11 　日本で言えば、MHは有形指定・登録文化財、景勝地は史跡名勝天然記念物、SSは重要伝統的建造物群保存地区、ZPPAUPは景観法に基づく景観地区に該当する。フランスの文化財保護制度に関しては、東京文化財研究所国際文化財保存修復協力センター（編）（2005）を参照のこと。また、以降の変容に関しては、PLANCHET（2009）を参照した。

12 　PLANCHET Pascal, «De la ZPPAUP à l'AVAP – Le double jeu de la réforme», dans *Actualité juridique – Droit administratif*, nº 27/2011, 1er août 2011, pp. 1538-1544に拠れば、AVAPの要諦は2点あり、1点目はABFの権限の調整、2点目は歴史的環境内に於ける持続可能性追求の義務化である。そこに2016年に改正があったわけだが、実態としては変化がないと言って良い。

13 　BESCHI, STEIMER et al. (2015), p. 28.

14 　これは、後述するZPPAUP制度により改良された。当該制度により、周囲500メートルの円を適切な形に変形できるようになった。

15 　ただし、2000年の都市連帯・再生法（Loi SRU）により、ABFは周囲500メートル規制の範囲の修正を当該MHのある基礎自治体の地域都市計画プラン（PLU）策定時に提案できることとなった。これは、同プランと同時に公開意見聴取にかけられ、最終的に議会の承認が得られればその付録に挿入されることとなる。

16 　シャンパーニュに関する第5章でも述べる通り、1936年にルイナール社の地下貯蔵庫が景勝地指定されたが、指定理由はローマ時代の採石坑跡というもので、ワイン関連遺産としてではない。

17 　MH制度にも同様の仕組みがあり、登録MHの真正性を損なう改築や取り壊しに対し、文化担当大臣は指定MHへの格上げで対抗可能である。

18 　GONDRAN François, «In vino veritas – Sauvegarder le patrimoine culturel», dans ANABF (2006), pp. 38-41, p. 39.

19 　例えば、山本（他）（2009）、蛯原（2014）、高橋（2015）等、邦文でも多数の文献が一般的に入手可能である。

20 　AMBROISE, *op. cit.*, p. 16.

21 　HERBIN et ROCHARD (2006), pp.112-113. 本条は現在では農村・海洋漁業法典法律編第643-4条に統合されている。ただ、テロワールはワインの品質決定の唯一の要因ではない点（HINNEWINKEL Jean-Claude, «Terroirs et «qualité des vins» - Quels liens dans les vignobles du nord de l'Aquitaine», dans *Sud-Ouest Européen*, nº 6: «La qualité agro-alimentaire et ses territoires», décembre 1999, pp. 9-19）、ワインは造り手の影響も大きい点、さらにはワインが商品である以上、仲買の作用も無視できない点（HINNEWINKEL Jean-Claude et VELASCO-GRACIET Hélène, «Du Terroir au territoire: le sens politique de la fragmentation géographique des vignobles», dans *Bulletin de l'association de géographes français*, nº 2, 2004, pp. 219-229）から、AOC制度も変容すべきものとする論者もある。従って、景観保全効果も絶対不変ではない。

22 　INAO et Ministère de l'agriculture et de la pêche (2006), p. 7.

23 　HERMON et DOUSSAN (2012), p. 368.

24 　フランスには、1976年7月10日法による自然保護区（réserve naturelle）も存在し、国立自然公園同様、国の発意で顕著な科学的性質を有する地域を保護する。2017年1月1日現在、343件が存在するが、管見の限り、ブドウ畑が主体のものはない。

25 　PNR Loire Anjou Touraine, «La Reconnaissance des patrimoines de proximité lies à la vigne», dans INTERLOIRE (2003), pp. 171-173.

26 　石井（2002）、p. 177。

27 　BALNY Philippe, BETH Olivier et VERLHAC Eric, *Protéger les espaces agricoles et naturels face à l'étalement urbain*, Conseil général de l'alimentation de l'alimentation et des espaces ruraux, mai 2009, pp. 45-46 ; SERRANO José et VIANEY Gisèle, «Les Zones Agricoles Protégées: figer de l'espace agricole pour un projet agricole ou organiser le territoire pour un projet urbain?», dans *Géographie, Economie, Société*, nº 4, 2007, pp. 419-438.

28 　SERRANO et VIANEY, *op.cit.*, p. 430.

29 　DREAL Centre, *Val de Loire patrimoine mondial – Plan de gestion – Référentiel commun pour une gestion partagée*, 2012, p. 55.

30 　CLEMENT Camille et ABRANTE Patricia, «Préserver les espaces agricoles périurbains face à l'étalement urbain», dans *Norois*, nº 221, pp. 67-82, p. 74.

31 　BERTHIER Isabelle, «Bordeaux, au-delà du vignoble», dans *Diagonal*, nº 193, mars 2015, pp. 56-58, pp. 57-58.

32 CLERGEOT Pierre, «Pour un zonage des espaces viticoles», dans *Géomètre*, n° 2020: «Vignoble français – Un foncier à repenser», pp. 32-45, p. 34.

33 ITV (2002), pp. 18-19.

34 LAURENS Lucette, « Les Labels paysage de reconquête», dans *Natures, sciences, société*, n° 2, 1997, pp. 45-56 ; ITV, *op.cit.*, pp. 18-19.

35 ITV, *op.cit.*, pp. 18-19.

36 フランスの都市計画制度に関しては自治体国際化協会（編）(2004)、最近のその変容に関しては、BORLOO (sous la direction de) (2010)、及び、JEGOUZO (sous la direction de) (2011) を参照のこと。

37 PERES Stéphanie, «La Résistance des espaces viticoles à l'extention urbaine – Le cas du vignoble de Bordeaux», dans *Revue d'économie régionale & urbaine*, n° 1, 2009, pp. 155-177, p. 174.

38 *idem*, «La Vigne et la ville : forme urbaine et usage des sols», dans *Revue d'économie régionale & urbaine*, n° 5, 2009, pp. 863-876, p. 874.

39 CLERGEOT, *op.cit.*, p.36+p.44. なお、都市計画の地方分権が逆説的に都市スプロールを惹起する問題に関しては、鳥海 (2010) も参照のこと。

40 BALNY, BETH et VERLHAC, *op.cit.*, p.12. なお、PISSALOUX Jean-Luc, «Le Renforcement des schémas de cohérence territoriale par la loi Grenelle 2», dans BORLOO (sous la direction de), *op.cit.*, pp. 21-32, pp. 25-26が指摘するように、2010年7月12日のグルネル第2法の一特徴は、2009年1月1日現在で承認が82件に留まるSCOTの策定推進条項の設定にもあった。

41 GHAYE Guillaume, «Conflits d'usage – Terres à vignes, terres à villes», dans *Etudes foncières*, n° 65, décembre 1994, pp. 36-40.

42 BARABE-BOUCHARD et HERAIL (2010), p. 19.

43 JEGOUZO Yves, «Volet foncier de la loi Grenelle II», dans *idem* (sous la direction de), *op.cit.*, pp. 39-44, pp. 39-40.

44 BARABE-BOUCHARD et HERAIL, *op.cit.*, p. 179.

45 景観要綱に関しては、PLANCHET (2009), p. 146が示すように、策定事例が2事例しかなく、活用は充分ではない。また、あくまでブドウ畑の景観制御を主題としていない。

46 APC (2011b), p. 30

47 この仕組みのパリ市に於ける活用事例を紹介するのが、鳥海基樹：『オーダー・メイドの街づくり–パリの保全的刷新型「界隈プラン」』、京都：学芸出版社、2004年である。

48 PIGEAT (2000), p. 88.

49 フランスに於ける道路事業等のデザイン・ガイドラインに関しては、鳥海基樹：「フランスの公共空間整備憲章」、『季刊まちづくり』、第23号、2009年6月、pp.84-87を参照のこと。

50 MILLET Nicolas, «Patrimoines vignerons : le croire et le cru dans un village de Bourgogne, Saint-Romain (France) », dans BONNET-CARBONELL (sous la direction de) (2016), pp. 223-262, p. 251.

51 ただし、上述した文化財保護制度である保全地区制度は、今日では都市計画法典の中に統合されており、設定されると地域都市計画プラン等に置換する都市計画文書となる。

52 同時に、それらの中には崩落の危険性に晒されているものがある。多くの場合、国の出先機関である県の主導で、危険防止プラン（PPR）が重層的に設定される。

53 CLERGEOT, *op.cit.*, p. 34.

54 BAHANS et MENJUCQ (2010), p.131.

55 *ibidem*, pp.13-14.

56 MINVIELLE Paul, «Urbanisation et protection du vignoble du littoral varois», dans *Sud-Ouest Européen*, n° 21 : «Territoires et paysages viticoles», 2006, pp. 57-64, p. 64.

57 INAOに拠れば、テロワール（terroir）とは、「人間による行為と技術の総体、農作物、固有のオリジナリティを製品に授与して価値を高める物的環境の間の複episodicな相互作用システム」のことである。

58 GUELIN Marie-Noëlle, «La Culture alimentaire française – Un atout pour la France», dans *Cahiers Espaces*, n° 76: «Terroir, vin, gastronomie et tourisme», décembre 2002, pp. 10-13, p12.

59 GOUDEAU Julien, «La Nécessité de protéger l'espace viticole français», dans INTERLOIRE, *op.cit.*, pp. 146-151, p. 149. 国務院はConseil d'Etatの意訳で、行政裁判の審理に関わる最上級裁判所である。

60 (collectif), *Prendre en compte l'agriculture et ses espaces dans les SCoT*, Lyon, CERTU (Centre d'Etudes sur les Réseaux, les Transports, l'Urbanisme et les constructions publiques), 2009, pp. 20-21.

61 IFV (2015).

62 ITV, *op.cit.*, p. 12.

63 本法の目的とする建築・都市資本の再「文化」化に関しては、鳥海基樹：「フランスに於ける建築・都市資本の再文化化政策」、『文化経済学』、第6巻第2号（通算第25号）、2008年9月、pp.21-36を参照のこと。

64 FNCAUE, *Guide à l'usage des CAUE et de leurs partenaires – Statuts types des CAUE – Mode d'emploi*, octobre 2008, p. 4. なお、TRANCART Monique, «CAUE – Un outil d'ingénierie sur mesure pour les collectivités locales», dans *Gazette des communes*, n° 1952, 13 octobre 2008, pp. 12-17, p. 12が示す通り、基礎自治体からの都市計画の策定に関する相談も無料で受け付けている。

65 URLは（http://www.architecturesagricultures.fr/）である［2018年2月1日アクセス確認］。
66 CIVIDINO, *op.cit.*, p. 52.

第**3**章

飲食と銘醸地の世界遺産
――美食の危機、新たな保存論理、ネットワークの構築

1. 飲食関連遺産の有形性と無形性

■-1 美食をテーマとしたユネスコ世界遺産システムの併用

　ユネスコの世界遺産システムには、いずれも有形遺産を対象とする世界文化遺産や世界自然遺産 (以下、通俗的に世界遺産とする)、無形文化遺産 (以下、単に無形遺産とする)、そして世界の記憶」(以下、通俗的に記憶遺産とする) という三事業がある。

　本書が扱うフランスは、管見の限り、これらユネスコの三遺産制度を、単一テーマの下に展開している唯一の国である。そしてそのテーマこそ、フランスの肯定的イメージのひとつである美食に他ならない。

　以下でいくつかは詳述するが、登録順に、サン・テミリオン (文化・1999年)、ブドウ畑を含むロワール古城群 (文化・2000年)、ワインの仲買集積地区を含むボルドーの月の港 (文化・2007年)、フランスの美食術 (無形・2010年)、シャンパーニュ (文化・2015年)、ブルゴーニュ (文化・2015年) といった具合である。さらに、格付けの固定を懸念する一部造り手の反対で推進中断となっているが、ボルドーのメドック地方のシャトーを対象とした1855年の格付けを記憶遺産登録する運動もある。時系列的に計画性はないが、結果としてフランス独自の食を軸とした一貫した流れと言えよう。

　現在、記憶遺産には食に関するものはなく、1855年のボルドーの格付けが記憶遺産になれば世界初となる。また、食に限らず、単一テーマの下にユネスコの三事業を併用して遺産管理を推進する最初の国ともなる。

　三事業併用とはならなくとも、そもそも文化遺産と無形遺産の二事業を併走させ、食べ物と飲み物を強固に関連付けて登録している国はフランスだけである。確かに、メキシコは2006年にテキーラ醸造所を含む遺産を世界遺産に、2010年にメキシコ料理を無形遺産に登録している。しかし、蒸留酒という性質もあり、テキーラは食事中に常に相伴させるものではない。また、イタリアやポルトガルはいくつか銘醸地を世界遺産に、料理を無形遺産にしているが、料理は広く地中海地方のそれとされ、食卓の分かち合いという社会学的価値観が前面に押し出されている。ここでも、食事と酒の関係は、フランス料理とワインのそれほどの堅固さを持たない。あるいは、イタリアは2014年にワイン用ブドウ樹の剪定方法を無形遺産としたが、2012年に世界遺産登録した銘醸地とは連関を持たない。

■-2 飲食に関わる無形遺産

　そこで、まずは無形遺産に関して概観しておきたい。2018年2月1日現在、ユネスコの無形遺産には470件が登録されている。その内、飲食に関わるものを整理したのが表1である。

　本表では基本的に食べ物名や飲み物名のみ記載しているが、無形なので、食や飲料そのものだけではなく、その製法や手法、あるいは作法やそれにまつわる文化が含まれる。例えば、フランスの美食術には、食べ物だけではなく、食器やテーブル・セッティングも含まれる。

また、祭りや儀式、カーニヴァルに食べ物やアルコールは付きものなので、ここでは祭儀を中心としたものは除外してある。とはいえ、食べ物を前面に押し出したものをあえて挙げると、2012 年に登録されたモロッコのセフル地方のサクランボ祭りがある。これは、サクランボの収穫に合わせ、その看板娘を選ぶ祭りである。また、ワイン絡みで挙げると、2016 年に登録されたスイスのヴヴェイ地方のブドウ農の祭りがある。これは 14 年から 28 年おきに実施される大収穫祭である。ただ、ヴヴェイはレマン湖畔にあるものの、2007 年に世界遺産に登録されたラヴォーの銘醸地とは関係がない。

表 1：飲食に関係する無形遺産

年	国	内容
2010	フランス	フランスの美食術
〃	メキシコ	メキシコの伝統料理
〃	クロアチア	北クロアチアのスパイス入りパン・リツィタル
〃	イタリア・キプロス・ギリシャ・クロアチア・スペイン・ポルトガル・モロッコ（キプロス・クロアチア・ポルトガルは 2013 年から参加）	地中海地方の食事
2011	トルコ	トルコの伝統料理
2013	日本	和食
〃	大韓民国（韓国）	キムチ
〃	ベルギー	オスト・ダンケルクのエビ漁
〃	トルコ	トルコ・コーヒー
〃	ジョージア	古代のワイン・クヴェヴリ
2014	アルメニア	伝統的なパン・ラヴァッシュ
〃	イタリア	パンテッレリーア地方のブドウ剪定法・アルベレッロ
〃	ギリシャ	ヒオス島のマスティック・ガム
〃	モロッコ	アルガン油の使用
2015	アラブ首長国連邦／サウジアラビア／オマーン／カタール	アラブ・コーヒー
〃	朝鮮民主主義人民共和国（北朝鮮）	キムチ
2016	ベルギー	ベルギー・ビール
〃	アゼルバイジャン／イラン／カザフスタン／トルコ／キルギス	伝統的なパン・ラヴァッシュ
〃	大韓民国（韓国）	海女の伝統
〃	タジキスタン	伝統食・オシュ・パラフ
〃	ウズベキスタン	伝統食・プロフ
2017	イタリア	ナポリ・ピザの料理人の技芸
〃	アゼルバイジャン	伝統食・ドルマ
〃	マラウイ	伝統食・シマ

　さて、表 1 からは、地中海料理のように複数の国々が協働して登録する事案がある一方、コーヒー、ラヴァッシュ（中央アジアを中心とした伝統的なパン）、あるいはキムチのように、近接した国々が別個に類似資産を登録していることが解る。有形文化財を扱う世界遺産では、近似遺産との差別化が要求され、とりわけワインに関しては年々審査が厳格になっている。そ

第 3 章　飲食と銘醸地の世界遺産　　87

の流れに、無形遺産が差異化の挙証よりも各国の個々の論理で登録可能であることを重ね合わせると、今後はワイン関連の無形遺産が増加する可能性がある。有形遺産で面倒な差別化の挙証をするよりも、無形遺産として押し切る方がはるかに容易となろう。

ユネスコが、これ以上の銘醸地の世界遺産の登録に難色を示しても、国家や地方の伝統文化としてのワインという論理で無形遺産への登録申請がなされれば、それを否定することは困難だろう。実際、南仏のバニュルスのように、有形から無形遺産申請に傾く銘醸地も出現している。

ともあれ、フランスは、メキシコ等と並んで、食を世界で初めて無形遺産登録した国家である。同時に、1999年にワインの銘醸地を世界で初めて世界遺産登録したそれでもある。そして、そこでは世界遺産が啓く可能性が探究されていた。

■-3 フランスの美食の国内事情と対外事情

フランスの美食術に関しては、「栄養はどこでもとれるが、食事をとることができるのはフランスでだけである」とか、「料理人(キュイジニエ)はほかでも養成できるが、料理長(シェフ)を養成できるのはフランスだけだ」とか言われる[1]。かくも傲慢な主張にも、人々を首肯させるものがフランスの美食術にはある。そして実際、フランス料理は世界的名声を得ている。

なので、消滅の懸念は微塵もなさそうに見える。ユネスコの遺産事業の深奥にある理念は、危機に瀕する人類の遺産の保護なのだから、フランス料理はそれに該当するとは思われない。

しかし、フランスの美食術の世界無形遺産登録には、実は憂慮すべき国内事情が隠されている。登録推進に主導的役割を果たした地理学者・ジャン=ロベール・ピットは、以下のように述べる[2]:

―――― 美食遺産を指定したいというフランスのこの請願は、尊大さや傲慢さの表れではなく、あらゆるフランス人に、間違いなく古代ローマや古代ギリシャ、そして中世にまで遡及する自身の文化的相続財産のかくなる要素を、自らの手に取り戻そうとなされた招待なのです。

つまり、フランス人がフランス料理を食べなくなっており、その保全が困難になっている。ファストフードの増殖を前に、イタリアに遅れを取りつつも推進されているスローフード運動がその傍証である[3]。やや迂遠になり、かつ旧聞に属するが、かねてよりフランス料理の将来に懸念があったことの証左として、ある事件を概説したい。

1999年8月12日、南仏ミヨー市のマクドナルドが襲撃された。欧州連合が米国産ホルモン剤肥育牛の輸入を安全性を理由にした禁止にしたところ、同国が制裁措置として欧州産食品に100％の報復関税を設定したことに農民達が憤慨したためである。

ただ、この襲撃を率いた農民運動指導者・ジョゼ・ボヴェは、単に自らの生産物が仕返しの対象となったから行動を起こしたわけではない。その農夫然とした風貌からは想像困難だが、ボヴェは両親がカリフォルニア州立大学バークレー校で研究員を務めた知識階層の

88　第1編

出身で、自身はボルドー大学で哲学を修めている。過激な行動は彼ならでは方策で、真の狙いは農業の、そして食の安全性の確保にある。マクドナルドは最も明解なアメリカ文化の記号で、つまりは最も明白なグローバリゼーションの記号として破壊された。フランスの美食の保護は、食に関する国家高権の回復運動でもある。

　事実、フランスの美食術は、別の意味でも、対外的にも、包囲網に囲まれている。

　例えば、2006年1月6日、フランス政府は農業基本法を公布したが、その第74条は「フォアグラはフランスの文化上・美食上の遺産である」としている。その字面だけを捉え、法律に代表的食材を記載するのはさすがフランスと感心はできない。フォアグラはカモやガチョウに強制的に給餌して造る肝臓である。動物愛護団体に言わせると、これは虐待に他ならない。そのような団体のロビー活動を受け、米国カリフォルニア州は2004年にフォアグラの製造と販売を禁止した。他方、欧州連合の家畜保護規定は宗教・文化的な習俗は規制対象外としているので、フランスは2006年の法律で、最低でも欧州市場を確保するために、フォアグラを抜け道的に文化財だとして批判を封じたのである。

　後述するシャンパーニュの世界遺産登録の目的のひとつに、世界に蔓延する呼称の詐称防止がある。発泡性ワインを全てシャンパンと名乗られることは、同地の知財を脅かす。世界遺産登録を契機に、似而非シャンパンを一掃したいというのが真意である。

　このように、フランスの美食や美酒の世界遺産登録の背景には、危機遺産としても論理構築せざるを得ない国内事情や、伝統の領域だとして批判をかわさんとする対外事情があることは失念すべきではない。

2. 文化的景観としてのワインスケープ

2-1　文化的景観の語源論

　ワインの銘醸地で初の世界遺産となったサン・テミリオンを初め、シャンパーニュやブルゴーニュは、文化的景観という範疇で世界遺産登録されている。この類型は、教科書的には世界遺産の南北問題解決、つまり石造建造物が多く残り登録数も多い北半球に対し、それらが少ない南半球のために1992年に創設された。

　文化的景観は、ユネスコの2013年7月版『世界遺産条約履行のための作業指針』第47パラグラフでは、以下の通りに定義されている：

―――文化的景観は、文化遺産であり、世界遺産条約第1条に記される『人間と自然の共同作品』を表現している。それは、自然環境の提示する物理的制約並びに／または可能性の下での、そして継続的な内外の社会的、経済的並びに文化的力の影響の下での、人間社会とそれが設置した事物の時間の中での変化を示す。

　さらに、文化的景観には以下の3範疇があるとされる：

① 意匠された景観：人間の設計意図の下に創造された景観で、庭園や公園等；

② 有機的に進化する景観：（1）農林水産業等の産業に関連する継続的な景観と（2）遺跡等の記念物の周囲でその重要な要素と言える景観；

第3章　飲食と銘醸地の世界遺産　　89

③ 関連する景観：信仰や宗教、文学、芸術活動等と直接関連する景観。

①や②-(2) は、これまでにも文化財とする認識はあった。例えば、ヴェルサイユ宮殿は、建築と同時に庭園が織りなす文化遺産である。また③は、まさに上述の世界遺産の南北問題解決のために考案された類型で、例えばある民族が神の座所として崇める山岳が好例である。他方で、本章が論ずるのは、②-(1) の範型に括られる文化的景観としての世界遺産である。

これまで、先進国にせよ途上国にせよ、文化財保護制度は傑出した遺産にのみ価値を見出す優品主義の下にを組み立てられてきた。従って、農漁村は歴史的環境を良く保全していても文化財と認識されることはなかった。しかし、20世紀の末期に至り、それを後世に公的に伝達すべき遺産とする認識が萌芽した。

本書には、それがなぜ生成したかを分析する能力はない。その代わり、そもそも文化財の「文化」が示唆するものに関する語源論と、文化的景観制度の成立過程に於いて、農林水産業を対象とする景観保護に託されていた可能性を論じておきたい。

まず、語源論である。文化的景観は英語でcultural landscape、仏語でpaysage culturelと言う。双方にcultureの形容詞が含まれるが、これはラテン語の動詞「耕す」(colore、過去分詞cultum) を語源とする。この名詞は至って勤勉で、現在の主意である教養のみならず、耕作や栽培等の意味も含み、さらにcultなどの単語に見られる宗教的意味合いも孕む。即ち、ラテン語に派生する言語を使う人々にとって、cultureは農耕や宗教も底意として包摂し、cultural landscapeとは農耕景観や宗教景観もイメージさせる。日本語にしてしまうと理解不能だが、ラテン語圏の人々にしてみれば、農耕とは文化や宗教そのものである。

❷-2 東欧ビロード革命と文化的景観

他方、成立過程の議論、とりわけブドウ畑の文化的景観の保全に関わる議論は、世界遺産が啓く可能性を示唆する。

文化的景観制度が導入される3年前の1989年、ベルリンの壁が崩壊した。それに端を発する東欧のビロード革命後、文化財保護の関係者を懸念させたのが、旧共産圏諸国で乱開発が進み、世界的遺産が減失する危険性である。

これに対し、その保護方策としてワイン関連の文化的景観を利用することが議論されたのであった[4]。反共産主義革命の背後で、ポーランド出身のローマ法王・ヨハネ・パウロ二世が果たした役割は大きいと言われる。唯物論的無神論を基礎とする共産主義に対し、ポーランドで草の根の信仰を守り、ついには体制の打倒につなげたとされるのである。そしてワインは、キリスト教文化を共通の土台とする東西欧州にとって、政治体制を問わない資産だった。

世界遺産制度は、時に国同士の摩擦を惹起する。無形遺産に関して、同一の遺産を別個の国が登録しているのはその一例である。しかし、そもそも世界遺産制度はエジプト文明の遺産の救出という崇高な理念に起源を有する。文化的景観制度は、南北問題の克己を目指し

たが、ワインを通すと、冷戦終結後の東西問題の解決も見えてくる。ワインは、西欧文明社会の融和の基盤なのである。

そこで、フランスのワイン関連の世界遺産に絡め、さらにそれが啓く可能性を示しておきたい。

後述するシャンパーニュの申請では、ドイツ系業者の活躍や女性の社会進出といった現代的テーマに引き付けた物語が構築されている。同地にはクリュッグやボランジェ等、ドイツ系の造り手が少なくなく、それらは二度の世界大戦時、敵国出自の造り手のワインという悪評を被った。しかし、その苦節を乗り越え、今日ではフランスを代表するメーカーとなっている[5]。さらに、同様に著名銘柄のヴーヴ・クリコは、文字通りクリコ未亡人の手腕が確立したブランドで、その他にもポメリー夫人等、19世紀という早期の時点での女性の活躍が顕著でもある。他方、ブルゴーニュの正式登録名は「ブルゴーニュのブドウ畑のクリマ」で、クリマとはワイン用語では畑の区画とほぼ同義だが、一般的語感としては「気候」であり、現代の環境問題への意識の先駆として捉えられている。

かくなる歴史を含む遺産に、顕著で普遍的な価値があると世界が認定することは、歴史認識の相違の擦り合わせ、女性の社会的地位の向上、あるいは持続可能な環境の構築を世界的に推奨することとなる。地域が世界遺産を近視眼的に経済振興に役立たせる発想をするのは不可避かもしれないが、国家や国際社会は、それを超越した論理の構築を希求すべきであろう[6]。

2-3 ワインの銘醸地と世界遺産

さて、前述の農林水産業の文化的景観という視点で世界遺産のリストを鳥瞰すると、ワインの特権的な地位が浮上する。確かに1995年登録のフィリピンのコルディリェーラの棚田や2000年登録のスウェーデン・エーランド島南部の農業景観のように、日常的な食料生産の場も存在する[7]。また、キューバのようにタバコの葉の生産地であるヴィニャーレス渓谷を1999年に、キューバ島南東部の最初のコーヒー農園の考古学的景観[8]を2000年にと、2件の嗜好品生産地を登録している国もある。前者はハバナ・シガーの原産地で、後者で生産されるシエラ・マエストラ・コーヒーは、ホワイト・マウンテンのブランド名で知られる。しかし、ワインスケープ関連の世界遺産は圧倒的に数が多い。

そこで、銘醸地や構成資産の一部にブドウ畑や醸造施設等のワイン関連資産を含む世界遺産を整理してみよう。2018年2月1日現在、177カ国が1,681件を暫定リストに登録し、167カ国が1,073件を本登録しているが、ワイン関連の遺産は表2・表3・表4の通りである[9]。

他にもフランスのボジョレーやスペインのカヴァの生産地が世界遺産登録を目指している[10]。また、既述の通り、南仏のバニュルスは、2004年にスペインと共同で「ピレネーの地中海沿岸」として暫定リストに登録された物件の構成資産に含まれるが、同時に、一部の造り手は独自の無形遺産登録の運動に転じている。

アルコール嗜好品という範疇では、2006年にメキシコのテキーラの産業施設群とリュウ
ゼツランの景観が文化的景観として登録されているし、ロシアのウォッカやフランスのコ
ニャック等の蒸留酒生産地でも登録推進の動きがある。また、スコットランド古代歴史的モ
ニュメント委員会（RCAHMS）は、歴史的なスコッチ・ウィスキーの蒸留施設や醸造所等のリ
スティングを行っている[11]。

表2：世界遺産暫定リストに登録されたワインスケープ関連資産（※を除き全て文化遺産）

登録年	国	件名	基準
1998	スペイン	地中海都市群のワイン / ブドウ畑の文化の道	(ii)(iii)(iv)(v)
2004	スペイン / フランス	ピレネーの地中海沿岸（※複合遺産）	(ii)(iv)(vii)(ix)(x)
2007	クロアチア	プリモシュテンのブドウ畑	(v)(vi)
2010	イタリア	プロセッコの丘陵	(iii)(v)(vi)
2013	スペイン	リオハのブドウ畑とワインの文化的景観	(ii)(iii)(v)(vi)
2015	南アフリカ	ケープ・ワイン生産地の初期農場	(ii)(iii)(iv)(v)

表3：ワインスケープ関連物件限定で登録されている世界遺産（全て文化的景観。面積単位はヘクタール）

登録年	国	件名	構成資産面積	緩衝地帯面積	基準
1999	フランス	サン・テミリオン自治区	7,847	5,101	(iii)(iv)
2002	ポルトガル	アルト・ドゥロ・ワイン生産地域	24,600	225,400	(iii)(iv)(v)
2002	ハンガリー	トカイ・ワイン生産地域の歴史的・文化的景観	13,255	74,879	(iii)(v)
2004	ポルトガル	ピコ島のワイン生産の景観	190	2,445	(iii)(v)
2007	スイス	ラヴォーのブドウ段々畑	898	1,408	(iii)(iv)(v)
2014	イタリア	ピエモンテのブドウ畑景観	10,789	76,249	(iii)(v)
2015	フランス	シャンパーニュの丘陵・メゾン・酒蔵	1,101.72	4,251.16	(iii)(iv)(vi)
2015	フランス	ブルゴーニュのクリマ	13,219	50,011	(iii)(iv)

表4：構成資産にワインスケープ関連資産を含む世界遺産（※を除き全て文化的景観。面積単位はヘクタール）

登録年	国	件名	構成資産面積	緩衝地帯面積	基準
1997	イタリア	チンクエ・テッレ	4,689.25	0	(ii)(iv)(v)
2000	フランス	ロワール渓谷	85,394	208,934	(i)(ii)(iv)
2000	オーストリア	ヴァッハウ渓谷の文化的景観	18,387	2,942	(ii)(iv)
2001	オーストリア/ハンガリー	フェルテー湖・ノイジードル湖の文化的景観	52,413	40,119	(v)
2002	ドイツ	ライン渓谷中流上部	27,250	34,680	(ii)(iv)(v)
2004	イタリア	オルチャ渓谷	61,189	5,660	(iv)(vi)
2007	フランス	月の港ボルドー	1,731	11,974	(i)(ii)(iv)
2011	スペイン	トラムンタナ山脈の文化的景観	30,745	78,617	(ii)(iv)(v)
2014	パレスチナ	オリーヴとワインの大地・パレスチナ（※遺跡）	348.83	623.88	(iv)(v)

　世界遺産登録されたワイン生産地は、前年比で平均30％増の観光客が来るとされ[12]、登
録を目論む銘醸地も多い。しかし、既に一定数の遺産が登録されてしまったので、今後は差
別化が余程巧妙かつ具体的に行われないと、新規のリスト入りは困難になると考えられる。
そこから、無形遺産への転進が予想されるのは、上述の通りである。

2-4 ワインスケープの世界遺産

それにしても、ワインは高踏的である。アルコール嗜好品はワインだけではなく、ビール、ウィスキー、ブランデー、バーボン、さらには日本酒、紹興酒、あるいはマッコリ等があり、それらは世界中で飲まれている。しかし、その生産地の景観が「顕著で普遍的な価値」(世界遺産条約第1条)を構成するとされるのは、ワインを置いて他にはない。

そのいくつかを概観してみたいが、その前に上表から除外した事案を紹介する。ポルトガルのポルト市旧市街である。ポート・ワインの語源となったこの河川港湾都市が世界遺産登録されたのは1996年で、サン・テミリオンよりも早い価値認定である。ただ、対象となった資産とワインには直接的関連がなく、教会や宮殿等の歴史的建造物群で

図1 ポート・ワインのロッジは世界遺産登録された旧市街(手前)ではなく対岸にある

図2 アルト・ドゥロでは渓谷全体がブドウ畑になっている景観に連続して出遭う

あった。確かに、退廃的な曲線意匠のバロック建築群はポート・ワインを大量消費した18世紀の大英帝国の夢の跡に他ならない。しかし、著名メーカーのロッジ(ワイン倉庫)が集積する地区はドゥロ河の対岸にあり、自治体名もヴィラ・ノヴァ・デ・ガイアとなって、世界遺産登録された旧市街の緩衝地帯に相当する［図1］。となると、本書では除外して考えざるを得ない。

では、ワイン関連遺産が確固として構成資産となった世界遺産登録案件はと見ると、同じポルトガルにアルト・ドゥロの銘醸地がある。ポート・ワインが積み出されるのはポルトだが、生産地は北部ドゥロ河流域の標高1,000メートル近い山々に囲まれる地域である。その段々畑の文化的景観は、2002年に登録された。それは、かくも広大な範囲の急峻な山々を開墾した刻苦の歴史の顕現であり、アルコール嗜好品に対する人間の執着の象徴でもある［図2］。ワインの刻印は、農村部に留まらず都市にも残される。それが富の象徴でもあることを示すべく、中心都市のヴィラ・レアルにはゴシック建築が多く見られ、マテウス・ロゼで有名なマテウスの館にはポルトガル・バロックの爛熟した建築と庭園が遺されている［図3］。

第3章 飲食と銘醸地の世界遺産　93

図3 構成資産のラメーゴのノッサ・セニョーラ・ドス・レメディオス教会もバロック建築の精華である

図4 トカイのブドウ畑と醸造所

翌年登録されたハンガリー・トカイ地方は、フランスのソーテルヌ、ドイツのトロッケン・ベーレン・アウスレーゼと並ぶ世界三大貴腐ワインの生産地である［図4］。その洗練にユダヤ人生産者の果たした役割は大きい。しかし、第二次世界大戦中、彼ら全てがブドウ畑や醸造所を接収されて収容所送りとなり、そのほとんどは不帰の客となった。戦後、ハンガリーの東側ブロック参加で彼らの土地所有権は完全に抹消され、トカイは実質的にソヴィエトの専有物となる。それがベルリンの壁崩壊後、フランスとスペインの資本により再建されたのが現在の姿である[13]。トカイは、銘醸地の世界遺産であると同時に、人類の原罪と言うべき負の遺産として、アウシュヴィッツ強制収容所が1979年に世界遺産登録されていることに思いを馳せる場でもある[14]。

3. ワインスケープに関わる保存論理の展開

3-1 奇景・刻苦・美観という論理

　2004年登録のポルトガル・ピコ島のブドウ畑の景観は、ワインの質自体よりもその奇景により評価された。この大西洋の絶海の中に浮かんだ小島では、強い海風とそれに乗った海水を防ぐため、畑の区画をわずか数十平方メートルに限定し、周囲に荒れる自然に対する防御壁を築く必要があった。かくも厳しい条件下でもワインを生産した、まさにアルコールに踊らされた狂気の痕跡とも言える景観なのである。

　対して、スイスのラヴォーの景観は美を主軸とする。ここもまたワインの世界的名声ではなく景観自体の価値が認定されたと考えられるが、ピコ島の奇景と異なり、レマン湖畔にあることでその美景に同化した美観を根拠とする［図5］。同地の段々畑とて刻苦の末に営々と建設されたもので、背後には嗜好品への中毒状態があるわけだが、山々に囲まれた美観の地に所在し、ラムサール条約の指定湖沼の畔でもあり、景観はむしろ冷涼で透徹したイ

メージを与える。プロモーション写真には、必ず畑とレマン湖が同時に写り込むことからもそれが傍証できよう。

　イタリアの銘醸地・ピエモンテは、2012年の世界遺産委員会で登録延期とされていたものが、2014年に登録された。イタリアらしい穏やかな丘陵部に拡がるブドウ畑には、これまでの事案に見られた苦労を刻んだ段々畑はなく、所々に貴族のヴィラ（別荘）を改造したエノテカ（ワイナリー）が見られる、たおやかな景観を形成する。構成資産には、シャンパンと同じ発泡性ワインのアスティ・スプマンテの産地であるカネッリ村が包含され、さらにそこには「地下大聖堂」と呼ばれる貯蔵庫がある。銘醸地の世界遺産として初めて視線が地下に潜った事例で、これは、美観に隠れた奇景と言えるかもしれない[15]。

図5　スイスのブドウ畑の写真集でもラヴォーはレマン湖と共に表紙を飾る

3-2　ワイン関連遺産の保存概念とその拡張

　世界遺産登録には顕著で普遍的な価値の挙証が必要だが、その論理の検討は、仮に世界遺産登録に関わらずとも、今後のワインや嗜好品に関係する文化財、さらに農林水産業関連の景観の保存概念の拡張や定律に有効であろう。そこで、前節で挙げた世界遺産申請時の

図6　サン・テミリオンはブドウ畑と中世都市の共存による美を謳う

図7　トカイはブドウ畑のみならず地下蔵の存在などで多様性を謳う

第3章　飲食と銘醸地の世界遺産　95

イコモスの評価書等から挙証論理を抽出する。

　まず、ワインスケープは文化的景観として考察されることが大半で、必然的に景観の顕著な点が論証される。形容辞を拾い上げると、美しさ(サン・テミリオン、プロセッコ、シャンパーニュ)[図6]、多様性(トカイ)[図7]、牧歌的穏やかさ(オルチャ渓谷、ピエモンテ)[図8]、きめ細やかさ(ブルゴーニュ)[図9]、地形や植生の絶景的特性(チンクエ・テッレ、ピコ島、トラムンタナ山脈)[図10]等がある。「穏やか」の逆の論理として、段々畑を人為で造成した刻苦を挙げる例も多い(チンクエ・テッレ、フェルテー湖・ノイジードル湖、アルト・ドゥロ、ライン渓谷、ラヴォー、プロセッコ、トラムンタナ山脈)[図11]。また、イタリアに特徴的なのは、ルネサンス絵画に描かれたことを基準(vi)として提示するものである(オルチャ渓谷、プロセッコ)。

　ブドウ畑は川面による下から上への反射光を期待して川沿いに造成されることがあり、それは同時に出荷経路にもなるので、遺産概念が流通基盤への拡張される事例もある(アルト・ドゥロ、リオハ、トラムンタナ山脈、シャンパーニュ)[図12]。また、近代に於ける鉄道輸送の重要性から、それもワイン関連遺産とする例もある(リオハ、シャンパーニュ)。

　世界遺産登録には価値の挙証に加え他の遺産との差別化が要求されるが、後述するシャンパーニュのそれは巧妙である。ワイン関連の世界遺産は既に充分な数があり、ピエモンテの登録も一度は延期されている。

　対して、シャンパーニュの特異点

図8　オルチャ渓谷は渓谷との表現とは裏腹に穏やかな景観が連続する

図9　ブルゴーニュはパッチワーク状にブドウ畑が連なる

図10　チンクエ・テッレでは崖の上にへばりつくようにブドウ畑が築かれている

は、まずその世界的名声である。これまでに登録されたり暫定リストに記載されたワイン関連の遺産は、景観や建築の歴史性や審美的性質こそ議論されたものの、ワインそのものの質や著名度が問題とされたことはなかった[16]。さらに、ワイン関連物件限定で基準（vi）が認証されたのはシャンパーニュが嚆矢だが、その論理は祝祭性という点であった。絵画という過去の表象ではなく、今日でも自動車競技の表彰式や船舶の進水式で用いられる現代性が強調された。

ただ、世界的名声や祝祭性という特徴は無形的価値と言えよう。実際、ミシェール・プラッツ・フランス文化財中央審議会委員は、シャンパーニュは疾うに無形遺産登録されていて当然の案件であったとする[17]。そこでシャンパーニュが考案したのは、産業遺産的特質で論拠を構築する方策だった。さらに、現業状態を保持するそれの最も代表的なものである。

図11 チンクエ・テッレの空積み工法の土留め壁は刻苦の表象と言える

図12 世界遺産地区ではないがポルトのドゥロ河には昔のワイン運搬船が動態的に展示されている

実際、工業化という点では、シャンパーニュに比肩可能な機械化や工程管理が進んでいたのはポルト程度である[18]。また、メゾンという豪邸形式の醸造・販売施設や採石坑を利用した地下蔵という保管施設、即ち建築的・都市的資産への遺産概念の拡張も比較衡量の論理となっている。

3-3 銘醸地世界遺産の保全のための工夫

ワインスケープを世界遺産として保全してゆくためには、銘醸地という特殊な性質に起因する保全上の問題と、各国の文化的景観の保護法制に起因する制度上の問題を克服しなければならない。フランスに関しては第2編で詳述するが、本節ではそれ以外の案件の工夫を概観してみたい。

まず、銘醸地を対象とする文化的景観は、その現業の維持と発展との両立が不可欠である。そのため、地元の生産者団体を初めとする利害関係者との充分な合意形成が欠かせない。トカイが世界遺産登録された2002年に、ユネスコは遺産管理組織への住民の一層の参

画を促す文書を発行していた。トカイの管理組織が、自治体や職業組織だけではなく多様な利害関係者を含んだ非営利社団の形式を選択した背景には、この推奨条件の遵守があった[19]。そして、後述するシャンパーニュやブルゴーニュも、同様の組織が構築されている。

また、産業遺産は、要は操業停止状態にあるからこそ遺産と呼ばれる訳だが、現業がないと産品を通じた遺産価値の認知が困難で、さらに施設が廃れてゆくだけになる。この矛盾を克服する必要がある。キューバのヴィニャーレス渓谷は伝統的農法でタバコの栽培が続けられる幸運な事例だが、メキシコのテキーラの古い産業施設群とリュウゼツランの景観や、コロンビアのコーヒー産地の文化的景観等は、遺産とは別の新規施設での生産も少なくない。ワイン関連では、シャンパーニュの産業遺産は、非稼働のものは各メゾンが社史の一部として保存し、稼働可能なものは動態保存している。

次に、銘醸地にまつわる各国の制度上の工夫を見てみよう。

ポルトガルには文化的景観という範疇の文化財保護システムがないため、保全措置は関係自治体の土地利用計画に依存している。また、アルト・ドゥロは1758年からワイン産地として認定され、これは今日の原産地統制呼称 (AOC) 制度の原型とも言える事例のひとつだが、そのような生産上の法規を活用して文化的景観を保全する手法もある。トカイ・ワインのワイン生産エリア認定は既に1737年になされているが、それが全て構成資産と緩衝地帯に含まれている。また、トカイはワイン法と自然保護法を活用している。

このように、銘醸地を世界遺産登録する場合、遺産の維持と現業の発展のため、人的には組織組成に関する工夫が必要だし、制度的には文化財保護とは別の法制を活用する手練手管が重要になる。

3-4 銘醸地の横断的比較とネットワーク化

イル・ドゥ・フランス空間整備・都市計画研究所 (IAU-IdF) は、シャンパーニュの世界遺産登録を睨み、2007年に銘醸地の世界遺産管理計画の比較研究を実施した。サン・テミリオン、ロワール渓谷、ポルトとアルト・ドゥロ・ワイン生産地域、トカイ、フェルテー湖・ノイジードル湖、ピコ島、オルチャ渓谷、ラヴォーの8世界遺産を比較すると、以下の5点が管理計画の共通項目として抽出できる[20]:

- 領域内の関係主体に遺産の勘案を促す必要性;
- 管理関係者の間の協調の重要性;
- 都市計画文書により付与される目的の施行;
- 景観の価値付けと保護の問題;
- 地域の経済や観光に関わる持続的発展の問題。

これらを一元的に解決する方法は存在しないが、各銘醸地は先例に学びながら解法を探求すべきであろう。そして、そのための意見交換プラットフォームが、既にいくつか構築され報告書も複数公開されている。

ロワール渓谷は広大なので、管理のための対内的意見交換プラットフォームとして、

2003年にロワール渓谷ミッションが創設された。同ミッションが、同年7月に複数の銘醸地の世界遺産やその候補地の代表者、さらには研究者やワイン産業の関係者をフォントヴロー修道院に招待し、国際会議を開催した[21]。そして、会議の最後に、銘醸地の国際協力を謳ったフォントヴロー憲章が公表された。これが、2006年の国際ブドウ農業・ワイン業機構（OIV）によるアヴィニョン宣言につながる。同宣言はワインに関わる特別用途地域創設を加盟国に促し、その際に、ブドウ畑の景観が果たす役割の価値付けの必要性を勘案すべきとするものである[22]。

フォントヴロー憲章には、銘醸地としてロワール渓谷の他、フランスからシャトー・シャロン、コート・ドゥ・ボーヌ南部、コスティエール・ドゥ・ニーム、ブルイ及びコート・ドゥ・ブルイ、そしてスイスからラヴォーが調印している。

数は多くはないが、影響は大きい。ラヴォーは2007年に、コート・ドゥ・ボーヌ南部はブルゴーニュのクリマの一部として2015年に世界遺産登録されている。また、2006年にはAOCコスティエール・ドゥ・ニームが景観・環境憲章を策定し、2010年からはラングドック・ルシヨン地方圏が全域で景観憲章策定の試行を開始している[23]。それらは強制力を有さないが、都市計画には明らかに正の効果を及ぼす。

3-5 ワイン観光推進のための国際プラットフォーム

フォントヴロー憲章には、調印時点で世界遺産だった銘醸地の参加はロワール渓谷以外になかったが、ロワール渓谷ミッションは、2005年にワイン観光プログラム（VITOUR）と題したワイン観光推進のための意見交換プラットフォームを設置した。これは欧州連合の補助金を受けたプログラムで、ロワールに加え、サン・テミリオン、アルト・ドゥロ、フェルテー／ノイジードル、ライン渓谷及びチンクエ・テッレの7銘醸地世界遺産の参加で始まった［図13］。

このように、地理的にまとまりはないものの共通する課題による地域振興に対して、欧州連合は構造基金を活用した共同体主導プログラムInterregの中でカテゴリーC[24]という助成金を用意しており、VITOURはまさにそれに打って付けであった。Interregの第III期のカテゴリーCのプログラムなので、Interreg IIIcと記述される本企画により、

図13 加盟地域でパンフレットを無料配布し、認知と集客の相乗効果を狙っている

2005年から2007年にわたって知見の交換等が行われた。

　また、2010年から2013年には継続プロジェクトとして、同じくカテゴリーC（第IV期なのでInterreg IVc）を活用して、最終的にはチンクエ・テッレ（イタリア）、ノイジードル（オーストリア）、ロワール（フランス）、ヴァッハウ（オーストリア）、トカイ（ハンガリー）、ライン渓谷中流上部（ドイツ）、モンタルチーノ（イタリア）、ポルト（ポルトガル）、ピコ（ポルトガル）、ラヴォー（スイス）という10件の歴史的なワイン生産の景観を有する地域による相互交流が実現している。この企画の総予算は198万ユーロで、構造基金の補助額は154万3,000ユーロであった。

　その成果物として、2012年に『ワイン生産に関わる文化的景観の保護と活用のためのヨーロッパ・ガイド[25]』と翌年の『ワイン関連の文化的景観の向上のための優秀政策実践の伝達[26]』とのレポートが刊行されている。

注

1　オリイ、パスカル（長井伸仁訳）:「ガストロノミー（美食）」、ノラ、ピエール（編）（谷川稔監訳）:『記憶の場－フランス国民意識の文化＝社会史』、第3巻「模索」、東京:岩波書店、2003年、pp.389-425、p.393。

2　(interview), «Les produits alimentatires de quailté créent des paysages de qualité», dans *Le Mauricien*, 21 juin 2014, pp. 10-11, p. 11.

3　ところで、アメリカの食文化が嫌悪されるのは、ファストかスローかというスピードが理由ではない。イタリアにはピザ、イギリスにはフィッシュ・アンド・チップス等のファスト・フードがあり、それらがフランスに入り込んでも人々は嫌悪感を抱かない。では、なぜアメリカン・フードだけが攻撃対象になるかと言うと、やはり農薬や遺伝子組み換え作物に関する安全性への懸念と見るべきであろう。ただ、もうひとつ、歴史的身体感覚への違和感があるとも考えられる。アメリカン・フードのイメージは、ロードサイドのショップに車で出かけるか、ケータリングを頼んで食べるというものであろう。他方、欧州型ファスト・フードは中心市街地で徒歩でありつけ、食前に小腹を空かせるにも食後の腹ごなしにも適度な運動を伴う。これこそ、グローバル化した自動車社会では失われてしまう人間の生理ではないか。

4　ROSSELER Mechtild, «World Heritage Cultural Landscapes: Concept and Implementation – Regional Thematic Expert Meeting on Vineyard Landscapes», dans UNESCO World Heritage Centre (2002), pp. 13-18 ; CLEERE Henry, «Vineyard Landscapes and the World Heritage Global Strategy», dans *ibidem*, pp. 19-20.

5　そもそも、フランスのワイン産業は外国人の活躍なくしては発展不可能なものであった。例えば、コニャックやアルマニャックの生産地は世界遺産登録を目論んでいると言われる。それらが生産するブランデーの語源はオランダ語の「焼いたワイン（brandewijn）」で、その語源の通り、オランダ人の活躍が顕著であった地域で生まれている。そう考えると、アルコールを通じた欧州協働のストーリーが構築可能かもしれない。

6　無論、フランスの所業に一点の曇りもないかと言えばそうではない。LOUISE Colcombet, «Tristes vendanges en Champagne», dans *Le Parisien*, 19 janvier 2017, p.13は、シャンパーニュ地方でワイン用ブドウの収穫に従事したポーランド人出稼ぎ労働者が、非衛生的宿舎しかあてがわれず過酷な労働を課されたことを報じている。本書は、そのような矛盾をほとんど記述しないが、それが存在することを無視する意図は全くない。

7　ただし、コルディリェーラの棚田は体系的な監視体制や管理計画の欠如を理由に、2001年12月に危機遺産に編入され、2012年になってそれが解除された。

8　ただし、この遺産の登録理由には、黒人奴隷による過酷な労働の記憶の場であることが挙げられていることも失念すべきではない。

9　ポルトガルのマデイラ島もワインの銘醸地だが、登録されたのはラウリシールヴァと呼ばれる樹林相で、類型も自然遺産なので除外している。同国のポルト市旧市街を除外したことに関しては後述する。なお、登録基準に関しては、日本ユネスコ協会（www.unesco.or.jp）は以下の通りとしている（以下、左記ウェッブサイトのママ［2018年2月1日アクセス確認］）。

(i)	人間の創造的才能を表す傑作である。
(ii)	建築、科学技術、記念碑、都市計画、景観設計の発展に重要な影響を与えた、ある期間にわたる価値感の交流又はある文化圏内での価値観の交流を示すものである。
(iii)	現存するか消滅しているかにかかわらず、ある文化的伝統又は文明の存在を伝承する物証として無二の存在（少なくとも希有な存在）である。
(iv)	歴史上の重要な段階を物語る建築物、その集合体、科学技術の集合体、あるいは景観を代表する顕著な見本である。

(v)	あるひとつの文化（または複数の文化）を特徴づけるような伝統的居住形態若しくは陸上・海上の土地利用形態を代表する顕著な見本である。又は、人類と環境とのふれあいを代表する顕著な見本である（特に不可逆的な変化によりその存続が危ぶまれているもの）。
(vi)	顕著な普遍的価値を有する出来事（行事）、生きた伝統、思想、信仰、芸術的作品、あるいは文学的作品と直接または実質的関連がある（この基準は他の基準とあわせて用いられることが望ましい）。
(vii)	最上級の自然現象、又は、類まれな自然美・美的価値を有する地域を包含する。
(viii)	生命進化の記録や、地形形成における重要な進行中の地質学的過程、あるいは重要な地形学的又は自然地理学的特徴といった、地球の歴史の主要な段階を代表する顕著な見本である。
(ix)	陸上・淡水域・沿岸・海洋の生態系や動植物群集の進化、発展において、重要な進行中の生態学的過程又は生物学的過程を代表する顕著な見本である。
(x)	学術上又は保全上顕著な普遍的価値を有する絶滅のおそれのある種の生息地など、生物多様性の生息域内保全にとって最も重要な自然の生息地を包含する。

※なお、世界遺産の登録基準は、2005年2月1日まで文化遺産と自然遺産についてそれぞれ定められていましたが、同年2月2日から 上記のとおり文化遺産と自然遺産が統合された新しい登録基準に変更されました。文化遺産、自然遺産、複合遺産の区分については、上記基準（i）～（vi）で登録された物件は文化遺産、（vii）～（x）で登録された物件は自然遺産、文化遺産と自然遺産の両方の基準で登録されたものは複合遺産とします。

10　SAVEROT et SIMMAT (2008), p. 227.

11　OGLETHORPE Miles, «Le Renouveau des distilleries de whisky de malt en Ecosse», dans DOREL-FERRE (sous la direction de) (2006), pp. 130-141.

12　SAVEROT et SIMMAT, *op.cit.*, p. 227.

13　LEMOINE et CLEMENS (2017), p. 65.

14　本書では、2014年に登録されたパレスチナのオリーヴとブドウの畑の保存論理は分析していない。それは文化的景観ではなく遺跡として登録され、過去から現在に至るまでのワインの文化史の中で顕著な位置付けがあるとは言えず、さらに、現時点ではワインはほとんど生産されていないためである。ただ、当該遺産は中東情勢の中で滅失の危険性のある危機遺産として緊急登録されている。国際社会は、トカイやアウシュヴィッツ同様、本件に関し、歴史と平和を常に想起すべきであろう。

15　SOLDANO Silvia, «Le Processus d'inscription du paysage viticole du Piémont : Langhe-Roero et Monferrato», dans ANATOLE-GABRIEL (sous la direction de) (2016), pp.55-62, pp.56-57に拠れば、当初はこの地下大聖堂 (cattedrali sotteranee) のみでの登録が目論まれていた。しかし、関係諸機関との合意形成の中で申請範囲は拡大し、2011年の申請段階では3万ヘクタールの構成資産を含むまでになってしまった。それが、世界遺産委員会による登録延期の決定を受け、1万789ヘクタールにまで絞り込みを行った上で2014年に登録された。ともあれ、かくして美景と奇景が共存する銘醸地の世界遺産が誕生した。

16　PRATS Michèle, «VUE en vue», dans GUILLARD et TRICAUD (sous la direction de) (2014), pp. 133-140, p. 134.

17　*ibidem*, p. 133。

18　APC (2014), tome II, p. 174.

19　CREPIN (2007), pp. 116-117.

20　IAU-IdF (2007a), p. 78.

21　その論考集がINTERLOIRE (2003) である。

22　IAU-IdF, *op.cit.*, pp. 92-93.

23　HANNIN et al. (sous la direction de) (2010), pp. 217-218.

24　岡部（2003）、p.225。同書に拠ると、欧州連合の構造基金プログラムは、Interreg III（国境を越えた共同事業、複数国や複数地域に及ぶ協力）、Interreg IIIb（西地中海地域、バルト海地域の他、11の広域圏協力を支援）、Interreg IIIc（地理的には必ずしも結び付きのない地域相互の協力を支援）がある。ワイン観光に関する第8章で論じるワイン巡りプログラム（TOURVIN）は、アキテーヌ地方圏がボルドーのワイン観光推進のために立ち上げたプログラムで、2004年から2008年までInterreg IIIbを享受し、フランスであればアキテーヌ、スペインであればリオハ、ポルトガルであればポルトといった11地域に於けるワイン観光推進での協力体制整備が行われた。

25　VITOUR (2012).

26　VITOUR (2013).

第 **2** 編

銘醸地世界遺産の論理、展開、少しばかりの脱線

第 **4** 章

サン・テミリオン自治区

――原産地統制呼称（AOC）制度、拡張、博物館都市

序.銘醸地遺産か中世城郭都市遺産か

　1992年に世界遺産に文化的景観の範疇が新設され、その枠組みを利用して1999年にワインの生産地で初めて世界遺産になったのが、ボルドーの銘醸地・サン・テミリオンである。

　では、なぜサン・テミリオンは、フランス、そして世界に数多ある銘醸地の中で、初の世界遺産となることとなったのか。

　政治的理由を挙げる論者がある。同じボルドーでも、サン・テミリオンよりもメドック地域の方が、シャトーやブドウ畑という点でワイン生産をより明確に表象しており、政府がサン・テミリオンを世界遺産として推薦したのは、文化的根拠よりも政治的理由に拠るものだとする[1]。

　本書は、この主張には首肯しかねる。以下に示す経緯からしてそれは的外れだし、さらに一般的に、ブドウ畑の文化的景観に限定されない歴史的環境の存在が挙げられるためである。

　サン・テミリオンは、遠望すると教会の鐘楼を中心にまとまる凝縮した中世城郭都市である[図1]。内部には、村名の起源となった聖エミリオンの隠遁の地の上に建設された教会の他、修道院や世俗住宅が良好に保存され、1986年に保全地区（SS）指定を受けている。さらに、周辺には先史時代の考古学遺跡が残る等、建築的・都市的な文化遺産が併存する[図2]。ワイン用ブドウ畑の世界遺産の先例がない状態で、ブドウ畑に加え、イコモスや世界遺産センターが経験的に理解容易な文化財を擁する候補は、フランスではサン・テミリオンをおいて他にない。

　2014年のブルゴーニュの世界遺産申請では、ワイン生産と関係が稀薄だとしてディジョン市の構成資産編入が疑問視される。対して、サン・テミリオンでは、ワインとの関係が間接的とはいえ、解り易い遺産があったからこそ選抜された。関係性よりも理解の容易さが優先されたと言える。世界遺産の価値論理の時代変容の傍証でもある。

　さらに、サン・テミリオンの場合、

図1　サン・テミリオンにはメドック等にない中世城郭都市という解り易さがある

図2　ドミニコ会修道院教会の遺構のような遺産が随所に存在する

構成資産を地理学や地質学的な要因と同時に自治区という歴史的理由にも依拠しながら区画できる利点がある[2]。フランス国内の他の銘醸地と比較しても、サン・テミリオンの地理的範囲は明確で、メルロ種主体の栽培形式もあり、景観と領域の対応が明解だった[3]。

メドックでは、明解な理由を以てどの村をどの範囲で構成資産とするか、決定は困難であろう。対して、サン・テミリオンは、1199年7月8日のファレーズ憲章で自治区 (juridiction)、即ちワイン交易に関する関税特権の獲得地域になっており、これは現在のサン・テミリオン市を中心とした8基礎自治体に完全に一致する。それをそのまま世界遺産の構成資産にすることができた。

以上の経緯もあって、サン・テミリオンの世界遺産登録は短期間に進められた。

1989年から2008年までサン・シュルピス・ドゥ・ファレイラン村長兼サン・テミリオン基礎自治体共同体議長を務めたジョルジュ・ボヌフォンに拠れば、文化省が文化的景観の範疇での世界遺産登録のため最適地を求め接触してきたのは1998年の3月で、1ヶ月で調査を行い、同年7月には至急作成した世界遺産登録申請書類を世界遺産委員会に提出した。1年後にイコモスの現地調査があり、1999年12月に登録が認められている[4]。現在であれば信じ難い速度である。

1. 副次的登録目的と景観の構造

■-1 スプロール防止策としての世界遺産

サン・テミリオン自治区の世界遺産登録申請は、今日のように暫定リスト登録にすら激烈な競争があり、さらに国の推薦案件として書類がユネスコに送付されるのに多大な努力を要する時代ではなく、ある意味、牧歌的時代の事案で、当時サン・テミリオン市副議長として地元で申請を取り仕切ったベルナール・ロレに拠れば、国内外から全く異論なく立候補し、登録されたのであった。

この単独指名には、別の理由もある。当時は、ワイン消費に陰りは見えたが、グローバリゼーションの中で新興国に向けて大々的にワインをマーケティングしたり、直接販売でマージンを最小化して利鞘を増大させる必要性は強くは看取されていなかった。ワイン観光も今日ほどの引き合いがない時代である。2014年のフランス政府が、シャンパーニュとブルゴーニュを並べて世界遺産申請せざるを得なかった状況のような銘醸地間の競合がなく、対内的に異論の出ない選択が可能だった。そのこともあり、申請は国が主体になっている。シャンパーニュやブルゴーニュでは業界団体を主軸とした登録担当団体が設立されるが、サン・テミリオンでは、申請書の著者名も「フランス共和国」である。

ただ、サン・テミリオンの世界遺産登録は、顕著で普遍的な価値を持つ遺産を後世に伝達するという文化的な純粋理性にのみ立脚していたわけではない。ボルドーのブドウ畑を侵食する都市化に対処するという受動的理由もあった。実際、1975年と2000年を比較すると、ボルドー都市空間整備指導スキームの領域内で、約20％の人口増加に対して市街地が65％も拡張し、都市スプロールが進行していた。サン・テミリオンの原産地統制呼称 (AOC)

第4章　サン・テミリオン自治区　107

エリアの内、近郊のリブルヌ市の環状道路内にあるブドウ畑の35％から40％が宅地化してしまっていた[5][図3]。

AOCサン・テミリオンのブドウ畑の地価は、宅地化するよりも営農継続の方が高収益の状態にある。しかし、採算性の低い畑やロードサイドでの開発が、隣接する秀逸な畑に悪影響を及ぼす負の外部性の可能性は捨て切れない。その抑止は、ブドウ農業にとっての重大事案である。世界遺産申請には、かくなる副次的目的があった。

図3 サン・テミリオン周辺の市街化の進行状況。ボルドー市のベッド・タウンとしてリブルヌ市で市街化が進行している

■-2 登録基準とイコモスの判断

サン・テミリオンは、保全措置が未整備かつ不充分であったが、イコモスは不登録や登録延期を勧告せず、フランス政府がより実効性のある保護計画を立案すべきことを条件として登録が妥当とした。ただ、登録基準に関しては、サン・テミリオンが示した基準(v)は採択されなかった[表1]。

表1：申請時と登録時の世界遺産登録基準の内容比較

基準	基準内容	サン・テミリオン申請	イコモスの評価
(iii)	現存するか消滅しているかにかかわらず、ある文化的伝統又は文明の存在を伝承する物証として無二の存在（少なくとも希有な存在）である。	サン・テミリオン旧自治区は、文化的伝統及び不朽の文明、即ちブドウの樹の文明の例外的物証である。	サン・テミリオン自治区は現在まで手付かずのまま生き残り、今日でも生産活動のなされている歴史的ブドウ畑の景観の顕著な一例である。
(iv)	歴史上の重要な段階を物語る建築物、その集合体、科学技術の集合体、あるいは景観を代表する顕著な見本である。	サン・テミリオン旧自治区は、とりわけサン・テミリオン市の宗教・民間建造物のような質の高い建築的な総合体の傑出事例であると同時に、前史時代からの天然洞窟の占用、特殊な営農形式の創造のための地理的・気候的資源の利用といった人類史の複数の重要時期を示す景観の傑出事例である。	歴史的なサン・テミリオン自治区は、明確に区分された地方に於けるワイン用ブドウの集中的栽培を例外的な形で示している。
(v)	あるひとつの文化（または複数の文化）を特徴づけるような伝統的居住形態若しくは陸上・海上の土地利用形態を代表する顕著な見本である。又は、人類と環境とのふれあいを代表する顕著な見本である（特に不可逆的な変化によりその存続が危ぶまれているもの）。	サン・テミリオン旧自治区は、ひとつの文化の代表的領域の重要な占用事例を形成し、かつテロワール、人間及び生産活動の間の完璧な共生の唯一の証拠である。	(採択せず)

世界遺産登録された銘醸地で基準(v)を認められたのは、ワイン生産と同時に断崖での集落建設を強調できたチンクエ・テッレや、サン・テミリオンよりも事後の事例になるが、段々畑の造成を主体としたアルト・ドゥロやラヴォーである。いずれも刻苦の論理に基づく。対して、サン・テミリオンは外見的には穏やかな丘陵群の上にブドウ畑が整備されており、基準(v)には該当しないと判断されたと考えられる。

　登録後に刊行された公式報告書『ある景観の読解―サン・テミリオン自治区』でも、刻苦の文脈は提示されていない。これは、ジロンド県施設局(DDE)とアキテーヌ地方圏環境局(DIREN)が、ボルドー建築・景観大学校に依頼して2000年に提出されたものだが、土地造成の苦心への言及はない[6]。

　ただ、基準(v)の「特に不可逆的な変化によりその存続が危ぶまれているもの」との記述には要注意である。リブルヌ郊外でのロードサイド開発は憂慮すべきだし、後述するように、トラクターの導入に好都合な農地の区画形質や植栽配置の転換、さらには利潤追求のための無理な開墾等による伝統的景観の崩れも散見される。フランスはそれを懸念して基準(v)を加えたが、イコモスはそれを「不可逆的な変化」と捉えなかった。換言すると、事後的なれども厳格な保護措置を取れば、悪化の阻止は可能と考えたのである。

■-3 景観の構造

　上書『ある景観の読解』に従うと、サン・テミリオンの景観の構造は、段丘、台地、傾斜地及び平地のゾーニングとなる［図4］。

　これは、遠景を見ると理解容易である。サン・テミリオン旧市街は東北側でバルバンヌ河、南西側でドルドーニュ河に挟まれた台地上にあり、ブドウ畑はその台地上や、そこから両河川に向かって下る傾斜地に布置される。一般的には日照受容の良好な斜面が選好され、事実、サン・テミリオンで最上級の格付けを有するシャトー・オーゾンヌは、東から東南向きの斜面を有する。

　台地以外の土地ではところどころに段丘があり、頂部はたいてい小規模な森林を抱く。両

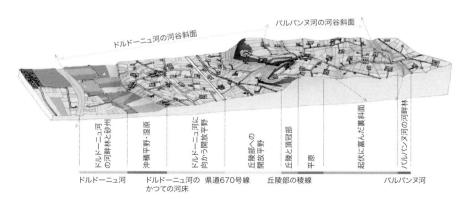

図4　遠景は、ふたつの河の間の台地と、傾斜や方位に応答した農地利用で構造づけられる

図5 中景は、起伏に応じた樹列配置とそのうねりで構造づけられる

図6 近景は、ブドウ樹のみならず虫害感知用のバラなどにも構造づけられる

河川の周辺は平地で、トウモロコシ等の穀類畑が拡がる。サン・テミリオン以外の集落は、段丘上にあるものや平野にあるものがあり、規則性はない。

中景は、地形への順応と矛盾で形成される。順応とは、緩やかな斜面にブドウ畑が展開することで、サン・テミリオンの中心的景観と言える[図5]。

対して矛盾とは、シャトー・シュヴァル・ブランを代表とする地形と樹種の整合しない景観である。同シャトーは、オーゾンヌ同様に最上級の格付けに指定されている。サン・テミリオン台地の北西端に位置し、斜面ではなくほぼ水平な地形上にブドウ畑がある。

これだけでも異色なのに、シュヴァル・ブランの畑はさらに、サン・テミリオンで支配的なブドウ種であるメルロではなくカベルネ・フランを主体とする。土壌は湿潤な粘土質で、教科書的にはこの土質にはメルロが最適らしいが、砂礫が適当なカベルネ・フランで成功している[7]。環境決定論に対する雄弁な反証と言え、地形・地質と樹種の間の不整合が中景の景観の構造にアクセントを与える。

近景にズームすると、サン・テミリオンの伝統的景観は、ブドウ畑だけが構成要素ではないことが解る。ブドウ樹よりも早く寄生虫や病害に反応するため植えられたバラやチューリップ、杭のアカシア、丘の上の林のカシやコナラといった自然要素に加え、建物や土留め壁の材料である石灰岩、そして地場粘土を焼いた屋根瓦といった多様な要素と潤沢な色彩で構成されている[図6]。

なお、上述の景観の構造は自然景観のみの説明だが、サン・テミリオン旧市街は遠景から近景の全てに位置付けられる。遠方から台地の頂部に教会の尖塔を望むパノラマ景、都市近傍から市壁の取り巻く様相を捉えるアクセス景、そして市壁内部の迷路状の街路を伝うシークエンス景が展開する。他の村も規模こそ異なるが、小さいながら教会の鐘楼の中心とした集落景観である。また、ブドウ畑のところどころにシャトーがスプロールする他、揚

水用の風車や農機具小屋が点景を構成している［図7］。

■-4 きめ細やかな農耕景観

　サン・テミリオンやポムロールといったドルドーニュ河右岸と、メドックのそれとの大きな違いは、造り手一軒当たりの平均耕作面積である。メドックでは平均50ヘクタールで[8]、多くの従業員を擁するシャトーが中心となる。また、メドックは土地が平坦なので、景観は大味なものになるが、それゆえにシャトーの建築がブドウ畑の中に屹立して映える。対して、サン・テミリオンは緩やかな丘陵が連続し、さらに農家の数が多いので、近景はきめ細やかになる。まさに、ジャン＝ロベール・ピットらの地理学者が理想化する景観である。

図7　揚水用風車などの添景も景観の多様性を象徴する

　サン・テミリオンの造り手は1,000軒を超え、平均耕作面積は8ヘクタール弱である。25ヘクタール以上は20軒、12ヘクタール以上のそれは約80軒に過ぎず、約230軒は1ヘクタール以下である。即ち、約700軒は1ヘクタールから12ヘクタール程度になる[9]。

　そもそもブドウ畑の地価が高い上に小規模で、大量生産による短期での投資の回収に向いていない。従って、家族経営で先祖代々ワイン生産に携わってきたものが多い。果皮は赤ワイン造りの重要要素のひとつだが、完璧なそれのブドウを育てるのは難しい。そこで、サン・テミリオンのブドウ農の中には、自分を果皮の造り手だと言う者もいる[10]。このような丁寧な営農の視点は、家族経営の賜（たまもの）と言えよう。

　それが、メドック等と比較して土地所有が安定している要因である。ボルドーでは、戦後から1990年代までに300以上のシャトーを含む約750の造り手がブドウ栽培を断念し、耕作放棄面積では5,000ヘクタールに上った。対して、後述の通り、サン・テミリオンでは耕作面積が増加している。家族が畑を手放すにしても単位が小さいので、小規模な新規参入者も少なくない[11]。

　サン・テミリオンは、規模のみならず、中世の畑筆割りをほぼ保全している。これは単一のブドウ農家が質を担保しながら耕作可能な最大面積である。20ヘクタール超のものは稀で、このことが景観の質を担保する一要因となっている[12]。対して、同じボルドーでも例えばメドック地域のものは外部資本の買収により大規模化、即ち均質化が進行している[13]。

2. 高収益性が惹起する景観問題

2-1 景観問題とその落とし所

　政府は、登録申請時に良好な保存状況で、懸念はリブルヌ付近でのスプロール程度としていた[14]。しかし、実はグローバル化の中で、遠景や中景に関しては、以下の景観問題が看取されていた[15]：

- 機械化：トラクター利用のために水平部分が可能な限り広い畑を構築し、土留め壁も石造よりもコンクリート造が選好される。かかる工作物は伝統的景観と相容れないだけではなく、水捌けを悪化させることで周辺農地への悪影響も発生させる；
- 拡張：ブドウ畑が穀類畑や放牧地、あるいは林地や草地を駆逐し、その結果、土壌改良を担うミミズや受粉を担う蝶といった益虫・益獣の成育が困難になる；
- 化学農薬：化学肥料のみならず、化学除草剤は土地を貧しくする。地表面に撥水層が形成され、雨水が浸透せずに流れを形成し、表土が流失する現象も引き起こす。

　以下では、景観に対する影響の最も深刻な農地拡張の問題を詳述してみよう。そこには、必然的に機械化や農薬使用の問題も含まれる。

　一般的に、フランスの銘醸地では、宅地開発等の都市的土地利用よりもブドウ畑とした方が土地収益が大きい。サン・テミリオンはその典型で、メドック地域と並んで不況への耐性も強い[16]。しかし、機械化や拡張の進展が伝統的景観を毀損するジレンマも発生する。無論、手仕事によるワイン生産や歴史的風土の保存は部外者の無責任な憧憬で、ワイナリーが採算性の追求するのは当然である。農薬批判も、減薬や無農薬化によるコスト増を消費者が引き受ける覚悟なくしては夢に過ぎない。つまり、探求すべきは、世界的に著名なワインの生産の効率化と、その文化的景観の保存の矛盾の落とし所の探求である。

2-2 農地の拡張の問題

　ブルゴーニュが畑を格付けするのに対し、ボルドーは生産者を格付けするために、ブドウ畑の拡張に抑制がかかりにくい。著名シャトーの多くは日照・通風・排水に有利な傾斜地

表２：サン・テミリオン自治区の農地利用の変化[17]

	穀類畑				牧草地			
	1970	1979	1988	2000	1970	1979	1988	2000
サン・クリストフ・デ・バルド	7	0	0	0	70	57	111	40
サン・テミリオン	16	10	3	0	142	59	63	32
サン・テチエンヌ・ドゥ・リース	0	2	0	0	19	7	43	0
サン・ティボリット	9	2	2	0	36	3	13	0
サン・ロラン・ドゥ・コンブ	1	0	0	0	0	20	0	0
サン・ペイ・ダルマン	14	13	9	0	63	8	10	0
サン・シュルピス・ドゥ・ファレイラン	101	197	180	54	351	138	153	41
ヴィニョネ	40	29	16	30	0	53	0	0
合計	188	253	210	84	681	345	393	113

にある。同様の土地を占有できない多くの生産者はそれに憧れ、類似した地形の畑の確保のために無理な拡張をしてしまう。統計を見てみよう [表2]。

　数値的に明らかだが、1970年から2000年の30年間にブドウ畑の面積は約1,000ヘクタール、つまり約20％拡張したのに対し、トウモロコシを中心とした穀類畑と牧草地の減少分は約670ヘクタールに過ぎない。そもそも、ブドウ畑は傾斜地を選好するので、平地に布置される穀類畑をブドウ畑に転換するのは不合理である。では、ブドウ畑はどこに拡張したかと言うと、多くは森林に向かってである。

　なぜ森林を開墾してまでブドウ畑を膨張させるのかと言えば、サン・テミリオンのワインの売れ行きが好調だからに他ならない。これはブドウ畑の地価からも傍証される。1991年と2008年の比較では、平均29％の値上がりを記録しているのである。2010年のブドウ畑1ヘクタールの平均価格は前年比で13％下落したとはいえ約20万ユーロで、最良の畑ともなると100万ユーロの値が付いた[18]。750ミリリットルボトル1本のワインには3平方メートルのブドウ畑が必要とされるので、1,000平方メートルの些細な林を潰せば、300本を超える出荷増になる。

2-3 拡張と機械化の景観への影響

　この高収益性が経済のグローバル化に結び付くと、さらに影響が大きい。20世紀後期から、サン・テミリオンでは、代々継承されてきたシャトーが外部資本により買収され始めた。1980年から2000年の間に、AOCサン・テミリオンの約30のそれがジロンド県出身者以外の投資家の手に渡っている。これはボルドー地域の中で最も多い所有権の移転数である。これまでの家族所有による安定した所有権保持の公式が崩れ始めた。

　かくして新たな所有者となった投資家達は、ブドウ畑の拡張やさらなる買収を進める。それが伝統的景観に否定的かつ不可逆的影響を及ぼす[19]。

　拡張の景観への影響は、ひと言で言えば単純化である。遠景や中景からは森林が消え、木立がなくなる。また、伝統的農作業小屋や農家脇の家庭菜園を潰すなりして畑にすれば10本程度出荷が増加する [図8]。結果は、近景の単純化である。

　森林の減少は景観に影響を及ぼすだけではない。農業は人為によりのみなされるものではなく、動物や昆虫の助けを借りる。蜂や蝶は自然受粉に欠かせないし、ブドウ樹の大敵であるウドンコ病の菌を捕食するテントウムシもいる。害虫を食べる蛇や蛙、フクロウやコウモリもいるし、ミミズは土壌を改良するとも言われる[20]。ブドウ畑の拡張でそれらの住み処である森や林がなくなれば、さらに殺虫剤や土壌改良剤が必要になる。また、丘や斜面の樹木を伐採すれば地盤が弱体

ブドウ畑			
1970	1979	1988	2000
553	656	690	683
1,983	2,059	2,106	2,149
475	503	570	556
223	301	369	383
273	248	291	291
304	378	412	435
672	842	874	898
325	409	359	484
4,808	5,396	5,671	5,879

図8 休息小屋や農機具小屋は文化財保護制度では守れず、荒れるに任されつつある

図9 トラクター導入の景観的影響のひとつは、畑の端部での地面の露出が増加することである

化して地滑りの危険性が高まり、保水機能も低下する。

　機械化も影響が大きい。機械化の推進には、農地は大規模であった方が合理的なので、拡張と併行する現象でもある。また、拡張を伴わなくても、ブドウ樹の列間隔や植栽方向もトラクターの導入に好都合にする必要がある。結果として、中景のリズムに変化が起きる［図9］。

　急勾配の畑ではブドウの樹列は等高線に沿い、緩やかなそれでは等高線に垂直になる経験則があるが、機械化のために急傾斜が平坦化され、樹列が等高線に垂直になる変化が起きている。重い積荷がある時は坂を下るのが最も容易だからである。ブドウのモノ・カルチャー化が進行し、景観はそのエメラルド・グリーンのみが支配する単調なものとなる。

　ただ、先端技術の全てが問題な訳ではない。草生栽培は地力維持に加え、土壌流失対策として1990年代から普及した技術だが、ヒナゲシ等の花卉を植えることもある。また、それが一種のビオトープになり、益虫の住み処ともなる[21]。伝統的とは言えないが、農法上の合理性があるため肯定的に受容されている[22]。

3. 社会の変容とスマート・スプロールの合理性

3-1 人口減少とサン・テミリオン特有の原因[23]

　サン・テミリオンが抱える問題は景観だけではない。それと併行して深刻な人口減少の問題がある［表3］。

　人口流失は戦後のフランスの農村に共通しており[24]、サン・テミリオンでも高度成長期から看取されてきた。世界遺産登録の時点で既にサン・テミリオンの保全地区(SS)には約100人の住民しかいなく、博物館都市だと断ずる論者もいた[25]。また、高齢化も顕著で、登録年の1999年には旧城壁内の住民の3分の1は60歳以上の高齢者であった[26]。

　サン・テミリオンを含む8基礎自治体が構成する自治区の尺度で見ても、人口は1968年の7,488人から2008年の5,595人に減少している。ジロンド県で1999年と2008年の間

表3：サン・テミリオン自治区の人口の増減（単位：人）

基礎自治体名	1968	1975	1982	1990	1999	2008	1968 /2008 増減比率	1999 /2008 増減比率
サン・テミリオン	3,403	3,323	3,010	2,799	2,345	2,020	-41%	-14%
サン・シュルピス・ドゥ・ファレイラン	1,219	1,304	1,625	1,613	1,572	1,504	23%	-4%
ヴィニョレ	640	646	580	582	534	524	-18%	-2%
サン・クリストフ・デ・バルド	715	646	594	547	515	514	-28%	0%
サン・ロラン・ドゥ・コンブ	394	401	418	377	347	318	-19%	-8%
サン・テチエンヌ・ドゥ・リース	453	465	421	387	355	287	-37%	-19%
サン・ペイ・ダルマン	393	343	316	304	276	263	-33%	-5%
サン・ティポリット	271	291	277	234	209	165	-39%	-21%
全体	7,488	7,419	7,241	6,843	6,153	5,595	-25%	-9%

に人口を減少させたのは2地域だけであったが、サン・テミリオン自治区はそのひとつである。隣接するリブルヌ地域では同期間の間に8.9％の人口が増加しているので、対照的と言えよう。

　では、なぜ人口が減少してしまったのか。後にサン・テミリオンの文化財憲章の策定を担当したミッシェル・ボルジョンは、旧市街に対象を限ってはいるが、2004年に以下を原因として挙げている[27]：

① 観光案内所がサン・テミリオンにしかないため、そこに観光客が集中してレストランや土産物店が増加し、近隣商店の負担能力を超える地代が必要になり、結果として住民の流失を招いている；

② ブドウ栽培業の伝統として労働者を繁忙期にのみ雇用する制度があり、近隣商店の通年的経営を困難にし、上記①と同じ問題が惹起される；

③ 近年の家族型営農からグローバル企業型経営への変化は作業の期間的集中を促進し、それ以外の期間の生産施設の無人化を招来して、上記②と同じ問題が惹起される。

　上記の問題の内、①は後に解決するものの、②及び③は都市計画では対応不可能でもある。実際、人口減少問題は、上述の通りむしろ深刻化している。

３-2　高収入世帯の増加

　他方で注目すべきなのは、自治区の住民の収入水準の上昇である。自治区の平均世帯収入は県全体のそれと比較して24.6％高い。つまり、収入の低い人々が流出したか、高い人々が流入したか、あるいは残った人々の水準が上がったかである。

　ただ、それも基礎自治体間で温度差がある。良質のブドウができる丘陵上部の地域で水準が高い。サン・テミリオン市で全県平均に対し42.9％、サン・クリストフ・デ・バルドで72.4％、サン・ティポリットで35.1％、サン・ロラン・ドゥ・コンブで26.5％、サン・テチエンヌ・ドゥ・リースで3.7％高いのである。対して、丘陵下部の平野部では、サン・シュル

ピス・ドゥ・ファレイランでマイナス1.6％、サン・ペイ・ダルマンでマイナス0.6％、ヴィニョネでマイナス5.1％である。

　職業に関しては明確で、1999年と2008年を比較すると、企業の管理職等の知的労働に携わる人々が約5割増加したのに対し、農民は約2割減、第2次産業従事者も約3割減となっている。自治区直近のカスティオン・ラ・バタイユ村では工場労働者が大幅に増加している。合わせ見ると、サン・テミリオンの地価高騰もあって、労働者層が自治区から流失していると考えられる。自治区は、ブルジョワ化（embourgeoisement）している。

　実は、住民の高収入化は、ポムロールやサン・ジュリアンといった他の銘醸地でも見られる。それ自体は肯定的要素だが、それがブドウ農を中心とした中流階層や低収入階層の継続居住を困難にしていないか、ワイン産業の多様性の維持と持続可能性のためにも、今後の注意深い観察、そして必要であれば対策が要請されよう。

3-3 スマート・スプロールの合理性

　人口減少の影響が最も顕著に表れているのは、近隣商業の衰退である[28]。ただ、寂れた印象はほとんど全くない。

　サン・テミリオン旧市街では、近隣相手の商店の閉鎖後に観光客向けのレストランや土産物店が入居している。他の基礎自治体でも、そもそもの人口が少なかったので商店街と呼べるほどの商業集積はなく、パン屋や薬局等が点在する形で存在していた。それがなくなっただけである。また、そもそも農村の活気は農業から生まれるので、サン・テミリオンでは畑や醸造所で忙しく働く人々の姿が空間に生気を賦与している［図10］。

　一般論としては、近隣商業は、その名の通り近隣に存在するのが最善である。しかし、サン・テミリオンや他の銘醸地のように、付加価値の大きな農業やそれを核とする6次産業地域で、しかも生産活動に自動車が不可欠な土地では、自動車利用を前提としたスーパーマーケットやハイパーマーケットでの買物行動は、むしろ効率的で合理的であると言えよう。

　そもそも、フェルナン・ブローデルが指摘するように、穀物栽培の地域では密集型の村落が形成されるのに対し、ブドウ栽培のそれでは各住居が散逸的に存在する[29]。この空間的伝統は、今日でも変わらない。つまり、スプロールこそが伝統的であり合理的という地域も存在するのである。

　ブルゴーニュに関する第6章でも述べるが、2000年制定の都市連帯・再生法（Loi SRU）

図10　農村の活気は商店ではなく営農から産まれる。サン・テミリオンでは冬場でも畑に人が出ている

は、人口3,500人（イル・ドゥ・フランス地方圏では1,500人）以上の基礎自治体に対し、全住戸に対する社会住宅の比率を20％以上とする義務を課しており、同地方では人口の多い銘醸地の自治体で、ブドウ畑を犠牲にした社会住宅建設の危険性が指弾されている。同じ発想で、サン・テミリオンを初めとする銘醸地に、近年のコンパクト・シティ（集約型都市構成）論やスマート・シュリンキング（賢明な縮退）論を適用すれば、成長産業が単眼的で近視眼的な都市計画に潰されることになる。近隣商店の墨守という一元的価値観に基づく理想論も、そこに盲目的に課すべきはあるまい。ここではスマート・スプロール（賢明な郊外拡散）が最適解である。

　他方、人口減少と相関が高い空家率には注意が必要である。2008年のジロンド県平均が5.7％であるのに対し、自治区では13.6％の数字が記録されている。件数で言うと382件で、1999年から48.6％増加している。最も深刻なのはサン・テミリオン市で、上記期間に65％の増加が見られ、165件の空家があり、空家率は15.2％である。後述の通り、世界遺産登録は観光推進には貢献したが、定住促進はできなかった。

　空家率で見るとサン・ティポリット、サン・ロラン・ドゥ・コンブ、サン・ペイ・ダルマンはさらに悪く、18％から20％となる。対して、サン・シュルピス・ドゥ・ファレイランの空家率が7.6％と相対的に低いのは、リブルヌに近く衛星都市としての需要があるためだと考えられる。同村は、1968年と2008年を比較して自治区の中で唯一人口増加が見られた。

　高い空家率もまた、ボルドーの銘醸地に共通の問題である。サン・テミリオン直近のポムロールだけではなく、メドックのサン・ジュリアン、サン・テステフ、あるいはポイヤックでも空家率が高い。

4. 原産地統制呼称（AOC）制度が保証した世界遺産申請時の保全措置

4-1 ワインスケープを守っていない保護制度

　では、かかる構造を有する文化的景観に関し、申請・登録段階では、どのような保護措置が設定されていたのか。

　まず、フランス政府は、申請に際して表4に示す保護措置を提示している。

表4：サン・テミリオン自治区の保護措置[30]

	指定MH	登録MH	指定景勝地	登録景勝地	保全地区	土地占用プラン	ZNIEFF	予防考古学区域
サン・テミリオン	10	4	3	1	1	○	○	21
サン・クリストフ・デ・バルドゥ	1	0	0	0	0	○	○	2
サン・テチエンヌ・ドゥ・リース	0	1	0	0	0	×	○	3
サン・イポリット	0	0	0	0	0	×	○	3
サン・ロラン・デ・コンブ	0	0	0	0	0	×	○	3
サン・ペイ・ダルマン	1	1	0	0	0	×	×	2
サン・シュルピス・ドゥ・ファレイラン	1	1	0	0	0	○	×	6
ヴィニョネ	0	0	0	0	0	×	×	2
計	13	7	3	1	1	3	5	42

率直に言うと、現在であればイコモスや世界遺産委員会を説得するには困難が予想される内容である。ワイン生産と直接的関係が稀薄な建築的・都市的文化財が含まれているのは既述の通りだが、保護措置に関して見ても、ひと言で言えば、ワインスケープの保全的刷新に直接的に有効な文化財保護や都市計画の仕組みが皆無なのである。

例えば、歴史的モニュメント (MH) について見ると、案件によっては19世紀末期に指定されているものもあるが、いずれも中世の宗教建築や城壁遺構で、ワイン生産とは直接的関係がない。それらが周囲500メートルの景観制御領域を発生させるのも事実だが、市街地に所在するモニュメントのそれがブドウ畑に及ぶ面積は至って小さい。

景勝地も同様である。サン・テミリオン市内に二点所在する指定景勝地は、いずれも1935年と1936年に認定されたもので、景勝地制度の成立が1930年であることを勘案すると至って早期の価値認証ではある。しかし、それらは城壁都市の遺構で、ワイン生産とは直裁的には連関しない。また、一件存在する登録景勝地は1968年の価値認定だが、これも城壁都市と周辺を全般的に覆うもので、1986年の保全地区 (SS) 創設以降は有名無実化している。

当該SSは29.64ヘクタールを覆うものだが、城壁都市の建築的・都市的文化財を保護するためのもので、ブドウ畑のワインスケープとは直裁的には関係しない。

都市計画も同様である。登録申請時までに土地占用プラン(POS)を有していたのは、サン・テミリオン、サン・クリストフ・デ・バルドゥ及びサン・シュルピス・ドゥ・ファレイランだけで、他は全国都市計画規則 (RNU) が覆うのみであった。また、例えばサン・テミリオンのPOSは1994年2月3日に修正されたものだが、1993年の景観法で都市計画法典法律編第123-1-7条として可能性が啓かれたローカルな景観的文化財の保護の規定は有さなかった。さらに問題なのが、とりわけリブルヌ方面のロードサイド開発や宅地造成が問題化しているのに、それへの対抗措置が不充分であったことであった。

4-2 空洞の上に建設された都市

対して、文化財法典法律編第521-1条以下が規定し基礎自治体の都市計画文書に挿入される予防考古学区域は、都市建設と同時にワイン生産に関係する。同区域は、サン・テミリオン市の21箇所を始め、8基礎自治体で合計42箇所存在している[31]。

サン・テミリオンは、誇張した書き方をすると、採石坑の上に採掘された石材で建築を立てている[図11]。旧城壁内と

図11 モノリス教会の地下に代表されるように、サン・テミリオンの地下空間には空洞が多く残っている

周辺の平野部の地下採石坑は約70ヘクタール存在し、総延長は約100キロメートルに及ぶ。補強材が入っているとは言え、旧市街の5割は空洞の上に載っている[32]。しかも、全ての採石場跡が把握されているわけではないので、陥没危険箇所も完全に同定されていない。事実、数年おきに崩落事故が報告されている。

1982年2月2日のサン・テミリオンのドーヴ街の崩壊は、とりわけ劇的なものとされる。ドーヴ (douves) とは仏語で城や集落を囲む堀を意味するが、その跡地に建設された街路が500メートルにわたって陥没した。また、1997年にはシャトー・ベレールで1,400平方メートルにわたるブドウ畑が最大5メートル陥没する事故が起きている。

他方で、サン・テミリオンの採石坑跡は、危険箇所である同時に酒蔵等に利用される実用的価値を有し、さらには都市建設の歴史を語る上で不可欠の遺構でもある。そこで、リスク管理と遺産保護を併行して構築する必要がある。サン・テミリオンでは、前者に関しては地面変動危険防止プラン (PPR de mouvements de terrain) で対応し、後者に関しては、後になるが、旧市街に掛けられた SS の保全・活用プラン (PSMV) と、自治区全体を覆う建築的・都市的・景観的文化財保護区域 (ZPPAUP) で応対する。かくして現在、調査で場所や形状の同定された145件の内、112件が保護の対象となっている。

4-3 保全地区とハザード・マップ

サン・テミリオンの SS は、1986年8月4日に創設され、1995年10月18日に PSMV の事前適用が開始された。しかし、市議会承認は2010年2月10日と極めて遅れた[33]。

その特徴は、保全のための規則に加え、以下の3点を盛り込んだことである:

- 市壁内の人口減少に対抗するため、一部の地区は用途規制を通じ観光産業の布置を抑止して住宅用に確保された;

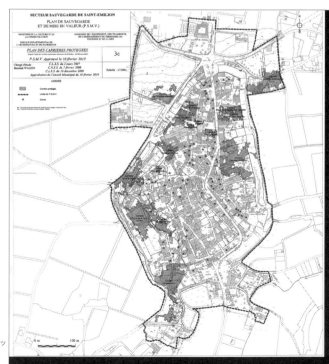

図12 サン・テミリオンの PSMV の一葉。ハッチ部分が採石場跡で星が地下蔵の位置

- 歴史的建造物だけではなく、新規建設物に関わる建築規制もそれ同様に詳細に定められている；
- 保護すべき採石場やワイン貯蔵庫の場所を明示する地下のプランも収められ、市全体が考古学的監視の対象とされている。

創設からPSMV承認までに長時間が経過したのは、3点目の特徴である地下遺跡の詳細調査に時間がかかったためである。サン・テミリオンの伝統的建築の同質性は地場採掘の石材使用に拠る部分が大きい。市壁内の建造物群や市壁外の醸造所近辺の多くの採石坑跡はワイン貯蔵庫としても使われ、ブドウ畑地下の複数は空洞のまま放置されている。従って陥没事故の危険があり、2003年4月の報告書では、市壁内の20％の地下抗が危険で、補強工事に600万ユーロが必要と指摘されている[34]。他にも、ドルドーニュ河からの洪水の危険性もある。即ち、本PSMVは、ハザード・マップ作成との併行策定という特徴を有さざるを得なかった[35]。

では、どのような保護がなされているのか。PSMVには「保護されている採石場跡」[図12]及び「地面変動危険図」と命名された図面が各一葉付加され、遺産の保護と同時に崩落に対する注意を喚起している。また、PSMV規則第US11-12条は、既存の地下酒蔵や採石場の内、上記の図面「保護されている採石場跡」で同定されたものの真正性を保持した修復や保全を課している。さらに同第US11-13条は、地下坑上部には植栽の設置程度しか許可されないことを指示している。

4-4 原産地統制呼称（AOC）制度が保証した景観保全

以上の保護措置に対し、イコモスの評価書では以下が認められた [図13]：
① 文化財保護：MH（指定13件・登録7件）、景勝地（指定3件・登録1件）、SS 1件；
② 都市計画：3基礎自治体の土地占用プラン（POS）；
③ 農政等：原産地統制呼称（AOC）制度、1990年及び1998年の別の方途による土地改変規制[36]；
④ 自然保護：1991年の生態学的・動物相的・植物相的価値自然区域（ZNIEFF）。

注目すべきは、フランス政府の申請書では法的背景のある保護措置として言及のなかった③で、とりわけAOC制度である。

8基礎自治体の総面積は

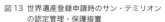

図13 世界遺産登録申請時のサン・テミリオンの認定管理・保護措置

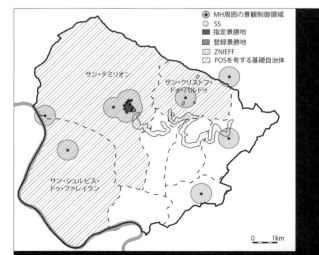

表5：AOC サン・テミリオン仕様書が規定する栽培方法

1．栽培方法：
   a）植生密度
      ブドウ樹の最低密度は1ヘクタール当たり5,500株である。列間隔は2メートルを超えることができず、同一列の株間隔は0.5メートル以下にはできない。
   b）剪定規則
      剪定は必須である。それは遅くとも展葉（ロレンツの第9段階[38]）までに行われる。
      ブドウ樹は、房数を限定しながら、単一垣根の面上で植物の展開と換気を促進する以下の仕立法に従って剪定される：
   ・単式ギュイヨまたは複式ギュイヨ［図14］；
   ・次年度剪定予定の枝のコード形［図15］または扇形短梢剪定；
   ・前年度に準備剪定された長枝の剪定。
      各株は最大で独立した12本の芽を有する。いずれにせよ、前年度に準備剪定された長枝の重合は禁止である。
   c）垣根及び葉叢高の規則
      垣根仕立てされた葉叢高は最低でも列間の0.6倍とする。その場合、垣根仕立てされた葉叢高は、下限を芽の生える枝の0.1メートル下方、上限を刈り込みの高さとして計測される。
   d）区画に於ける最大平均収穫量
      畑筆に於ける最大平均収穫量は1ヘクタール当たり9,000キログラムに定められる。農村・海洋漁業法典規則編第D645-5条の規定に従って灌漑が許可された場合、灌漑された畑筆に於ける最大平均収穫量は1ヘクタール当たり6,500キログラムに定められる。
   e）間引き限度
      農村・海洋漁業法典規則編第D645-4条の対象となる枯死または間引かれたブドウの株の百分率は、20％に定められる。
   f）ブドウ樹の耕作状態
      畑筆は、とりわけブドウ樹の健康状態、土壌管理及び収穫の衛生状態といった全般的に良好な耕作状態の保証のために運営される。何よりも、いかなる畑筆も放棄されたままとはできない。

2．その他の耕作上の注意：
      テロワールの本質的要素を構成する物的及び生物学的環境の特徴を保全するため、以下に注意すること：
   ・伝統的な穿孔工事を除き、AOCの生産用畑筆の起伏形状及び自然土壌配列のあらゆる物理的改変は禁止される；
   ・境界内の区分領域の畑筆に客土を入れることは禁止される。その場合の客土とは、呼称境界内の区分領域に由来しない土のことである。

3．灌漑：
      農村・海洋漁業法典規則編第D645-5条の規定に従い、ブドウ樹の生育期間中の灌漑は、持続的乾燥かつそれがブドウ樹の良好な生理学的成長及びブドウ果実の良好な成熟に害を及ぼす場合以外では許可され得ない。

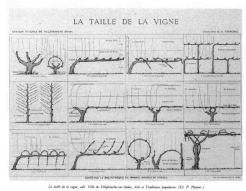

図14　単式ギュイヨ（中央の段の左から2番目）と複式ギュイヨ（同3番目）

図15　コード形剪定

第4章　サン・テミリオン自治区　121

7,846ヘクタールある。①の文化財保護制度及び②の都市計画制度、さらに④の自然保護制度の覆う範囲は部分的・局所的であるのに対し、③は総面積の67.5％相当の5,400ヘクタールを制御可能である。即ち、サン・テミリオンのほとんど全てのブドウ畑が対象になる。AOCが広域なエリアで詳細に近景を保存可能なことが担保となったと言える。

AOCサン・テミリオンは1936年11月14日に創設された。AOCが国立原産地統制呼称院（INAO）の提案に基づき政令で規定されることは、農村・海洋漁業法典法律編第641-7条及び第641-8条で定められている。AOCサン・テミリオンに於ける栽培や醸造方法は、2011年12月7日の第2011-1814号政令が規定する。その仕様書の内、味覚や嗅覚という感応規定と同時に、視覚、即ち景観に対する影響が大きいのが第1章第6項の1に記述された栽培方法である[37][表5]。

ブドウ畑の自然景観は、他にも土地利用計画が保全を課している。サン・テミリオンの土地占用プラン（POS）はロードサイド開発等に対して十全ではなかったが、樹林地の伐採防止を通じて景観の保全機能は発揮できていた[39]。ブドウ畑自体ではないが、森林の保護を通じてその多様性を維持し、さらに益虫・益獣の住み処が守られている。

ただ、地域の発意というよりも、国の制度に拠ってである。国が定める生態学的・動物相的・植物相的価値自然区域（ZNIEFF）には法的拘束力はないが、POSに指定樹林地（EBC）として組み込まれることでそうなる[40]。サン・テミリオン自治区では、1991年に、5基礎自治体が関わる丘陵頂部の樹林地に設定された。そして、1998年6月30日の登録申請時までに、サン・テミリオン市及びサン・クリストフ・デ・バルドゥのPOSに組み込まれていた。POSよるEBC保護は、サン・テミリオンの面積約4％とサン・クリストフ・デ・バルドの面積約7％を覆っている。これは、遠景にあっては丘陵や段丘の頂冠部の森林を保護してブドウ畑の景観の多様性を確保し、中景にあっては森林へのブドウ畑の拡張抑止が図ることになる。

5. 後手後手の保全措置

5-1 文化財憲章

サン・テミリオン自治区を構成する8基礎自治体は、多目的事務組合（SIVOM）の総意として、世界遺産登録作業中の1999年6月24日に文化財憲章の策定に合意し[41]、2001年7月24日にそれを承認した。つまり、世界遺産登録申請後のことで、政府は保護措置は十全と強弁していたが、地域の側ではその不充分さが認識されていたことの証左である[表6]。

本憲章は、タイトル自体『管理プラン施行のための文化財憲章』である点、その冒頭に「道徳的・儀礼的取り組み」と記述されている点、さらに、文化財保護組織として基礎自治体共同体の創設が提言される点等、厳格な保存のための仕組みではなく、取り組み方針が提示された精神規定である。とはいえ、8基礎自治体に加え、地方圏文化局（DRAC）、同環境局（DIREN）、県施設局（DDE）、同農業・林野局（DDAF）、同建築・文化財課（SDAP）、国の出先機関である県の支部としてのリブルヌ郡庁、そしてサン・テミリオンのワイン組合が合意した結果で、遅ればせながらもサン・テミリオンの文化的景観の保全的刷新の方向付けがなされた。

表6：サン・テミリオンの遺産保護措置の事後性

年	月	出来事
91	-	生態学的・動物相的・植物相的価値自然区域（ZNIEFF）の設定
99	12	世界遺産に登録
00	-	報告書『ある景観の読解－サン・テミリオン自治区』公表
01	05	イコモス・フランス等による『文化財と文化的景観』研究会の開催
〃	07	『文化財憲章』調印（ZPPAUP 創設や広域共同体の設置等を提言）
〃	11	サン・テミリオン自治区基礎自治体共同体創設
04	04	地域プロジェクト（全域の地理情報システム／文化財調査／アクション・プログラム）策定
05	-	サン・クリストフ・デ・バルドにワイン生産廃液処理施設が完成
〃	04	地面変動危険防止プラン策定を国の中央分権機関である県が決定
〃	-	欧州連合 Interreg Ⅲ「ワイン観光プログラム（VITOUR）」に参加
06	03	リブルネ広域一貫スキーム（SCOT）の範囲をサン・テミリオン自治区を含む 131 基礎自治体と決定
〃	-	農業担当省による地方優秀拠点（pôle d'excellence rural）の認定（文化財や天然記念物を活用した地域活性化計画に対し）
〃	-	「芸術・歴史の都市・郷土」認定の郷土部門に申請したが認定されず
07	05	サン・シュルピス・ドゥ・ファレイランの地域都市計画プラン（PLU）の承認
〃	08	サン・テチエンヌ・ドゥ・リース、ヴィニョネ、サン・ティボリット、サン・ロラン・ドゥ・コンブ及びサン・ペイ・アルマンの基礎自治体土地利用図の創設
〃	10	ZPPAUP 創設
〃	-	欧州連合 Interreg Ⅲ「ワイン巡りプログラム（TOURVIN）」に参加
08	07	ボルドー市等との『世界遺産を題材とした協働プロジェクトのための基本憲章』に調印
09	10	『ジロンド県サン・テミリオン基礎自治体に於ける粘土収縮・膨張偶発性地図』発行
10	05	賢人会議創設
〃	09	サン・テミリオン市が道路・公共空間バリアフリー実現プランの策定を決定
〃	〃	サン・テミリオン PSMV を国の中央分権機関である県の県令で承認（SS の創設自体は 1986 年）
〃	12	共同研究『サン・テミリオンとその自治区－ある地域の萌芽、建築そして形態』着手
〃	-	リブルヌ地方広域観光組織協定実施（2013 年まで）
11	03	SS の改定をサン・テミリオン市議会が承認
〃	07	『ある中世都市の組み立て－中世に於けるサン・テミリオン』出版
〃	08	『サン・テミリオン基礎自治体－主要自然・技術災害情報』発行
13	01	グラン・サン・テミリオネ基礎自治体共同体創設
15	12	シャトー・グラン・メイヌ他5件のシャトーの MH 登録
16	04	『サン・テミリオン－ある都市と 12 世紀から 15 世紀までの中世住宅』出版
〃	06	AVAP 創設
〃	10	リブルネ SCOT 承認
17	12	グラン・サン・テミリオネ基礎自治体横断型地域都市計画プラン（PLUi）の公開意見聴取委員の承認意見（2018 年中の承認を予定）

　各利害関係者との議論を通じ、管理に関しては以下の4点の重要性が確認された[42]：

① 各基礎自治体が個別に行動するのではなく自治区として集中的に管理を行う；

② 段丘、台地、傾斜地及び平地といった多様な地理的特性を勘案し、景観の一元化を惹
　起する規則は策定しない；

③ 建築や水利施設等に関しても多様性を勘案した規則を策定する；

④ 緩衝地帯に所在する隣接基礎自治体との連絡を密に行う。

以上の一般的4指針に基づき、以下の措置が決まった：

- 全ての基礎自治体がPOSまたはその後身である地域都市計画プラン（PLU）を備えること；
- 建築的・都市的・景観的文化財保護区域（ZPPAUP）を自治区の範囲で創設すること；
- 地方自治に関して多目的事務組合より実効性に優れた広域共同体へ移行すること。

換言すると、都市計画による醜景発生の抑止、文化財保護による優品の保護、そして地方集権のガヴァナンスの確立による制度運用の効率化を通じ、サン・テミリオンの文化的景観の保全的刷新の実効性を高める方策の設定である。また、8基礎自治体共同の観光案内所の設置等、経済開発指向の提言も見られる。

5-2 外発的圧力と地域プロジェクト

　文化財憲章という地域の内発的な認識に加え、ふたつの外発的圧力が保存措置の充実を課した。

　ひとつは、1998年に世界遺産委員会が加盟各国に義務付けた保存状況の報告である。2005年及び2006年は欧州各国及び北米の遺産が対象となることが予告され、サン・テミリオンも準備が必要なことが登録申請の書類策定と同時に認識されていた。

　もうひとつは、2007年からサン・テミリオン市長及びサン・テミリオン自治区基礎自治体共同体議長を務めるベルナール・ロレに拠れば、2002年6月28日の世界遺産委員会によるブダペスト宣言である。これにより、対象遺産の一層の調査・研究が必要とされた[43]。同宣言は世界遺産制度創設30周年を期して発せられた一般的なもので、サン・テミリオンを狙い打ちしたものではない。しかし、自治区にとっては短兵急だった申請時の調査を補足し、今後の詳細な保護措置の立案に不可欠な研究を蓄積する好機と捉えられた。

　それらへの対応のため策定され、2004年4月に発表されたのが、地域プロジェクト（projet de territoire）である。

　これは、世界遺産登録後に、その効果を活用し、さらにより良い郷土を構築するためのアクション・プログラムの提案集である。無論、提案の前提として統計調査や文化財調査がなされている。また、このプロジェクトは、各基礎自治体が策定するPLU、基礎自治体土地利用図、さらには自治区全体を覆うZPPAUPの予備報告書の意味合いを有する[44]。

　同プロジェクトは、まずは自治区全域を対象とした診断を行い、長短所を抽出した上で、以下の基本方針を提案した[45]：

① 自治区全体の理解のための既存の社会基盤の利用（屋外広告物の改善、自治区への入り口の演出、準幹線道路からも景観が把握できないかの検討等）；

② 恒常的生活環境と住民へのサーヴィス水準の向上（人口減少への歯止め、新規住民の受け入れ、住宅の新築・改築、近隣商業の再生）；

③ 自治区の経済活動の維持と多角化；

④ 建築文化財や自然遺産の保護、価値向上、活用（メディアの多角化、博物館化阻止のための文化財の活性化）；

⑤ 自治区という概念自体の全体的共有。

　これらの内、人口減少の防止や近隣商業の再生、あるいは旧市街地の博物館化阻止が奏功していないのは既述の通りである。しかし、文化財保護は、文化財憲章での合意に加えて外圧に晒されたこともあり、喫緊の課題となっていた。

5-3 優品保護の強化に向けて

　では、いかなる措置が考えられるのか。

　2004年から2013年までジロンド県建築・文化財課（SDAP）の課長としてサン・テミリオン担当の歴史的環境監視建築家（ABF）の任にあったフランソワ・ゴンドランは、文化財憲章や地域プロジェクトで提言されたZPPAUPに加え、芸術・歴史の都市・郷土（VPAH）認定、そして原産地統制呼称制度（AOC）の3システムの組み合わせこそが、有効な景観保全手段と考えられたと述懐している[46]。AOCは既存なので、ここでは他の2制度を見ておきたい。

　まず、VPAH認定とは、本書第2章でも紹介したラベリング制度である。ただ、サン・テミリオンは、2006年に郷土部門に立候補したが選出されなかった。選に漏れた理由は、人口が過小であることとされている[47]。しかし、もっと人口の少ない地域で選出されているものもある。また、世界遺産というラベルとの重複を懸念したかといえば、例えばボルドーは都市として、ロワールは郷土として認定されている。つまるところ、落選の理由は判然としない。

　その後、サン・テミリオンは再応募していない。かかるラベルを有さなくても、ボルドー近辺は無論、フランスでも有数の歴史的環境を軸とした観光地で、必要なエネルギーに対して利益が少ないと思料しているためである。

6. 文化財保護と研究の進展

6-1 建築的・都市的・景観的文化財保護区域（ZPPAUP）

　サン・テミリオンでも、一般的ZPPAUP同様に規則策定に時間がかかり、最終承認は2007年3月であった。単なる文化財保護ではなく、生産性の高い現業に関わる文化的景観であったことがその理由である。

　先に引用した報告書『ある景観の読解－サン・テミリオン自治区』は、文化財憲章の策定と併行して発注され、2000年に提出されたものだが、ZPPAUP策定の基礎資料の意味合いがあった。即ち、段丘、台地、傾斜地及び平地というゾーニングを確定した。さらに、シャトーや醸造所を初めとするワイン生産関連施設の建築類型の研究に基づき、一般的な建築形態・意匠規制が挿入されている。その上で、ブドウ畑の景観保全を目的とすることで、以下の特徴が付与された[48]：

・まず、ブドウ畑の植生に関しては、農道からの後退距離等の規定はあるが、ブドウ樹

- の構成する近景はAOC制度で担保されるため一切の言及がない；
- 他方、石垣や換気設備等の農業用工作物に関しても規定が示される；
- また、シャトーのみならず、周辺の木立の保全が樹種指定を伴って規制される等、建築と同時にそれに関連する景観が規定されている。

図16 サン・テミリオンのワインスケープの構成要素は多様で、それらを包括的に保全するシステムが必要である

　自治区全域を対象とする本制度により、歴史的環境のみならず、新規建設物、道路整備や段々畑形成のための盛土、あるいは開墾や樹木の伐採等の景観変容工事に指針の付与が可能になった［図16］。なお、ZPPAUP内部では指定景勝地は継続的に存在するが、歴史的モニュメント（MH）周囲500メートルの景観制御領域及び登録景勝地はそれに置換される。それらの領域では、ZPPAUPの規則に基づき文化財と建設行為の景観的共存の審査が行えるようになり、申請者にもABFにもメリットが大きい。

　ともあれ、登録後8年目にして初めて、構成資産全体を覆い、ブドウ畑の文化的景観を対象とした保全的刷新の制度設計が完了したのであった。

6-2 建築・文化財活用区域（AVAP）への移行

　ようやく規則が2007年に承認されたのに、2010年7月12日の環境のための国家的取り組み関する第2010-788号法律、通称グルネル第2法は、ZPPAUPを建築・文化財活用区域（AVAP）に転換すべきとの義務を課した。歴史的環境内部での太陽光発電や風力発電の施設や設備の扱いの問題化を予想したためである。

　サン・テミリオンは、これをむしろ好機として捉えた。一見すると、規則承認後わずか3年で改定というのは不合理だが、ZPPAUPは世界遺産登録後の安定期に策定され、再生可能エネルギー等に加え、近年の流動化し始めた景観問題に十全に対処できるかは疑問だったからである[49]。

　では、2000年代の景観問題と何かと言うことをまとめると、以下の3点に整理される：
① まず、現代建築のワイナリーの出現である。それらの中には優れた計画がある一方で、周辺景観との調和よりも目立つことを主目的としていると考えざるを得ないものもある；
② 同時に、ワイナリーよりも規模的に小さいものの、現代建築の住宅のデザインも考慮の時期に入った；
③ さらに、ワイン観光の発展に伴う駐車場整備なども、重要な検討課題となってきた。

2016年6月16日に、広域共同体議会で承認されたAVAPはこれらの問題に対していかなる対処をしたのか。目的と対応策の構成を表7に示す。

表7：AVAPの目的と対応[50]

大方針		テーマ／争点	目的	AVAP
			建物的・都市的・農村的文化財に関する問題	
建物的・都市的・農村的文化財の保護	1	建物の緩慢な劣化の阻止	質の高い歴史的建物の取り壊しの禁止、歴史的建物への工事の制御、歴史的建物の拡張の制限	規則1-0-0から1-0-3
	2	再生可能エネルギーの考慮	太陽光パネル、風力発電施設、ヒートポンプの設置の制御	規則1-0-4
	3	塀・柵への配慮	既存の石造壁や石造塀の保護、新規に建設される塀・柵の制御	規則4-0-0から4-0-4
	4	小規模文化財への注意	屋外のキリスト像や十字架、ブドウ農の休憩小屋・農機具小屋等の小規模文化財のリスト・アップと保護	規則1-0-6
	5	集落の再生と既存建設物の拡張の許可	伝統的・現代的建築の新規建設行為や拡張行為を、各々に対応した規則で許可	規則2-1-1から2-1-8
	6	発酵室・樽熟成庫に代表される新規農業建物の監視	景観の中での建物配置の管理、発酵室・樽熟成庫のモニュメント化の制限、ワイン観光関連の建物の面積制限、シャトーのタイポロジーの尊重（建物や庭園の配置等）	規則2-2-1から2-2-9
			景観に関する問題	
景観の保護と刷新	1	小川（背斜谷、湿地帯）の保護	開放的平野の連続的保護、リボン状の並木によるその可視化、その維持、湿地帯や開放的平野のタイポロジーの設定	水系の保護と監視
	2	生垣や木で囲まれた旧沼沢地の景観保護	生垣や木の囲いの保護や刷新、湿原の保護、ポプラ並木の更新	ケース・スタディをした上で対応
	3	庭園・並木道・ウサギ繁殖地の保護	それらの保護、刷新、保全、創設、修正	ケース・スタディをした上で対応
	4	駐車場への植栽	駐車場への大幅な植栽、庭園化して保護	規則化と設置推進策
	5	独立樹・果樹・並木の保護	刷新のために調査された場所の保護と同定、再植栽の推進	AVAP以外の規則で対応
	6	地中海的植栽の保全	伐採の停止、乾式の芝生、連続性の中での植栽の読解性の保全、文化財的ブドウ畑のタイポロジーの考案（さらに良く定義すること）	ケース・スタディをした上で対応＋ZNIEFF
景観を見る場所の提供	7	幹線道路への植栽	眺望と建設物周囲の保護、再植栽、保全	AVAP以外の規則で対応
	8	道の価値向上	連続性、アクセシビリティ、眺望の保護・保全・活用	AVAP以外の規則で対応
	9	景観眺望点の保護	眺望の同定、保護、保全、活用	パノラマ街道の設置

　醜景に関しての合意形成は比較的容易だが、美観に関するそれは困難である。例えば、現代建築のワイナリーの制御は、規則2-2-1から2-2-9で規定される。しかし、文章にせよ図版にせよ、どのような建築であれば良いのかは確定的には表現できない。なので、調和等の曖昧な表現が残らざるを得ず、つまるところ、最後は主観の問題になる。ただ、サン・テミリオンでは申請者とABFのみでの議論ではなく、より賢明な解決策を模索するため、集合知を活用する賢人会議という組織が構築された。これは後述する。

第4章　サン・テミリオン自治区　127

ところで、ワイン観光の進展と同時に問題化するものとして、看板や屋外広告物がある。これは、既に2004年の地域プロジェクトでも問題視されていた。

　看板は、ZPPAUP第3‐1条で明確に規制されている。一商店につき壁面看板一点と袖看板一点のみが許可され、さらにその形態やデザインは建築の構成や意匠とのなじみが要求される。規則5‐1でも、石垣や換気設備等の工作物と並び、生産者を示す看板等が規定されている[51]。これはAVAPでも同様で、上表には記載されていないが、規則3がそれに当たる。

　SS内では、さらに詳細かつ厳格である。袖看板の突き出し幅を60センチメートル未満、そして厚みを6センチメートル未満とする等の形態規制に加え、当然ながらデザインの規制が詳細に決められている。

　対して、屋外広告物の制御だが、ZPPAUPは至って曖昧にしかこの問題を扱っていなかった。そこで2011年9月に自治区全体で地域屋外広告物規則（RLP）の策定を決定し、それをAVAPへの改変の過程でそこに統合した。基本的に、シャトーや醸造所が掲出可能なのは、90センチメートル×70センチメートル以内の案内看板だけとされた。無論、自治区内の全ての場所で野立て看板は厳禁である。

6-3 研究の事後的進展

　文化遺産保護の一般論としては、まず詳細な歴史研究ありきで、その上で文化財指定を受けるべきである。そして、世界遺産申請はその後に展開すべきものである。しかし、サン・テミリオンでは研究は出遅れた。

　上述の2002年のブダペスト宣言は、一般論として世界遺産の調査・研究の充実を促したが、フランス政府はそれを受け、文化省、アキテーヌ地方圏、ボルドー大学、そしてサン・テミリオン自治区基礎自治体共同体等を協働させ、とりわけ中世までのサン・テミリオンの歴史研究を推進した。それは2008年12月4日から6日の研究会で発表され、2011年に『ある中世都市の組み立て－中世に於けるサン・テミリオン[52]』として出版されている。

　その過程で明らかになったのは、史実だけではなく、この地域に関する考古学や建築・都市史学の研究の遅れである。そこで、サン・テミリオン自治区は、2010年12月からボルドー第三大学やアキテーヌ地方圏文化局（DRAC）文化財台帳課と共同で、文化財総合調査を進めた。これは、顕著な文化財だけではなく、慎ましくとも地域の歴史にとって重要と考えられる文化遺産の悉皆的把握を目指すものである[53]。その結果、上記の『ある中世都市の組み立て』と同じく、ボルドー大学の考古学教授・フレデリック・ボウテルらの研究グループによる研究が2016年に出版されている[54]。これらはいずれも、今後の世界遺産の管理プラン作成、とりわけSSのPSMVの改定とZPPAUPからAVAPへの移行に際して必要となった研究である[55]。やはり登録は世界遺産の牧歌的時代の産物で、6年毎の保全状況調査が厳格になっていると言えよう。

6-4 シャトーの歴史的モニュメント化と修復の推進

これらの研究は、歴史的モニュメント(MH)の登録や指定にも貢献した。申請時にはサン・テミリオン市内で14件だったものが、21件に増加している。

2005年6月の旧コルドリエ修道院や2012年11月のマレ家住宅の登録は、これまでの宗教施設や中世の建造物という文脈に沿ったものだし、2006年4月にサン・テチエンヌ・ドゥ・リース村の初期鉄器時代の要塞住宅が登録されたのも同様である。

他方で、サン・テミリオン市内で2015年12月に、シャトー・グラン・メイヌ、シャトー・クテ、シャトー・カノン、シャトー・パンドゥフルール、そしてシャトー・スタールが、サン・シュルピス・ドゥ・ファレイランでシャトー・ドゥ・レクールが登録されている。

第2章でも述べたが、ワイン関連施設のMH化は遅れており、サン・テミリオン自治区の例は、2010年代中盤になってようやくそれが進展してきたことの傍証である。

また、サン・テミリオン市は2012年に文化財財団と3年間の協定を締結し文化財の修復を進めた。同財団は、個別のネットワークや情報収集力ではメセナ企業を探すことのできない文化財の所有者に、それを仲介することを任務のひとつにしている。指定MHには国からの手厚い修復資金助成があるが、登録MHのそれは厚いとは言えない。充分な修復ができなくては、文化財の持続可能性は保証されない。今後は、研究と文化財認定、そして修復の好循環を繰り返す階梯にある。同時に、かくして修復された物件の定住推進策を探求すべき段階に来ている。

7. 都市計画とガヴァナンス

7-1 地方集権と個別的都市計画制度

サン・テミリオンの文化的景観の保全的刷新に関わるガヴァナンス改革には、行政と民間のそれの二種類がある。前者は、地方集権の広域共同体を構築することで遺産管理や都市計画の実効性を高める。後者は業界団体も巻き込んだ管理組織を構築することで、とりわけ土地造成や新建築による景観の制御を集団的に判断する。

ZPPAUPやAVAPが創設され優品保護の仕組みが整備されたとは言え、それらは都市計画の付則に過ぎない[56]。優品保護システムは景観の文化財的問題への対応に限定され、生活環境の整備には都市計画本体の充実が欠かせない。それらは、各々の役割を十全に果たすことで補完し合い、美観と機能の両立した環境を形成する。

そもそも、2001年の文化財憲章は、ZPPAUPの他に都市計画文書の具備とガヴァナンスの改革を謳っていた。後者は、憲章策定中に既に一定程度の作業が進行していたようで、同年9月に自治区の8基礎自治体が、地方分権により粒子化してしまっていた権能を集権させたサン・テミリオン自治区基礎自治体共同体が創設された

問題は、都市計画の策定が順調とは言えなかった点である。憲章では全基礎自治体に於けるPLUの完備が推奨されていたが、都市計画専門官の常置には規模過小のサン・ロラン・デ・コンブ、サン・ティポリット、サン・テチエンヌ・ドゥ・リース、サン・ペイ・ダルマン、ヴ

ィニョネといった自治体は、国が県に中央分権した出先機関に、策定や建設許可審査を委託可能な基礎自治体土地利用図を選択した[57]。ZPPAUPを都市計画に付則として挿入する必要性から、2007年の発効が必要だったことも、かかる選択を正当化した［表8］。

表8：2007年のZPPAUP承認に向けた構成基礎自治体の都市計画文書整備状況

no	基礎自治体名	都市計画文書の整備状況
1	サン・テミリオン	1994年修正のPOSをPLUに改定中
2	サン・クリストフ・デ・バルドゥ	1994年公示のPOSをPLUに改定中
3	サン・テチエンヌ・ドゥ・リース	2007年8月9日に基礎自治体土地利用図が発効
4	サン・イポリット	2007年8月9日に基礎自治体土地利用図が発効
5	サン・ロラン・デ・コンブ	2007年8月9日に基礎自治体土地利用図が発効
6	サン・ペイ・ダルマン	2007年8月9日に基礎自治体土地利用図が発効
7	サン・シュルピス・ドゥ・ファレイラン	1992年承認のPOSを2007年8月5日にPLUに改定
8	ヴィニョレ	2007年8月9日に基礎自治体土地利用図が発効

サン・テミリオン市は、基礎自治体の都市計画に置換するSSの承認を待ったため、まずはPOSにZPPAUPを挿入するという弥縫策を採用せざるを得なかった。そのこともありPOSの後身であるPLUの策定が遅れた。サン・シュルピス・ドゥ・ファレイランはPOSの改定を通じてPLUを策定したが、サン・クリストフ・デ・バルドゥに至っては、都市化圧力が小さく、既存のPOSの改定推進の動機付けがないため、それを手付かずのまま継続適用とした。なお、基礎自治体の都市計画文書の整備目的は、都市化の制御は無論、ZPPAUPでは推奨事項に留まる樹林地保護の明確化でもあった[58]。であれば、なおのこと自治体を横断する都市計画が必要になる。

7-2 広域で私人を拘束する都市計画へ

つまるところ、サン・テミリオン自治区では、地方集権組織が構築されたにも関わらず、都市計画に一貫性が見られなかった。共同体の総人口は1999年の統計で6,431人に過ぎないので、それでひとつの土地利用計画を共有しても良かったはずだが、地方分権により細分化された制度がそれを阻んでいた。そもそも当時は、私人の所有権を制限する都市計画を、広域共同体で策定する仕組みがなかったのである。過度な地方分権、あるいは協働の制度設計を併置しないそれは、地方を粒子化させることの証左である。

建築・文化財活用区域（AVAP）は8基礎自治体全域を覆うのに、それが付則として挿入されるべき都市計画は個々に立案されていた。換言すれば、優品保護の文化財保護計画と、醜景発生の抑止の都市計画のガヴァナンスに齟齬があった。

その解消には、ふたつの法改正を待たねばならなかった。

一方は、2010年12月16日の地方団体改革関連法である。フランスでは近年、小規模共同体をさらに合体させて大規模集権化を図る動きが顕著になっており、同法はその推進を図るものである。サン・テミリオンもその例外足り得ず、サン・テミリオン自治区基礎自治体

共同体（8基礎自治体）とリュサケ基礎自治体共同体（10基礎自治体）が合併し、さらに4基礎自治体が参加した22基礎自治体によるグラン・サン・テミリオネ基礎自治体共同体が2013年1月1日付けで発足している。それでも2014年1月1日現在の人口は15,818人に過ぎない。

　他方は、上述のグルネル2法と2014年3月24日の住宅確保と刷新型都市計画のための第2014-366号法律である。これにより、基礎自治体横断型地域都市計画プラン（PLUi）の仕組みが整備された。環境保護、住宅問題、あるいは交通問題のいずれを取っても細分化された基礎自治体で対応可能なものではなく、自治体を拘束する従前の都市計画方針の決定文書である広域一貫スキーム（SCOT）に加え、私人も従属させる広域の都市計画が必要とされた。それが地方集権組織の単位で私人に拘束力の及ぶPLUiである。

　以上を受け、グラン・サン・テミリオネ基礎自治体共同体の単位でPLUiが策定されている。2017年12月の公開意見聴取委員の承認意見が出されたので、議会承認は2018年中と見込まれるが、それにより、これまで全国都市計画規則（RNU）や基礎自治体土地利用図しか持たず、建設許可の判断を国が県に中央分権した機関に委任してきた自治体でも、共同体全体が雇用した建設許可主事を通じた判断が可能になる。また、AVAPという優品保護よりも大きなガヴァナンスで、都市化の制御が可能になる。集権してこそ分権が実効性を有する好例である。

7-3 緩衝地帯管理制度策定の遅れ

　世界遺産サン・テミリオンの緩衝地帯は、構成資産が約7,800ヘクタールであるのに対し約5,100ヘクタールなので、さほど大規模なものではない。しかし、とりわけリブルヌ方面の郊外開発に懸念がある。

　緩衝地帯の管理の要諦は、開発を適切に制御し、構成資産の真正性と一体性を保全することである。そして、その広域性を勘案すると、詳細な土地利用計画であるPLU（またはPLUi）よりも、方針提示文書であるSCOTが有効といえる。

　サン・テミリオンでも、SCOTの策定作業のため、国の中央分権機関であるリブルヌ郡庁の参画も得て131基礎自治体を包含するリブルヌ地方混合組合が形成された。同組合には、グラン・サン・テミリオネ基礎自治体共同体の他、4件の基礎自治体共同体とリブルヌ人口集積地共同体が参画していたが、組合の起源はそれらの共同体結成よりも以前の2002年であった。

　同組合がSCOT策定に着手したのは2004年だが、利害関係者が多過ぎる上、複数回の国政・地方選挙を経て政権交代も頻繁で合意形成が困難であること、さらに、とりわけ緊急に解決すべき都市計画的問題が顕著には存在しないことから、実質的に休眠状態に放置されてきた。

　そもそも、当該SCOTはサン・テミリオンの緩衝地帯管理を主目的とはせず、地域全体の今後数十年のグランド・デザインを描くものである。サン・テミリオンの都合だけで策定を急かすことはできない。そのこともあり、承認は2020年を見越していたので、登録後の約

20年間、緩衝地帯の管理措置が不在となるはずだった。

ところで、本章でしばしば引用する2010年7月の通称グルネル第2法の特徴に、2000年12月13日の都市連帯・再生法 (Loi SRU) で創設されながら、2009年1月1日現在で承認されたものが82件に留まっていたSCOTの策定を推進する条項が設定されていた[59]。

7-4 別法による広域都市計画設定の圧力

さらに、地方の公共活動の近代化とメトロポールの承認に関する2014年1月27日の法律が、国土・地方均衡拠点 (PETR) の結成を促進した。この拠点は、これまでの自治体間協力よりもさらに広域の尺度で地方集権した都市計画や経済開発を推進するもので、例えば中規模核都市を有する共同体が、他の複数の共同体と集合して、合併することなしに協働が可能になるシステムである。グラン・リブルネ国土・地方均衡拠点は2015年6月26日に発足したが、同拠点成立条件として1年以内のSCOT策定を課された。そのため、上記の混合組合はSCOTの策定作業を急いだのである。

かくして予定が大幅に早まり、2016年10月6日にSCOTが承認された。では、世界遺産領域へのその影響はと言うと、実質的には余りない。PLUの上位文書なので、SCOTが構成資産内に再開発区域等を設定すると問題が起きるが、世界遺産地区にそれを課せるはずがない。期待されるのは、世界遺産地区の緩衝地帯管理で、とりわけ構成資産西側で、戸建て住宅の分譲地開発が散見されるリブルヌ市東南部である。当該SCOTはそこでの開発抑制を明言しており、下位にあるPLUでの開発地域の設定は不可能になった。

問題は、スポット的な例外的規制緩和を認めるかであろう。銘醸地では中心市街地で近隣商店街を維持するのは困難だし、メリットも少ない。となると、それらの住民のためのスーパーマーケットや農業資材店、さらには郵便局や銀行等のサーヴィスも兼備した空間が必要になり、自動車利用の利便性、さらには公共交通整備のパフォーマンスの悪さを勘案すると、ロードサイド開発が最適になる。ただ、それらの規模は高が知れており、構成資産の一体性や顕著で普遍的な価値を毀損するものでもなく、現時点では懸念は小さいと言える。無論、自動車利用の景観的副作用として屋外広告物の大型化やデザインの過激化が予想されるので、それには厳格な対応措置を整備すべきである。

このように、コンパクト・シティではなくコンパクト・マーケットを構築してゆくのも、銘醸地の現実的都市計画というものである[図17]。

図17 スマート・スプロールの空間ではロードサイドにコンパクトにマーケットを集約するのが合理的になる。その場合の問題は看板は屋外広告物の制御である

8. 景観保護と賢人会議

8-1 フランス最古の名士団と組合

　冒頭に述べた通り、サン・テミリオンをボルドーの他の著名醸造地から差別化するのは、文化財的には中世城壁都市が中心部に残っているという特殊性である。

　他方で、社会学的にも、造り手の間の結束が強いという特異点がある。メドックのワイン生産の本格化は、ボルドーの法服貴族によるブドウ畑の買収とシャトーの建設で、17世紀頃からのことである。対して、サン・テミリオンは中世に遡及する。しかも、造り手が組織的に関税自主権を獲得する等、自由を追求してきた。1199年のファレーズ憲章で英国のジョン失地王から特権を認められ自治区となったのは上述の通りだが、その際に創設されたのが名士団 (Jurade) である。

　選出された66名の名士は、自治区の政務、財務、そして法務に当たったが、ワイン生産に関しても、ブドウの収穫開始宣言等の年中行事を取り仕切る。また、ワインの名声の維持のため、出来の悪いワインの出荷を制限することもあったと言う。

　1789年のフランス革命により結社の自由が制限されて解散を余儀なくされ、復活は実に戦後の1948年を待たなければならなかった。今日、自治事務には関わらないが、ワイン生産の利益のために活動する。

　サン・テミリオンは、名士団の伝統もあり、協働してワイン生産を振興する意思の強固な土地柄である。1884年のサン・テミリオン・ワイン製造者組合はフランス最古の醸造者の業界団体だし、1932年の協同組合醸造所の創設が、ボルドー地方に於ける濫觴であるという組織論上の特殊性もある。サン・テミリオンのブドウ畑は、代々の家族経営の小規模なものが大半であることは既述したが、別の言い方をすると、結束しなければ世故に対応できなかった。

　サン・テミリオン・ワイン製造者組合は、2007年に他の2件のAOCを吸収してサン・テミリオン・ワイン審議会になっている。これはAOCの仕様書策定に際して国立原産地統制呼称院 (INAO) が諮問しなければならない法定の保護・管理組織である。また、INAOは都市計画立案時の法定諮問組織だが、実態としては地元団体がそれとなるので、同ワイン審議会の意に反する都市計画の提案は困難である。事実、ワイン法制を見る限り、地元の保護・管理組織はINAOの諮問相手としか位置付けられていないが、AOCの地理的範囲や生産方法の確定はこの現場組織が行っており、その実質的役割は重要である[60]。地域のワイン生産を知悉した本組織が上記会議に加わることで、歴史的環境監視建築家 (ABF) による専門外の問題への対処が容易になっている。

　因みに、名士団の構成員とワイン審議会のそれを兼職する造り手も多い。また、ABFの中には、名士団の構成員として迎えられる者もいる。

8-2 現代建築のワイナリーの出現

　ボルドーのワイン生産施設を差別化するのは、シャトーと呼ばれる建物が存在する点で

第4章　サン・テミリオン自治区　133

ある。これは16世紀頃からの田園思想が具体化したもので、古典主義様式の建築に加え周囲には庭園が巡らされる。

現代でもその伝統は引き継がれている。生産の伝統性と技術の先端性を誇示するべく、歴史的ブドウ畑の中に屹立する前衛的デザインのワイナリーが陸続として建設されている。とりわけ、シャトーの買収が相次ぐサン・テミリオンでは、ファッションやモードの関連企業による購入が多いこともあり、デザイン性の高い建物が目立つ。詳細は現代建築のワイナリーに関する第9章で述べるが、ここではシャトー・シュヴァル・ブランとシャトー・ラ・ドミニクという隣接する対照的事例を挙げて論じる。

シュヴァル・ブランの所有者は、ルイ・ヴィトンを初めとするファッション・ブランドの巨大コングロマリット・ルイ・ヴィトン・モエ・エ・ヘネシー (LVMH) グループ総帥であるベルナール・アルノーで、その唯一無二のワイン・コンサルタントと言われるピエール・リュルトンが経営・醸造責任者を務める。

サン・テミリオンでシャトー・オーゾンヌと並ぶ最高位にあるシュヴァル・ブランの発酵室・樽熟成庫の設計は、彼らの知人であるクリスチャン・ドゥ＝ポルザンパルクに依託された。発注は2006年で、竣工は2011年である。前述のように、シュヴァル・ブランはサン・テミリオン台地のフラットな平面上にある。だからこそ、ポルザンパルクの発酵室・樽熟成庫の柔らかな曲線が景観に穏やかな不連続性を付与する。しかし、それは、断絶よりも馴染みを看取させる [図18]。

それに隣接するのが、シャトー・ラ・ドミニクである。設計はポルザンパルクと並びフランス人建築家として世界的名声のあるジャン・ヌーヴェルだが、新築された発酵室・樽熟成庫は、ひと言でいうと品がない。リュルトンに拠れば、シュヴァル・ブランの顧客の皆が皆、ヌーヴェルの建築をシュヴァル・ブランの工場だと勘違いする。リュルトン自身はそれを「電子レンジ」と呼び、終いには植栽で隠して自社地から見えないようにしてしまった[61] [図19]。

図18 シャトー・シュヴァル・ブランは発酵室・樽熟成庫は周辺景観との調和という点でも秀作である

図19 シャトー・ラ・ドミニクの建築は形態が単純に過ぎ、色彩も直裁的に過ぎるので、品がない

8-3 例外的許可と失敗

実は、これらの建築にあっては、建築的・都市的・景観的文化財保護区域 (ZPPAUP) の規則は守られていない。当時のABFが特例的に許可したものである。

そのような例外的判断には成功も失敗もある。それもまた地域の歴史である。ただ、より賢明な判断をするため、複数の識者が議論を尽くす手間を惜しんではならない。

そもそも、世界遺産登録は、その厳格な管理を要求する。サン・テミリオンでは、管理組織はサン・テミリオン基礎自治体共同体 (現在はグラン・サン・テミリオネ基礎自治体共同体) の傘下に置かれ、以下が構成員となっている[62]：

- 同議長；
- 8基礎自治体の首長；
- 国の中央分権機関としてのリブルヌ郡庁；
- ABF；
- 各ワイン生産団体代表；
- 自治区観光案内所；
- リブルヌ広域共同体の首長；
- INAO代表；
- リブルヌ商工会議所；
- 自治区の各課責任者；
- サン・テミリオン歴史・考古学会。

上記の名士団や組合は、ワイン生産団体代表とし管理組織の重要構成員になっている。前述の通り、世界遺産登録は文化省主導で推進されたが、登録後の管理組織構成が象徴するように、地域の果たす役割は大きい。また、シャンパーニュやブルゴーニュでは業界団体が先頭になり世界遺産登録を推進したが、サン・テミリオンでは登録後に組織運営に協力するという事後的構図も見えてくる。

ただ、これは総花的性格を有する総会組織で、実務組織が別に設置されている。

ZAPPUPの承認は、全建設・破壊許可申請がABFに意見付議されることを意味する。ただ、ABFは文化財の専門家だが、農務に関しては同様ではない。そこで、ZPPAUP策定時からワイン生産に関わる組織等の諸団体が諮問を受け、さらに承認後は以下の実務集団を構成することでABFの意思決定を支援している。

8-4 賢人会議

①土地区画形質の変更

外部性の大きな土地区画形質の変更に関しては、従前からサン・テミリオン・ワイン組合とINAOによる土地委員会が審査を行ってきた[63]。ZPPAUP創設に伴い[64]、基礎自治体共同体の代表や顧問建築家も加わり素案を策定し、それをABFの答申の材料とすることとなった。

土地委員会の構成は、サン・テミリオン・ワイン審議会が策定し、INAOの全国ワイン審議

会が2009年5月28日に承認した『AOCサン・テミリオン土地・景観規則[65]』第2条で規定されている。それに拠れば、9名の委員は、サン・テミリオン・ワイン審議会の理事会及び技術委員会の中から、同理事会が指名する。また、INAOが委員会の活動に協力する他、関係基礎自治体の役所の代表者とジロンド県農業会議所の代表者が協力委員となる。案件により、コンサルタント、県施設局（DDE）等の行政代表者、あるいは関係基礎自治体から上記ワイン審議会に加わっている理事が特別委員となる。

　土地委員会の名称通り、審査するのはその区画形質の変更で、申請から2ヶ月以内に現地調査を実施する。同委員会が、当該区画形質の変更が世界遺産の一体性に関わると判断した場合、調査結果に基づき委員の過半数以上を以て決した意見がABFに伝達される。申請者へは、土地委員会の答申とABFのそれが同時に伝達される（同5条）。

　土地委員会の意見には法的拘束力がなく、ABFの答申が承認意見であれば工事を進めることはできる。しかし、そこで工事を強行すると、委員会はINAOの全国組織に上訴し、当該の区画をAOCエリアから除外することを提案できる。これは、工事が設計書と合致しない場合も同様である（同7条）。

　②建設許可検討会議

　建設許可に関しては、1ヶ月に2回、ABF、基礎自治体の諮問建築家、サン・テミリオン芸術・歴史協会代表者、2名の協力者または1-2名の議員が補助する文化財担当助役の参画する会議で検討される。年間150件の申請が審査され、建築・文化財活用区域（AVAP）及び保全地区（SS）内のそれに関しては建築家や建設者が召還される他、現地調査が行われる。

　③賢人会議

　ブドウ畑に関わり景観の変容の予想される工事や、AVAPの規則の解釈が困難な問題に関しては、賢人会議が設置されている。これもまた、ZPPAUP承認時に、ABF、関連基礎自治体及びワイン組合の三者間で覚え書きが交わされて創設されたもので、サン・テミリオン市長が議長を務める[66]。

　具体的構成員は、8基礎自治体の首長、ABF、ワイン生産者団体代表1名、さらには諮問組織代表各1名（農業会議所、建築・都市計画・環境助言機構（CAUE）、ジロンド県議会、アキテーヌ地方圏文化局（DRAC）文化財台帳課、地方圏施設局、地方圏環境局（DIREN）、INAO、国の出先機関としてのジロンド県の郡庁、フランス運河機構）、さらには共同機関代表各1名（イコモス・フランス、取り扱う主題に応じて学識経験者や芸術関係者）である。

　会議はABFの専門能力の及ばない案件毎に委員会を組織し、建設許可の是非を審議する[67]。一般的には、現地調査も含め年に2-3回の開催である。

　興味深いのは、賢人会議は、当初はABFの否定意見に対応するものとされていた。つまり、ABFは凍結保存志向で、一定程度の前衛性を必要とするワイナリーの建設が許可されないのではないかとの懸念である。しかし、2004年から2013年までABFだった前出のゴンドランは、むしろシュヴァル・ブランやラ・ドミニクのような挑戦的デザインに寛容であり、逆に保守的なサン・テミリオン市長等が懸念を表明している。

9. ワイン観光ともうひとつのサン・テミリオン

9-1 世界遺産登録とワイン観光

　サン・テミリオンの世界遺産登録は、フランスに於けるワイン観光本格化の契機のひとつで、登録翌年の2000年は前年比で20％の観光客の増加があった。それは持続的で登録12年後の2011年でも、年間100万人以上の観光客数が記録されている[68]。

　また、2010年の調査では、アキテーヌ地方圏のブドウ畑を訪れる580万人の観光客の内、34％がサン・テミリオンを含むリブルヌ方面を探訪しており、メドック方面の24％やアントル・ドゥ・メール方面とグラーヴ=ソーテルヌ方面のそれぞれ13％に差を付けており、アキテーヌ地方圏観光委員会は世界遺産登録効果が看取されると結論している[69]。

　ただ、一般論ではあるが、ワイン観光は全ての造り手に歓迎されている訳ではない。とりわけ小規模生産者は、それに割く設備更新費や人件費等に余裕がなく敬遠する傾向がある[70]。そのような生産者には、観光客を受け入れる余裕はないのである。

　事実、サン・テミリオンの750軒の造り手の内、貯蔵所の公開等に応じワイン観光に対応しているのは約90軒で[71]、市壁内のホテルの部屋数に限りがあることもあり、過度な観光化の抑止力にもなっている。

　また、観光客の自動車交通に関する問題もある。サン・テミリオン旧市街へのアクセスは、徒歩20分ほどの場所に鉄道駅があるので、公共交通機関を利用可能かに見える。しかし、朝夕を除くと運行本数が少なく、便が良いとは言えない。さらに、城壁都市の見学後、シャトーを訪問するには別の交通手段が必要になる。AOCが広大な領域である反面、充分な利用者数が見込めないため、バス等の公共交通は整備されていない。旧市街の観光案内所で自転車のレンタルも可能だが、台地以外の場所は起伏が多く健脚が必要とされ、悪天候に対して脆弱という短所もある。従って、多くの観光客は自動車を利用する。

　そのため、自家用車が旧市街周辺に駐車して渋滞を引き起こす問題や、観光バスの騒音や振動のそれが看取されている。後者に関しては、グループ客を市壁直近で降車させた後、鉄道駅そばの駐車場で待機させることが一般化しつつあるが、前者の抜本的解決策はない［図20］。

9-2 もうひとつのサン・テミリオン

　余談ながら、パリにも歴史的モニュメント（MH）登録されたサン・テミリオンが存在する。

　第12区にベルシーと呼ばれる地区があり、かつてそこはセーヌ河の舟運で運ばれるワインの集積地

図20 市壁周辺には観光客の自家用車が多く駐車されている

であった。

　パリ市の公式ワイン集積地は対岸のサン・ベルナール河岸にあったが、そこに荷揚げすると接岸料や保管料がかかるし、入市税のごまかしが利かない。対して、ベルシー河岸は私人経営の倉庫群で、全てが交渉次第であり、流通に関しても非公式の便宜が期待可能であった。ベルシー村が1860年にパリ市に併合された後の1877年に公式倉庫となり、1980年代まで機能してきた[72]。

　しかし、流通のロジスティクスの発達や冷蔵庫の普及、そして陸送の進展はそれを無用の長物にする。そして、遊休地の再開発という発想は洋の東西を問わない。今日では全ての建物が破壊されてしまった。

　集積場内部にはシャブリ、マコネ、マルゴー、あるいはメドックといった銘醸地の地名の付いた街路が走り、それを倉庫群が縁取っていた。それらは再開発で跡形もない。ところが一箇所だけ場所の記憶を留める空間がある。クール・サン・テミリオン、直訳すればサン・テミリオンの中庭となる街路とワイン倉庫だけが保全されている。その部分だけがMH登録されて保護されていたため、再開発の中で残されたのである。

　「保護されていた」と言うより、「保護された」と言った方が適切である。倉庫は1840年と1885年に建設されたものだが、とりわけ顕著な建築的価値があったわけではない。

　再開発が企画された1980年代、パリ市長が保守系のジャック・シラクであったのに対し、大統領は第五共和制初の社会党政権を率いるフランソワ・ミッテランであった。シラク率いるパリ市がワイン倉庫群の全面取り壊しによる再開発を目論んだのに対し、ミッテランを首領とする国が、1986年に一部の倉庫をMHに登録して取り壊しを困難にするという、都市計画の政治化が起きた曰く付きの案件なのである。

🖪-3 ジャック・シラクと修復論

　しかし、シラクはミッテランの横槍を逆手に取り、保全を課された倉庫を前衛的にコンヴァージョンした。建築家は、ボルドーでワインの仲買商が集積していたシャルトロン地区に於いて、レネ倉庫を再生した実績のあるヴァロッド・アンド・ピストルであった。因みに、この時代にシラクの下でパリ市助役を務めていたのが、後にボルドー市長から首相にまでなるアラン・ジュペである。ジュペは後に、2007年のボルドーの世界遺産登録を進め、2016年にはワイン関連博物館にして銘醸地観光の拠点となるワイン都市を建設することになる。

　クール・サン・テミリオンを含むベルシー・ヴィラージュの新機軸は、歴史的建造物の活用に留まらない。従来のショッピング・モールは、郊外に所在して自動車がないとアクセスできないが、ここでは地下鉄新線の駅のそばで徒歩で来場する。また、一般的ショッピング・モールは完全に屋内化されて常時空調の中に閉じ込められるが、ここには季候が感じられる露天通路がある。さらに、週末のみ賑わう商業施設と異なり、周辺の複合開発で発生したオフィス・ワーカーにより平日昼間も人通りが絶えない[図21]。しかも、3万平方メートルのそれが都市の真っ直中にあるのである。これまでの郊外型の単一機能モール、さらに

138　第2編

はミッテランへの完全なアンチ・テーゼで、全く違う新たなコンセプトの建築的・都市的・景観的施設となっている。

銘醸地の世界遺産を論じた第3章で、cultureの語源を考察し、そこに文化的景観が関わる農耕の意味があることを確認した。ここでは、クール・サン・テミリオンの新用途のひとつであるレストラン

図21 クール・サン・テミリオンは場の記憶を保存しつつ機能的に刷新されている

の語源論を展開してみたい。restaurantという単語は17世紀半ば頃生まれ、最初は元気を回復させるこくのあるブイヨンのことだった。それが18世紀後半から食堂を指すようになる。さらに過去に辿るとラテン単語 *restaurare* に行き着くが、それに由来する中世仏語 restaurar は傷の治癒を意味している。それが12世紀前半、建築修復も示すようになる。そして今日、そこから派生した restauration という名詞は、おもに建物や都市、そして絵画等の芸術作品の修復のことである。つまるところ、建築や都市の保全的刷新は、語源的に食べることと交差している。

パリのセーヌ河沿いも世界遺産となっているが、ベルシーはそこからは外れている。操車場や高速道路、あるいは船着き場のある寂れた場末である。シラクが語源論を考えたはずはないが、結果として、身体と芸術が修復される場を造った。竣工は1998年で、サン・テミリオンの世界遺産登録の一年前である。

10. 結論

冒頭に示した問題意識に基づき研究を進めた結果、とりわけサン・テミリオンの具体的分析を通じ以下の結論を得た。

①効率的農業と文化的景観の両立のための管理組織の構築

ワイン消費の減退局面にあってワイン観光が推進され、景観の重要性が生産者組織にも認識されつつある。そこで、農地拡張や機械化等の効率化に対し、専門の地元組合や中央の研究所との共同景観管理組織が構築され、生産者側の意向を勘案しつつも文化財の真正性を毀損しない方策が探求されている。

②景観保全のための諸制度の利用と分節化

フランスのブドウ畑の景観保全には、近年整備された優良農地保全制度も含め様々な手法があるが、AOC制度による栽培方法の制御は近景保全に最適と考えられ、その分、文化財保護制度等ではそれに干渉せず分節化を徹底している。

③ブドウ畑の広告媒体化による修景の進展

ワイン観光を通じた生産直売や情報通信技術を利用した遠隔販売の可能性が探究され、その広告媒体としてブドウ畑の景観の重要性が再認識されている。そのため減薬等の進展は無論、上記①による組織的対応とも相俟って、消費者に誠実な生産のイメージを付与する段々畑が修景により再生される等の効果が現れ始めている。

④質の高い現代建築の実現

　同時に、高付加価値ワインの消費階層の審美眼に応答可能な現代デザインの醸造施設も重視され、ブドウ畑の中に屹立しつつもそれを紊乱しない現代建築が実現している。そして、近景に関しては建築の質がワイン価格に影響する市場原理を通じて調和を実現可能なため、施主及び設計者との調整は中・遠景とのそれに限られる。

❶都市計画の機能不全や広域化にまつわる問題

　他方、ブドウ畑農家に後継者不足等の問題がある場合や、経済的に宅地化等が合理的な場合、市街化指向の都市計画に好意的になる。地方分権の進行は、その意向の反映を容易にしている。また、重要なワインスケープの緩衝地帯制御のための広域都市計画の立案も困難で、そもそも策定が長期間に亘る問題もあり万全には解決していない。

注

1　REJALOT Michel, «Paysages viticoles et politiques patrimoniales – Y a-t-il un malentendu bordelais?», dans *Sud-Ouest Européen*, n° 21: «Territoires et paysages viticoles», 2006, pp. 117-128, p. 127.

2　HINNEWINKEL Jean-Claude, «Terroirs et «qualité des vins» - Quels liens dans les vignobles du nord de l'Aquitaine», dans *Sud-Ouest Européen*, n° 6: «La qualité agro-alimentaire et ses territoires», décembre 1999, pp. 9-19, p. 13.

3　République Française (1998), p. 21.

4　NORA Hachache, «Patrimoine mondial – L'Unesco plus exigeante», dans *Le MTPB*, n° 5221, 19 décembre 2003, pp. 34-36, p. 36.

5　REJALOT, *op.cit.*, p. 120.

6　BRIFFAUD et al. (2000).

7　ピット (2007)、pp.137-138。

8　HANNIN et al. (sous la direction de) (2010), p.51に拠れば、アキテーヌ地方圏の平均は12ヘクタールで、全仏平均は8.8ヘクタールである。

9　山本 (2000)、p.52。

10　ジェフォード (1999)、p.55。

11　畑が小規模であることは、丁寧な営農の源泉のひとつである。ただ、小規模性は、逆説的には、買い手にとって手が出し易いということになる。第7章でも論ずるが、これが昨今のサン・テミリオンでファッション企業等によるシャトー買収が目立つ理由のひとつになる。

12　フランス (監修) (2005)、p.54に拠ると、7ヘクタールから12ヘクタールを耕す農家が多く、これはほぼかつての小作農の耕作規模と同じである。

13　HANNIN et al. (sous la direction de), *op.cit.*, p.51に拠れば、アキテーヌ地方圏の平均は約12ヘクタールで、全仏平均は8.8ヘクタールである。

14　République Française, *op.cit.*, p. 71.

15　VAUDOUR-FAGUET Bernard, «Saint-Emilion: luxe, prestige et pollution», dans *Les Temps Modernes*, n° 613, mars-mai 2001, pp. 297-303.

16　(anonyme), L'Evolution nationale du prix des vignes – Une baisse du prix moyen qui traduit les difficultés du secteur», dans *Espace rural*, hors série, mai 2005, pp. 26-45, p. 36.

17　Département de la Gironde et Communauté de communes de la Juridiction de Saint-Emilion (2004), p. 61.

18　Communauté de communes de la Juridiction de Saint-Emilion (2013), p. 12.

19　REJALOT, *op.cit.*, pp. 121-122. シャトーの相次ぐ買収の問題は、逆説的に法制面からも看取できる。1993年1月7日の政令は、複数のそれが合併した際に従前のラベル名を継続使用する際の条件を記述している。

20 ジェームズ・E（2010）、p.22に拠れば、モグラやネズミはむしろ害獣である。ミミズに比較すると、真に有用なのは微生物である。化学薬品でこれらを殺すのは、益虫の殺虫と同様に畑の生産性を減少させる。

21 ROCHARD（2017），p.309.

22 BRIFFAUD et al.（sous la direction de），*op.cit.* p. 59. なお、同書に拠れば、ヴォクリューズ農業会議所のように、それを積極的に推奨する地域も現れている。

23 Communauté de communes de la Juridiction de Saint-Emilion（2013），*op.cit.*, pp. 56-58.

24 マンドゥラース（1973）。

25 GOMBAULT Anne et JOLLY Sylvie, «Quel marketing experiential pour les paysages des vignobles français?», dans *Cahiers Espaces*, n° 111: «Vin, vignoble et tourisme», décembre 2011, pp. 49-53, p. 53.

26 Commune de Saint-Emilion（2010），p. 30.

27 BORJON Michel, «Saint-Emilion ou les paradoxes de la réussite économique», dans (collectif), *Vivre dans un grand site – Le pari du développement durable*, acte du séminaire : «Les cahiers de la section française de l'ICOMOS», Baie de Somme, 17-19 juin 2004, pp. 119-122, pp. 121-122.

28 Département de la Gironde et Communauté de communes de la Juridiction de Saint-Emilion, *op.cit.*, p. 67.

29 ブローデル（2015）、p.309。

30 République Française, *op.cit.*, pp. 77-83、より作成。

31 Communauté de communes de la juridiction de Saint-Emilion（2013），*op.cit*, p. 13.

32 Commune de Saint-Emilion（2010），p. 71 et 75..

33 Commune de Saint-Emilion, *Plan de sauvegarde et de mise en valeur*（P.S.M.V），t.1: «Rapport de présentation» et t.2: «Règlement», 2010.

34 DDE de la Gironde, *Juridiction de Saint-Emilion - Note de cadrage / Association de l'Etat*, Bordeaux, Préfecture de la Gironde, octobre 2003, p. 9. 因みに、ブドウ畑の地下の採石抗跡に水が流入すると畑の水捌けに影響して水っぽい実しか付けなくなり、当然ワインの質が落ちる。

35 以上を受け、ジロンド県施設局（DDE）が、世界遺産登録後になったものの、2005年5月に、サン・テミリオン、サン・ロラン・ドゥ・コンブ、サン・ティポリット及びサン・クリストフ・デ・バルドを対象とする地面変動危険防止プランの策定を決定した。そして、2009年10月に『ジロンド県サン・テミリオン基礎自治体に於ける粘土収縮・膨張偶発性地図』を、2011年8月24日に『サン・テミリオン基礎自治体ー主要自然・技術災害情報』を発行した。しかし、他の自治体に関しては、現時点ではプラン立案に至っていない。

36 別の方途とは、未加工または加工された農産物または食品の統制呼称に関する1990年7月2日の第90-558号法律と1998年1月21日の関連8基礎自治体の多目的事務組合の権限修正を指す。

37 以下のワイン用ブドウ栽培用語の邦訳は、リゴー（2012）の『アンリ・ジャイエのブドウ畑』の巻末の対訳一覧を参考にした。

38 ロレンツの段階とは、ブドウの葉の成長を第1段階の冬芽から第43段階の落葉まで分類したものである。

39 Juridiction de Saint-Emilion（2001），p. 9.

40 同様に、欧州連合が設置したネットワークであるナチューラ2000（Natura 2000）は自然保護のための精神規定だが、サン・テミリオン自治区内では回遊魚の保護を目的としてドルドーニュ河が登録されている。

41 BORJON Michel, «Création d'une charte patrimoniale pour la gestion de l'Ancienne Juridiction de Saint-Emilion», dans (collectif)（2001），pp. 165-169.

42 Juridiction de Saint-Emilion, *op.cit*..

43 LAURET Bernard, «Avant-Propos», dans BOUTOULLE, BARRAUD et PIAT (sous la direction de)（2011），pp.9-10, p.9.

44 Département de la Gironde et Communauté de communes de la Juridiction de Saint-Emilion, *op.cit.*, p. 9.

45 Communauté de communes de la Juridiction de Saint-Emilion（2013），p. 47.

46 GONDRAN François, «In vino veritas – Sauvegarder le patrimoine culturel», dans ANABF（2006），pp. 38-41, p. 39.

47 Communauté de communes de la Juridiction de Saint-Emilion（2013），*op.cit.*, p. 48.

48 Communauté de communes de la Juridiction de Saint-Emilion（2007），p. 23. なお、MARINOS Alain, «Zone de Protection du Patrimoine Architectural, Urbain et Paysager – Le temps de l'évaluation», dans *Actualité juridique – Droit administratif*, n° 27/2011, 1ᵉʳ août 2011, pp. 1532-1537, p. 1533、に拠れば、本ZPPAUPは1983年の制度創設以降策定された約600のZPPAUPの中でも、その多様性を示す代表例と言えるものである。

49 Communauté de communes du Grand Saint-Emilionnais（2016），pp. 4-5.

50 *ibidem*, p. 28.

51 Communauté de communes de la Juridiction de Saint-Emilion（2007），*op.cit.*, p. 7 et p. 23.

52 BOUTOULLE, BARRAUD et PIAT (sous la direction de), *op.cit.*.

53 Communauté de communes de la Juridiction de Saint-Emilion（2013），*op.cit.*, pp. 16-17.

54 BOUTOULLE et al. (sous la direction de)（2016）.,

55 *ibidem*, p. 9.

56 Communauté de communes du Grand Saint-Emilionnais, *op.cit.*, p. 45.

57 DDE de la Gironde, *op.cit.*, p. 3.

58 Juridiction de Saint-Emilion, *op.cit.*, p. 9.

59 PISSALOUX Jean-Luc, «Le Renforcement des schémas de cohérence territoriale par la loi Grenelle 2», dans BORLOO (sous la direction de) (2010), pp. 21-32, pp. 25-26.

60 BAHANS et MENJUCQ (2010), p. 131.

61 SAPORTA (2014), p. 39.

62 Communauté de communes de la Juridiction de Saint-Emilion (2013), p. 106.

63 BRIFFAUD et al. (sous la direction de), *op.cit.*, p. 8.

64 Communauté de communes de la juridiction de Saint-Emilion (2006), p. 115,

65 Conseil des Vins de Saint-Emilion, *Règlement des sols et des paysages AOC Saint-Emilion*, version approuvée par le Comité national Vins INAO du 28 mai 2009.

66 Communauté de communes de la juridiction de Saint-Emilion (2006), p. 115.

67 GONDRAN, *op.cit.*, p. 39.

68 GOMBAULT Anne et COUTELLIER Julie, «Œnotourisme dans le Bordelais – Une approche par expérience vécue du visiteur», dans *Cahiers Espaces*, n° 111, décembre 2011, pp. 126-135, p. 126.

69 TARRICQ Philippe, «Fréquentation œnotouristique en Aquitaine – Une quantification réussie», dans *Cahiers Espaces*, n° 111, décembre 2011, pp. 75-82, pp. 81-82.

70 *ibidem*, p. 77.

71 LIGNON-DARMAILLAC (2009), p. 109.

72 DUBRION (2011), p. 105.

第5章

シャンパーニュの丘陵・メゾン・酒蔵
——呼称保護、現代のストーリー、産業遺産

序．世界遺産の岐路としてのシャンパーニュ

世界遺産登録の目的は、一義的には顕著で普遍的価値を有する遺産を後世に確実に伝達するための国際社会の認知と協力の獲得にある。しかし、シャンパーニュの場合、目的はそれだけではない。端的には、シャンパンの商業的将来性の確保である。欧州市場は飽和し、ロシアや中国等の新興国での販売拡大が不可欠となっている。世界遺産登録によるシャンパーニュの名称の拡散と保護は、商業的にも好材料となる[1]。

また、シャンパーニュの申請で興味深いのは、世界遺産申請のためのイメージ転換である。それまで、シャンパンのイメージにワインスケープは含まれてこなかった。シャンパンは何より祝杯の酒で、醸造施設にせよブドウ畑にせよ、建築的・都市的・景観的様相は副次的だった。メゾンと称される大規模な造り手は祝祭のイメージに徹し、ラベルや広告にワインスケープが表象されることはほぼ皆無であった。景観を広告媒体にしたのはそれに多額の費用を投じることのできない中小の業者だけだった[2]。

そのステレオタイプ化されたイメージに、ワインスケープという環境要素が付加された。さらに、申請書作成当時にマルヌ県の歴史的環境監視建築家（ABF）だったラファエル・ガストボアに拠れば、当初は景観が主軸であったものが徐々に別の切り口を取り込んでいった[3]。つまり、保全論理の構築のため、国際協調、女性の社会進出、企業メセナの先駆性、そして産業遺産というストーリーが構築された。

これらのことは、世界遺産が岐路にあることの象徴でもある。世界的遺産の国際社会の協調による保護という原初の理念と、かかる動きに整合性を求めるのは容易ではない。ただ、制度が存在して、その活用に便益が見込めれば利用を考えるのが当然で、シャンパーニュの行動には非がないのも事実である。

1．地域用語の定義と申請の経緯

1-1 丘陵・メゾン・酒蔵

2015年に世界遺産登録された名称は「シャンパーニュの丘陵・メゾン・酒蔵」である。丘陵で生産されたブドウがメゾン（醸造所）で醸造され、酒蔵で寝かされる一連の流れを遺産の名称としている。ただ、各々の単語には、この地方独自の意味がある。

まず、丘陵(coteaux)を見てみたい。シャンパン生産地のブドウ畑も、日照を求めて傾斜地に布置される。構成資産のひとつのランス市内のサン・

図1　ランス山岳は高山ではなく丘陵の連続体である

144　第2編

ニケーズ丘陵は、colline Saint-Nicaiseの直訳で、標高は最大でも135メートルなので、文字通り丘陵である。本書でむしろ要注意なのは、山岳という言葉が丘陵にも適用されることである。具体的にはランス山岳で、構成資産の歴史的丘陵はそこに含まれる。ランス山岳とはMontagne de Remisの直訳だが、実際にはランスとエペルネの間の標高300メートルにも満たない丘陵群である[図1]。つまり、本書では山岳と言う言葉が出現してもアルプスのようなそれではなく、世界遺産の登録名称通り、穏やかな丘陵をイメージする必要がある。

次に、メゾン(maison)である。文字通りには仏語で家屋のことで、ボルドーのシャトー(château)が城郭の意味を稀釈しながらワイナリーに適用されていったように、シャンパーニュ地方でもmaisonは家屋の意味を喪失しながら造り手を示す言葉になっている。

詳しく定義を求めると、シャンパン・メゾン連合会が掲げるそれは、「シャンパン・メゾンとは、偉大なシャンパン・ブランドの製造と世界的流通に必要な物資

図2 エペルネのシャンパーニュ大通りは豪壮なメゾンが街並みを形成する

第5章 シャンパーニュの丘陵・メゾン・酒蔵　145

図3 メルシエ社の地下蔵はシャンパンの保冷専用に掘削されたものである

的・人的手法を管理する農業的かつ/または工業的で、かつ商業的な企業である(農業的だけなのは不可である)」とされる。現在上記連合会に加盟しているのは74メゾンだが、これらの他にもメゾンを名乗る生産者が多くあり、その数は約5,000と言われる。本書では、連合会の定義を翻案し、単なるブドウ農以外で、醸造から瓶詰めまで行うものをメゾンとする[図2]。

最後の酒蔵 (cave) だが、基本的には建設石材の採掘坑跡で保冷や保管に使われている空間を指す。ただ、シャンパーニュでは地質的理由から地下蔵を掘削できない地域もあるし、わざわざ整備された地下空間もある[図3]。そのため、それらを括る術語として酒蔵が使われている。日本語にすると地上の土蔵等をイメージしまうが、基本的に地下空間である。

■-2 申請から登録までの経緯

シャンパーニュの世界遺産暫定リスト登録は2002年だが、中央主導で地元への諮問はなかった。地域発意の登録運動は、2006年に業界団体であるシャンパーニュ・ワイン職種横断委員会 (CIVC[4]) による世界遺産登録検討委員会設置で開始され、これが後述のシャンパーニュ景観協会 (APC) となる[5]。CIVCは2007年末に世界遺産立候補可能との報告書を得、登録推進の意思を固めた[6]。

2009年に世界遺産申請のための国内立候補をしたが、政府はノール・パ・ドゥ・カレの鉱脈地帯を優先した。フランスは暫定リストに多数の候補を抱えており、直ぐに国の推薦案件になれない。ただ、本申請までの待ち時間は有効に活用され、世界的なワイン評論家・ヒュー・ジョンソンを招聘しての後援会の結成や、顕著で普遍的な価値の挙証論理の再考や構成資産の絞り込みが行われた。

管理計画を含む申請書類が文化省に提示されたのは2012年2月14日で、フランス文化財審議会で同年4月6日に審議が行われ、概ね内容が了承されて申請が妥当とされた。フランソワ・オランド大統領がシャンパーニュの世界遺産登録を国として推進する旨を言明したのは同年8月31日で、同年9月21日にユネスコの世界遺産センターに申請書類が送付された。

因みに、2012年初頭にはブルゴーニュも立候補しており、フランスは2件の銘醸地の世界遺産申請を抱えることとなる。そこでシャンパーニュにとって心理的に後押しとなったのが、2011年から2013年までのフランス共和国ユネスコ大使を務めたダニエル・ロンドー

が、予定される構成資産の中核であるエペルネ近郊のメニル・シュール・オジェールの出身であったことである。シャンパーニュの依怙贔屓ができたわけはないが、国際社会との交渉の最高責任者が遺産の内容を知悉していることは、当該地域にとっては高度の安心材料であった。

　ただ、にも関わらず、シャンパーニュの申請は先送りされた。2013年1月24日、政府はポン・ダルクの装飾洞窟（通称ショーヴェ・ポン・ダルク洞窟）を文化遺産として、ピュイ山脈・リマーニュ断層を自然遺産として申請した。前者は翌年の世界遺産委員会で登録決定となったが、後者は依然、情報照会とされている。

　2014年1月13日、政府はようやくシャンパーニュとブルゴーニュの申請を決定し、書類をユネスコ大使経由で世界遺産センターに送付した。世界遺産委員会での登録決定は翌年7月4日である。

■-3 世界遺産登録申請の背景

　では、なぜシャンパーニュは世界遺産登録を目指したのか。建前はさておき本音を見てみよう。それは、呼称保護[7]、欧州連合への抵抗[8]、そして観光推進[9]に整理できる。

　まず、呼称保護だが、要は偽称の根絶である。シャンパンを詐称する発泡性ワインが多く、本家本元の販売を阻害している。

　例えば、ロシアは好例である。同国はシャンパンの巨大市場であると同時に、発泡性ワインの五大生産国のひとつでもある。シャンパンと同程度の年間3億本の発泡性ワインが出荷されている。それが19世紀半ばにシャンパンがロシア語に翻訳されたままにシャンパンステ（шампанское）と呼ばれている[10]。ロシアの消費者は、ロシア産発泡性ワインをシャンパンとして飲んでいる。これは氷山の一角で、CIVCは、この種の詐称を根絶させるため世界遺産登録を活用したいと考えている。

　次に、欧州連合への抵抗とは、ブドウ栽培の自由化への反旗である。

　栽培自由化は、2008年の欧州連合ワイン共通市場制度改革により決まった。現在、ワイン生産は需要に対して供給過剰で、ブドウ樹の栽培制限がある。それを2013年末で廃止し、2014年1月から新規植え付けを自由化する改革案である。しかし、2015年末に、栽培制限廃止は加盟国レベルで2018年末まで先送りとなった。それでも大多数のワイン生産国は自由化の完全な廃案を要求し、結局、加盟国は毎年1％までしかブドウ畑を拡大できないとする規制が残されている[11]。ともあれ、栽培自由化が蟻の一穴となって呼称自由化にまで進んで模造品が流通し、ブランド保護が不可能となることを懸念したフランス政府は反対運動を展開し、規則の撤回にまで漕ぎ着けた。シャンパーニュの世界遺産登録は、かかる運動に於いても有効であると考えられている[12]。

　最後に、観光の推進である。2011年のシャンパーニュの登録推進のための勉強会では、ポン・デュ・ガールの世界遺産登録は1,350億ユーロの経済波及効果があり、1,200の直接・間接雇用を産み出し、公的資金の乗数効果は40倍であったとの発表があった[13]。

◼-4 世界遺産登録とシャンパンの将来像

ただ、観光客が少ないわけではない。ランス大聖堂の年間入場者数は約150万人でポン・デュ・ガールと同等である。サン・ニケーズ丘陵には大聖堂の観光客も流れ、2011年には21万8,000人が来訪し、その半数以上の13万6,000人がポメリー社を訪れた。エペルネのシャンパーニュ大通りの観光客数は年間45万人で、その内32万5,000人が少なくともひとつのメゾンを訪問する。メルシエ社には2011年に11万4,000人が、モエ・エ・シャンドン社には8万7,000人が来訪している。

課題は、シャンパンを購入するのは例えばメルシエ社で18%、モエ・エ・シャンドン社で25%、シャンパーニュ全体でも18%に留まることである[図4]。確かに、ワイン観光に関する第8章で論じる通り、ワイン観光客の第一目的はワインの購入ではない。とはいえ、購入はさておいても、ランスやエペルネでさしてシャンパンを飲んでくれない。地域の酒屋や酒場にも波及効果がない。なぜか。

シャンパーニ地方は気候も良いとは言えず、パリからも日帰り圏内で、宿泊を伴う観光地ではないためである。シャンパーニュのワイン観光では、パリからのバス利用のグループ客が少なくなく、メゾンにせよクレイエールにせよ、見学は1時間程度である。小規模メゾンは売り上げの半分を見学後の直接販売に拠っている[14]。シャンパンは典型的な顕示型消費商品で、メゾンを訪問して造り手から直接購入したという事実が消費者の心理をくすぐる。しかし、日帰りでランス大聖堂といくつかの著名メゾンを回るだけでは、小規模メゾンにまで人が流れない。また、地元のカフェやレストランにしても、シャンパンは食前か祝祭の酒なので、短時間の滞在では飲んでもらえない。つまり、宿泊を伴う観光をシャンパーニュは欲している。

ともあれ、以上の3点をまとめると、世界遺産申請の背景には、シャンパンの商業的将来性の確保が濃厚にあった。事実、シャンパンの将来に関しては、これから経営を担う若手の危機感は強い。エペルネ地方青年経済会議所が2012年12月1日に開催した『我々の領域の魅力に対するユネスコ世界遺産立候補の影響』と題された討論会は、そのことを傍証する。

半世紀前に発泡性ワインと言えば、シャンパンが市場シェアの半分を占めていた。しかし、現在は約1割に過ぎない。同じ発泡性ワインのブルゴーニュのクレマンなど、30年前であればシャンパーニュの眼中になかったものが、現在ではシャンパンの年間出荷本数約3億本に対し、約6,000万

図4 メルシエ社では地下蔵見学後に試飲がつく。しかし、隣接するブティックでの購入客は少ない

ボトルも出荷されている。世界遺産登録は、若手経営者にとって、シャンパンの差別化と優位拡大の手段なのである[15]。

2. 現代から過去を照射するストーリー

2-1 論理の変容

では、どのような論理で価値を挙証したのか。その前に、逆説的にシャンパーニュが議論を回避した点を明らかにしておきたい。即ち、2002年の暫定リストで提示していた基準(i)(人間の創造的才能を表す傑作)と(v)(存続が危ぶまれている伝統的土地利用形態)である。(i)で人類の創造的才能を打ち出してしまい資産価値の下限を自ら高くしてしまうこと、(v)で存続への懸念を表明して産業遺産の現業性との矛盾を惹起してしまうことを回避すべく、2014年の申請ではこれらの基準は使用されなかった。

対して、フランス文化財審議会でシャンパーニュの世界遺産申請が説明されたのは2009年11月だが、その際に基準(vi)(顕著な普遍的な伝統との関連。ここでは祝祭性)の追加と、構成資産の範囲修正を助言された[16]。

以下では、祝祭性と、後述する企業メセナを端的に傍証する素材を、モーター・スポーツを事例として提供しておく。

フォーミュラ1(F1)世界選手権は1950年に始まったが、その初回大会のスポンサーになったのがモエ・エ・シャンドン社の創業者一族であった。また、スポーツ大会の優勝者がシャンパンをスプラッシュさせる習慣は、1966年のル・マン24時間耐久レースの表彰式に遡る。優勝者にシャンパンのボトルが渡されたが、主催者の失念で冷やされておらず、国歌斉唱の中途で栓が抜けて中身が飛散した。それが、熱気の中の慈雨として歓迎され、翌年からはボトルを振りながら抜栓することが慣例となった。このパフォーマンスが、様々なスポーツに拡がった[17]。

換言すると、暫定登録の段階で祝祭性を論理にした基準(vi)を使用しなかったことが奇妙なのであった。

また、基準(vi)として追加されたのは祝祭性だけではない。ドイツ系業者の活躍、ヴーヴ・クリコ等の女性の活躍、そして博愛主義的経営者の慈善的社会活動といった論拠が提案された。即ち、仏独和解、女性の社会進出、そして企業メセナというストーリーである[18]。

2-2 国際協調・女性の社会進出・企業メセナ

これらは、現代から過去を照射した論理である。ドイツ系メゾンのシャンパンが飲まれたのは仏独和解のためではなく、クリコ未亡人もフェミニズムの発展のために会社経営をしたわけではなく、労働者住宅を整備した業者も優秀な労働力確保を目的としていた。

なので、これらの論拠は歴史解釈に源泉を有し、実証史学から派生したそれとは言い切れない。しかし、現代的ストーリーでの歴史の再読はフランスの世界遺産登録のための方策のひとつで、2015年登録の「ブルゴーニュのクリマ」も、畑の区画の意味のクリマを一般的

語感の気候に連関させ、現代の気候変動問題への先見性を看取させている。

　換言すると、世界遺産登録申請に於ける顕著で普遍的な価値の挙証や既に登録された遺産との差別化の作業は、それほどの難題になっている。既にワインを単独テーマとする世界遺産だけで10件を超え、今後の論理構築作業はより困難になろう。他方で、文化財の保存論理の鍛錬という視座からは、かくなる理論武装方策からも学習すべき点があるとも考えられる。

　そこで、ここでは国際協調と女性の社会進出を概説しておこう。

　シャンパン・メーカーにはドイツ系が少なくないが、ドイツはシャンパーニュ地方のワインの上客で、各メゾンは1870年頃からドイツ人を販路獲得のために雇用し始めた。彼らが、メゾンの中で出世するなり、自ら起業するなりして成立したのが、クリュッグ、エドシック、あるいはボランジェといった現在のドイツ系メゾンである[19]。

　その他、現在はエペルネのシャンパーニュ大通りに社屋を構えるドゥ・ヴノージュ社を興したアンリ＝マール・ドゥ＝ヴノージュはスイス出身、著名メゾンのひとつでアイ村で生産を続けるアヤラ社創業者のエドモンド・ドゥ＝アヤラはコロンビア出身といった具合に、シャンパーニュは外国人の起業に寛容であった。

　最後に、フランス大統領のシャルル・ドゥ＝ゴールと西ドイツ首相のコンラート・アデナウアーが、二度の世界大戦の恩讐を乗り越え、和解の握手をなしたのはシャンパーニュの精神的中心であるランス大聖堂に於いてで、1962年7月8日のことである。

　今次の申請書類では、その点も記述され、シャンパンの国際性という差別化がなされた。

❷-3 女性の社会進出と都市開発

　外国人への寛容性に加え、19世紀に既に女性による経営参画を許容した度量もシャンパン産業の特異点である。バルブ＝ニコル・クリコ（1777〜1866年）が夫に先立たれてクリコ未亡人、即ちヴーヴ・クリコとして発展させた同名のメゾンや、創業者亡き後にポメリー社を指揮したジャンヌ＝アクレサンドリーヌ・ポメリー（1819〜1890年）が代表格と言えよう。さらに、ブドウ栽培に始まりコルク栓の針金留めまで、シャンパン生産のために数多くの女性が、19世紀という早期から家庭の外で働いた。

　クリコ未亡人の事蹟は邦文でも多くの紹介があるので、本書ではポメリー夫人のそれを、建築や都市の空間整備の視点から論じておこう。

　1868年にサン・ニケーズ丘

図5　ポメリー社には英国の顧客を意識した様式建築が数多く残る

陵に約50ヘクタールの地所を購入した際、彼女は3点の建設行為を行っている。まず、建築的行為として、英国人の顧客を意識したヴィクトリアン・ゴシックのメゾンを建設させた［図5］。これは今日に引き継がれ、ランスのワイン観光の中心地になっている。次に、都市計画的行為として、ランスに往来する人々に自らの醸造所を見せ付け、さらに英国への安定的販路の確保のため、所有地に公道の街道を貫通させた。最後に、土木的行為として、120のクレイエール（ローマ時代からの白亜岩の採掘坑跡）を活用して1878年まで全長18キロメートルの坑道式保冷庫を完成させている。

　ヴーヴ・クリコ社やテタンジェ社といったランスのシャンパン・メゾンの建築意匠が控え目なのに対し、ポメリー社のそれは豪壮で、彼女が貫通させた街道を挟んで対面する同系グループのドゥモアゼル社も客の眼を見開かせる。エペルネには装飾豊かなメゾンも多いが、シャンパーニュ大通りに街並み型の建築として立地するため、ポメリー社の社屋のごとき外観の視覚的インパクトがない。ともあれ、極めて早期に社会進出した彼女は、ワインのマーケティングにおける建築のイメージの効用を至って深く理解していた。

3. 遺産の概要と景観の構造

3-1 遺産の概要

　2012年に、これら国際性や女性の活躍に加え、シャンパン・グラス等の付随産業の多様性と産業遺産的性格、メセナ、農家建築と協同組合の建物、サン・ニケーズ丘陵及びシャンパーニュ大通りと同じ方法論による歴史的丘陵の地下構造物の研究結果が加筆され[20]、顕著で普遍的な価値の挙証の骨格が固まった。

シャンパン製造は、ブドウ栽培と軽微な醸造技術による1.5次程度の産業ではなく、多様な付随産業を要する2次産業にして広告やアートによるマーケティングで先駆した3次産業で、総じて6次産業であることが論理化された。

　さて、申請は上述の基準 (vi) に加え、基準(iii)（文化的伝統の物証として無二の存在）と基準 (iv)（時代を代表する歴史的に重要な建築や景観）が活用された。ただ、基準 (iii) と基準(vi)（祝祭性）では、原産地統制呼称 (AOC) エリア全体（319基礎自治体）、さらには発泡性ワイン以外のワインも含むAOCシャンパーニュ（634基礎自治体）全部に関わり、構

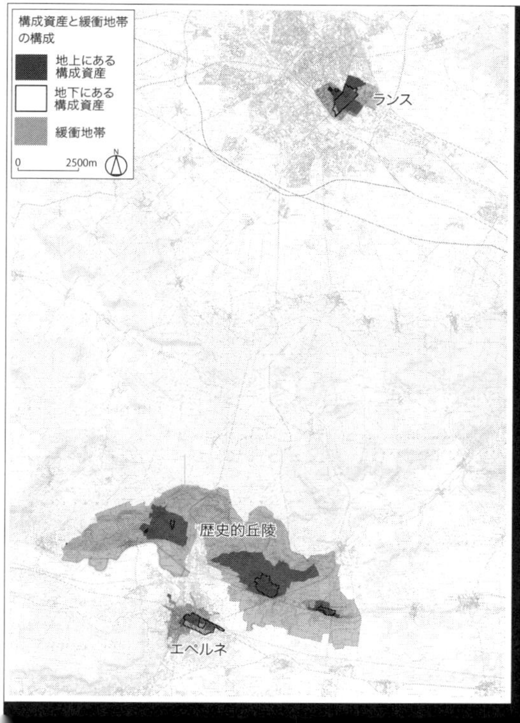

図6　シャンパーニュは構成資産を限定して凝縮性を高めている

成資産が過剰に広域になる。イタリアのピエモンテのブドウ畑の景観が、その過大な範囲を理由に登録延期となったのは、シャンパーニュが申請書類を準備中の2012年である。そこで、基準（iv）で構成資産の絞り込みを行った[21]。その結果、表1の構成資産で申請がなされ、2015年に登録された。構成資産の面積は1,101.72ヘクタールで、緩衝地帯も4,251.16ヘクタールなので、ピエモンテと比較すると構成資産で約10分の1、緩衝地帯で約18分の1の地理的凝縮性の高い遺産となった［図6］。

表1：「シャンパーニュの丘陵・メゾン・地下蔵」構成資産一覧

	大分類	件名	所在基礎自治体
1	歴史的丘陵	オーヴィレールの丘陵	オーヴィレール
2	〃	オーヴィレール協同組合の酒蔵群	〃
3	〃	トマの酒蔵	〃
4	〃	アイの丘陵	アイ
5	〃	アイの酒蔵群	〃
6	〃	マルイユ・シュール・アイの丘陵	マルイユ・シュール・アイ
7	〃	マルイユ・シュール・アイの酒蔵群	〃
8	サン・ニケーズの丘陵	サン・ニケーズの丘陵	ランス
9	〃	ポメリー、ルイナール、ヴーヴ・クリコ、シャルル・エドシック各社の酒蔵群	〃
10	〃	テタンジェ社の酒蔵群	〃
11	〃	マーテル社の酒蔵群	〃
12	シャンパーニュ大通り	シャンパーニュ大通り	エペルネ
13	〃	シャブロル要塞	〃
14	〃	シャンパーニュ大通りの酒蔵群	〃

3-2 自然景観の構造

　シャンパン生産地の文化的景観の構造は、歴史的丘陵がブドウ畑を主体とした自然景観、サン・ニケーズ丘陵とシャンパーニュ大通りが建築を主軸とした都市景観に大別される。

　ランスは北緯49.15度、エペルネは同49度で、年平均気温は10度に過ぎずブドウ栽培の北限に位置する。にも関わらず、ヴェルズネイの特級畑のように北向き斜面の銘醸地すら存在する。当地方は大陸性気候と同時に西岸海洋性気候や地中海気候の影響も受け、多様な動物相や植物相が存在するので、北向きでも上質のシャンパンができる[22]。白亜岩が太陽光を反射して偏西風を防ぐためとも言われる[23]。シャンパンは酸味を重視し、さらには異なる畑のブドウを使ってのワイン製造が許可されているので、あえて北斜面を選好する造り手もいる。このように、他の銘醸地の常識を覆す特異な景観が見られる。そこで、ここでは主に歴史的丘陵を主軸とした自然景観の構造を見てみたい。

152　第2編

3-2-1 遠景

遠景としては地形学・地質学的特徴が優勢で、川の流れが大地を侵食した谷のそれと、雨水が軟質地層を侵食したケスタ地形に大別できる。ケスタ丘陵の頂部に森があり、斜面にブドウが植えられ、平地に近くなると穀類や野菜が耕作される構成と

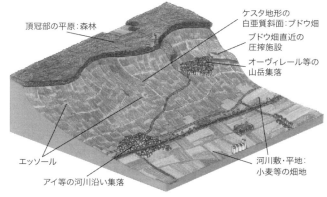

図7 シャンパーニュの自然景観の構造

なる[図7]。ランス山岳のワインを「山のワイン」、オーヴィレール等のそれを「川のワイン」と呼ぶことがあるのは、かくのごとく山と川の双方が存在し、場所により、ブドウ畑の高度が異なるためである。

丘陵頂部は粘土質土壌や泥炭岩が支配的でブドウ栽培には適さず、平地も日照の最大化や水捌けの点で問題がある。従って、ブドウはその間の斜面で栽培される。つまり、遠景を眺め、そこに森があるのか、ブドウ畑があるのか、あるいはそれ以外のものがあるのかといった構成要素を見れば、不可視の地質や気象の条件が読み取れる[24]。

エペルネとランスを結ぶ国道51号線は、エペルネからディジーの扇状地を登ってランス山岳上部の平原を横断するルートである。その近辺は、マルヌ河が北側のランス山岳と南側のコート・デ・ブラン(直訳すると「白ワインの丘陵」)が形成する谷に吸い込まれ、西側に流れてゆく場所に相当する。つまり、谷の入口に相当する平地からマルイユ・シュール・アイやアイ、さらにはオーヴィレールを望む中景では、陽光を受けた南斜面がパノラミックに展開する。平均勾配は6度だが、場所によっては20度以上に達する。斜度で見ても、平均は12％で場所によっては50％を超える[25]。つまり、感覚的には壁の垂直面に植栽がなされているような場所もある。さらに所々に扇状地的な湾曲がうねっており、ブドウ畑が地形的な動勢を反映しながら連続する[26]。その他、景観にアクセントを付与する独立樹、並木、森や林等も重要な構成要素である[27]。

集落や村落は、谷構造の場合は川の畔に、ケスタ地形の場合はその中途の平坦部に布置される。自然景観の中に建築的要素が点的に載る形になる。そして、夏季には、深緑のブドウ畑の中に真っ白な白

図8 畑の中の煙突状の工作物は地下蔵の存在を示す

第5章 シャンパーニュの丘陵・メゾン・酒蔵　153

亜質土壌の農道が映える。

また、自然景観の中の人工的要素として、エッソール (essor) も失念できない。元々は採石用の縦穴の上に被された雨水除け・日除けで、地下坑の出入り口であったり通気口であったりする。ブドウ畑の所々にその頭部を見せ、あるいは農機具小屋が近辺に置かれていることで、自然景観に人工性のアクセントが加味される[図8]。

ところで、今次申請の中途に、フェルナン・コルニュなる人物が1887年に描いたシャンパーニュの風景デッサンが見付かった。同年にエペルネで出版された4分冊のモノクロ画で、それを現状と比較した結果、ブドウ畑の中の独立樹に消滅したものが多いものの、農道の形態、教会の鐘楼を中心とする集落のシルエット、丘の頂冠部の森の形状等、ほとんど変容していないことが解った[28]。

3-2-2 中景

中景にズームして見ると、その特徴は畑の細分化と言えよう[29][図9]。

統計を見ると、AOCシャンパーニュでは、著名メゾンの自社畑は1割程度に過ぎない。残りは約15,000の農家が耕す典型的な家族形態の営農で、零細農家の狭隘な畑が主体となる[30]。休耕中のものも散見されるが、耕作放棄ではなく、地力回復や土留め壁等の工事のために作付けを休止しているものである。

2010年でシャンパン用のブドウ畑は34,157ヘクタール存在し、33,350ヘクタールが生産中である。15,000家族、人数では17,000人のブドウ農がいると言われるので、作付け畑に限定すれば1人当たり平均面積は2ヘクタールを切る。また、274,639筆が存在するので、一筆平均は12アールに過ぎない。一筆当たりの平均面積は相続の影響で減少傾向にあり、オーヴィレールで7.5アール、マルイユ・シュール・アイで12.5アール、アイで16.5アールとなっている[31]。

この平均耕地面積の狭隘性の理由は、ブドウ栽培の手間の大きさである。栽培が全て手作業で行われるため、大規模化はむしろ不合理になる。一般にシャンパーニュでは、1ヘクタールのブドウ畑に対して年間に400から600時間の労働の投入が必要とされる[32]。平均すると1日1-2時間程度だが、12月中旬から1月中旬にかけては樹の休息に合わせて一切手を触れられないし、シャンパーニュ特有の天候不順やひたすら生育を見守る期間がある。また、黒ブドウ品種から白ワインを造るため皮を潰すこ

図9 中景の尺度になるとブドウ畑のパッチワークが明確になる

とができず、摘果にも充分な配慮が必要になる。となると、家族程度の単位で丁寧に営農することが最適解で、その反射がきめ細やかな畑の景観なのである。

なお、不可視なので景観と呼ぶのは不適切だが、中景で見落とせないのが、地下の状態である。例えば歴史的丘陵では、丘の麓のアイやマルイユでは地下坑を掘れるが、頂部のオーヴィ

図10 近景ではブドウの樹列が懸垂曲線のような弧を描く

レールでは土壌が粘土岩や砂岩なので掘削不可能である。ドン・ペリニオンはトマの地下蔵を開削したが、場所はオーヴィレール修道院直近ではなく、丘の麓であった。つまり、自然景観の中景で細部が見えてくるエッソールの有無で、不可視の地下の状態を透視できる。隣接する村々の間にすら差異が存在しているのである。

ところで、地下坑の総延長は391キロメートルとも550キロメートルとも言われる。要するに誰も計ったことがないし、知られざる坑道も多い。

3-2-3 近景

サン・テミリオン同様、近景は原産地統制呼称（AOC）制度が特徴付ける。

ブドウの樹は等高線に垂直な列で植えられる［図10］。かつては密植だったが、今日は垣根仕立てで、シャンパーニュでは一般的なギヨ式ではなく、より手が掛かるシャブリ式で剪定が行われる[33]。

シャンパンには、白ワイン種としてシャルドネ、赤ワイン種としてピノ・ノワールとピノ・ムニエの3種のブドウが使われる。その選択や混醸比率は造り手の判断に拠るが、栽培場所は日照や通風等の気象条件に左右される。シャルドネ種のみから造られたシャンパンをブラン・ドゥ・ブラン（文字通りには「白からの白」）と言うが、コート・ドゥ・ブランはその銘醸地である。それを文字通り訳すと「白い丘陵」だが、この「白」は、シャンパーニュ特有の白亜質土壌の色も含意する。

近景の地面を見ると、近年では草生栽培が拡がり、表土流失は約9割、水流は約8割減少した。草生栽培の普及以前から、害虫や土質変化に敏感な花卉が植えられ、ブドウ樹への被害をいち早く防止・軽減するためのシグナルとして利用されてきた。フランスでは、ウドンコ病を引き起こす菌に対する感応性が高いためバラの使用が多いが、シャンパーニュではチューリップが伝統的で、近年では青紫の花が咲き美的効果も期待可能なムスカリが使われる。シャンパーニュのブドウ畑の春は、これらの花卉の景観の季節でもある。

3-3 都市景観の構造

　都市景観は大きく2分類できる。歴史的モニュメント(MH)や保全地区(SS)として保存すべき優品が構成する景観と、建築的・都市的・景観的文化財保護区域(ZPPAUP)や都市計画を通じて保護すべきローカルなそれである。無論、懸念材料もあり、特に、土地利用制度等を活用して制御すべき都市スプロールの醜景がある。例えば、歴史的丘陵の村落の建築環境の保存状態は良好だが、マルヌ河沿いの郊外スプロールは懸念材料である。

3-3-1　優品が構成する景観

　優品が構成する都市景観は、城館型と邸館型に細分化できる。
　ランスのサン・ニケーズ丘陵には、ポメリー社に代表される散逸的な城館型建築が集積し、エペルネのシャンパーニュ大通りには、街路に対して邸館が軒を並べる街並み型建築が集合する。城館にせよ邸館にせよ豪壮なものが多いが、これはボルドー同様、シャンパーニュのメゾンが早期から建築の性質や豪華さの価格への影響を理解していたことを示す。

①城館型

　サン・ニケーズ丘陵に最初にメゾンを設置したのはルイナール社で、1768年のことである。城館のごとしとまでは言えないものの、内部のサロンには贅が尽くされていた。外観までそれが及ぶのは、シャンパンの流通が英国で隆盛を迎え、東はロシアにまで及ぶ19世紀後半から20世紀前半である。ポメリー社のヴィクトリアン・ゴシックの社屋は前述したが、同社はさらに1902年に建築家・シャルル・ドーファンの設計でシャトー・デ・クレイエールという、文字通りボルドーのシャトーを意識した自邸を建設させている。
　ヴィラ・コシェ(現在のヴィラ・ドゥモアゼル)は1904年から1908年に、ルイ・ソレルの設計で建設された、ランスでは珍しいアール・ヌーヴォーの意匠である［図11］。同社にはネオ・チューダー様式の建築も多く建設されたが、これは英国の顧客へのオマージュである[34]。

②邸館型

　シャンパーニュ大通りの建築は、基本的に邸館(hôtel particulier)を主軸とする。市街地の拡張、製造量の拡大、さらにはメゾンの経済力の向上に応じて、それらに付随する形で建設された機能主義建築や純粋な生産施設もなくはないが、通りの側にそれが可視化することは少ない。また、街並みを形成してはいるが、市街地の集合住宅群と異なり、側壁の共有や軒の連続化はない。

図11 アール・ヌーヴォーとはいえ抑制を効かせ悪趣味にならないのがグランド・メゾンの気品である

シャンパーニュ大通りのメゾンは、街路と邸館の間に前庭を有する。つまり、街路面で街並みを形成しているのは門扉やフェンスで、それら付随的工作物も重要な都市景観構成要素となる。意匠は多様だが、ランスと比較して特徴的なのは、レンガをポリクロミーとして使用した建築が多いことであろう。

エペルネは森林資源に恵まれ、18世紀中盤までは木骨を露出させその隙間を漆喰等で塗り込めたハーフ・ティンバー[35]の建物も多く見られた。しかし、同世紀後半以降はマルヌ河やマルヌ運河を通じて運搬された石灰岩の組積造建築や、それを貼材として使用し、さらに煉瓦を利用した建築が圧倒的となった。これがエペルネのメゾンのヴァナキュラー（土着的）な意匠である［図12］。

図12 レンガの風合いを活用したシャトー・ペリエは歴史的モニュメントに指定されている

さらに、ミネラルな前庭に加え、ヴェジェタルな庭園が設け

図13 モエ・エ・シャンドン社のオランジェリー（接待用温室）のフランス式庭園

られている場合も多い。それらは街路から見える場合にはフランス式、メゾンの建築より奥にある場合はイギリス式になっており、それらの保全も重要な課題である［図13］。

3-3-2 ローカルな建築的・都市的文化財

様式や意匠の点で顕著ではないが、地域にとって重要な価値を有する建築的・都市的文化財としては、メセナに関わるもの、集落に関わるもの、そしてオブジェ的なものがある。

A. メセナに関わるもの

メセナに関わるものは、博愛主義的経営者の慈善によるものである。メゾンが贅を競って社屋を建設していた19世紀後半から20世紀前半は、フランス全体で博愛主義的な企業経営者による労働環境の改善が試行され、公共も低所得者向けの公営住宅整備に乗り出した。ランスでも1912年に低家賃住宅（HBM）会社が設立され、第一次世界大戦後にサン・ニケー

第5章　シャンパーニュの丘陵・メゾン・酒蔵　157

ズ丘陵直近の土地にシュマン・ヴェール庭園都市が建設された[図14]。社会博物館[36]会長のジャン・リスレーの推薦で設計を担当したのは建築家・ジャン＝マルセル・オービュルタンで、フランス都市計画協会(SFU)の共同創設者でもあった。

図14 シュマン・ヴェールを直訳すると緑道で、その名の通り緑豊かな計画型低層住宅地である

ランスにせよエペルネにせよ、第一次世界大戦の戦災都市で、再建に当たっては当時流行していた幾何学的なアール・デコの影響を強く受けたし、さらに後には古典的構成を堅持しつつも機能主義を主体とする建築の近代運動の影響も見られる。シュマン・ヴェール庭園都市のサン・ニケーズ教会の装飾は1920年代のアール・デコ装飾の典型で歴史的モニュメント(MH)に指定されている。

B. 集落に関わるもの

集落に関わるものとして、農村の街並みがある。歴史的丘陵の村落では、基本的に短冊状の敷地に共有壁で隣家と接した2階建ての建物が街並みを形成する。屋根勾配、ファサードの装飾や仕上げ、あるいは若干の壁面後退が、統一感を紊乱しない程度の多様性の機微を付与している。また、街路は狭隘なものが大半で植栽を施すことが不可能なので、遠景のブドウ畑に対して乾いたミネラルな印象となる。一般的な住宅や建物では屋根は瓦葺きだが、教会や市庁舎、豪商の邸宅等のそれはスレート葺きで、修復の際に注意を要する[37]。また、壁面も一般的には漆喰塗りだが、石灰岩や白亜岩のものもある。

集落の中で醸造施設を探すのは容易で、観音開きの門扉を探せば良い。かつては馬車で摘み立てのブドウをいち早く圧搾所に運搬した。門は馬車の通過ができる幅が必要で、必然的に人の出入り専用のそれとは規模が異なった。それが村落の街路景観から読み取れる[38]。

もっとも、圧搾は摘果後なるべく時間を置かずに実施するのが望ましいため、ブドウ畑

図15 自然景観のただ中に人工的要素が調和的に存在する

の直近に圧搾所を建設した造り手もある。オーヴィレールのサント・エレーヌ圧搾所はその代表で、モエ・エ・シャンドン社の施設である［図15］。これは、自然景観の中の顕著な建築景観である。

C. オブジェ的なもの

オブジェ的な景観要素として、顕著な建築的価値は有さないが、カドル（cadole）と呼ばれるヴァナキュラーな空積み工法の休憩・物置小屋[39]や、歴史的に古いものばかりとは限らないが上級畑の脇に設置された著名メゾンの銘票石[40]も、自然景観の中景や近景に於ける特徴的景観要素である［図16］。また、都市景観としては、上述のような集落の中の圧搾施設[41]や、当地ならではのストリート・ファーニチャとして、古い圧搾機が公共空間に飾られて地域の記憶の縁（よすが）とされているものもある。

図16 畑の傍らの銘票石も近景の重要な景観要素となる

3-4 現代建築の覚醒

シャンパン・メゾンの建築は複雑である。農家にして工場で、住宅にして商店でもある。機能性が不可欠である同時に、シャトー建築に見られる贅を尽くした意匠や装飾も要請される。とりわけ1820年頃からシャンパン製造の産業革命が進んだが、実用一点張りではなく美装もなされた生産施設が建設された[42]。また、19世紀後半になり、シャンパン製造の工業性の高まりや様式建築の爛熟を迎えると、メゾンを専門とする建築家が出現する。著名なのがアルフォンス・ゴセとウジェーヌ・コルディエである[43]。

ただ、ボルドーと異なり、現代のシャンパーニュは著名建築家への施設デザインの依頼という発想はほとんど見られなかった。しかし、21世紀に入り、それが変化してきた[44]。著名建築家としては、ジャン＝ミッシェル・ヴィルモットがロラン・ペリエ社の混合用ワインを製造する「偉大な世紀の醸造所」のデザインをしている。

他方、地元出身でシャンパン・メゾンの建築を専門にする者も出てきた。

エペルネの建築家・ヴァンサン・フィエルフォールはビルカール・サルモン社の醸造所と熟成庫、そしてユニオン・シャンパーニュ協同組合醸造所を設計した。また、ランス在住のジョヴァンニ・パーチェは、2000年頃からシャンパンの建築家として名声を確立しつつある。マイイ・シャンパーニュ協同組合の酒蔵と熟成庫やジャニソン・エ・フィス社のメゾンの

第5章 シャンパーニュの丘陵・メゾン・酒蔵　159

他、オワリーのモエ・エ・シャンドン社の酒蔵と醸造所を設計している。エペルネのルクレール・ブリアン社の熟成庫も彼の作品である。

4. 地底の世界遺産

4-1 洞窟探検と利き酒

シャンパン生産に関わるワインスケープで特徴的なのは、地上からは不可視の空間が重要なことと、これまでの銘醸地の世界遺産と異なり、その工業性が強調されている点である。

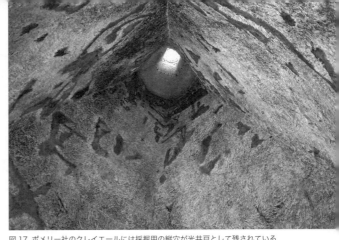

図17 ポメリー社のクレイエールには採掘用の縦穴が光井戸として残されている

また、その不可視の空間自体、同地の建造物の構築に関係し、シャンパン産業成立以降はその事業に貢献したのだから、工業性という特徴と通分すると、シャンパーニュは不可視の空間から生まれ出た広大な産業遺産で、しかも現業性を有するそれとなる。さらに、その巨大産業は国際的マーケティングを駆使すべく、様々な広告媒体も育成してきた。それは、インダストリアル・アートやメディア・アートの先駆とも言える。

不可視の空間とは、クレイエールと呼ばれる洞窟である。ランスはローマ時代から都市開発がなされてきたが、建設石材は地元で掘り出された白亜岩で、仏語でクレイ (craie) と言う。クレイエール (crayère) とはその採掘坑で、考古学研究に拠れば、ランスのサン・ニケーズ丘陵から掘り出されたクレイは30万立法メートルに及ぶ[45][図17]。

対して、エペルネにはクレイエールはない。そこにある不可視の空間は、シャンパンの貯蔵目的でわざわざ掘られたものである。

いずれにせよ、これらは他の銘醸地にはないワイン観光の重要な資源でもある。客は、洞窟探検と利き酒を同時に経験できる。エペルネのメルシエ社では、余りに地下坑が長大に過ぎてミニ・トレインで回遊させるので子供受けもする。また、造り手が拡散して所在するボルドーやブルゴーニュと異なり、ランスであればサン・ニケーズ丘陵、エペルネであればシャンパーニュ大通りに多くの著名メゾンが集中しているので、はしご酒感覚で洞窟探検的な酒蔵探訪を楽しめる。

4-2 適業適所の都市開発

洞窟は美食の里で、ワインと並んでフランスを代表する食品であるチーズも、日照のない湿った洞窟に起源を有するものが多い。ロックフォールは、カマンベールと並んでフランス・チーズの代表格で、青カビを採取して繁殖させる洞窟は、地域屈指の観光地にもなっている[46]。

クレイエールも、シャンパンの醸造や保管に適した温湿度を自然に享受できるため、機械空調の発明以前から使われてきた。ただ、地下での労働環境は劣悪だった。その改善に大きく貢献したのは1880年頃からの電気の使用で、運搬にエレヴェータが整備されたこともある。これは、シャンパン産業の興隆と期を一にする。

　グランド・メゾンの誕生は18世紀に遡るが、現在のルイナール社を興したニコラ・ルイナール（1697〜1769年）は、その先駆者にして象徴的存在である。同社がランスに移転した1768年に目を付けたのが、サン・ニケーズ丘陵であった。

　この地は、ランスにシャンパン産業が興らなければ、誰も目を向けない番外地であった。18世紀になっても城壁外で市街化されず、かといって斜面地なので一般的畑作には向かない。ここに目を付けたルイナールは慧眼であった。市外なので地価はなきに等しく、斜面地はむしろブドウ栽培に適し、ランスから他都市に向かう街道筋にある。何よりローマ時代からクレイエールが数多くあるので、それらを活用した醸造施設や貯蔵庫の設置が容易である。適材適所ならぬ適業適所と言える。

　また、番外地ゆえに開発の余地が多く残り、ボトル製造業者等の関連産業が集約的に立地する余裕があった。パイパー・エドシックの工業団地は、このようなシャンパン関連業者をまとめた最初の事例である[47]。かくして約250年に亘ってシャンパン産業を主軸として開発されたのが、現在のサン・ニケーズ丘陵なのである。

図18　シャルル・エドシック社のクレイエールにはシャンパン・ボトル型の断面を有するものがある

4-3　サッカー場280面の地下空間

　クレイエールの全貌は未だ明らかになっていない。世界遺産申請書類では、地下蔵は件数にしてシャンパーニュ全体で370件とされる[48]。しかし、記録に残らずに塞がれた地下坑が数多くあり、また、企業によっては固定資産税の関係か、全容不明としているものもある。最大値を取ると、サン・ニケーズ丘陵には約600のクレイエールがあり、総延長は約100キロメートル、総面積は約200ヘクタールになる。面積的にはワールドカップ標準のサッカー場の約280面に相当する。また、それらは57キロメートルのギャラリーで連結されており、各業者が解錠すれば、多くは相互に回遊可能になる[49]。

第5章　シャンパーニュの丘陵・メゾン・酒蔵　　161

クレイエールを地域の遺産と見る視点は旧い。ルイナール社のクレイエールとエッソールは合計24件で、1931年に指定景勝地になっている[50]。景勝地制度の成立は1930年だから、至って初期の指定案件である。ただ、シャンパン文化財としてではなく、あくまでローマ時代の採石坑跡という考古学遺跡としてであった。そこからは約3,000立法メートルの白亜岩が採掘されランスの建設物に利用されたと推定されている[51]。全長は約8キロメートルで、ポメリー社やシャルル・エドシック社のそれともつながっている。

　ポメリー社のクレイエールは100件あり、全長は約18キロメートル、総面積は約15ヘクタールとされる[52]。一部には、ランス大聖堂の身廊の高さ32メートルを上回る天井高35メートルのクレイエールもある。また、同じくルイナール社のクレイエールとつながっているシャルル・エドシック社のそれには、断面がシャンパンのボトルの形のものがあり、今次世界遺産登録申請でもその写真が広範に活用された［図18］。

４-4 戦争遺産としてのクレイエール

　現在、人が立入り可能なクレイエールの内、最大規模を擁するのがヴーヴ・クリコ社のそれで、面積約24万平方メートル、全長約24キロメートルのギャラリーを有し、エッソールの数は300基にのぼる。

　サン・ニケーズ丘陵だけで約1億5,000万本のシャンパンがストックされていると言われるが、エペルネにも地下蔵がある。シャンパーニュ大通りの全長74キロメートルの地下坑がそれで、クレイエールではなく、各メゾンが主に18世紀以降に掘ったものである。それらはネットワーク化されていて、所有者が解錠すればほとんどの坑から麓の鉄道駅に出られる。

　地下坑の長さはメゾンの生産量に比例しており、最長といわれるモエ・エ・シャンドン社の地下蔵は約28キロメートルで、最短でもブドウ農組合のそれが1.8キロメートルである。メルシエ社の地下蔵は約24キロメートルだが、掘削が始まったのが1871年で、42,525平方メートルを掘るのに6年かかったという。同社の地下蔵には輸出先の都市名が付けられており、最長の「北京のギャラリー」は長さ1キロメートルを超える。

　歴史的丘陵の地下蔵には2種類あり、旧家の食物貯蔵庫型と、シャンパン生産者が掘削した酒蔵型である。ただ、この地域の白亜岩は軟質で地下蔵は発達しなかった。

　ところで、クレイエールや地下蔵の重要性は、建築学や考古学だけではなく、歴史学も証明する。エペルネは1870年から1872年にかけてプロシャ軍に占領されたが、モエ・エ・シャンドン社の地下蔵壁面には、1872年のその撤退を喜ぶ落書きが残っている[53]。

　二度の大戦時に、軍事用や民生用に使用された歴史もある。ヴーヴ・クリコ社のクレイエールには、第一次世界大戦時に病院として使用され、壁面には赤十字の刻印が残っている[54]。ポメリー社のそれは学校、クリュッグ社のそれは礼拝堂に転用され、ロデール社のそれではオペラの慰問上演もされた。それらには、ドイツ軍の侵攻状況を伝えたり、それを罵倒する落書きが数多く残っている。クレイエールは、かくなる歴史を負う戦争遺産でもある。

5. シャンパン産業遺産

5-1 工場の煙とシャンパン

ワイン産業の一般的イメージは、農業と醸造業に、それをマーケティングするサーヴィス業が加わるというものであろう。少なくとも、醸造施設を工場と呼ぶことはなく、従って、シャンパンを工業製品と呼ぶことには違和感がある。

このことに関し、郷土建築史家・グラシア・ドレル＝フェレは、以下の理由から、紛れもなくシャンパンは工業製品として生産され、そのメゾンは工場として着想されたとする[55]：

- 機械を介した一連の流れ作業で大量の産品が生産されていること；
- 19世紀の著名シャンパン・メゾンがワイン業界としても至って初期の段階で使い始めた広告を見ても、工場から蒸気機関の煙突が屹立し、そこから煙がたなびいている様子が誇らしげに表象されていること；
- ポメリー社のポメリー夫人自身が、自社を工場と呼んでいること。

このような視点は、同時代に於いてなされていただけではない。シャンパンに関連する歴史的環境を産業遺産として捉える視点も、フランスの産業遺産研究史の中で早期に萌芽している。つまり、シャンパン産業は、鉄鋼業や造船業と同じ平面で考察され、建設当時は無論、歴史学もそれを工業の一分野と見なしていた。

例えば、シャンパーニュの文化財に関し、1986年に『歴史的モニュメント』誌が「シャンパーニュ・アルデンヌ」特集を組んだが、メゾンが産業遺産として捉えられ、さらにボトルやコルク栓といった関連工業への関心も明確に示されている。他方、雑誌の性格、さらには時代にも起因するが、ブドウ畑の景観への関心は稀薄であった[56]。

ここでは、かくして着手された研究がある程度のまとまりと深化を見せた、2000年代の画期となる成果を2点提示しておく。ひとつは、フルミ＝トレロン地域エコミュージアムが2000年に『シャンパン用ガラス器−シャンパーニュの2000年』と題して開催した展覧会で、もうひとつは、上述のドレル＝フェレが会長を務めるシャンパーニュ・アルデンヌ産業遺産協会 (APIC) が「シャンパーニュ・アルデンヌ地方の産業遺産と農業・食糧遺産」と題して2000年から着手した研究である。

フルミ＝トレロン地域エコミュージアムの展覧会は、シャンパン生産が醸造テクニックだけではなく、ボトルやコルク栓の製造技術といった関連技術の発展なしには成立不可能であったことを示す。シャンパンは瓶内二次発酵で生じた二酸化炭素を発泡させる。つまり、一般的なボトルに比較して高圧に耐える瓶が必要になる。そのため、ボトルの歴史は、技術史的アプローチでも研究できる。

5-2 イギリスの醸造テクニックとガラス技術

補糖によりワインが発泡することを確固として発見したのはイギリス人で、1660年頃のことである。ワインの発泡現象自体は古代より既知だったが、それを恒常的に可能にする手法が確立されたのがこの時代であった。そのテクニックがフランスに逆輸入され、発泡

第5章　シャンパーニュの丘陵・メゾン・酒蔵　163

性ワインの安定的製造が可能になる[57]。

　しかし、醸造技術だけではシャンパンはできない。内圧の上昇に耐える堅固なボトルが必要である。フルミ＝トレロン地域エコミュージアムの展覧会は、ボトルを初めとするガラス技術の文化財的資質を学術的に提示した[58]。

　イギリスはこの時代に石炭炉を用いて硬度の高いガラスを生産する技術を有し、当時盛んに輸入していたボルドーやポルトのワインの長期保存に適したボトルの開発がなされていた。ボトルの製造革新もまた、フランスに逆輸入されてシャンパンの基礎が構築された[59]。

　上記展覧会は、その後の変遷にも詳しい。1878年段階だと、ボルドー・ワインのボトルが平均15フランであったのに対し、シャンパン・ボトルは20-30フランした。また、堅固さと重さが反比例する問題も解く必要がある。初期のボトルは960グラムだが割れ易かった。1900年頃に堅固になったが重くなり1,200グラムとなる。鉄道輸送が可能にした重さである。対して、トラック輸送の時代には軽量化が必須になる。1950年から1960年頃は960グラム、2000年頃で900グラム　現在は835グラムと、現在でも強いが軽いボトルの開発が続いている。

5-3 カタロニアのコルク技術と軽快な抜栓音

　ワインにはコルク栓が必須だが、これも英国の発明である。英国人は、ポルトガルとの貿易によってコルク栓の優秀性も発見していた。ただ、シャンパン製造で活用されたのはカタロニア産のそれであった。

　カタロニアのジローナ周辺のコルク栓がなければ発泡性ワインは成立しなかったにも関わらず、同地の貢献は知られていない。パラフリュージェル地方のカタロニア人のコルク生産者や栓製造業者がランスやエペルネに移住してそれらを製造し、逆に、シャンパーニュ人がバルセロナ南方のサン・サドゥルニ・ダノヤ地域に移住してシャンパーニュ方式による発泡性ワインのメゾンを創設した歴史である[60]。因みに、同地方では1872年にホセ・ラベントスがシャンパーニュ方式での発泡性ワインの生産に成功しており、これが今日でも飲まれ、シャンパンの強敵となるカヴァの原型である。

　ともあれ、コルク技術がフランスに渡り、抜栓時の軽快で心地良い響き産み出すコルクの形状も含め、探求が重ねられた末に現在の形式に到っている[61]。

　切りがないが、これでもシャンパンは商品にならない。単にコルク栓をしただけでは、揺れて内圧が高まると自然抜栓する。つまり、瓶口にコルクを留め置く針金が必要で、ボトルの側もコルク栓の側も、それに対応した凸凹を持つ形状に改善しなければならない。

　アドルフ・ジャクソン（1800〜1876年）はシャンパン仲買人であると同時に発明家で、シャンパン製造に関する様々な特許取得で知られる。打栓機や瓶洗浄機といった当時の最新技術を使った機械類は無論、コルク栓を瓶に留めるミュズレと呼ばれる針金形状や、ミュズレの張力でコルクを傷めないために頂部に載せるカプシュルといわれる王冠といった、現在でも使われるアイデアを発明した[62]。

164　第2編

さらに、シャンパンも通常の商品同様、ラベル印刷や梱包材製造等の関連産業が多岐に亘る。ランスのエドシック社の工業団地は前述したが、エペルネでも関連産業が集積した。例えば、1847年にシャンパンのコルク・ワイヤーを製造するルメール社がシャンパーニュ大通りに立地したのはその一例である。これらの工業集積は、ボルドーにもブルゴーニュにもない土地利用の特徴である。

⑤-4 イタリア起源のグラスとその美術工芸品への昇華

　シャンパーニュ地方は、発泡性ワイン用のブドウ栽培に向いた風土であるのみならず、技術的にもシャンパン生産のために形成されたのではないかと思わせる地の利がある。同地方近郊はガラス生産に好適な地質学的条件を満たしていたのである。東方のアルゴンヌ地域は、砂や炭酸カリウムといったガラス材料に加え、加熱材となる森林資源も豊富だった。英国からの技術輸入もあり、17世紀末に大量のボトルの製造が可能になったことで、1660年から1730年代にかけて、ボルドー、シャンパーニュ、そしてブルゴーニュで、いわゆる銘醸ワインの生産が飛躍的に発展した[63]。さらに1841年に着工され1866年に開通したエーヌ＝マルヌ運河を経由してフランス北部の石炭が供給可能になり、大量生産の条件も整備された[64]。このように、社会基盤整備と食文化の発展の間には多大な相関がある。無形遺産として美術史を保全するだけではなく、有形の構築物の保護も必要となる所以である。

　上記展覧会の図録も活用し、もうひとつのガラス器であるグラスを考えてみたい。というのも、シャンパンは、グラスという側面からも他の遺産との差別化が可能であるためである。

　シャンパン専用のグラスは、ヴェネチア人のジャン＝バチスト・マゾライが、17世紀に現在のオート・マルヌ県のリゾクールに工房を開設したこと生産が始まる[65]。つまり、シャンパンは、イギリスの醸造テクニック、カタロニアのコルク技術、そしてイタリアのグラス技芸による国際的産業遺産でもある。

　シャンパンに特異な祝祭性は、容器が単なる器ではなく、美術工芸品の高みに達することからも論述できる。エミール・ガレやルネ・ラリックといったガラス作家が、アール・ヌーヴォーやアール・デコといった芸術様式でグラスを装飾することになる[66]。また、この流れの下、ボトル自体もデザインの対象となった。嚆矢は、ガレが1902年にペリエ・ジュエ社の「ベル・エポック（良き時代）仕込み」のボトルにアール・ヌーヴォー調の花卉の絵柄を施したものである。ワインのラベルの意匠は多様だが、ボトル自体までデザインの対象とするのはシャンパーニュ特有と言えよう。

　シャンパーニュ地方では、かくなる技術史と文化史の研究が、2000年頃から公表され始めた。ただ、フルミ＝トレロン地域エコミュージアムの展覧会の図録には、フランス文化省博物館総監が序文を寄せているものの、世界遺産申請は全く言及されていない。この展覧会は、19世紀初頭から20世紀初頭にかけて著名メゾン向けのシャンパンのボトル生産を行ってきたトレロンのガラス工場が1977年に閉鎖され、それから四半世紀以上も過ぎ、さら

第5章　シャンパーニュの丘陵・メゾン・酒蔵　165

に二千年紀をシャンパンで祝うことも多いことから企画されたものであった[67]。そもそも、フルミもトレロンもノール・パ・ドゥ・カレ地方圏[68]に所在する基礎自治体で、今次の世界遺産考察区域には入っていない。

しかし、シャンパンの産業遺産史を丹念に辿った展覧会である。つまり、産業遺産という考察軸は、今次申請に際しての強弁ではなく、既に確固とした地域研究の課題であった。

6. メセナ遺産と流通基盤遺産

6-1 労働環境への着目

2000年代のもう一方の画期は、1997年に創設されたシャンパーニュ・アルデンヌ産業遺産協会が、2000年から同地方の産業遺産と農業・食糧遺産の研究に着手したことである[69]。そしてアルコールに特化した分科会として、2002年5月17-18日には「地下蔵と貯蔵庫の文化財−シャンパーニュ・アルデンヌ地方や他の地でのワインとアルコール」と題した研究会を開催した。先駆的にも、世界遺産登録運動が本格化する2007年から遡ること5年前に、その文化財的価値を論じ、さらに暫定リスト入りが2006年で正式に世界遺産登録されるのが2014年のイタリアの銘醸地・ピエモンテへの言及がなされる等、先見の明が看取される研究会である。

さらに興味深いのが、シュマン・ヴェール庭園都市の文化財的価値を早期に論じる等、産業遺産に付随する労働環境への着目もこの地方としては早期のものであることである。

2000年というと、前年にサン・テミリオンが世界遺産登録されたが、ワインスケープの主体はブドウ畑の景観であった。それが「産業遺産と農業・食糧遺産」という視点に立つことで、産業遺産は無論、労働環境にまで考察の視野が拡がった。博愛主義的経営者による労働環境の改善は、既に建築・都市計画分野のみならず産業史分野でも研究の蓄積があり、それが景観分野に流れ込んだ形になる。

また、それは同時に、労働者に対応した消費者への注目と、その消費者へ商品を届ける運搬手段への着眼というふたつ視野も啓くことにもなる。

前者を概説すると、シャンパンの安定的生産の背景に産業革命があるが、その安定的消費の背景にも産業遺産があるという入れ子構造である。産業革命の結果、中産階級が、かつては貴族にしか手の届かなかったシャンパンにも触手を伸ばし始める[70]。

後者はそれ自体が産業遺産としても語られるが、ここではシャンパンの流通基盤としての交通遺産という構造になる。運河や鉄道の建設とワイン産業の国際化や隆盛は不可分のはずである。

以下では、順番は逆になるが、流通基盤と労働環境に関して見てみたい。

6-2 舟運から鉄道へ

サン・ニケーズ丘陵の本格的開発が始まったのは18世紀中期である。同地にはシャロンヌ＝シャンパーニュ街道が通り、舟運基盤である運河との連絡も良いという好条件があっ

た。1842年から1855年には、エーヌ河をマルヌ河に連結させる工事も実施されている。

エペルネのシャンパーニュ大通りには18世紀頃からシャンパン生産者が立地し始めるが、パリからメッスを経てドイツに到る俗称「王の街道」へのアクセスが良かったためである。同街道は1721年に改良工事が施され、ここから発展が始まる。18世紀にはマルヌ河の舟運の力も大きく、シャンパーニュ大通りは舟運・陸運双方に対する連絡の良さ、さらには白亜質地盤で地下坑を掘削容易な利点もあり選好された。

かくして、サン・ニケーズ丘陵やシャンパーニュ大通りには、これ見よがしのメゾンの建築が軒を連ねることとなる。それを加速させたのが鉄道である。

図19 ドゥ＝カステランヌ社はメゾンには無用の時計塔を鉄道建築として建設させた

パリとシャンパーニュを結ぶ鉄道は1849年9月2日に開通した。まずはエペルネがその路線上に位置し、シャンパンの輸送が飛躍的に容易になった。3年後にはパリからストラスブールまでが完全につながり、ドイツへの販路が確立された。1854年6月4日にはエペルネ＝ランス間も開通し、シャンパーニュ地方内部でも人と物の往来が活発になる。

鉄道の開通でも舟運は衰退しない。20世紀前半まで石炭は化石燃料の代表であったが、その輸送に運河は役立ち続けた。さらにシャンパーニュでは、ボトル製造業者が、石炭だけではなく良質のガラス材料であるサン・ゴバンの砂を待ち受けるため、運河沿いに立地し続けた。

かくして、エペルネには、建築遺産なのか鉄道遺産なのか、産業遺産なのか、どれに位置付けて良いのか逡巡するモニュメントがある。1990年5月17日に歴史的モニュメント（MH）に登録されたドゥ＝カステランヌ社の建物である［図19］。これは、鉄道時代のシャンパン・メゾンの典型と言える。

同社は、陸運や舟運よりも鉄道輸送を考えて、シャンパーニュ大通りをやや外れた駅直近に建設されている。全長約9キロメートルの地下坑は、マルヌ河沿いの低地に敷設された鉄道の側に開口を有して商品の出納が容易な配置になっている。また、1903年から1904年にかけて塔が建設されたが、それは街道でも河川でもなく鉄道を利用してエペルネを来訪する人々に向けてデザインされている。設計者のマリウス・トゥドワールはパリ・リヨン駅の建築家でもあり、その塔に呼応するものをエペルネ駅直近に建設したという[71]。

第5章　シャンパーニュの丘陵・メゾン・酒蔵　167

6-3 ブドウ畑の景観の発明

今次登録された世界遺産は不動産文化財のみだが、シャンパーニュでは、メルシエ社やポメリー社の巨大な樽や、ドゥ＝カステランヌ社のラベル整理棚等の美術工芸品とも言える動産文化財の重要性も失念できない[72]。それについては、2012年から2013年にかけてランス美術館で開催された『発泡の芸術－シャンパーニュ！』展の図録に詳しい[73]。

図20 メルシエ社の大樽は今日ではワイン観光の重要な構成要素になっている

シャンパンは祝祭の酒で、人々は味と同時にイメージでそれを購入する。商人に対しては、シャンパーニュではメゾンの高雅さという建築的・都市的形象が活用された。他方で、消費者に対しては、シャンパーニュは広告に資源を投入する。媒体は新鮮かつ多岐に亘り、シャンパーニュの先端芸術に対する感応性の高さが象徴される。

メルシエ社は、広告利用のパイオニアであった。媒体は紙だけではない。現代のアドバルーンの濫觴として気球を使ったアドヴァタイジングや、イヴェント型プロモーションの嚆矢として24頭の牛に曳かせたボトル20万本相当の大樽を1889年のパリ国際万国博覧会に持ち込んだりした。これらの作品は、現代では重要な観光資源になっている[図20]。

シャンパンを消費するのは富裕層で、その審美眼にかなう芸術が必要とされた。19世紀後半からポスターがその役割の一端を担うが、表象されたのは決まって女神や美女である。

ところが、1890年にアンリオ社が発行したそれには、美女には美女だが、ブドウを丁寧に収穫する農婦が描かれている。それにより、同社の製品には手がかかっており、真正性があることを強調して他社との差別化を図った[74]。

この広告は、主題は農婦ではあるが、ブドウ畑の景観の発明の証拠でもある。景観が表象されるのは、それが美的なものとして審美化されたからである。現代アートに至らない時代、広告で醜いものをわざわざ描くことはない。

美術史家・アラン・ロジェは、「審美化 (artialisation)」という術語で、それまでは単なるオブジェであった物が、芸術作品として発明されるプロセスを明らかにした[75]。例えば、宗教画の中に出現した窓は、外部の景観が美と認識されたがために挿入されたのであり、これは景観の審美化に他ならない。それを援用すれば、シャンパーニュのブドウ畑の景観は、まさに広告と共に発明されたことになる。

6-4 労働者とオリンピック

シャンパンのボトル製造技術を完成させたのはシャルボノ社で、1870年代のことであっ

図21 シュマン・ヴェール庭園都市の保育所

た。創業者はポル・シャルボノとフィルマン・シャルボノという従兄弟の二名だが、フィルマンの息子・ジョルジュ（1865〜1933年）は、後世、アイ出身のガラス工芸家・ルネ・ラリックの後援で著名になる。

ただ、建築・都市計画を専門とする本書では、もうひとつのメセナである労働環境の改善を見ておこう。シャルボノは、労働者に対する博愛思想を住宅という形で表現したランス地方の先駆者なのである。

彼は1912年6月に「ランスの家」という社名の低家賃住宅（HBM）会社を、当時まだランス地方で盛んだった織物業の経営者達に加え、クリュッグ社のジョゼフ＝サミュエル・クリュッグ、さらには後にはルイーズ・ポメリー等と共に創設した。

第一次世界大戦後、ランスの家がサン・ニケーズ丘陵に建設したのがシュマン・ヴェール庭園都市である。構想自体は1912年に萌芽していたが、具体化するのは大戦で被ったシャンパーニュ地方の破壊が大きな理由である。また、ドイツに勝利したが、出生率低下で同国に対し経済や軍事での将来的劣勢が予想された時代でもある。そこで、多産促進のために余裕のある間取りの住宅や保育所の充実が図られた［図21］。1922年までに617戸が建設され、最大時には3,780人の人口を数えた[76]。

このように、関連工業の経営者達は労働者住宅を整備して優秀な働き手の確保を目論んだが、グランド・メゾンは同時に、病院や孤児院といった社会福祉施設を建設して名声を得ることも失念しなかった。そして、メセナはスポーツにも及ぶ。

今日シャンパーニュ公園と呼ばれる39ヘクタールのポメリー公園はその象徴である［図22］。ポメリー未亡人の孫・メルシオール・ドゥ＝ポリニャック侯爵（1880〜1950年）は、近代五輪の創設者であるピエール・ドゥ＝クーベルタン男爵の知

図22 公園の入口には銘票が立てられ、事績を顕彰すると同時に街歩きの道標になっている

己で、自身も国際オリンピック委員会の委員を務めた。

　彼は、オリンピックの復活という理想は無論、シャンパン関連の労働者の健康管理も目的とし、1911年にポメリー公園を同社の完全なメセナで創設した。

　本公園には後日譚があり1912年のストックホルム五輪でのフランス代表団の惨敗を受け、翌年、1913年10月13日にシャンパーニュ公園内にオリンピック選手強化機関・アテネ学院が共和国大統領により開校の運びとなる。

6-5　工業化に対する反省的メセナ

　メセナは、穿った見方をすると、迂遠だが企業の業績向上のために行われる。対して、生態学的な意味での環境改善等、消費者に見えにくいので実施に躊躇する社会貢献もある。ここでは、近年の事例になるが、工業化に対する反省的メセナを紹介しておきたい。

　ブドウ樹の剪定や摘果作業は、質の高いワインを造りたければ機械化は不可能である。対して、栽培時の工業化には可能なものがあり、農薬使用はその一例である。実際、無農薬営農は、人手の確保の困難な零細ブドウ農にとっては過酷な要求である。とはいえ、行き過ぎた工業化も忌避すべきであろう。そこでしばしば聞かれるのが、持続可能な農業という表現である。

　例えば、国際ブドウ農業・ワイン生産機構 (OIV) は2004年に「持続可能なワイン用ブドウ生産とワイン製造」を、以下のように定義している:

――――持続可能なワイン用ブドウ生産とワイン製造とは、ブドウ生産・加工システムの尺度での包括的アプローチで、それは産業構造と国土の経済的永続性、高品質生産物の獲得、精密なブドウ栽培への要求や環境と生産物の安全性ならびに消費者の健康に関するリスクの勘案、及び文化財的・歴史的・文化的・生態学的・景観的側面の価値向上を併せ持つ[77]。

　シャンパーニュ・ワイン職業横断委員会 (CIVC) は、既に2001年から、減薬型ブドウ栽培 (viticulture raisonnée) ではなく持続可能なブドウ栽培 (viticulture durable) という言葉を使っている。前者は、文字通り農薬の使用を抑制した農法のことで、主眼は栽培自体にある。対して、後者の目的は以下の4点とされている[78]:

- 自然環境、ブドウ栽培関連環境の生物多様性及び土質を保全する;
- 自然災害（土壌流失、地盤変動）を勘案し予防する;
- ブドウ栽培関連景観の美とイメージを保護する;
- 長期性、均衡の取れた発展、そしてテロワールの表現のみならずブドウ畑の将来的な自然保護に関する最大限の表現を可能にする。

　つまり、単なる農業から自然への包括的な働き掛けに舵を切っている。これはシャンパーニュのみならずフランスのブドウ栽培全般に拡張してゆく思想である。また、この業界は他にも、地下浸透水の水質管理に取り組む等しており、「水プラン2005-2015」では農薬汚染管理、「廃棄物ゼロ・プログラム2001-2012」では醸造過程での排水や副産物の管理を励行した[79]。

法で課されているわけではないので、やらずに済むことではあるが、かくなる見えにくい貢献もシャンパーニュのメセナの伝統の延長線上に位置付けられよう。

7. 景観問題

7-1 自然景観

以上の歴史の下に形成された文化的景観は、今日、いかなる問題に直面しているのか。前述の景観の構造と照応しながら概観しておきたい。

自然景観に関しては、基本的に問題が起きない。著名メゾンは特級畑のブドウを欲し、競争が起きてブドウの価格は1キログラム当たり6ユーロ以上になる。換算すると、著名メゾンにブドウを売却する畑は、1ヘクタール当たり5万から7万ユーロをもたらす。さらに換算すると、かかる畑の1ヘクタール当たりの地価は100万ユーロ台になる[80]。

表2は2006年の数値で至って旧い上、2008年のリーマン・ショック以前のものだが、それにしてもシャンパーニュのブドウ畑の地価の高さは抜群である[81]。

表2：フランスのワインの銘醸地の地価

2006	シャンパーニュ	アルザス	ブルゴーニュ	ボルドー	コニャック
ユーロ／ヘクタール	626,000	133,700	85,300	56,500	19,900

このように高収益の畑なので、ランス、エペルネ、あるいはアイではブドウ畑の所有権の移転はほとんど行われず、安定している[82]。

問題があるとすれば、そこに於ける添景に関してで、それも高い採算性に起因する。一方は、木立や並木、あるいはヴァナキュラーな工作物といったローカルな景勝の滅失で、他方は、営農施設の改悪等による醜景の発生である。

木立や並木を見る前に、歴史的丘陵の冠部に多い樹林地を概観すると、保存状態は良好である[83]。大部分は私有林だが、国立森林事務所（ONF）が営林や管理を受託することが多く、国が定める管理規則や計画への従属が必要となるで良好な保存が担保される。また、狩猟区の設定されているものは狩猟団体の管理下にあり、監視の目が行き届く。さらに、生態学的・動物相的・植物相的価値自然区域（ZNIEFF）や欧州連合が設定する精神規定・ナチューラ2000（Natura 2000）が設定されている箇所もある。森林とブドウ畑の境界は、どちらつかずの対応で荒れてしまいがちだが、これら保護が都市計画に組み込まれて有益なものとなるのは、サン・テミリオンと同様である。

従って、ある程度のまとまりのある森林は問題にならない。

問題なのは、私有の木立や並木で、合理化や増産のために伐採されることが少なくない。また、エッソールやカドルといったヴァナキュラーな工作物も破壊されがちである。建て替えられても、伝統的技術がないために陳腐な工業ブロックで組み立てられることがある。建築は建設許可や取り壊し許可の対象となるが、樹木や工作物はそれに該当しないため保全が難しい。従って、文化財保護や都市計画で保全を課し、歴史的環境監視建築家（ABF）が

第5章　シャンパーニュの丘陵・メゾン・酒蔵　171

こまめにチェックするしかない。

　また、シャンパーニュ地方の地面の色は白亜岩の白で、それがブドウ畑の緑とコントラストを形成するが、遠景では判別不可能なものの、コンクリートに変わってしまったところもある。また、アスファルト敷きになり遠景の美観が崩れた場所もある。公道であれば予算不足で舗装がなされないのに、私道だと効率性を理由にそれがなされてしまうジレンマである。

　営農施設の改悪は、ランス地方都市計画・発展・予測機構（AUDRR）が警告している。同機構は、ブドウ畑自体は都市化した場合の地価よりも高価なので開発の心配はないが、ワイン生産関連施設の扱いが要注意との警鐘を鳴らしている[84]。

7-2 都市景観

　都市景観の問題は、場合分けして考察する必要がある。

　まず、著名メゾンが構成する都市景観に関しては問題はない。そもそも、それらが市場評価の高い伝統的建築を破壊・改悪することは考えにくい。ただ、例えばサン・ニケーズ丘陵からランス大聖堂を望むパノラマのような、観光に関わる眺望景観は広域に拡がる。メゾンの私有資産のみでは制御不可能なので、別の地所の開発がそれを毀損する可能性がある。これは、都市計画による管理を必要とする。

　問題が起きがちなのは、自然景観との接線である郊外部である。とりわけ歴史的丘陵はランスからもエペルネからも近く、マルヌ河沿いの緩衝地帯に於ける都市スプロールは懸念材料になっている［図23］。また、シャンパーニュ大通りのような著名空間であれば衆目の監視も行き届くが、地方団体が施工する道路等の公共空間整備のように、コスト制約が厳格な改変行為がメゾンの周辺空間を毀損する可能性がある。これも、都市計画による管理を必要とする。

　クレイエールや地下蔵にも取り壊し問題が起きる。構造補強が必要なのに[85]、自然岩の内部に掘り進まれた地下蔵やクレイエールには確立された検証方法がない。そのため、自社使用は無論、公開となると懸念を抱く業者や利用者も少なくない。ランスには、クレイエールに限らず地下空隙による崩落危険性のある場所があるし、企業合併等で使用されなくなった生産施設やクレイエールがある。考古学的景勝地なのに、埋め戻しで滅失する可能性があるのである。

図23 マルヌ河北岸のブドウ畑へのスプロールが懸念される

7-3 スマート・スプロール思考の先駆者

　歴史的・地理的にはブドウ畑からもメゾンからも離れているが、心理的に空間としての一体感が存在している界隈で、開発の問題が起きている。例えば、エペルネと言った時、理性では全てがメゾンやブドウ畑ではないことは明らかだが、感性としてはシャンパンのイメージで満たされた空間を想起する。しかし、歴史都市・エペルネとて、スクラップ・アンド・ビルド型の近代都市計画を逃れられたわけではなかった[86]。

　ヴィーニュ・ブランシュ地区は、直訳すれば「白いブドウ園」地区となるが、実態は白い巨大団地群になってしまった。モン・ベルノン地区も、直訳すれば「ベルノン山岳」地区だが、治安問題を抱えるためにフランスで否定的機微で発語される巨大団地(grands ensembles)である[87][図24]。中心市街地南西部にあったサン・チボー界隈も、歴史的環境は時代遅れと処断された。1958年に不衛生街区に認定され、1960年代後半から1970年代にかけて取り壊された。これらの界隈の他、点的には1970年代にジェラール館や孤児院といった建築的に質の高い建物が取り壊された。

　そのことで、ようやく歴史的環境保全に関する意識が覚醒された。それには、1970年代という時代背景も作用して、古典主義建築を超えて19世紀の建築も包含された。

　興味深いのは、1976年のエペルネ市の土地占用プラン(POS)は、大規模集合住宅ではなく旧来の戸建て住宅地の形成の容認に回帰したことである。つまり、コンパクト・シティ(集約型都市構造)ではなく、スマート・スプロール(賢明な都市拡散)こそが収益性の高い農業地帯での都市形態のあり方であることを、この時代に既に理解していた。他方、1999年には市立メディアテークで『エペルネ－都市計画と公共建築の一世紀1810-1914』展が開催され、それが2003年の建築的・都市的・景観的文化財保護区域(ZPPAUP)に結実している。これは、むしろ、コンパクト・シティの美名の下に中心市街地が開発されることを抑制するものと解釈できる。

　まとめると、集約型都市構造の形成を理由に、歴史的資産を擁する中密度の中心市街地をさらに開発するのは愚策だし、収益性の高い農業を放棄させる形で郊外開発を抑制するのも下策であることを、エペルネは早々に気付いていた。

　ともあれ、自然景観にせよ都市景観にせよ、問題を起こしているのは建築や都市の開発である。サン・テミリオンでも見たが、ブドウ畑の近景は原産地統制呼称(AOC)制度で守られるし、シャンパーニュほどの収益性を有する畑を開発

図24 メルシエ社のブドウ畑の視界内に無機質な近代建築の団地が入り込む

する利益はない。従って、そこでの問題は、ローカルな歴史的添景の減失や、そこに闖入する建築の質である。また、市街地で問題を起こすのは建築や都市であることは言を待たない。

以上から、法的強制力のある制度と組織が必要になっていた。

8. 構成資産の管理

構成資産の内、648 ヘクタールが歴史的モニュメント制度 (MH) による景観管理領域、景勝地、あるいは建築・文化財活用区域 (AVAP) 等で保護されるか、される予定である。そもそも、AVAP の前身である ZPPAUP は AOC シャンパーニュ内では 3 件 (シャンパーニュ大通り、シャトー・チエリー、エソム・シュール・マルヌ) に過ぎず、構成資産及び緩衝地帯ではシャンパーニュ大通りの 1 件のみなので、優品保護は遅れていたと言って良い。

8-1 優品保護の現状と構想

歴史的丘陵では、構成資産内に 4 件 (指定 3 件・登録 1 件) の MH がある。構成資産は村落の市街化された部分と、地下坑のネットワークを勘案した周囲のブドウ畑に限定してある。緩衝地帯はブドウ畑への眺望景観 (低地から丘陵部の北斜面を見上げる景観) の保護のため、南低地の穀類畑を含む。村落の市街化された部分には、2016 年 3 月 30 日付で AVAP が創設された。オーヴィレールの東南斜面はシャンパン誕生の地として登録景勝地になっていたが、北斜面のブドウ畑全体が 2016 年 6 月 2 日付で指定景勝地に格上げになった [図25]。

サン・ニケーズ丘陵には構成資産内に 3 件 (指定 2 件・登録 1 件)、緩衝地帯内に 4 件 (指定 2 件・登録 2 件)、さらに双方の枠外だが周囲 500 メートルの景観制御領域が双方にかかる MH が 1 件あり、ほぼ全域が景観制御領域になっている。また、サン・ニケーズ丘陵公園とルイナール社のクレイエールが指定景勝地とされ、ポメリー社総体を MH でとして保護する計画がある。さらに、構成資産と緩衝地帯と合致する AVAP が 2016 年 11 月 14 日付で設定された。これは、域内の建設行為に関し、明文化した規則を提示することを目的とする。

シャンパーニュ大通りには構成資産内に 1 件 (登録)、緩衝地帯内に 4 件 (指定 1 件・登録 3 件) の MH があるが、構成資産と緩衝地帯では周囲 500 メートルの景観制御領域が設定されない。というのも、既にそれらの範囲に合致する ZPPAUP が創設され、域内での建設行為に関して明文化された規則を提示しているためである。また、構成資産内で 6 件の MH 化の構想がある。

図25 オーヴィレール修道院・教会と近隣のブドウ畑は最重要景観構成要素である

8-2 自然景観の保護

8-2-1 近景 ＝ AOC

サン・テミリオンと同様、シャンパーニュでも、AOC制度は景観管理の有効な手段として捉えられている[88]。AOCシャンパーニュの最新規定は2010年11月22日の第2010-1441号政令で公布された仕様書に記述され、一般的仕様書と同様、栽培、剪定、農法、収穫、収量、そして醸造やラベル表記の方法が決まっている。とりわけ詳細な栽培や剪定に関する規定は、ブドウ畑の近景を決定付ける。従って、近景が毀損される蓋然性はほとんどない。

ただ、AOC畑はランス市内にはサン・ニケーズ丘陵近辺に80.33ヘクタールしかなく、そもそもからして、同丘陵は都市的地域である[89]。AOCの被覆率が高いのは歴史的丘陵だが、サン・テミリオンのそれが概ね6割であったのに比較すると、比率は高いとは言えない。むしろ、緩衝地帯のそれの方が高い位である[表3]。

表3：歴史的丘陵のAOC被覆率（面積単位：ヘクタール）

	アイ	マルイユ・シュール・アイ	オーヴィレール	シャンピロン	キュミエール	ディジー	ミュティニー
基礎自治体面積	1,043	1,148	1,177	146	299	323	375
AOC面積	413.4	327.6	338	90.8	199.9	197.5	119.2
被覆率（%）	39.6	28.5	28.7	62.2	66.9	61.1	31.8

AOCには、直接的な剪定等の規定に加え、その監視権能にも景観管理機能がある。第2章で既述の通り、国立原産地統制呼称院（INAO）とAOC管理を担う地元組合は、都市計画や都市開発がAOC産品に悪影響を及ぼすと予想される場合、その中止を当局に提訴可能である。つまり、AOCには、間接的に醜景発生を抑止し、結果として中景や遠景を管理する能力もある。

ただ、それらを直接的かつ一義的に制御するのは、やはり文化財保護や都市計画の制度と言える。そこで、ブドウ畑に於ける醜景の発生抑止と、既に美景と認められた景観の保護を見ていきたい[表4]。

8-2-2 中景と遠景の醜景の発生の抑止

サン・テミリオンでは複数の村落が全国都市計画規則（RNU）しか有さないという不備があったが、シャンパーニュでは構成資産内の全基礎自治体が地域都市計画プラン（PLU）を有する。

まずは歴史的丘陵の3基礎自治体の都市計画を見てみよう。興味深いのは、一部のそれがブドウ畑に特化した用途地域を設定していることである。

オーヴィレールのPLUは2012年8月承認である。一般的に、PLU領域は都市区域（U）と自然区域（N）に二分され、それらが下位の用途地域に細分化されるが、本PLUにはAOCを

第5章　シャンパーニュの丘陵・メゾン・酒蔵　175

表4：シャンパン生産地の文化的景観保護のための計画技術

		歴史的丘陵	サン・ニケーズ丘陵	シャンパーニュ大通り
文化財保護	MH	構成資産内に4件（指定3件・登録1件）	構成資産内に3件（指定2件・登録1件）緩衝地帯内に4件（指定2件・登録2件）双方の枠外だが物件周囲500mの景観制御領域が双方にかかるMH1件。構成資産のほぼ全域が景観制御領域［構想］ポメリー社総体のMH保護	構成資産内に1件（登録）緩衝地帯内に4件（指定1件・登録3件）構成資産のほぼ全域が景観制御領域［構想］構成資産内で6件をMH化
	景勝地	ドン・ペリニオンのブドウ畑が登録景勝地だったが、世界遺産登録後に緩衝地帯を含み指定景勝地に格上げすることで見晴らし眺望景観を含め保全（2016年6月2日承認）	サン・ニケーズ丘陵公園とルイナール社のクレイエールが指定景勝地	なし
	ZPPAUP/AVAP	オーヴィレール／アイ／マルイユ・シュール・アイの集落に基礎自治体横断型AVAPを設定（2013年に調査に着手し、2016年3月30日に承認）	サン・ニケーズ丘陵AVAP（2013年5月13日に市議会が素案承認、2016年11月14日に同議会が最終案を承認）。さらに、2016年2月1日にランス市議会が2020年を完成目標としたSSの創設を議決	2003年8月1日の県条例でZPPAUP承認［予定］エペルネ都市圏の広域都市計画の改定に同期させたAVAPへの移行（2018年に承認予定だが内容に大幅な変更はなし）［構想］SS化
都市計画	PLU	各基礎自治体のPLUがブドウ畑に特化した特別用途地域を設定	ランス市PLUがメゾン・ブドウ畑・田園都市に特化した特別用途地域を設定。さらに眺望景観を保存	特に本案件に関連する規定はない
	SCOT	SCOTERによりブドウ畑の地下帯水層に関係する水質管理を規定	2007年12月3日承認のSCOT2Rが緩衝地帯を越えた郊外化を制御	SCOTERによりブドウ畑の地下帯水層に関係する水質管理を規定
PNR		構成資産を全面的に包含し、法的拘束力は有さないものの景観制御の指針を提示	関係せず	関係せず
景観憲章等		オーヴレールの建築的・都市的・景観的推奨ノートPNRのランス山岳景観憲章	ランス2020プロジェクト	空間整備憲章が都市計画事業を制御
		参画区域も含む全体にシャンパーニュ景観憲章を設定		
地下蔵等のハザード		マルヌ河沿いに、国の中央分権機関であるマルヌ県庁が策定した洪水危険防止プランがかけられ、それが土地利用計画を拘束	PLU及びAVAPで上部への建設を規制	［予定］国の出先であるマルヌ県庁が空隙崩落危険防止プランを策定中
参画区域		持続的空間整備・管理プログラム（AGIR）を策定パイロット・エリアの景観整備に対して補助金を支給		
屋外広告物		ワイン生産地の文化的景観に特化した屋外広告物規制は未設定。ただし、ランス市内では看板やショー・ウィンドーの他、テラス席の出し方に関するガイドラインを設定済み		
風力発電		世界遺産センターが高さ30メートル以上の風車や50キロワット／時以上の施設を構成資産内に設置しないことを推奨。そもそも、既に地方圏、マルヌ県、エーヌ県の各々が風力発電施設憲章を策定済みで、風力発電塔は構成資産内に建設不可能		

示す区域(A)が加わる。このA区域は世界遺産申請のために特別に創設された[90]。その内、大半はAv（vはブドウ畑vigne）地域が占める（318.7ヘクタール[91]）。また、他にAp地域（pは圧搾施設pressoir）があり、これはサント・エレーヌ圧搾所を点的に対象にする（0.67ヘクタール）。

Av／Ap地域の規則第9条と第10条は、営農施設の再建は災害後にしか許可されず、ヴォリュームや建蔽率は従前建物以下にすべきことを課している。

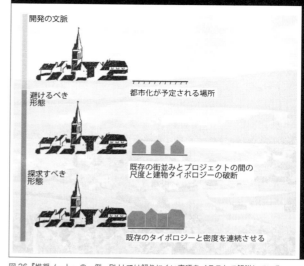

図26 『推奨ノート』の一例。PLUでは解りにくい事項をイラストで解説している

また、第11条は農地全般の建設物は景観に配慮すべきとする規制である[92]。ただ、「景観に配慮」という曖昧な規制では解りにくいので、PLU改定作業と併行して、ランス地方都市計画・発展・予測機構（AUDRR）、マルヌ県建築・文化財課（SDAP）、ランス山岳地方圏自然公園（PNR）の協力の下、『建築的・都市的・景観的推奨ノート』が策定されている[93]［図26］。

アイのPLUは2009年11月30日承認で、農業区域を示すA区域は、ブドウ畑地域(Av)、保全が望まれるエッソールを含むブドウ畑（地域Ava）、その他の畑作地域（Aa）を含む。これらは2009年改定で2001年の土地占用プラン（POS）のNC（25ヘクタール）全域とND（893.35ヘクタール）の約半分がA（それぞれAvは377.9、Avaは18.8、Aaは0.6ヘクタール）となったものである[94]。同PLUはさらに、中心市街地での建築的文化財の保全を推奨している。

マルイユ・シュール・アイのPLUは2010年3月3日承認で、農業区域のA区域にブドウ畑に特化したAv地域（323.18ヘクタール[95]）がある。いずれのブドウ畑に特化した用途地域に於いても、オーヴィレール同様、醜景の発生の抑止を目的として建築形態や意匠を制御する。

ところで、シャンパーニュの場合、他の銘醸地で問題化しがちな、造り手の案内表示や野立て広告を含む屋外広告物に関する言及は少ない[96]。アクセスに自動車が不可欠の歴史的丘陵でも見られそうなものだが、観光が著名メゾンの地下蔵見学と試飲に限られ、換言するとサン・ニケーズ丘陵とシャンパーニュ大通りにほぼ限定されるため、現時点では特別な規定の策定は予定されていない。

8-2-3 農地へのパノラマ景の制御

歴史的丘陵では、構成資産は地下坑のネットワークを勘案したブドウ畑と村落に絞り込まれた。問題は、農業関連の文化的景観に特有の広大な農地へのパノラマ景となる。丘陵上部からマルヌ河を望む南斜面の俯瞰景や、同河沿いの低地から連続的に丘陵部を見上げる

見晴らし景である。その保護のため、緩衝地帯が南低地の穀類畑を含む形になっている。そこで、構成資産と緩衝地帯を跨ぐ形で新規に景勝地指定をかけ、一体的に管理する[97][図27]。そもそもオーヴィレールの東南斜面は登録景勝地だった。登録景勝地では、通常営農以外の目的のあらゆる建設・改造行為に対し歴史的環境監視建築家（ABF）の参考意見（avis simple）、破壊行為に対してABFの明示意見（avis conforme）が必要で、参考意見に従わない場合、緊急指定手続きの開始を担当大臣に提案可能である。

歴史的丘陵では、斜面のブドウ畑全体をさらに指定景勝地に変更する。対して村落の市街化部分はAVAPになる予定で、さらに上述の通り、ブドウ畑に特化した特別用途地域が設定されている。また、平野部の穀類畑等はPLUとランス山岳PNR憲章で管理する。

指定景勝地では、通常営農以外の目的のあらゆる改変に対し、ABFと景勝地監査官（inspecteur des sites）の明示意見が必要となる。景勝地には明文化された形態制御規則がないが、ドン・ペリニオン伝説の地の保全には歴史的物語性を理由に指定可能な同制度が適切だし、畑地の区画形質の変更は千差万別で、即地的に関係団体の意見を聴取しつつ許可を検討する方が合理的である。また、景勝地制度を使えば、取壊し許可制度を通じてエッソールやカドルの保全も課すことが可能になる。

ただ、申請者もABFも事前確定規則のない判断を迫られる。

その擦り合わせ措置が、ランス山岳PNR事務所の策定した『ランス山岳−傑出したワインのための優美な景観』と題された憲章である[98]。策定主体からして本憲章に法的拘束力がなく、内容も概要記述による方針提示に留まる。しかし、無を起点とした議論ではなく、具体を基にした意見交換の基盤として有用である。実際、内容は「土留め壁・ブドウ畑間の空間・道路脇傾斜面の整備・維持」「用水整備・水利整備」「ブドウ畑区画整備」「道路・農道関

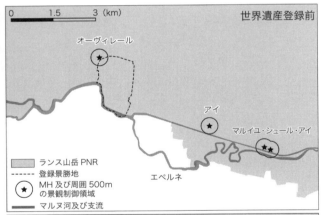

図27 見晴らし型眺望景観保護も含めた歴史的丘陵の保全措置

連の路面・施設整備」「大規模建物・住宅整備及びブドウ畑と都市の遷移」と具体的になっている[図28]。

同公園事務所は、視覚的影響の大きい大規模建設物に関する指針も策定しており[99]、これらが上述の景観憲章の基礎となった。

ところで、シャンパーニュには一地方では解決不可能な遠景阻害要素がある。ノジャン・シュール・セーヌにある原子力

集落のコンパクトなシルエットを保全し、都市スプロールを忌避する

避けるべき配置とファサードの基本スキーム　　探求すべき配置とファサードの基本スキーム
幹線道路沿いへの建設物の都市スプロール　　集落の端部の既存環境に接合した建設物

ミュティニーの集落のシルエット

ミュティニーの集落のシルエットの望ましい再構成例

図28 簡単なイラストでも申請者側にも審査側にもメリットがある

発電所がそれで、緩衝地帯のさらに外部だが、構成資産のブドウ畑から遠望可能なものである[100]。また、再生可能エネルギー利用推進を理由に風力発電施設が建設される可能性もある。当然ながら風力発電塔は構成資産内に建設されることはない[101]。しかし、原子力発電所同様、緩衝地帯の外部だが構成資産から可視のものは建設され得る。そこで、シャンパーニュ・アルデンヌ地方圏、マルヌ県、エーヌ県の各々が周辺景観と調和した風力発電施設のあり方を定める憲章を策定している[102]。

8-3 都市の美観の保護

8-3-1 戦災都市と歴史的モニュメント

17世紀から18世紀にかけてのランスは、羊毛加工ではフランス随一の都市で、フランス重商主義を主導したコルベールも同市の出身である。従って、文化遺産も多く残っていそうなものだが、ランスには保全地区 (SS) もなければ建築的・都市的・景観的文化財保護区域 (ZPPAUP) もなかった。エペルネも同様である。というのも、双方とも戦災都市だからである。

とりわけ第一次世界大戦は、シャンパーニュ地方に深い爪痕を残した。ランス大聖堂も屋根が焼け落ちた。その修復は、ロックフェラー財団のメセナに拠るもので、大戦後、シャンパンが、イギリスやロシアではなくアメリカという市場を手に入れたことを傍証する。しかし、かくなる象徴的物件は例外で、シャンパン・メゾンのような私有物件は自力での再建が必要であった。

エペルネも同様である。大戦中に695発の空襲による爆弾と約1,800発の砲弾が降り注ぎ、多くのメゾンが破壊された[103]。そのこともあり、指定や登録を受けた文化財は少ない。因みに、シャンパーニュ大通りという街路名称は1925年2月27日のエペルネ市議会での議決によるもので、復興への意思表明と言えよう。

　確かに、前述の通り、ルイナール社のクレイエールは1931年9月11日に指定景勝地になっているし、サン・ニケーズ丘陵自体も1935年2月28日に景勝地に指定されている。ただ、これらの指定論理は、ローマ時代の遺跡保護というものである。

　その他の物件も、保護は低調で、しかも1980年代になってようやくそれは着手される。

8-3-2 1980年代の保護

　オーヴィレール修道院はドン・ペリニオン伝説の舞台で、それを理由に疾うに保護の網が掛かっていても良さそうなものだが、指定されたのは、1983年6月27日に過ぎない。しかも、シャンパン文化財と言うよりも、建設年代が多岐に亘り、ロマネスク、ゴシック、そしてフランボワイアンの三様式が併存することが理由とされた。既述の通り、エペルネではドゥ=カステランヌ社の塔が1990年5月17日に歴史的モニュメント(MH)に登録されている。ここでも、登録理由は、シャンパン文化財と言うよりも鉄道遺産という論理である。

　その他には、ランスのマム社(現ジャカール社)礼拝堂が1992年6月8日に登録されている。これは、1939年から1973年という長期に亘り同社長を務めたルネ・ラルの庇護の下、1965年から1966年にかけて建設された藤田嗣治の礼拝堂として知られる。登録理由は、あくまで藤田の芸術作品としての価値による。同社酒庫も1997年11月3日に登録されたが、理由はモザイクの秀逸性であった。

　シャンパン生産に特化した文化財の保護の開始はシャンパーニュ公園で、2004年9月6日の登録である。エペルネでは世界遺産登録推進運動が始まってようやく2012年6月26日にエペルネ市役所(旧モエ邸)が登録された。エペルネのフォール・シャブロルは、直訳するとシャブロル要塞だが、かつての市外の要衝に建設されたことから要塞の名が付けられただけで、実際はブドウ畑を前面庭園としたモエ・エ・シャンドン社のメセナの建築物である。1900年竣工のこの建物が登録されるのも、2012年12月6日に過ぎない。

8-3-3 建築的・都市的・景観的文化財保護区域(ZPPAUP)の活用による街路景観の保護

　シャンパーニュ大通りは2003年にZPPAUPになっており、世界遺産登録運動前に、優品の街路景観の保護が着手されていた。

　同区域の創設には、高度成長期に多くの文化財を破壊してしまった反省があった。シャンパーニュ大通りを歩いて見ると、秀逸な建築のメゾンが多数存在する一方、戦後に建設された安普請で意匠的にも工夫がない建物が散見される。本ZPPAUPは、それらへの自戒の念に端を発する。

　同区域は、今次世界遺産申請の構成資産及び緩衝地帯と完全に重なる。ZPPAUPや後継

の建築・文化財活用区域（AVAP）内の建設許可は、ABFの文化財的な検証の他、地域都市計画プラン（PLU）への合致を市により審査される。とりわけシャンパーニュ大通りにかかるZPPAUPのB地区は構成資産に対応し、ヴォリューム、意匠、装飾、材料等が、建物のみならず界隈に特徴的な鉄柵や門扉等に関しても規則が定められている。これは、前述した通りの景観の構造に完璧に応答している。

なお、2010年7月12日のグルネル第2法施行前に承認済みのZPPAUPは、同法施行後も失効しないが、5年以内のAVAP移行が課されていた。エペルネ市議会は2013年5月13日に移行手続きを議決したが、同年にエペルネ都市圏広域一貫スキーム（SCOTER）改定が着手されて2016年承認予定であった。しかし、2018年2月現在、それに至っていない。

そのため、従属するPLUや統合されるAVAPも特例的に承認を待っている。ただ、新AVAPの内容はZPPAUPの微修正に留まる。なお、シャンパーニュ大通りに関しては保全地区（SS）化も検討されている[104]。

エペルネ市は2012年に「芸術・歴史の都市・郷土（VPAH）」全国委員会に立候補を届け出たが、現時点では加盟は成功していない。対して、ランスは1988年から加盟している。

8-3-4 公共空間整備とトゥール・ドゥ・フランス

エペルネ市はZPPAUP創設に併行してファサード洗い出し色彩憲章を策定し、その規則に準拠した事業に対し4,573.47ユーロを上限に費用の20％を助成してきた[105]。2003年の県条例でのZPPAUP承認から施行10周年の2013年までに、33万5,000ユーロが投じられ、市中心部での180件のファサード洗浄が完了している。また、文化財財団の協力で複数の修復案件に関して認定証の添付がされた。

エペルネ市は同様に、効果の可視化に時間がかかるZAPPUPに対し、短期間で成果が顕現する公共空間整備を併行させた。シャンパーニュ大通りでは、歩道拡幅や照明新設等を含む整備が完了している[106]。これはZPPAUP等の規制を遵守しつつ世界遺産申請を視野に入れた事業である。

設計は、建築設計がベルナール・アルタベゴワティとアニック・バイユ、ランドスケープ・デザインがアトリエ・ペイザージュ・エ・リュミエール、照明がジョエル・ベルトンであった。2007年5月から2年工事して、2009年7月4日に竣工している。総工費は820万ユーロであった［図29］。

また、緩衝地帯でも市の空

図29 シャンパーニュ大通りは夜間景観にも配慮して都市デザインが進められた

間整備憲章に従って2009年から公共空間整備が進められている。

　ところで、シャンパーニュ大通りは2010年、2012年、2014年にトゥール・ドゥ・フランスの舞台になっている。世界遺産登録の推進のため、シャンパーニュにせよブルゴーニュにせよ、トゥール・ドゥ・フランスを活用している。カメラはレースの展開を捉える一方、アナウンサーは競技の実況と同時にその土地の歴史や風土を語る。

　ZPPAUPの設定、ファサードの洗い出し、そして公共空間整備なくしては、この広報事業も実を結ばなかったはずである。

8-3-5 サン・ニケーズ丘陵の段階的保全措置

　シャンパーニュ大通りと異なり、邸館型のメゾンが散逸的に所在するサン・ニケーズ丘陵の保全の考え方は、数段階になる。

　まず、醜景の発生防止である。

　ランス市のPLUは2008年2月に改定され2011年9月に修正された。本PLUは、構成資産及び緩衝地帯にUA（中心市街地）、UP（田園都市）、UV（シャンパーニュのメゾン）を指定している。UVのVはブドウ農業・ワイン醸造（viniviticole）のVで、ワインスケープに特化した特別用途地域である。同地域では、建物ファサードの開口部のリズム、材料、装飾、あるいはバルコニー等に関し、既存景観との調和なくして許可が下りない[107]。UP地域はシュマン・ヴェール庭園都市にかけられている。ここでも、既存景観の保全と醜景の発生防止が意図されている。

　本PLUは、眺望景観の中での醜景の発生抑止のための規制をかけているが、構成資産内に眺望点が2件設置されている。1件はサン・ニケーズ公園からサン・レミ聖堂への眺望だが、他方はポメリー社の敷地からランス大聖堂への遠景で、市民のみならずワイン観光客等の外来者を意識したものとなっている［図30］。

　次に、優品の保護である。具体的には、新規にAVAPを創設する。

　サン・ニケーズ丘陵のAVAPは2013年5月13日に市議会が素案を承認し、同年6月27日には地方圏文化財・景勝地審議会も承認の答申を出している。

　同AVAPはランス市のPLU改定と併行して作業が進められているが、本来双方共に2012年12月の市議会承認の予定であった。しかし、ランス都市圏が2013年に拡大するのに備えて改定作業を遅らせていたところ、市政が2014年4月に革新系から保守系に交代したこともあり、主にPLUの再考がなされた。世界遺産登録決定後の2015年9-10月にやっと公開意見聴取が済み、それを受けて微修正が行われ、2016年11月14日にようやく承認された。

　また、2016年にはランス市議会が保全地区（SS）の創設を議決しており、早ければ2020年に保全・活用プラン（PSMV）が策定される予定である。

　なお、同丘陵ではAVAPという規制措置だけではなく、サン・レミ聖堂前広場の整備という短期間で効果が可視化される事業も併置されている。また、「ランス2020プロジェクト」という都市デザイン計画による事業措置を活用して公共空間整備を進める。また、今後進展

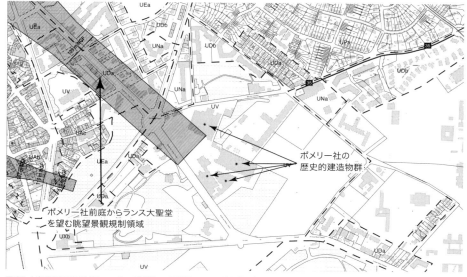

図 30 大半が UV 地区のサン・ニケーズ丘陵で、西北西のランス大聖堂に向けた眺望景観も保護されている

するであろうワイン観光に対し、既存の『テラス席憲章』や『看板・ショーウィンドー憲章』で、PLU や AVAP で一般的に対応が難しい問題を扱う。

8-3-6 地下空間の問題

シャンパン生産地の文化的景観で扱いが困難な資産は地下蔵である。観光に開放されている地下坑は大規模なものが多いが、現業に実用されているものの平均的断面は、高さ約２メートル、幅２-３メートルである。それらには４点の脅威がある[108]：

- 新たな保管技術への対応や労働法典が規定する労働環境の確保が困難；
- 企業合併や別の箇所への保管庫建設による不要化；
- 観光による負荷や公開に関する諸規定への適応が困難；
- 都市化による崩落の危険性。

考古学的アプローチで地下遺跡を保護する制度は既存である。例えば、景勝地制度で採石場跡や石窟を保護する先例があるので、同制度が有効とする論者もある。実際、サン・ニケーズ丘陵のルイナールのクレイエールの景勝地指定は、その考察の結果である[109]。しかし、景勝地制度は優品保護に限定され、生業の場としての地下空間を保全する方策には向かない。

外部から不可視で、内室と同一の法的性格を有する地下の不動産として定義し、それを保護する制度も考えられる。例えば、点的には MH、面的には SS だが[110]、上部に文化財的価値のある建物が必要となる。

他方、内部意匠保護を諦めれば都市計画文書を援用可能である。ZPPAUP や AVAP でも内

部を規制できないのは同様だが、文化財の存在が措定されない分、都市計画は融通が利く。例えば、土地利用規制により地下空隙の上部での建設行為を規制したり、他の地下坑を密度規制で制御する。都市計画文書は定期的にの改定・修正されるで、時間軸という点でも適時性の高い対応が期待できる[111]。

　事実、サン・ニケーズ丘陵では都市計画文書がクレイエールの大半を管理する。当面の課題は崩落対策で、構造補強が必要となる場合もある[112]。遺産の価値を毀損する可能性もあるが、埋め戻しよりは優れた保全手法と言えよう。ランスのPLUやサン・ニケーズ丘陵AVAPでは、崩落危険性がある場合は埋め戻しではなく構造補強で対応すべきことを述べている[113]。

　他方、歴史的丘陵やシャンパーニュ大通りの地下蔵は、総体としては何ら保護措置がかかっていない。同大通りに関しては、国の中央分権機関としてのマルヌ県が空隙崩落危険防止プランを作成中である。また、エペルネやアイなどのマルヌ河沿いの地帯には、国の中央分権機関である県が策定した洪水危険防止プラン（PRRI）がかけられ、それが土地利用計画を拘束する。これは、地上面の水害防止と同時に、地下坑の水没危険性への注意を喚起するためでもある。

　そもそも、世界遺産登録申請のため、シャンパーニュ全体の地下蔵・クレイエール調査が行われ、それがまとまれば全容が大部分明らかになる。それに特化した管理憲章を策定する計画もあるが、完成には至っていない[114]。

9. 管理組織、緩衝地帯制御、そして補完措置

　景観の管理を担当するのは、基本的に建設許可を主軸とした都市計画規制を司る地方団体と、文化財保護のためにそこに介入する文化省の中央分権機関である。これは、顕著な価値を有する建造物や景観の所在する空間であれば、いずこでも同様である。そこで、ここではそれらの機関ではなく、それらを含めた諸主体の協働促進組織と、それらと並んで管理の方針を提示する組織を検討する。

9-1 シャンパーニュ景観協会（APC）

9-1-1 業界団体による組織結成

　既述の通り、世界遺産登録運動は業界団体の発意で始まり、それが後にシャンパーニュ景観協会（APC）になる。APCは2008年1月21日に発足し、非営利社団（association）として同年3月8日の官報で告示された。最初に行ったのは、文化担当省及びエコロジー担当省に世界遺産の立候補を伝達することで、2008年2月のことである。

　APCは徐々に賛同者を増やし、以下の4種類の諸団体で構成されるに至った：
- 地方圏と県、さらに複数の中心的基礎自治体といった地方団体と、シャンパーニュ・ワイン職種横断委員会（CIVC）に代表される職能組合で構成される基礎団体；
- AOCシャンパーニュ内の基礎自治体やその共同体といった協力団体；
- 国立原産地統制呼称院（INAO）やランス山岳PNRといった法定諮問団体；

184　第2編

・理事会が承認した個人や法人による名誉団体。

現在、AOCシャンパーニュに含まれる319基礎自治体の内、約100が加盟している。年度により多少の増減はあるが、年間予算は平均約30万ユーロで、歳入は55％がCIVC、41％が自治体、2％が地方圏商工会議所、2％がメセナからとなっている。

フランスでは、経済的利害の絡む世界遺産申請に関しては、関連業界を軸にそれを試行することが通例化しつつあるが、ここでも同様の組織構築方法が取られた。ただ、CIVCはシャンパンの造り手の集合体で、文化財保護や都市計画は門外の団体である。しかし、APCではふたつの点でそれが克服されていた。

9-1-2 行政と都市計画の実務

一方は責任者の経歴である。会長は、自らもガティノワのブランド名でアイ村にメゾンを構えるピエール・シュヴァルで、妻の実家を継いでシャンパンの造り手になる前にパリ市役所に勤務したことがあった。その際の上司が、同市助役からボルドー市長、さらには首相となるアラン・ジュペである。つまり、会長が地方自治に携わった経験を有し、行政実務のみならず政治的根回しまでの要点を知悉していた。後年になるが、ジュペはボルドー市長として「月の港ボルドー」の世界遺産登録を推進し、2016年に開館するワイン都市の建設を促進している。この点でもシュヴァルには先例が身近にあった。ただ、シュヴァルは2015年7月の世界遺産登録を見届け、2016年1月に急逝してしまった。

他方は、そのスタッフである。AOCシャンパーニュはイル・ドゥ・フランス地方圏にも拡がる。そのためイル・ドゥ・フランス空間整備・都市計画研究所 (IAU-IdF) も登録書類策定作業に参画したが、同所員として有識者会議に加わったのがピエール＝マリー・トリコーである。本書「序」でも述べたが、トリコーは、ワインスケープの専門家としても世界的に著名であった。彼の存在は、都市計画と文化財保護、さらにはイコモスとの折衝が重要となる世界遺産登録実務の点から有効であった。実際、後述するブルゴーニュと異なり、シャンパーニュのイコモスの現地調査は大過なく行われ、勧告も登録を合理とする穏当なものだった。また、APCにはランス地方都市計画・発展・予測機構 (AUDRR) の職員であるアマンディーヌ・クレパンが派遣され、都市計画専門の常勤スタッフとして行政対応等の実務を担った点も、業務の円滑化に貢献した。因みに、クレパンはランス大学で2007年にシャンパーニュの世界遺産登録の修士論文をものしていた[115]。

9-1-3 登録後の管理組織

登録後の遺産の制御に関わる役割分担は、主要関係機関が既に2011年10月19日に管理憲章に調印していた[116]。それに拠ると、管理組織は以下の構成になる[117][図31]：

・地域会議：以下の組織の最上位で位置して地方圏議会議長が座長となるもので、執行権を有する行政組織である。国と地方の協調を行う他、地方に於ける利害調整や合意形成を推進する：

- 執行委員会：地方団体の首長や業界団体の代表者から構成され、学術委員会、諮問委員会、事業機関（世界遺産ミッション）の調整の他、地域の要望を精査して地域会議に提言する；
- 諮問委員会：執行会議の法定委員ではない組織や市民との合意形成を行い、その要望を精査して執行委員会に諮る；
- 学術委員会：有識者等で構成され、研究やその成果公表を担当する；
- 世界遺産ミッション：上記組織からの受託事業を実行する。

APCは、世界遺産登録を以て役割を終え、「世界遺産シャンパーニュの丘陵・メゾン・地下蔵ミッション」となった。これは管理組織の調整役としての立場を明確にするための措置である[118]。

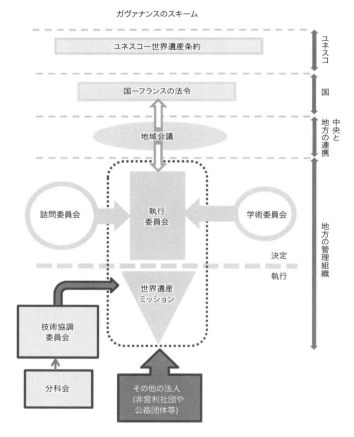

図31 合意形成機関を中核にして管理組織が構築されている

9-2 ランス山岳地方圏自然公園 (PNR)

　ランス山岳PNRは1976年創設で、オーヴィレール、アイ及びマルイユ・シュール・アイの3基礎自治体、即ち歴史的丘陵の構成資産が全面的に含まれる。AOCシャンパーニュの総面積は30,893ヘクタールだが、その41.5％、1万2,795ヘクタールを覆うため、緩衝地帯や広域景観の保全にも影響がある[119]。

　現行のランス山岳PNRの憲章は、2005年に改定作業を開始し2007年12月11日に関係自治体の加盟組合が承認したもので、2009年から2020年の期間を対象とする。その冒頭で、「明日のための戦略」としてシャンパン生産地の世界遺産登録を謳い、以下の各条もその景観の保全を課すものとなっている[120]。

　ランス山岳PNRは、自ら景観保全に関する緩やかな憲章を作成する他、地方団体等が景観規制を策定する際の諮問機関としても機能する。とりわけ、歴史的丘陵は都市スプロールの影響を受け易い。従って、郊外開発の質の担保が必要である。マルヌ県には建築・都市計画・環境助言機構（CAUE）がなく、建設許可申請者は自らの建築のデザインに関して相談する機関がない。そのためランス山岳PNRが建築の質に関する啓蒙活動を活発に行う[121]。

　例えば、上述の『ランス山岳－傑出したワインのための優美な景観』との景観憲章の基礎となったのは、PNRが策定していた視覚的影響の大きい大規模建設物に関する指針であった[122]［図32］。また、緩やかな憲章として、複数のガイドブックを発行して景観への配慮を喚起している。例えば、新規の営農用建物に関し、色彩、配置、外形等の点から既存環境への調和ある挿入のためのガイドブックが刊行されている。また、農機具小屋等の中には放置され荒れるに任されているものもあるが、PNRはこれらの小規模ながら景観的に重要な文化財のリストを作成し、所有者に保全を推奨している[123]。

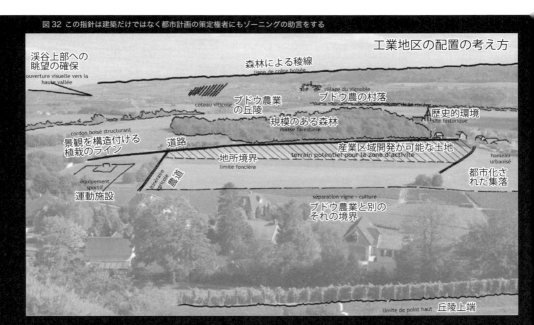

図32　この指針は建築だけではなく都市計画の策定権者にもゾーニングの助言をする

地方団体への協力の事例としては、エペルネ都市圏広域一貫スキーム (SCOTER) は関係自治体とPNRの共同策定だし、国有林の内、PNR内部に所在するそれは、国立森林事務所 (ONF) が提唱した「例外的森林」というプログラムにより、文化、エコロジー、景観、さらには観光等に関した活用が薦められるものもある。

　ただ、法的拘束力を有さない指針の宿命として、他の機関のガイドライン等との整合性に欠けるものもある。例えば、植栽の扱いに関しては、ランス山岳PNRの指針がそれは醜景の隠蔽に無益とする一方、ランス地方都市計画・発展・予測機構 (AUDRR) のそれは有益との記述をしている[124]。

⑨-3 緩衝地帯制御

　緩衝地帯制御に関しては、優品保護を目的とする文化財保護制度よりも、醜景発生の抑止を目的とする都市計画文書に依拠する部分が大きい。ただ、最近の世界遺産登録の審査では構成資産の絞り込みが必須とされるため、緩衝地帯にも顕著な文化遺産が存在する場合も少なくない。世界遺産の構成資産は、あくまで審査を円滑にするための便宜的なもので、緩衝地帯の価値が低いという序列は含意しない。そのためシャンパーニュでは、緩衝地帯でも優品保護と醜景発生防止のシステムが併置された。

　まず、歴史的丘陵では景勝地指定を通じて緩衝地帯の優品管理を行うと同時に、南斜面のブドウ畑の足許の畑地に関しては、ランス山岳PNR憲章とそれに基づく各自治体の地域都市計画プラン (PLU) が醜景の発生を抑止する。

　サン・ニケーズ丘陵では、緩衝地帯と完全に一致するAVAPが美観を保全すると同時に、2007年12月3日に承認されたランス都市圏広域一貫スキーム (SCOT2R) が郊外化を制御する。本スキームは140の基礎自治体、面積13万9,472ヘクタールを覆うもので、サン・ニケーズ丘陵はそれに完全に含まれる。さらに、2009年9月28日承認のランス市PLUが保護樹林地 (EBC) の規定で緑地保全を、指定並木の規定で街路樹の保全を担っている[125]。

　シャンパーニュ大通りでも緩衝地帯と完全に一致するAVAPが顕著な都市景観を保護すると同時に、エペルネ市のPLUや様々な物的環境関連憲章が、新規開発行為による美観の紊乱を抑止する。

　因みに、地質学や地形学の観点から、地下構造物に対する緩衝地帯を設定することも可能であった。しかし、その科学的妥当性や費用等を勘案し、今次申請では実施されなかった。

⑨-4 参画区域という懐柔策

　農地の文化的景観では、広大な付帯的空間の制御が構成資産の保全に必要となる。

　シャンパーニュでは、構成資産と緩衝地帯に加え、参画区域なるゾーンが設定された[126]。これは、都市計画的には構成資産のパノラマ景観の保護を目的とする。他方で、構成資産や緩衝地帯の原産地統制呼称 (AOC) 制度エリア全体への拡張は不可能なので、世界遺産関連エリアに含まれなかった基礎自治体を、法的拘束はないが世界遺産登録の便益は享受可能と

して懐柔する政治的方便でもある[127]。

　参画区域の管理は、法的拘束力を有するSCOTやPLUという都市計画文書に加え、『シャンパーニュ景観憲章』に依存する。

　都市計画文書から見ると、例えば、2005年7月承認のエペルネ都市圏広域一貫スキーム（SCOTER）はランス山岳PNRとの共同策定で、101基礎自治体と住民8万2,000人に関わる。フランスでも最大規模で、総面積1,000平方キロメートルはパリ市と周辺3県の広さに匹敵する。シャンパーニュ大通りと歴史的丘陵を完全に含むので、構成資産や緩衝地帯に関係する他、それを遙かに超えた広域景観の中での乱開発の抑止効果を期待できる。繰り返し述べる通り、SCOTがAOCエリアにかかる市街化を計画する場合、国立原産地統制呼称院（INAO）が法定構成員の審議会での可決が必要なので、SCOTERにより参画区域内でもAOCのイメージを毀損する蓋然性のある開発は実質的に不可能である。

　後者の『シャンパーニュ景観憲章』に関して見ると、2012年5月29日にランスのトー宮殿で世界遺産登録に向けた地域の決起集会が開催され、その場で景観憲章及び参画区域の発表・調印が行われた。参画区域はAOC全319基礎自治体を覆い、憲章承認は各自治体の任意だが、APC加入自治体は全て調印済みである。

🔟-5　景観憲章の構造

　憲章には法的拘束力はなく、管理方針の大枠が示唆されるに留まる。しかし、関係者は、その活用により、白紙の状態で判断を迫られるのはなく、より簡易でより望ましい意志決定の支援手段を得ることとなる[128]。

　直接的には、ランス山岳PNRの諸指針、AUDRRの都市計画文書及びその策定のための基礎調査結果、さらにはシャンパーニュ・ワイン職種横断委員会（CIVC）の『シャンパーニュに於ける持続的ブドウ農業−実用ガイド』等が参照された。あくまで大枠の提示に留められ、詳細はそれらの文書を参考とし、さらには都市計画文書や歴史的環境監視建築家（ABF）の意見が参照される制度設計となっている[129]。

　憲章策定に際して上記諸規定が参照されたのは無論だが、「欧州持続的観光憲章」（1992年）や「国際文化観光憲章」（1999年）等の観光関連規定も勘案された。これはサン・テミリオンの登録の時代と異なり、ワイン観光の発展に裏打ちされたものである[130]。

　なお、憲章はAPC単独ではなく、ランス山岳PNR、地方圏文化局（DRAC）、県建築・文化財課（SDAP）等の文化財所管機関、AUDRRやイル・ドゥ・フランス空間整備・都市計画研究所（IAU-IdF）等の都市計画シンクタンク、さらには市民対話集会等の産物である。

　景観憲章の大項目として「文化財」「環境」「経済・観光」「文化」があり、その下位に小項目の記載がぶら下がる[131]。例えば文化財の項目では、ブドウ畑を擁する基礎自治体の都市形態の保全のため、都市計画文書の中の空間整備・持続的開発プロジェクト（PADD）にその特殊性を明記しておくことを推奨している。また、凍結保存ではなく現代建築の創造を推奨し、さらに既存制度では取り扱いの難しい地下遺構の保全も謳われる[132]。

第5章　シャンパーニュの丘陵・メゾン・酒蔵　**189**

その他、憲章の事業的措置として、CIVCとランス山岳PNRが協働して持続的空間整備・管理プログラム (AGIR) が策定され、パイロット・エリアとして、マルヌ県のマルイユ・シュール・アイ村からキュミエール村に至る歴史的丘陵、オーブ県のレ・リセ村、そしてエーヌ県のアジーシュール・マルヌ村とボネイル村以下の3箇所が選定された。最初の1箇所は構成資産である歴史的丘陵内だが、2箇所は参画区域内にある。パイロット・エリアに選ばれると場所不問でCIVCによる同じ資金援助がある。

9-6 補完措置

ワイン銘醸地の文化的景観の保全には、景観に関わる措置に加え、社会基盤等の下部構造に関する複数の補完措置が必要である。

例えば、エペルネ都市圏広域一貫スキーム (SCOTER) では、各自治体の上水供給のために帯水層として白亜岩層を保全すべき旨が謳われている[133]。上下水道はAOC制度でも文化保護制度でも扱えないので、都市計画文書の役割となる。同じ白亜岩層も、AOC制度的視点ではミネラル分の供給源や地下蔵のスペースであり、文化財保護的視点ではクレイエールの外殻であり、都市計画的視点では上水供給層となる。それらの複眼的視座が、複層的措置を必要とした。

生業として稼働する産業遺産は、生産の過程で産業廃棄物が出る。シャンパーニュの世界遺産登録申請書では、現在それが総量で年間1万トンほどで、90％が分別処理の対象となっていることを述べ、目標値としてなるべく短期間で100％に近くすることを述べている。また、シャンパンは最終消費地でボトル等の廃棄物を出し、それは年間約30万トンになる。それらのリサイクル推進も謳われている[134]。

10. 結論

本章では、シャンパン生産地の文化的景観に関し、冒頭の問題意識に基づき研究を進めた結果、以下の結論を得た。

①産業遺産という保存論理

ワインの銘醸地の文化的景観の保護対象は、美しさや刻苦といった論拠の相異はあるが、多くの場合は農耕景観であった。シャンパン生産地のそれは、世界遺産登録運動前から生産施設を含め産業遺産としても認識されてきた。それはサプライ・チェーン上への遺産概念を拡張し、流通経路や労働者村を包摂するものとなっている。さらに、国際協調、女性の社会進出、そして企業メセナという、現代から過去を照射するストーリーや論理も駆使された。

②農地ならではの広域景観の管理

農業関連の文化的景観では、中心的資産の規模に対し、その緩衝地帯や関連する眺望景観の領域が広域になる。シャンパーニュでは、文化財保護（景勝地）や都市計画（特別用途地域）を活用してその保全を図る他、憲章や補助金制度を整備して管理している。また、世界遺産の構成資産の絞り込みが年々厳格になり、登録による経済波及効果が大きくなるにつけ、関

係エリアから外された自治体の懐柔が重要になるが、シャンパーニュでは参画区域というゾーンでさえ便益を享受させる方策を取っている。そして、行政の所管区画や職掌に伴う不連続化の忌避のため、非営利社団が協働のための水平的調整役を務めている。

③開発との共存のための制度整備

堅固に保全すべき資産に対し、それと景観的に矛盾せず統一感を維持しつつも、現代的で挑戦的なデザインの開発が推奨されている。そのため、都市デザインであれば公共空間整備憲章等のガイドラインが設定されている。とりわけシャンパーニュ大通りでは、建築的・都市的・景観的文化財保護区域という保全措置と公共空間整備と刷新措置が併走している。また、現代建築の醸造所等は、規制の記述に幅を持たせ、文化財保護や都市計画の担当官、さらには実務者団体等との個別協議の上でそれが実現可能な制度設計としている。

対して、以下の欠点や問題が看取される。

❶規制の重合と複雑さ

世界遺産登録の審査は年々要求水準が増大していることもあり、シャンパーニュでは文化財保護や都市計画、そしてAOCといった強制性を伴う措置に加え、自治体やPNR、さらにAPCが策定した各種憲章が布置された。ただ、現時点では地理情報システムを使いワン・クリックで対象敷地の全規制を表示する方策もないし、全適合性を独立して総合的に検証する機関も整備されていない。事実、策定主体により矛盾する内容の方策が示されている。

❷地下蔵の問題

現時点では、地上から不可視の地下空間の保全に特化した施策は存在せず、既存制度を応用した保護を次善の策としている。また、構造診断の方法も確立していなく、補強も場合によっては高額になるため、放置され劣化に任される事例も出てきている。

注

1 日本語では飲み物をシャンパン（またはシャンペン）、それを産する地名をシャンパーニュ地方と言い分けるが、仏語や英語では、飲み物も地名もchampagne（地名では先頭の文字は大文字）である。つまり、カマンベール・ドゥ・ノルマンディ（ノルマンディー地方産のカマンベール・チーズ）のように地名を後補しなくても、単一の単語で商品名と地理的表示を兼備させられる。従って、世界遺産登録に必須の地名が拡散すると、自動的に商品名の売り込みにもなる。

2 PITTE Jean-Robert, «Luxe, calme et volupté : la construction de l'image du champagne du XVIIe siècle à nos jours», dans DESBOIS-THIBAULT, PARAVICINI et POSSOUS (sous la direction de) (2011), pp. 205-217, p. 217.

3 APC (2011b), p. 9

4 このことからも、世界遺産登録推進の真意が解る。呼称保護や世界規模でのプロモーションを担うのがCIVCで、それが世界遺産登録を発意したということは、その目的のひとつに、発泡性ワインのシャンパンとの偽称の阻止があることを意味する。今日、CIVCには約2万1,000の収穫者（récoltants）と320の仲買（négociants）が加盟している。因みに、収穫者とは、ブドウを仲買に売却する者、そのブドウを協同組合でシャンパンとする者（récoltants-coopérateurs）、そしてそのブドウでシャンパンを自家製造する者（récoltants-manupulants）である。他方で、仲買とは、シャンパン製造を行い、かつ自社出荷する者で、これら320者は世界の3分の2のシャンパンを取り扱っている。

5 APC (2014e), p. 15.

6 APC (2008), p. 9

7 SAVEROT et SIMMAT (2008), p. 227.

8 BONOMELLI Alexandra et al., «La Candidature au patrimoine mondial de l'Unesco et le programme AGIR», dans *Le Vigneron champenois*, février 2014, pp. 67-79, p. 78 ; MAHE (2014), p. 26.

9 APC (2014d), p.118に記述される通り、CIVCは2007年からワイン観光の研究を進めている。これはまさに世界遺産登

録の気運と併行している。

10 «Ne m'applez plus «champanskoe»», dans *L'Union*, 18 mars 2014に拠れば、フランス政府、CIVC及び欧州連合の働きかけにより、2022年までにロシア産発泡性ワインがシャンパンステを名乗ることが禁止される。

11 蛯原（2014）、pp.103-104。

12 Jeune Chambre Economique d'Epernay et sa région (2012), pp. 23-24.

13 APC (2011b), *op.cit.*, p. 31

14 GUILLARD et TRICAUD (sous la direction de) (2013), p. 137.

15 Jeune Chambre Economique d'Epernay et sa région, *op.cit.*, p. 15

16 APC, *Rapport d'activités 2010*, p. 12.

17 APC (2013), p. 187.

18 APC (2014c), p. 254.

19 APC (2013), *op.cit.*, p. 72.

20 APC, *Rapport d'activités 2012*, p. 6.

21 APC (2014c), *op.cit.*, p. 311.

22 ワイナート編集部（編）（2013a）、p.29。

23 ウィルソン（2010）、p.50。

24 GUILLARD et TRICAUD (sous la direction de), *op.cit.*, p. 22.

25 DESBOIS-THIBAULT, PARAVICINI et POSSOUS (sous la direction de), *op.cit.*, p. 159.

26 フランス（2005）、p.133。

27 PNR de la Montagne de Reims (2007a), p. 13.

28 BAUDEZ-SCAO et GUILLARD (2011), pp. 13-14.

29 APC (2011b), *op.cit.*, p. 17

30 GUILLARD et TRICAUD (sous la direction de) (2014), p. 66.

31 APC (2014c), *op.cit.*, p. 45.

32 *ibidem*, p. 204

33 WOLIKOW Claudine, «L'Invasion phylloxérique et la reconstitution des vignobles de Champagne (1890-1930) », dans BODINIER, LACHAUD et MARACHE (2014), pp. 45-56, p 55.

34 APC (2013), *op.cit.*, p. 37

35 直訳すると半木骨造で、外壁を漆喰等で塗り込めつつも、軸組に使用される木材だけは露出させ装飾とする技法である。

36 社会博物館はMusée socialの直訳で、1894年創設の社会組織である。当初は、労働者の衛生環境や保険制度に関する資料の収集や研究を目的としていたため、博物館（musée）を名乗った。しかし、実態は労働環境の改善にあり、公営低家賃住宅制度の初動にも大きな役割を果たした。

37 IAU-IdF (2008), p. 13.

38 GUILLARD et TRICAUD (sous la direction de) (2013), *op.cit.*, p. 64.

39 IAU-IdF (2007b), p.13 et p. 63.

40 *ibidem*, p.48 et p. 59.

41 GUILLARD et TRICAUD (sous la direction de) (2013), *op.cit.*, p. 64.

42 POUSSOU Jean-Pierre, «L'Essor d'une consommation de luxe : grands vins et eaux-de-vie de qualité (1650-1850», dans DESBOIS-THIBAULT, PARAVICINI et POSSOUS (sous la direction de), *op.cit.*, pp. 49-76, p. 73.

43 THOMINE-BERRADA Alice, «L'Architecture des maisons de champagne au XIXᵉ siècle : usine ou palais ?», dans DELOT, LIOT et THOMINE-BERRADA (sous la direction de) (2012), pp. 128-143, p. 13.

44 GUILLARD et TRICAUD (sous la direction de) (2014), *op.cit.*, p. 17.

45 APC (2009), p. 20.

46 BESSIERE (2001), pp. 162-163.

47 APC (2014c), *op.cit.*, p. 135.

48 (anonyme), «Coteaux, maisons et caves de Champagne – Candidature au patrimoine mondial de l'UNESCO», dans *Le Vignon champenois*, nᵒ 6, juin 2012, pp. 36-52, p. 40.

49 APC (2013), *op.cit.*, p. 23.

50 *ibidem*, p. 54.

51 APC (2014c), *op.cit.*, p. 104.

52 APC (2013), *op.cit.*, p. 51.

53 JOLYOT (2014a), p. 20.

54 JOLYOT (2014b), p. 128.

55 DOREL-FERRE Gracia, «Introduction», dans DOREL-FERRE (sous la direction de) (2006), pp. 11-14, p. 14.

56 MICHEL Florence, «Maisons de Champagne», dans *Monuments historiques*, nᵒ 145, 1986, pp. 70-76 et GOURNAY Isabelle, «Ville et Champagne», dans *idem*, pp. 77-83.

57 フランス人化学者・ジャン＝アントワンヌ・シャプタルが補糖発泡の化学的メカニズムを突き止めるのは1801年に過ぎな

い。

58　FIEROBE Nicole, «La Champenoise, histoire ou légende?», dans DOREL-FERRE (sous la direction de), *op.cit.*, pp. 24-27, p.25.

59　PITTE Jean-Robert, *op.cit.*, p. 207.

60　DOREL-FERRE, *op.cit.*, p. 12.

61　LEROY Francis, «Les Bouchonniers de champagne», dans DOREL-FERRE (sous la direction de), *op.cit.*, pp. 28-38..

62　APC (2013), *op.cit.*, p. 81.

63　ガリエ（2004）、p. 97.

64　COUTANT Catherine, «Les Amours du verre et de la bulle», dans DELOT, LIOT et THOMINE-BERRADA (sous la direction de), *op.cit.*, pp. 60-65, p. 60.

65　APC (2013), *op.cit.*, p. 144.

66　DELOT Catherine, «De l'Art de bien boire le champagne», dans DELOT, LIOT et THOMINE-BERRADA (sous la direction de), *op.cit.*, pp. 66-89.

67　CARTIER Claudine, «Préface», dans Ecomusée de la région de Fourmies-Trélon (2000), p. 5.

68　2016年1月1日からはノール・パ・ドゥ・カレ＝ピカルディ地方圏になっている。

69　APC (2014e), *op.cit.* p. 151.

70　ジョンソン（2008下）、pp.76-77、；クラドストラップ（2003）、p.128。

71　MICHEL, *op.cit.*, pp. 75-76.

72　APC (2012), pp. 191-198

73　DELOT, LIOT et THOMINE-BERRADA (sous la direction de), *op.cit.*.

74　ZMELTY Nicholas-Henri, «Le Champagne et l'affiche autour de 1900», dans DELOT, LIOT et THOMINE-BERRADA (sous la direction de), *op.cit.*, pp. 154-167, p. 165.

75　ROGER (1997).

76　APC (2013), *op.cit.*, pp. 98-99.

77　ROCHARD Joël et HERBIN Carine, «Diversité des paysages viticoles du monde», dans PERARD et PERROT (sous la direction de) (2010), pp. 13-26, p. 14.

78　CIVC (2009), p. 3.

79　APC (2014d), *op.cit.*, p. 112.

80　ROUYN Nicolas (de), «Champagne – de crayères en coteaux», dans *Les Echos*, série limitée, 13 juillet 2012.

81　DESBOIS-THIBAULT, PARAVICINI et POSSOUS (sous la direction de), *op.cit.*, p. 362.

82　MAHE, *op.cit.*, pp. 52-53.

83　APC (2014d), *op.cit.*, p. 16.

84　AUDRR (2009), p. 9

85　APC (2011c), p. 9.

86　以下の歴史的記述は、DUCOURET (2010), p.27を参考にしている。

87　HACHACHE Nora, «Epernay fait mousser la qualité urbaine», dans *Traits urbains*, n° 46, avril-mai 2011, pp.36-39, p. 37の報告の通り、モン・ベルノン地区はフランスに於ける高層建物団地にありがちなことに、建物のみならず社会性も荒廃し、減築等を含めた再生計画を立案中である。

88　APC (2014d), *op.cit.*, p. 142.

89　APC (2009), *op.cit.*, p. 4.

90　AUDRR, *Plan Local d'Urbanisme d'Hautvillers – Rapport de présentation*, 2012, p. 65

91　*ibidem*, p. 85

92　*ibidem*, pp. 32-33.

93　Commune d'Hautvillers, *Cahier de recommandations architecturales, urbanistiques et paysagères*, juillet 2011.

94　Commune d'Aÿ, *Plan Local d'Urbanisme – Rapport de présentation*, 2009, IV-12.

95　Commune de Mareuil-sur-Aÿ, *Plan Local d'Urbanisme – Rapport de présentation*, 2010, IV-11

96　PNR de la Montagne de Reims (2013), p.12で若干の言及が見られる程度である。

97　APC (2014d), *op.cit.*, p. 18.

98　PNR de la Montagne de Reims (2013), *op.cit.*.

99　PNR de la Montagne de Reims (2007c).

100　APC (2008), p. 28

101　*ibidem*, p. 26. そもそも風力発電に関しては、ユネスコ世界遺産センターが高さ30メートル以上の風車や50キロワット/時以上の施設を構成資産内に設置しないことを推奨している。

102　APC (2008), *op.cit.* p. 9

103　JOLYOT (2014a), *op.cit.*, p. 28.

104　APC (2014e), *op.cit.*, p. 83.

105 ただ、2010年からは経年の激変緩和措置を含みつつ減額をしている。

106 HACHACHE, *op.cit.*, p. 39.

107 Direction de l'urbanisme et de l'habitat de la commune de Reims, *Plan Local d'Urbanisme - Règlement d'urbanisme*, 2011, pp. 163-164.

108 APC (2014e), *op.cit.*, p. 97.

109 GASTEBOIS Raphaël, «Une Occupation traditionnelle – La Champagne souterraine», dans ANABF (2006), pp. 34-35, p. 35.

110 APC (2009), *op.cit.*, p. 36 et p. 40.

111 APC (2014e), *op.cit.*, pp. 97-98.

112 APC (2011c), *op.cit.*, p. 9.

113 APC (2014d), *op.cit.*, p. 122.

114 APC (2014e), *op.cit.*, p. 99.

115 CREPIN (2007).

116 APC (2014d), *op.cit.*, p. 264.

117 *ibidem*, p. 200.

118 Mission CMCC Patrimoine mondial, *Rapport d'activités 2015*, p. 20.

119 PNR de la Montagne de Reims (2007a), p. 0 et p. 2.

120 PNR de la Montagne de Reims (2007b), p. 11.

121 APC (2014e), *op.cit.*, p. 91.

122 PNR de la Montagne de Reims (2007c), *op.cit.*.

123 APC (2014d), *op.cit.*, p. 19.

124 PNR de la Montagne de Reims (2007c), *op.cit.*, p.26/ AUDRR (2009), *op.cit.*, p. 13

125 APC (2014d), *op.cit.*, p. 70.

126 CHEVAL Pierre, «La Zone d'engagement de la candidature des Coteaux, Maisons et Caves de Champagne», dans ICOMOS France, *Entre repli et ouverture – Quelles limites pour les espaces patrimoniaux, 1 actes du séminaire* Maison-Laffitte, 5-6 novembre 2013, pp. 140-144, p. 140.

127 APC (2011b), *op.cit.*, p.28が示すように、かくなる懐柔策はフランスでは一般的になりつつある。例えば、ロワールで世界遺産となったワイン用ブドウ畑は15％のみだが、同地の165の関連基礎自治体が参画憲章を承認して、構成資産からは外れたものの、世界遺産登録の波及効果を受益している。

128 CHEVAL, *op.cit.*, p. 142.

129 APC (2014a), *op.cit.*, p. 6

130 *ibidem*, p. 9

131 *ibidem*, p. 10 ; APC (2014e), *op.cit.*, p. 182.

132 APC (2014a), *op.cit.*, p. 11

133 APC (2014d), *op.cit.*, p. 112.

134 *ibidem*, p. 195.

第 **6** 章

ブルゴーニュの ブドウ畑のクリマ

――衒学的強弁、ヴァナキュラーな遺産、的外れな議論

序．起点のミス・リーディング

　ブルゴーニュのワイン生産地は、既に2002年に「コート・ドゥ・ニュイとボーヌのブドウ畑」の名称で世界遺産の暫定リストに登録されている。暫定登録の経緯は、2007年からの登録推進運動でも中心人物となった、ブルゴーニュで最も格の高いワインを生産するドメーヌ・ドゥ・ロマネ・コンティ（DRC）の当主・オベール・ドゥ＝ヴィレーヌの発意であったといわれる。

　ただ、当初の登録基準は（iii）（ある文化を伝える無地の存在）で、さらに複合遺産としてであった。遺産の特徴の説明も、自然遺産としての価値を強調すべく地質や地形を主軸とし、ワインの世界的名声の記述は副次的である。また、基準（v）（ある文化を特徴付ける伝統的な建築や土地利用）を欠くため、建築や都市の遺産の詳述がなされていない。

　登録運動が本格化するのは、2004年11月にディジョン市長のフランソワ・レブサメンが登録推進を表明してからである。レブサメンは、ドイツのラインラント・プファルツ州で開催されたライン渓谷に関する展覧会で、同渓谷が2002年に世界遺産登録されるまでの経緯を観覧したことが契機であったと述べている[1]。

　ただ、同市長の発想は、まずはディジョンの歴史的市街地ありきで、それではイタリア等の歴史都市との競合性に欠けるので、その南方40キロメートルにわたるブドウ畑を付加しようとするものであった。彼が提案した「ディジョンとワインの丘陵」との名称がそれを傍証する。確かに、ディジョンの中心部には歴史的建造物が密集している。しかし、ワイン生産に直接かつ不可欠の役割を果たした遺産は多くはない。それに、ブドウ畑を接ぎ木的に追加した。この起点のミス・リーディングが世界遺産申請にも尾を引き、その不整合がイコモスの検証の中で指摘される。

　他方、ワイン業界がこの提案を検討し、登録運動の着手を公表するのは2006年11月で、それが2007年4月の登録推進協会の設置につながる[2]。2012年から、各国は文化遺産を1年に1件しか申請できなくなったため、2013年はフランスではショヴェの洞窟が選ばれ、ブルゴーニュが推薦されるのは2014年になる。

1．シトー会の土木遺産

■-1 水利エンジニア集団としてのシトー会

　銘醸地の中で、ブルゴーニュほど宗教的文脈で語られるものはない。シトー会という禁欲的修道会の隠修士が、黙々と開墾と農耕を行って造り上げたブドウ畑のイメージである。20世紀という退廃の時代に、ロジェ・ディオンが賞賛する刻苦の文脈である。

　1098年に創設された同会では、典礼だけではなく日々の修道生活も厳格で、農作業はその骨格を成していた。中でも抜群の才能を発揮したのがワイン生産で、現在のブルゴーニュの銘醸地の多くは、その働きに起源を有する。

　これが一般に語られるブルゴーニュ・ワインの歴史であり、確かに史的に正しい。

　ただ、本書の文脈で注目すべきは、同会は同時に水利技術の保持集団であったという点

である[3]。そもそも、シトーの語源は地名で、ソーヌ河畔の葦（シトー）の生えた場所ということである。彼らは、そのような場所を居住地に変換する技術を所持し、それがブドウ栽培に応用された。

ブドウ畑の水利の要諦は、灌水ではなく排水にある。表土付近での水やりのための水道工事は、特殊技術を必要としない。他方、不可視で不均質の土中に関わる排水工事は、高度な技術を必要とする。ブドウが水っぽい実になるのを避けるため、表土付近では排水が問題だが、深奥では地下水面の維持という逆の探査ができなければならない。地下水は養分や他の要素をブドウ樹に運搬するので、深さや流れを絶えさせてはならない。

即ち、目に見えない土中で、表土付近の排水と地下水脈の利用という矛盾した要求に回答しなければならない。コート・ドゥ・ボーヌでは、ムルソー村に存在する地下蔵が、地下水面の影響で隣のピュリニィ村にはない[4]。そのように、不可視の地下をも透視できなければならない。

シトー会は、水利エンジニア集団であったのである。

■-2 ビジネス化によるワイン生産技術の発展

技術を有していても、その施工は無償ではない。しかし、ワイン生産は修道会にとって実入りの良いビジネスでもあった[5]。

修道会は俗世を離れた超越的集団ではなく、世俗的仕事にも熱心だった。シトー会は現代で言う多国籍企業で、しかも営林から養魚に至るまで、あらゆる種類の農業投資を行う総合商社であった。質の高いワインほど、迅速に現金収入をもたらすものはなかったから、必然的にその品質改善を進めた[6]。

名声は外国にまで及ぶ。ポルトガル王・アフォンソ1世は、イスラム勢力との戦闘で荒廃したアレンテージョ地方のブドウ畑の再建に努めたが、同会に助力を仰ぎ、対して1178年に建設を開始したアルコバッサ修道院を与えている。同修道院はその建築的な顕著で普遍的な価値から1989年に世界遺産登録されている。今日では見る影もないが、建設当時はブドウ畑に取り巻かれ、ワイン生産の一大複合体であった。

クロ・ドゥ・ヴージョでのワイン生産が始まった1336年から、フランス革命でシトー会が解体されて全財産が国有化か競売に付されるまで、フランスのワイン地図はシトー会修道院の設立地図とほとんど重なり合う[7]。同会こそが、ブルゴーニュのワイン生産の源泉を造った。そして、ほとんど全ての修道会がそれに追随してブドウ畑を所有することとなる。

■-3 景観の構造

では、かくして形成されたブドウ畑は、どのような形象を取ることになったのか。

遠景から近景にズームしながら、景観の構造を解析してみたい。

遠景から見ると、コート・ドゥ・ニュイとコート・ドゥ・ボーヌは、ディジョンからレ・マランジュまでの約60キロメートルに渡る線形の土地である。幅は平均1キロメートル程度

で、最小で600メートル、最大でも3キロメートルを超えない。海抜200から450メートル程度の丘で、東北東から南東方向に向く。東側はソーヌ河の造る平原で、西側の丘陵頂部は森林や採石場で覆われている。このリボン状の丘は、ところどころで平原に流れ込む川が削った背斜谷により地形学的に不連続になっており、村落や都市はそこに形成されることが多い。遠景保存を考察する際に重要なアクセントである。この遠景の構造は、構成資産と緩衝地帯のゾーニングに使われる［図1］。

中景に近づくと、コート・ドゥ・ニュイは連続した東向き斜面だが、コート・ドゥ・ボーヌは独立した丘陵の連続体であることが解る。そこにモザイク状にクリマが浮かび上がる［図2］。クリマの定義は後に論じるが、ここでは畑の最小区画と認識しておこう。わずか100分の1アールでもずれるとワインの仕上がりが異なるクリマの繊細さが、そこに見て取れる。樹列編成を見ると、日照確保のため傾斜と直角になる方向、即ち等高線に沿う[8]。

近景を観察すると、密植されたブドウ樹により地面が見えない。ブルゴーニュでは比較的最近まで、ブドウ樹は1ヘクタール当たり1万本植えられていた。つまり1メートル四方に1本である。現在は増加傾向にあり、1ヘクタール当たり

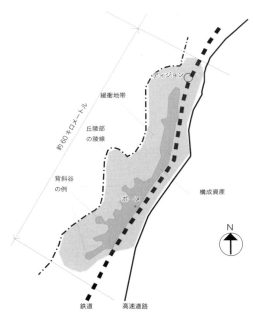

図1 構成資産と緩衝地帯の外形とその決定の構造

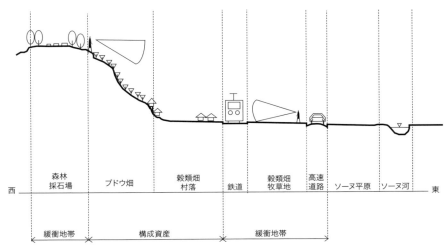

1万2,000本から1万3,000本になっている。ブドウ樹は、密植すると根が競合し、水や栄養素を求めて深く張る。

ところで、近景でもうひとつ気付くのが、後述するミュレやミュルジェールという壁である［図3］。それらは、クリマを区画するクロを形成する。クロの語源となった石囲いは、所有権区分と同時に、ブルゴーニュでは土壌の性質から比較的傾斜の緩い畑でも起きてしまう土壌流失対策を目的としていた。

図2 細かなモザイクを見るかのような印象を抱かせる

2. クリマとは何か

2-1 クリマの衒学性

ボルドーではシャトー、シャンパーニュではメゾンの名称がワインの質を暗示しており、畑の名称はほとんど問題とされない。

対して、ブルゴーニュでは「クリマ」の名称が質を表象する。

図3 漆喰等を使用せずに空積みで建設された区画壁が数多く残る

「クリマ」とは、まさに世界遺産の件名に付された重要な術語である。ただ、ワインの専門家であればそれをワイン用語として理解できても、それ以外の人々にとっての一義的語感は「気候」であろう。ましてや、クリマという表現から景観や文化財を想起することは至難である。

つまり、クリマは、一方でワインの専門家という閉鎖的円環の中で使われ、他方でそこから景観をイメージできないのだから、二重の意味で衒学的である。ボルドーのシャトーやシャンパーニュのメゾンであれば、ワインの質は解らなくても、ワインスケープのイメージはできる。

では、クリマとは何か。不可解なことに、世界遺産申請書類の中では定義がなされていない。そこで、世界遺産登録推進協会のホームページから引用したい[9]：

──────ブルゴーニュのクリマは、各々が数世紀前から慎重に区画され命名されてきたブドウ畑の区画で、独自の歴史を有し、地学的・気象学的な特殊条件を享受する。特定のクリマのワイン

第6章 ブルゴーニュのブドウ畑のクリマ 199

は各々が独自の味を持ち、クリュの階層性の中で独自の地位を占める（地方呼称／村名／プルミエール・クリュ／グラン・クリュ）。クリマは1,000以上あり、ディジョンからボーヌ南部のサントネイにまで細いリボン状に続いている。中には、シャンベルタン、ロマネ・コンティ、クロ・ドゥ・ヴージョ、モンラッシェ、コルトン、ミュジニーといった具合に、名声に対応したものもある。

　即ち、物的環境条件にワイン生産の歴史や思想といった人為が加わった土地区画で、生産者ではなく畑を格付けするブルゴーニュ特有の術語である。

　その歴史はどのように展開してきたのか。

2-2 農地の審美化

　語源から見ると、クリマのフランス語に於ける発現は12世紀で、ギリシャ語の *klima* のラテン語形 *clima* あるいは *climatis* としてである。当初の意味は現在でも英語の recline や incline に看取される「傾き」が中心で、具体的には「土地のある地点の太陽に対する傾斜」を主意としていた。これは、とりわけシトー会がブドウ畑を開墾・開拓していったのと同時代で、そこからクリマという単語をブドウ畑に適用する慣習が始まった。

　クリマがブドウ畑の区画を意味するために使われた最初の事例は、シャンベルタンの畑を意味するために1584年に発現したものとされる。そして、16世紀から17世紀にかけて、法律用語として定着していった。

　興味深いのは、ブルゴーニュのブドウ畑は同じ時期に絵画的表象の対象にもなっていたことである。それまでも畑の区画割りを記録するという意味での地図は存在していたが、16世紀後半に、鳥瞰図としてブドウ畑の様相が描画されている。

　ところで、仏語で景観を意味する paysage も同じ16世紀の産物であることに注目したい。単なる自然に見えて、背後に人為を含む眺めである paysage は、クリマが自然と人為の産物であることと併行している。一方は農地を示す climat となり、他方は当初は風景画、やがては眺めを示す paysage となった。この二術語の同時代性は、ブルゴーニュのクリマがワイン用ブドウ畑の区画であると同時に、ひとつとの景観としても認知されたことの傍証である[10]。フランスに於ける人為と自然の相互作用は、根源的に農地を美観とする流れに乗っていた。

　シャンパーニュに関する前章で、アラン・ロジェの審美化理論を援用しながら、同地方に於ける景観の発明を広告の多様化の時代に位置付けた。対して、ブルゴーニュでは実利的には無用なブドウ畑の描画が16世紀に出現している。それが、climat がブドウ畑を意味し、paysage が景観を指すようになった時代に併行していることは、農地の審美化の一端緒として特記されても良い。

2-3 クリマと有形・無形の遺産

　かくして成立し、かくして定義されたクリマには、有形と無形の遺産がある。

　有形遺産から見てみよう。

クリマは所有権区分の単純な反射ではない。土壌、気候、地形、日照、あるいは通風といった環境要素にも条件付けられている。それらを時間をかけて丁寧に見出していったのがシトー会であった。村々の教区教会は他の地域でも見られるが、ブルゴーニュではブドウ畑の中でも十字架をしばしば見掛ける[図4]。長い信仰の歴史に裏打ちされ、身近に置かれた宗教遺産は、世俗的なボルドーやシャンパーニュにはほとんどない。それらはブルゴーニュの景観を考察する上で、重要な構成要素となる。

また、ブルゴーニュに特有なのは、クリマを区画するミュレやミュルジェールという土留め壁、さらにはそれに付帯する農機具小屋のカボットである。クリマの所有者は、シトー会に加え、他の修道

図4 そこかしこで見られる十字架は、ブルゴーニュのブドウ畑が宗教遺産であることも象徴する

院、教会、封建領主や王族、ブルジョワ等の市民、あるいは都市民や農民等である。それらがモザイク状に零細な土地を所有してきた。それらは壁や生け垣で囲われたり、段々畑になることで区画が区分されていった。その土地区画工作物も、重要な景観構成要素になる。

他方、クリマは個別的性格が強いものだが、有形文化財の側面のみならず、無形遺産の諸相がある。ボルドーやシャンパーニュでは、造り手と言えばシャトーやメゾンで、つまりは正面に出てくるのは法人である。対して、クリマが含意する造り手とは農夫で、彼の頭の中にある知見や、体に染みついた技術が前面に出てくる。いずれも無形の遺産で、伝承性や民族性が垣間見える。

クリマのかくなる個別的印象や属人的性格が集合して景観が構成されるので、そこには目立つ要素が見付けにくい。小さな十字架やミュレやミュルジェール、あるいはカボットも、顕著な景観構成要素とは言えない。ブルゴーニュの景観の解りにくさは、かくなる点にもある。

2-4 クリマとボーヌのワイン遺産

他方、都市景観に関しては、視覚的インパクトが大きく理解が容易なものが多数ある。

ボーヌはブルゴーニュ・ワインの集積都市で、1443年創設のオスピス・ドゥ・ボーヌは、ワインの売り上げで無料の施療を行ってきた[図5]。後述の通り、多彩な色彩の瓦で葺かれた屋根が特徴で、ヴァナキュラー(土着的)な印象と同時に、ワイン商の豊かさや趣味の良さも

図5 ボーヌ近郊特有のポリクロミー（多彩色）の屋根瓦を冠し、物語性のみならず建築的にも価値が高い

看取させる優品である。

図6 ワイン博物館にコンヴァージョンされたブルゴーニュ公の邸館等、都市的遺産が濃度高く残る

フランス革命後、ブルジョワ達はワイン関連資産のみならず一般のそれも購入したが、ボーヌでは中世以来建設された城壁が売りに出された。かくして、メゾン・シャンソンが購入した修道女の塔やオラトリオ会の塔、あるいはメゾン・パトリアルシュが購入したダム・デュ・リュー・デューの塔はワイン貯蔵庫にコンヴァージョンされ、1602年に解体された古城は1820年にベルナール・ブシャールに売却されてワイン関連施設となっている[11]。

ボーヌのワイン商が、クリマでできたワインの流通に果たした役割は大きく、その遺産は、オスピス・ドゥ・ボーヌを中心に、上述の通り豊かに残っている［図6］。

3. ブルゴーニュの論理と一般人の論理

3-1 ワインの優劣への脱線

ブルゴーニュの世界遺産申請書類の解りにくさは、クリマの衒学性に留まらない。端的に書くと、的外れな感を強く持たせる。まずは、3種類の構成資産から概観する：

① 生産要素：クリマとワイン生産に関わる村落；
② 政治の中心、そして今日では科学や技術の中心となる要素：主としてブルゴーニュの首府たるディジョン；
③ 商業と仲買の要素：主としてボーヌ。

②が的外れなことと③が至極妥当なのは既述した。ここで論じるのは、遺産の中核となる①を登録するための論理の不可解さである。

世界遺産登録のためには、申請物件の顕著で普遍的な価値の挙証のため、主に既に登録された物件との差別化が必要とされる[12]。

銘醸地の世界遺産を検証した第3章にもあるように、ワイン関連遺産の登録論理は、サ

ン・テミリオンから数えて数十件に及ぶことで一通り出尽くし、差別化は困難になっている。シャンパーニュは産業遺産という文脈を活用できたが、ブルゴーニュの立てた論理は、的外れな点が少なくない。整理すると、以下の点に於いてである：

- 文化的景観ではなく文化遺産として申請したことに引っ張られたのか、ワインの専門家にしか解らず、しかも物的環境にほとんど表出しない品種の単一性や混醸の禁止等が強調されている；
- その歴史的展開に関し、ディジョン旧市街を組み込んだために、政治や教育といった遺産の存在にも言及せざるを得ず、シトー会の遺産という、ブルゴーニュのみならずヨーロッパ全体のワイン生産にとって一般的に理解が容易な重要事項を活用し切れていない；
- 同様に、クリマの歴史的変遷に関し、ワインの専門家にしか解らず、しかも物的環境にほとんど現れてこない格付けを中心とした記述になっている。

また、ブルゴーニュの申請書類で気になるのは、その特殊性を述べたい余り、他の遺産を劣位に置く姿勢である。例えば、ピコ島やチンクエ・テッレに関し、それらのワインは有名ではあるものの世界的名声はなく、景観を理由に世界遺産登録されたものだとする[13]。

確かに、世界遺産登録された銘醸地のワインで、ブルゴーニュのそれに匹敵する質を有するものは少ない。しかし、それらは段々畑を建設する刻苦や、逆にルネサンス絵画に表象されるほどのたおやかさを論理の主軸としていた。また、ピコ島やチンクエ・テッレは地形や植生の絶景的特性を主唱し、ワインが世界的名声を有するかどうかは論じていない。世界遺産は生産物の質は問題視しない。論述すべきは物的環境の特異性で、ワインの優劣ではない。この脱線は、以降の論理構築の全てを支配してしまう。

■-2 ブルゴーニュの論理の逆批判

そこで、ブルゴーニュの他者への批判的論理構成を逆批判することで、本来あるべき論理構成を提案してみたい。これは、農業文化財の保存概念の構築にも有益なはずである。

ブルゴーニュの申請書類では、比較衡量の軸として、①世界遺産登録（または暫定登録）された遺産、②区画を有する景観を翻案する遺産、及び③原産地統制呼称（AOC）制度を有する地域という3軸が設定されている。

例えば①の要素として、地質、品種、区画、格付け、その開始年代、あるいは醸造年の明記が挙げられている。しかし、品種や醸造年は遺産の外形に明確に顕現することはほとんどない。従って、例えば、世界遺産登録された銘醸地のワインの大半は複数品種を混醸したものだが、単一品種と明確な区画に基づき生産されるワインはブルゴーニュのみであると記述されても[14]、有形文化財の専門家が理解可能な外形に表出していないため、説得力は薄弱となる。

ブルゴーニュの申請は、文化的景観の範疇ではないが、景観的特性を上手く使わない手はなかったはずである。しかし、文化遺産との自己定義がそれを妨げる。端的なのが、以下

の文章である：

──── 他のブドウ畑はその例外性を景観の見事さという部分に集約させている。ブルゴーニュのクリマの場合、その例外性は、味に関わる多様な文化に反響する区画総体の物質的性質に基礎を置く。つまり、それらの例外的な美質に関し、景観を主因とするのではない。確かに、ブルゴーニュの丘陵の中にはそれに値するものもあるが、主因は、独自の味わいが生まれて認知される区画で構成される場なのである。[15]

　景観ではなく区画が重要と言われても、それを理解できる文化財関係者は少ないだろう。

　その結果、イコモスにより情報照会という審査結果を突き付けられ、さらに世界遺産委員会の場で文化的景観に範疇変更するという事態を招いてしまった。

　格付けや味を前面に出すと、有形遺産としての論理構築は困難になるし、しかも文化的景観に範疇ではないので、基準 (vi)（出来事や伝統との関係）も使いにくい。

■3-3 不可視の遺産による強弁

　登録推進のために刊行された『ブルゴーニュのブドウ畑のクリマ』にも、顕著で普遍的な価値の説明があるが、ワイン自体の差別化はあっても、それを物的環境に結び付ける意志は薄弱である。また、ワイン自体の差別化も強弁を感じさせる。実際、ワイン関連の世界遺産との比較とその差別化の論証でも、物的環境には直接的には無関係の事項が並ぶ。

　例えば、「サン・テミリオンとの本質的な相違点は、ブルゴーニュ［の格付け］が４段階であるのに対し、サン・テミリオンは３段階である」とし、「シャンパーニュとプリモシュテンが最も近接性が高いが、前者が生産するのは醸造年の明記された、あるいはされていない混醸ワインで、後者には見事な石造の仕切り壁があるが、ワインには一切の階層性がない」等の説明がなされる。しかし、文化遺産を構成する物的環境の差別化の中に、ワインの階層性という非物的要素を混同し、さらに他の遺産を差別化ではなく優劣の論理で比較する[16]。４段階構成や非混醸といった不可視の遺産は、物的環境として可視化されない。

　従って結論も、以下のように、意味不明になる：

──── ブルゴーニュのブドウ畑のクリマと、他の約20の世界のブドウ畑との間でなされた比較は、ブドウ畑という領域に関してのみだが、最初の結論に行き着くことになる。それは実に明快なものだ。ブルゴーニュのブドウ畑のクリマは、明々白々な特徴を呈しているのである。即ち、それは生産の場、つまり完璧に区切られた区画全体と、常に異なる味わいを理由に複数の規則によって確認された階層化されたクリュ全体とが結合した、唯一かつ例外的な事例なのである。

　言うなれば、他の銘醸地でも模倣可能なことしか記述されていない。そこで、ブルゴーニュが本来主張すべきであった、物的環境の顕著で普遍的な価値に関して提案をしてみたい：

① まず、都市的な主張としては、シャトー・クロ・ドゥ・ヴージョやオスピス・ドゥ・ボーヌといったワイン関連のモニュメントの存在である。これは、必然的にディジョンの位置付けの再考と、ボーヌへの力点の置き方を修正する；

② 次に、景観的な主張としては、シトー会を起点とする歴史の中で積み上げられたモザ

イク状のクリマのワインスケープである。これは、必然的に文化遺産から文化的景観へのカテゴリー変更を促す；

③ 最後に、建築的な主張として、ヴァナキュラーな工作物という地域遺産が挙げられる。次節では③を論じてみたい。

4. ヴァナキュラー工作物と人材育成

4-1 建築家なしの建築

建築という視点で見ると、ブルゴーニュのワイナリーは地味である[17]。ブルゴーニュほど、直接販売の看板を見かける銘醸地はなく[18]、であれば現代建築のワイナリーが陸続として出現しても良さそうなものだが、そうはなっていない。クリマという強力なセールス・ポイントがあり、ワインスケープを活用する必要がないためであろう。

これはワインのラベルからも傍証される。ブルゴーニュの多くのそれは文字のみで、ワインスケープはほとんど描写されない。

ただ、それは建築的不毛を意味しない。ブルゴーニュのワインスケープの面白味は、ヴァナキュラー建築の豊かさにある。その象徴が、土留め壁であるミュレあるいはミュルジェール、そして物置や休憩場所として使われたカボットという小屋である[図7]。

これらのヴァナキュラーな遺産の豊かさをなぜ強調しなかったのか。

シトー会の修道士にせよ、その後参入した世俗の造り手にせよ、華美な建築を構築する余裕はなく、実利的な工作物を建設するだけで精一杯だった。また、それを美徳としていた。そこには、それゆえの民俗学的な面白味が表現されており、以下ではその点に関して詳述してみたい。

4-2 空積みという技術遺産

銘醸地・ムルソー(Meursault)の語源は、murにある。この単語は、今日では壁を意味するものの、かつては要塞を意味していた[19]。いずれにせよ、銘醸地は囲まれていた。

ムルソーに限らず、ブルゴーニュのブドウ畑では、mur、muret、meurger、あるいはterrauxと呼ばれる空積みの石壁が散見される。実際、畑の前にクロ(囲いclos)と冠されるものが多数ある。ここで扱うのはミュ

図7 カボットの多くは朽ち果てる運命にあり、だからこそ保存が必要という論理構築ができたはずである

レとミュルジェールで、おおまかな仕分けだが、ミュレとは地面から垂直に立ち上がるさほどの大きさを持たない石材の境界壁で、ミュルジェールとは畑から掘り起こされた石を乱雑に積み上げた線形の石捨て場とでも言える［図8］。構造論的には、以下のように分類できよう：

図8 崩壊しつつあるミュルジェールを見るとその簡素な構造が容易に理解できる

- ミュレ：平板な石を積み、最上部に浸水防止用に斜めに石を積んだ壁；
- ミュルジェール：ブドウ畑を開墾する過程で掘り出された石材を空積みにした壁で、段々畑の土留めや、傾斜地の土壌流失防止を目的とする場合が多い。石塀というよりも、大きな石を積んだ境界構成物；
- クロ：ミュレやミュルジェールで構成される石垣で囲われた状態。その畑自体の人文社会学的表現がクリマである。

共通しているのは、空積み（pierre sèche）、即ち石材間にモルタル等を充填せずに、崩壊防止のために石材間の噛み合わせを考慮しながら積み上げて構築する点である。工法的に興味深い地方技術遺産である。

では、なぜこのような曲芸的工法で壁が建設されたのか。

ミュレやミュルジェールの建設目的は、ブルゴーニュのクリマで顕著な土壌流失の防止である。適度な多孔性により壁の手前に流失土が早期に堆積してしまうのを防止でき、さらにそれは通水や通風も担保する。

多くの銘醸地では、2週間や3週間、降雨がなくても問題は起きない。しかし、ブルゴーニュ特有のブドウ品種のピノ・ノワールやシャルドネは繊細で、多雨にも小雨にも弱い。そこで、多雨の場合は土壌流失を最小限に防止しつつ排水を充分に行い、小雨や干天の場合は適度な湿気を土壌に含ませることが可能な調湿装置が必要になる。モルタル等の充填剤を使用しないミュレやミュルジェールは、そのような相矛盾する気候的要求に対する人為的回答なのである[20]。

４-3 コモンズ的遺産の私人への押し付け

土壌流失に絡め、客土に関しても論じておこう。かつての客土は、平均すると年間2ミリメートルから4ミリメートルの土を投入するものであった。現代科学が明らかにした土壌流失量は、1ヘクタール当たりで年間1トンから26トン、即ち年間0.2ミリメートルから2.2ミリメートルだから、先人は精確にそれを目算していた[21]。

図9 コモンズ的遺産の管理を私人にのみ担わせると保全できない案件も出てきてしまう

現在は原産地統制呼称（AOC）制度で禁止されているが、かつては流失土壌の補完のため、遠方から客土も日常的に行われていた[22]。畑の開墾当初は植物が生え易いようにソーヌの谷の平地から客土をしていたし、中世の文献には、ロマネ・コンティへの客土も記録されている[23]。その慣行は20世紀初頭まで許容されていた[24]。

客土の議論は、AOC制度の硬直性を露わにする。ジャン=ロベール・ピットは、一般論として同制度の環境偏重の姿勢に疑義を呈し、必要とあらば客土も許容すべきだとする[25]。

ミュレやミュルジェールはその防止策だが、あくまで客土と相補的に存在してきた。しかし、今日、後者は禁止され、前者も維持が困難になっている。

ミュレやミュルジェールの保全が難しいのは、社会学的問題にも起因する。それらはかつて、村人や宗教団体が輪番で、自分の所有地ではなくても一定の労働を提供する形で建設された[26]。客土も一軒の農家が着手するには大規模に過ぎる工事である。そこで、村人の輪番や、規模によっては村ごとの輪番で工事が行われた。今日、かかる共助システムは存在しない。換言すると、共同体のコモンズ的遺産として、それらヴァナキュラーな工作物と、客土の伝統が重要なのに、修復の責任は土地所有者という一私人にかかる矛盾である[27]。

伝統的な土壌管理方法を消費者保護のための法が禁止し、共同体的工作物の管理を所有権の概念の下に私人に押し付ける。これが農村に於ける近代法の現状でもある［図9］。

4-4 カボットとヨーロッパ

ミュレにせよミュルジェールと同様に、空積みで雑石を積み上げて造った小屋がある。ブルゴーニュ方言でカボットと言い、作業中の休息や農機具の保管に用いられた[28]。

カボットのような素朴でヴァナキュラーな小屋は、ヨーロッパ各地に存在する［図10］。その呼称を表1にまとめた[29]。

本表作成のための参照資料はいくつかあるが、そのひとつが『ブルゴーニュにて－カボットとミュルジェール[30]』なる書籍である［図11］。ブルゴーニュでは既に1980年代からヴァナキュラー建築の滅失への懸念が表明され、本書は1990年に自費出版で刊行された。

カボットにも地域差があり、大半は円形だが、半円形や、長方形や正方形といった四角形のものもある。配置を見ても、通常はミュルジェール等の壁にもたれかけてあるが、丘の傾斜面に沿って造られたものや、ブドウ畑のただ中に独立しているものもある[31]。ミュルジェールは構成が単純であるせいか残存するものも少なくなく、とりわけブロションやジュ

図10-1 ボルドー近郊の鳩舎を兼ねた農機具小屋も崩落間近である

図10-2 スイス・マイエンフェルトの農機具小屋は既に屋根が除却されていた

図11 1990年に出版された書籍からは、逆説的に当時から保存の必要性が主張されてきたことを意味する

表1 各地方に於けるブドウ畑のヴァナキュラーな休憩小屋の呼称

国	地方	呼称	綴り（例）
フランス	ブルゴーニュ	カボット	cabottes
	ボージョレ	カボルヌ カドルヌ	cabornes cadornes
	ベリー	ロージュ	loges
	シャンパーニュ／マコン	カドル	cadoles
	フランシュ・コンテ	カボルド	cabordes
	ペリゴール	ガリオット	gariottes
	ケルシー	カセル	caselles
	ラングドック	カピテル	capitelles
	ヴェレー	シボット	chibottes
	プロヴァンス	ボリー	bories
イタリア	プッリャ	トゥルッリ	trulli
	サルディニア	ヌラーギ	nuraghi
スペイン	メノルカ島	ナヴェーター	naveta
	マヨルカ島	タラヨット	talayot
	リオハ	カジータ	casita

図12 図11のカボットの四半世紀後の現状は、使用されずに荒廃の一途である

ヴレ・シャンベルタンでは数多く見ることができる[32]。対してカボットは、今次の構成資産内でも46を数えるに過ぎない[図12]。

ところで、世界遺産の暫定登録すらなされてない1999年、コート・ドール県農業会議所及び同ブドウ農協会が共同で、ミュレやミュルジェールの調査を実施している。これは、ブドウ農自身が修復を行うための管理指針作成が目的であった[33]。

ブルゴーニュの世界遺産申請は、このような草の根の運動を起点とすべきであった。世界遺産制度の歴史的主旨を振り返り、ヴァナキュラーな遺産の喪失に対する危機感を国際社会と共有すべきであった。ヨーロッパにはカボットと類似の遺産がある。また、南仏のバニュルスのように、ヴァナキュラーな工作物が前面に押し出される銘醸地の遺産もある。このようなヨーロッパで共有可能な視座を活用すれば、共通認識も構築容易であったろう。

4-5 人材育成

ミュレやミュルジェールの石材は、製材したものでもなければ、切片を完全に整合させたものでもない。そもそも、充填剤すら使われていない。

この好い加減に見えて合理的な施工技術が断絶してしまえば、その面白味も途絶えてしまう。上述のように、コモンズの伝統の喪失の中、共同知も継承されない。

そこで、国や地方圏・県・基礎自治体、あるいは文化財財団といった公的団体が、様々なプログラムや補助金事業を実施している。ここでは、欧州連合の補助金で実施されたヘラクレス・プログラムを紹介する[34]。特殊な知見を普遍的なものすべく平易に記述し、さらにそれを属人的に承継させる試行は、工事予算の確保と相補的なものだからである。

ヘラクレス・プログラムは今日でも続いているが、ボーヌ職業訓練・農業推進センター（CFPPA）が中核となって、ブドウ畑に関わる地域文化財の修復技術の探求を進めたのは、2003年から3年間に亘った第一期事業である[図13]。参加したのは、ボーヌの他、オーストリアのヴァッハウ、スイスのヴァレー、ポルトガルのドゥロというヨーロッパ4カ国の銘醸地の22団体であった。その目的は、以下の4点である：

- 特殊な必要性に対応した人材育成教科書の作成；
- 革新的な教育方法の確立と国際的な現場

図13 現状診断の方法から費用の捻出まで、幅広い内容の受講テキストが準備されている

LES MURETS ET MURS DE CLOS
区画のためのミュレや石垣

それらはどのように建設されているのか？
COMMENT SONT-ILS REALISES ?

なぜそれらは傷んでしまうのか？
POURQUOI SE DEGRADENT-ILS ?

図14 壁体の構造や構法、さらには崩壊要因を整理することからテクストを開始している

を活用したその実践；
- ブドウ畑に関わる地域文化財の保全のための複数分野に跨がる訓練の組織；
- 法改正のための知見の提供。

　2006年の最終段階で優秀事例を収録した報告書が作成され、ブルゴーニュではそれが後にイコモスからの情報照会に対する回答にも付録として添付された。

　上記センターは、プログラム終了の1年前の2005年から研修講座を組織し、2014年現在で289名の修了生を輩出している。多くがフランスのブドウ農で、自らミュルジェールやカボットの簡単な修繕を行う技術を習得した[35]。

　また、後述するコート・ドゥ・ボーヌ南部指定景勝地に関し、『「コート・ドゥ・ボーヌ南部」指定景勝地に於ける擁壁・カボット・水利施設の修復と建設−技術ガイド』[36]が作成され、それもイコモスへの回答に付録として示されている。同ガイドにはヴァナキュラー工作物である区画区分壁や土留め壁、休憩所・農具小屋、あるいは雨水による土壌浸食防止のための導水溝の歴史的建設法や現代的修復法が示されている［図14］。

　かかる具合に、地域文化財保全のための修復技術の文章化、人材育成、さらには予算措置がなされており、ブルゴーニュのブドウ畑のクリマの保全的刷新は、顕著な文化財や採算性の高いブドウ畑のみを対象とするのではなく、地域の歴史全体を視野に収めたものと言えよう。

4-6 ブルゴーニュと石

　ヴァナキュラーな遺産の一方で、他のフランスの銘醸地と同様、ブルゴーニュにも採石場で採掘され加工された石材を用いた建造物が多数存在する。その都市や村落の都市景観に同質性を付与するのは、地元産出のジュラ紀の固い石灰岩のベージュ色と、漆喰のベージュ色である。

　また、ポリクロミー（多彩色）も豊かで、屋根材の彩色瓦が真っ先に思い浮かぼう。ボーヌのオスピス・ドゥ・ボーヌのように、黄色や緑色といったフランスでは通常は用いられない色彩の瓦が、幾何学的パターンを描く配列で屋根を飾っている。また、ブドウ農の建物は、石灰岩で主構造を構成した後、表面に漆喰を塗ったものが多いが、中には漆喰にワインの澱を混ぜ込んでヴァナキュラーなポリクロミーを構成しているものもある。

　後述するように、イコモスの調査委員は、緩衝地帯の採石場が構成資産を毀損する可能性があるという非難を展開する。対して、ブルゴーニュ側は、採石場はブルゴーニュの建築史を構成する重要な資産であると反論する。これは完全にブルゴーニュ側に理がある。

5. 申請と管理のガヴァナンス

5-1 ワイン観光が示唆する不連続ガヴァナンス

　シャンパーニュ同様、ブルゴーニュでもワインの業界団体を主体とした世界遺産登録推進団体が非営利社団 (association) の形式で設置された。民間組織が主導する構図だが、法的拘束力を有する管理措置を執行可能のは公権力のみで、それらとの協力と調整が推進団体の主務のひとつとなる。

　そこで、ブルゴーニュのガヴァナンスを俯瞰したいのだが、その前に一点だけ背理的にその特徴を指摘しておくと、基礎自治体の存在感が稀薄であることが挙げられる。

　これはワイン観光を例えとすると理解容易になる。県道122号線を運転する観光客は、いきなり出現した造り手の案内看板を見て、ハンドルを切る。つまり、県レヴェルの幹線道路と私人の酒蔵が直接つながり、村落の段階がない[37]。ボルドーであれば、基礎自治体の観光案内所や民間の観光業者を傘下に収めたワイン都市で案内を受けてツアーでシャトーを訪問するし、シャンパーニュであればランスなりエペルネなりの観光案内所がメゾンを紹介する。しかし、ブルゴーニュにはそのような司令塔も案内所もなく、人々は自力で造り手とつながらなければならない[図15]。

図15 著名醸造所の集中するヴォーヌ・ロマネ村には観光案内所がなく、役場も夏場の午後は閉まっている

5-2 地方集権とスマート・スプロール

　都市計画や文化財保護も、この観光の突然性の同様の展開になる。つまり、広域一貫スキーム（SCOT）や景勝地は設定されているが、基礎自治体が全権を掌握可能な地域都市計画プラン（PLU）を有するのはディジョンやボーヌ、あるいはニュイ・サン・ジョルジュといった比較的大規模なそれのみである。今日、中小基礎自治体でもPLU策定の動きがあるが、そ

表２：ブルゴーニュの構成資産の文化財保護・都市計画一覧

基礎自治体	都市計画文書	2010-2011総合文化財調査	屋外広告物規則	登録景勝地	指定景勝地(既存)	指定景勝地(予定)	AVAPまたはPSMV	その他(○:AVAP推奨)
アロース・コルトン	RNU	勘案予定				コート・ドゥ・ボーヌ南部を拡張		○
オーセイ・デュレス	RNU	勘案予定			コート・ドゥ・ボーヌ南部			○
ボーヌ	PLU	勘案予定	既存		コート・ドゥ・ボーヌ南部／パルク・ドゥ・ブゼーズ (他)	コート・ドゥ・ボーヌ南部を拡張	AVAP予備調査中	○
ブリニー・レ・ボーヌ	PLU							○
ボンクール・ル・ボア	PLU							○
ブロション	PLU	勘案予定			コンブ・ドゥ・ブロション	コート・ドゥ・ニュイ新設		○
シャンボール・ミュニジー	RNU	勘案予定			コンブ・ドゥ・シャンボール・ミュニジー	コート・ドゥ・ニュイ新設		○
シャサーニュ・モンラッシェ	基礎自治体土地利用図	勘案済み			コート・ドゥ・ボーヌ南部			
シャイイ・レ・マランジュ	RNU	勘案予定			モンターニュ・デ・トロワ・クロワ			○
シェノーヴ	PLU(改定作業中)	勘案予定				コート・ドゥ・ニュイ新設	AVAP予備調査中	○
ショレイ・レ・ボーヌ	PLU	勘案予定				コート・ドゥ・ボーヌ南部を拡張	AVAP予備調査中	
コンブランシアン	PLU	勘案済み						景観プラン検討中
コルセル・レ・ザール	PLU							○/景観プラン検討中
コルゴロワン	POS(PLU策定中)	勘案予定						
クシェイ	PLU		既存(改定を検討中)	コンブ・ドゥ・フィセイ	コンブ・ペヴネル	コート・ドゥ・ニュイ新設	AVAP予備調査中	○
ドゥジズ・レ・マランジュ	RNU	勘案予定			モンターニュ・デ・トロワ・クロワ			○
ディジョン	PLU	勘案済み	既存(改定を検討中)	ウーシェの噴水と小川 (他)	サン・タンヌの噴水 (他)		1990/02/08PSMV承認済み／AVAP予備調査中	○
フィクサン	POS(PLU策定中)	勘案予定	既存	コンブ・ドゥ・フィセイ/コンブ・ドゥ・フィサン	パルク・ノワゾ	コート・ドゥ・ニュイ新設	AVAP予備調査中	○
フラジェー・エシュゾー	PLU	勘案予定						○/景観プラン検討中
ジュヴレ・シャンベルタン	PLU	勘案予定			コンブ・ラヴォー	コート・ドゥ・ニュイ新設	AVAP予備調査中	
ジリー・レ・シトー	PLU			プラタナスの緑道		コート・ドゥ・ニュイ新設		

212　第２編

れは今次の世界遺産申請の事後的副産物である［表2］。換言すると、登録推進運動がなければ、それらは自治体独自の都市計画を具備する意志を持たなかった。

　ともあれ、SCOTや景勝地制度によるマクロな遠景の制御から、AOC制度によるミクロな近景のそれへの飛躍があり、中間尺度の中景、即ち複数のクリマをまとめたワインスケープや、集落の中でブドウ農の家屋が継起する街路景観の管理は、やや弱い［図16］。そのため、

基礎自治体	都市計画文書	2010-2011 総合文化財調査	屋外広告物規則	登録景勝地	指定景勝地（既存）	指定景勝地（予定）	AVAP または PSMV	その他（○：AVAP 推奨）
ラドワ・セリニー	PLU（改定作業中）	勘案予定				コート・ドゥ・ボーヌ南部を拡張		○／景観プラン検討中
マルサネ・ラ・コート	PLU（改定作業中）	勘案予定	既存（改定決定）		コンブ・ペヴネル	コート・ドゥ・ニュイ新設	AVAP予備調査中	○
ムルソー	PLU	勘案予定	既存		コート・ドゥ・ボーヌ南部		AVAP予備調査中	○
モンテリー	RNU	勘案予定			コート・ドゥ・ボーヌ南部			○
モレ・サン・ドゥニ	PLU	勘案予定				コート・ドゥ・ニュイ新設	AVAP予備調査中	○
ニュイ・サン・ジョルジュ	POS（PLU策定中）	勘案予定	策定中	コンブ・ドゥ・ラ・セレ		コート・ドゥ・ニュイ新設	AVAP予備調査中	○／景観プラン検討中
ペルネン・ヴェルジュレス	RNU（PLU策定中）	勘案予定		ペルネン・ヴェルジュレス村		コート・ドゥ・ボーヌ南部を拡張		○
ポマール	RNU	勘案予定			コート・ドゥ・ボーヌ南部			○
プリモー・プリセイ	PLU	勘案予定						○／景観プラン検討中
ピュリニー・モンラッシェ	RNU（PLU策定中）	勘案予定			コート・ドゥ・ボーヌ南部		AVAP予備調査中	○
サン・トーバン	RNU	勘案予定			コート・ドゥ・ボーヌ南部			○
レミニー	RNU	勘案予定		コート・シャロネーズ	コート・ドゥ・ボーヌ南部			○
サン・ロマン	基礎自治体土地利用図	AVAP で勘案予定					ZPPAUP（AVAP に改定中）	○
サンピニー・レ・マランジュ	RNU	勘案予定						○
サントネー	POS（PLU策定中）	勘案予定			コート・ドゥ・ボーヌ南部／モンターニュ・デ・トロワ・クロワ		AVAP予備調査中	○
サヴィニー・レ・ボーヌ	PLU（改定作業中）	勘案予定		コンブ・ア・ラ・ヴィエイユ・エ・ファレーズ（他）		コート・ドゥ・ボーヌ南部を拡張	AVAP予備調査中	○
ヴォルネイ	RNU	勘案予定			コート・ドゥ・ボーヌ南部			○
ヴォーヌ・ロマネ	PLU（改定作業中）	勘案予定				コート・ドゥ・ニュイ新設		○
ヴージョ	POS（PLU策定中）	勘案予定				コート・ドゥ・ニュイ新設		○

図16 全体を実質的に2件のSCOTが覆うものの、即地的な生活環境の制御計画が未定になっている

基本的に基礎自治体の尺度で建築・文化財活用区域(AVAP)を策定予定だが、AVAPはあくまで優品文化財の管理を目的とし、生活環境の制御はPLUの役割なのだから、都市計画上の欠落がある。

他方で、この欠損は逆説的に生活環境の安定性を象徴している。ブドウ栽培やワイン生産の採算性が、都市開発や郊外拡張のそれに対して充分に高く、劣化の徴候も現時点ではない。

また、銘醸地では自動車が主要交通手段で、醸造所やそれに付随する住宅も離散的に所在してスマートにスプロールしている。ブルゴーニュは、クリマの規模に比例して造り手も小規模で、未だに家族経営も多い。醸造所と住宅の組み合わせは職住近接の極点で、しかし買物や通学、さらには通院等に自動車を使用する。ここにコンパクト・シティ（集約型都市構造）論やスマート・シュリンキング（賢明な縮退）論を適用するのは賢明ではない。

ブルゴーニュでは、地域経済の構造とそれが導く都市形態に応答し、都市計画の尺度は広域にならざるを得ないし、ガヴァナンスも基礎自治体を単位とするわけにはいかない。地方分権を性善ではなく、地方集権を必要とする風土も存在する。ブルゴーニュは、スマート・スプロールと地方集権を必要とする風土の典型である。

そこで本節では、まず申請と管理のために適度な集約性と離散性を有する諸団体、次にそれらが展開した運動、最後にスマート・スプロールのための都市計画と文化財保護を見る。

5-3 申請組織とヴァナキュラー建築

2007年4月にブルゴーニュのブドウ畑のクリマをユネスコの世界遺産に登録する協会 (AICVBPMU) が、ブルゴーニュ・ワイン職種横断会議 (BIVB) を核に、ディジョン市やボーヌ市の財政支援も受けて設置された。会長にはドメーヌ・ドゥ・ラ・ロマネ・コンティ (DRC) のオベール・ドゥ=ヴィレーヌが就任した。ドゥ=ヴィレーヌは2002年の暫定リスト登録の発

起人でもある。また、同醸造所は、世界的に著名なクリマであるロマネ・コンティやラ・ターシュといった畑を単独所有する［図17］。いわば、ブルゴーニュのワイン業界でも最も著名な人物が代表を務めた。

構成資産は、ブルゴーニュのワイン生産の核となるコート・ドゥ・ニュイ地区とコート・ドゥ・ボーヌ地区に跨がる1万3,475ヘクタール、全長約60キロメートルの細長い形状で、1,247のクリマが含ま

図17 ロマネ・コンティの十字架はガイドブック等でも多用され、その当主が会長となったのは象徴的であった

れる［図18］。行政区画としてはコート・ドール県の36基礎自治体とソーヌ・エ・ロワール県の4基礎自治体を含み、ディジョンとボーヌが核都市となる。また、緩衝地帯は49,755ヘクタールに及び、行政区画としてはコート・ドール県の85基礎自治体とソーヌ・エ・ロワール県の17基礎自治体を含む。ただし、同一自治体内に構成資産と緩衝地帯双方が併存することも多く、構成資産関連自治体と完全に排他的ではない。

ともあれ、これだけ多数の自治体を結び付けるには、ドゥ=ヴィレーヌのような人材が必要であった[38]。協会の構成は定款第3条で定義され、組織として政治方針会議、技術ミッション、そして市民フォーラムが設置された[39]。また、研究者や技術者36名で構成される学術委員会が設置され、顕著で普遍的な価値の実証のための諸研究を推進した。

その一例が、2010年7月から2011年12月にかけて実施された文化遺産総合調査である。同協会の予算約8万ユーロを使って、地方圏文化局（DRAC）文化財・台帳課の指導の下に実施された[40]。基本的に構成資産内の全街路を悉皆的に踏査することで、文化財保護の対象となるような顕著な案件ではなく、地域の人々にとっては当然の風景でありながら、外来者には価値あるものと映るローカルな文化遺産に視線が向けられた。

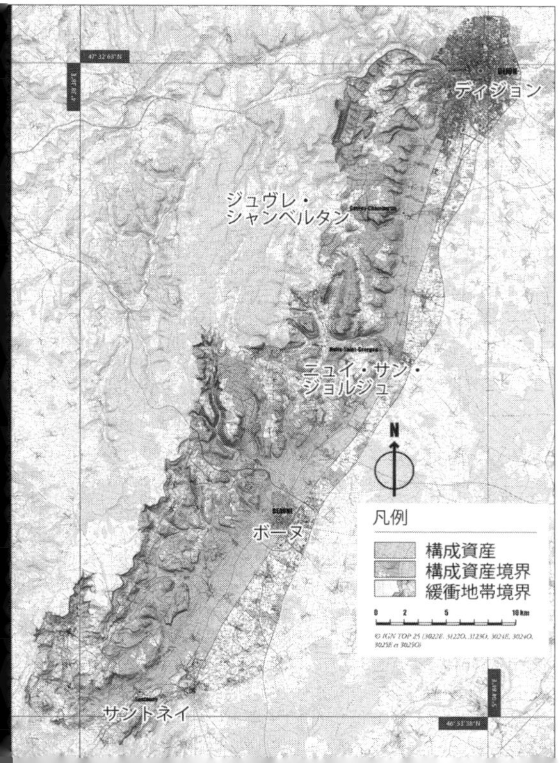

図18 東斜面の連続帯という地形的特徴は、逆説的に関係自治体の数の多さを意味することになる

第6章　ブルゴーニュのブドウ畑のクリマ　215

その結果、合計1,035件が把握された。

　例えば、ミュルジェールやカボットは、稀少になったこともあって重要性が指摘されてきたが、悉皆的に台帳化されてはいなかった。この調査の結果、2012年の申請書類でそれら地域文化財のリストを提示できた[41]。

5-4 領域憲章と地域の懐柔

　本調査は、景勝地の拡張を検討する際に、遺産の分布についての基礎的情報を提供することで境界画定に貢献する他、各基礎自治体が参照源として、PLUで景観の制御に結実する際の根本資料ともなっている。

　さて、AICVBPMUは、世界遺産登録後に以下の3部門で構成されるミッション・クリマ・ドゥ・ブルゴーニュに組織改編された：

- ・市民部門：基本的に上記の登録推進協会と重合し、市民の啓発と合意形成を担う；
- ・政治部門：主に領域憲章の署名自治体（地方圏・県を含む）の首長による政治決定の円滑化を計る；
- ・技術部門：主に関連自治体の行政部門の代表者が構成するもので、管理を担当する。

　当初の申請組織の理事会内にいた議員を分離し、逆に芸能人やスポーツ選手等で構成されていた支援委員会を吸収することで、純粋に調整役の位置付けになることとなった。

　ところで、調整役となるということは、広範な利害関係者の信頼が必要で、世界遺産の場合、構成資産から漏れた緩衝地帯の自治体や関係者の巻き込みが重要になる。それに関しては、協会は登録運動の最中から注力をしてきた。

　2011年4月8日の協会主催のイヴェント「クリマ大行進」には約3,000人が参加し、シャンボール・ミュニジーからクロ・ドゥ・ヴージョまでのクリマ群を松明で区切ってそのモザイク的形状を薄暮に浮かび上がらせた。そして終点のシャトー・クロ・ドゥ・ヴージョに於いて、53団体が領域憲章に調印した[42]。本憲章は、関係自治体や関係機関が、物的環境制御だけではなく啓発やプロモーション活動等に於いても協力を推進することを謳ったものである。シャンパーニュでも参画区域の設定がなされたが、ここでも憲章の形式で同様の懐柔が行われた。

5-5 適材適所の集権的管理組織

　上記のミッション・クリマ・ドゥ・ブルゴーニュが管理計画の方針を討議する基盤だとすると、実質的な遺産管理は、法的措置を行使可能な公権力が担う。具体的には、上記ミッションで利害関係者の合意を得た管理計画の執行は、国の中央分権機関や関係基礎自治体との協働体制の下、4件の基礎自治体間協力公施設法人（EPCI）、県、地方圏及び業界団体の責任となる。

　かくなる実質的管理組織の検討は、戦略委員会が関係機関により設置されることで2009年に始まった。その結果、意思決定機関として地域会議、助言機関として常任技術委員会の

創設が決まった [図19]。

　地域会議は、ディジョン市長、ボーヌ市長及びワイン業界代表の3名が共同議長を、EPCIの首長、県議会、地方圏議会等の代表9名が副議長を務める。基本的に年1回の開催である。既に登録前の2013年10月から活動を開始している。

　常任技術委員会は、前述のミッション・クリマ・ドゥ・ブルゴーニュの技術部門の構成に準拠して4部門から構成される。4件のEPCIから関係技官が参加する他、県建築・文化財課（SDAP）、県施設局（DDE）、地方圏環境・空間整備・住宅局（DREAL）等の国から中央分権機関の技官が参画するもので、年3回の開催である。

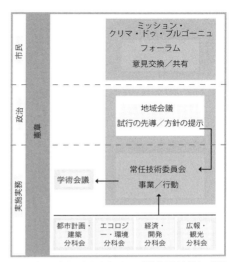

図19 市民の意向を政治が受け止め、学識集団が支援する構図になっている

　ブルゴーニュの管理組織の構造が興味深いのは、適度な尺度の地方集権組織が、適材適所で役割分担をしている点である。具体的には、構成資産内には4件のEPCIが所在し、各々は以下の通り独自の利点や問題を抱えている：

- ディジョネ人口集積地共同体：都市計画・空間整備・景観の管理；
- ジュヴレ・シャンベルタン基礎自治体共同体：環境と天然資源管理；
- ニュイ・サン・ジョルジュ地域基礎自治体共同体：空間整備・経済開発；
- ボーヌ・コート・エ・シュッド人口集積地共同体：観光と文化。

　換言すると、各々は独自の課題に精通している。世界遺産の管理計画は、これら4軸を活用して構成され、4件の委員会が形成される。これは、ミッション・クリマ・ドゥ・ブルゴーニュの中の技術部門にも対応するし、行政機関で構成する常任技術委員会の分科会構成にも対応している。それらには各EPCI人からの代表技術者が少なくとも1名は入る。また、各委員会の運営は、各EPCIの人員配分能力等に応じ、以下の通りとなる[43]：

① 第1委員会：建築・都市計画・景観（グラン・ディジョン人口集積地共同体／ボーヌ・コート・エ・シュッド人口集積地共同体）；

② 第2委員会：環境・天然資源（自然風土に関しジュヴレ・シャンベルタン基礎自治体共同体及びブルゴーニュ・ワイン職業横断審議会（BIVB）／水質・衛生・廃棄物処理に関しニュイ・サン・ジョルジュ地域基礎自治体共同体及びBIVB）；

③ 第3委員会：経済・地域開発（ブルゴーニュ地方圏議会）；

④ 第4委員会：広報・観光（コート・ドール県議会）。

　因みに、ブルゴーニュのブドウ畑のクリマの構成資産は、コート・ドール県だけではなくソーヌ・エ・ロワール県にも拡がる。EPCIというガヴァナンスの単位で見ると、上述のコー

ト・ドール県の4法人に加え、ソーヌ・エ・ロワール県の構成資産内に所在するレミニー、シャイイ・レ・マランジュ、サンピニー・レ・マランジュ及び3基礎自治体は、2014年1月1日に創設されたモン・エ・ヴィーニュ基礎自治体共同体に所属している。

5-6 申請と管理を支援する基盤と運動

登録運動は基本的に政財界が中心となったが、それを下支えする基盤や、営利や政治的野心とは無縁の草の根の運動があってこそ、遺産は市民的価値を獲得する。

例えば、科学的なアプローチを通じて顕著で普遍的な価値を立証するためには学術的蓄積が必要になる。ブルゴーニュ大学には2007年にユネスコの協力講座「ワインの文化と伝統」が設置され、ボルドー大学に設置された醸造学中心のアプローチではなく、人文社会学的アプローチでワインの文化的側面を照射する研究が進められている。今次申請に際しては、講座担当教授のジャン=ピエール・グラシア等による研究が活用されている。彼らの多くは登録推進協会の学術委員会に参画した[44]。

他方、登録推進のため、一般市民に対する普及・啓発活動で大きな役割を果たした団体が、コート・ドール県の建築・都市計画・環境助言機構（CAUE）である。CAUEは建設許可申請手数料の一部が充当され運営資金とされる非営利社団で、通常業務は、建設許可申請に関する一般市民の相談対応や、都市計画の専任職員が手薄な自治体への助言である。それら専門家が、本務以外の協力として、2009年から2014年までに計13回の現地見学会を組織した[45]。

さらにミクロな尺度での、市民的な動きも失念できない。例えば、コルトンでは2010年にコルトン景観協会が創設されている[46][図20]。これは、アロース・コルトン、ペルナン・ヴェルジュレス及びラドワ・セリニーの村々に跨がるコルトンの丘の保護を目的とした非営利社団である。保護対象には景観だけではなく生物学的多様性や水質等も含まれるので、業者同士の勉強会的色彩も看取できる。ただ、興味深いのは、それらの目的に並んで、文化財を活用したワイン観光の推進が謳われている点であろう[47]。ブルゴーニュの世界遺産登録申請では観光推進への言及が少ないが、クロ・ドゥ・ヴージョやホスピス・ドゥ・ボーヌの隆盛の反面、小規模な造り手は直接販売等に関する知見も少ないため、協働してそれに対応する共助組織とも言える。

同様にミクロな尺度だが、複数の非営

図20 コルトンの丘は写真映えするので、その四季を撮影した写真集が出版されるほどである

利社団がミュルジェールやカボットのリスト化や保存運動を組織し、その結果、観光客が機械化以前の農家のきめ細やかなれども苦労の多かった労働の有様を想像することも可能になっている。やや脚色すると、ブルゴーニュ・ワインの文明的な発見の旅で、その真正性への希求に対する地域の応答である[48]。

6. 保全措置

6-1 目的別の手法の整理とラベリング制度

　第2章で整理したように、ブドウ畑の景観の保全や関連遺産の保護のためには複数の手法がある。複数の目的には複数の手段を講じるのが制度設計の基本だから、ブルゴーニュでも保護対象に対応して諸処の方策が布置されている。

　本章では、ツール別ではなく目的別にそれを整理してみたい。ブルゴーニュのワインスケープは、サン・テミリオンやシャンパーニュ同様、主に農村部の景観と都市部のそれに分類できる。さらに後者の制御に関しては、醜景防止のための規制と、優品保護のための規制という方策がある：

① ブドウ畑の景観の保全（原産地統制呼称（AOC）制度による近景の制御、景勝地とガイドラインの活用）；
② 醜景防止のための規制（スマート・スプロールを前提とした地方分権・集権・越権の都市計画、屋外広告物規制）；
③ 優品保護のための規制（歴史的モニュメント（MH）、保全地区（SS）、建築・文化財活用区域（AVAP））。

　さらに、観光事業等に活用してもらうことで保全を側面的に支援する方策としてラベリング制度がある。本件のそれを整理すると、ディジョンは「芸術・歴史の都市・風土（VPAH）」認定を受けているし、複数の自治体がフランス観光開発機構（Atout France）の「ブドウ畑と発見」ラベルを受けている。因みに、ボーヌは市単独ではなく郷土ボーヌとしてVPAHに立候補することが検討されたが、2018年2月現在、実現していない。

6-2 ブドウ畑の景観の保全

6-2-1 文化財保護の事後的性格

　ブドウ畑の近景に関しては、原産地統制呼称（AOC）制度が1936年来存在しており、ブルゴーニュ・ワインの価格を勘案すれば、それが景観破壊という否定的方向に向かうことは想定不可能である。さらに、2009年10月18日の第2009-1252号政令により、AOCブルゴーニュの仕様書には、以下の一文が加えられた：

———— ブドウ樹の植樹前には、地形、地下、耕作表土、あるいは区画や画定された地域の景観を構造付ける要素に関し、物質的改変を惹起することがない空間整備や工事しか許可されない。

　文中で「景観」が明言されたのは、2006年1月の農業基本法及び同年に国立原産地統制呼称院（INAO）が刊行した報告書を受けてのことである[49]。これで近景の安定性は完全と言

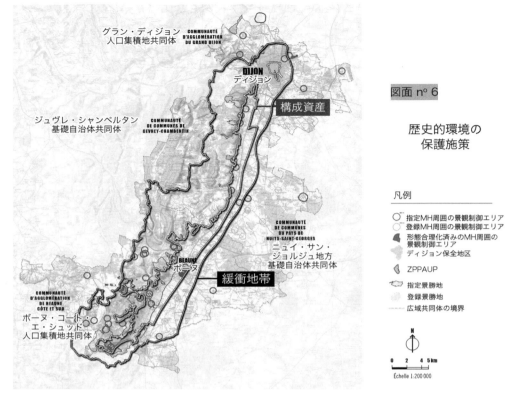

図21 割合的には4分の1弱を覆うが、即地的にはボーヌ丘陵の東南斜面を保護しているに過ぎない

える。

　中景と遠景についても、コート・ドゥ・ボーヌ南部には既に1992年に景勝地指定がなされている。現行法で言うと環境法典法律編第341条に基づく4,769ヘクタールがそれで、3,030ヘクタールは構成資産、1,739ヘクタールは緩衝地帯を保護している。構成資産は全体で1万3,219ヘクタールだから4分の1弱のエリアに関わる［図21］。

　ただ、文化財保護の宿命として、問題の事後になって初めて保存措置が設定される構図がある。コート・ドゥ・ボーヌ南部景勝地もその例外足り得ず、指定目的は観光ホテルの建設阻止であった。

　第2章でも述べたが、AOCの担当組合は、基礎自治体が策定する都市計画文書ばかりではなく、民間が提出した建設許可申請に関しても、当該プロジェクトがAOCで保護される農地や製品に悪影響を及ぼすと思料した場合、妥当性の審査を当局に請求できる。

　コート・ドゥ・ボーヌ南部ではこの規定が活用され、地元のAOC担当団体が審査請求を提出した。環境大臣は、ホテル建設は景観を破壊し、ブルゴーニュ・ワインの質とイメージを毀損すると認め、1992年4月17日の政令で景勝地として緊急指定してそれを阻止したのである[50]。

6-2-2 好い加減の都市計画の有効性

コート・ドゥ・ボーヌ南部景勝地は、ボーヌ、ポマール、ヴォルネイ、オーセィ・デュレッス、ムルソー、モンテリ、サン・トーバン、ピュリニィ・モンラッシェ、シャサーニュ・モンラッシェ、コルポー、サントネイ及びレミニーの12基礎自治体を含み、コルポーとレミニーを除くと全基礎自治体が特級か一級のクリマを擁する。かくなる銘醸地では、ワインの採算性が都市開発のそれよりも高く、基本的に開発は想定されていない。多くの基礎自治体は、都市化を前提としない全国都市計画規則 (RNU) しか具備していなかった。そこに開発計画が提出された。

これは都市計画の欠点というよりも、運用の効率性を勘案すれば当然である。悉皆的に土地調査を行い、採算性が相対的に小さい敷地を抽出し、そこに厳格な都市計画規制をかけることが可能であれば最善だが、市場の動向にも左右され、時々刻々変わる地価を参照しながらの規制設定は不可能である。であれば、都市計画は曖昧にしておき、上述のように個々の建設計画に対してケース・バイ・ケースで審査を行い、悪質な開発には職権で停止を命じられる仕組みの方が利点が多い。こうすれば、面倒な都市計画規制も、事後的な泣き寝入りも不要になる。「きめ細やかな都市計画」というと聞こえは良いが、「好い加減の都市計画」が有効な風土もある。「好い加減な」ではなく「好い加減の」、つまりさじ加減の良いという意味である。

6-2-3 ガイドラインを有する景勝地

基本的に、MH周囲500メートルや景勝地に於ける景観制御は、歴史的環境監視建築家 (ABF) の主観に依拠する。「主観」と書くだけで否定的反応がありそうだが、通常は申請者側も納得する判断が下されるし、納得せずに提訴しても原告勝訴の可能性は著しく低い。護民官精神に基づく専門家の判断だからである。

他方で、申請者側にも審判側にも大まかでも良いのでルールがあると、都市開発に於ける時間費用の浪費を最小化しながら、景観的にもより最善に近い案が生まれる可能性が高まる。これが緩やかな憲章の役割で、コート・ドゥ・ボーヌ南部指定景勝地では、フランスの景勝地では稀有なことに、かくなるガイドラインが立案された。

1992年の指定から8年後にはなったが、2000年に『「コート・ドゥ・ボーヌ南部」指定景勝地管理指針』[51]を策定がされたのである［図22］。これは、1997年7月9日にパイロット委員会が創設され、2000年6月15日に承認されたものである[52]。同委員会には、ブルゴーニュ地方圏への環境省の中央分権機関、関係基礎自治体、ブドウ農やワイン生産に関わる諸団体、さらに、観光ホテル建設阻止という指定の歴史的経緯から、ボーヌ地方の旅行業組合等が参画し、幅広い関係者の意見が反映されている[53]。

銘醸地のブドウ畑の景観の管理には、近景から遠景まで、尺度と種別の異なる制御方策が必要になる。コート・ドゥ・ボーヌ南部では、ブドウ樹、ミュレやミュルジェール、あるいはカボットのようなミクロでヴァナキュラーな景観要素の保存に始まり、同じ近景であり

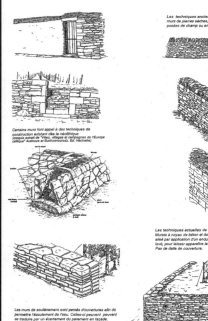

図22 景勝地のガイドラインだけに、修復方法のみならず工事の届出や許可に関しても記述がなされている

　ながら屋外広告物等の醜景の抑制も必要になる。最大尺度は、広大なブドウ畑を視野に収める眺望景観の管理で、曖昧だがきめ細やかな指針策定が要求される。また、ブルゴーニュでもブドウ畑の拡張が散見される。その制御も目的である[54]。

　憲章の骨子は景観の構造とタイポロジーの保存、景観を尊重した営農の推進、ヴァナキュラー建築の活用、さらに観光の質の向上で、凍結保存は目指されていない。

　ところで、本憲章ではワイン生産関連の遺産の保護や活用という点で建築が規定されているが、村落部の建築的遺産は包含されていない。これは分節と補完性の論理に基づくもので、そのためには都市計画なり別の文化財保護制度を活用せよということであろう。実際、かなり後になるが、2011年に登録推進協会が国から中央分権された出先機関群と共同で実施した調査では、景勝地の構成資産全域への拡張と、村落部に建築・文化財活用区域（AVAP）を掛けることが必要と結論された。

6-2-4 景勝地の拡張とガイドラインの継承

　コート・ドゥ・ボーヌ南部は四半世紀前に指定景勝地になっているが、ブルゴーニュの銘醸地に関連する景勝地というと、1993年創設の三十字架山岳（Montagne des Trois Croix）指定景勝地しかしない。同景勝地は1,220ヘクタールの面積だが、1,051ヘクタールが世界遺産の緩衝地帯に掛かるのみで、残りは構成資産と無関係である。

そこで、コート・ドゥ・ボーヌ南部指定景勝地を北に拡張してコート・ドゥ・ボーヌ全体、さらにはコート・ドゥ・ニュイも保護することが検討されている[55][図23]。

コート・ドゥ・ボーヌ北部に関しては、2018年を目途に8基礎自治体の4,000ヘクタールに亘る景勝地指定をすることが決まっており、現在範囲の合意形成が進行中である。8基礎自治体とは、アロース・コルトン、ボーヌ（既存のコート・ドゥ・ボーヌ南部指定景勝地の隣接地区）、ショレイ・レ・ボーヌ、ラドワ・セリニー、ペルナン・ヴェルジュレス、サヴィニー・レ・ボーヌ、エシュヴロンヌ、マニー・レ・ヴィレールである。なお、エシュヴロンヌとマニー・レ・ヴィレールは緩衝地帯に所在する基礎自治体になる。本

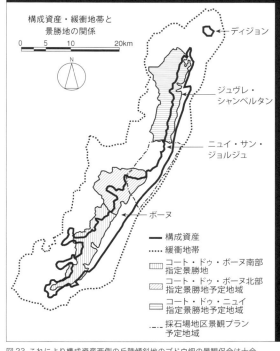

図23 これにより構成資産西側の丘陵傾斜地のブドウ畑の景観保全は十全となる

景勝地の内、約3分の1が構成資産、残りが緩衝地帯にかかる。

同様に、コート・ドゥ・ニュイに関しても指定景勝地創設が検討されており、範囲は12基礎自治体の4,900ヘクタールになる。12基礎自治体とは、マルサネ・ラ・コート、フィクサン、ブロション、ジュヴレ・シャンベルタン、シャンボール・ミュジニー、ヴージョ、ヴォーヌ・ロマネ、フラジェー・エシュゾー、ジリー・レ・シトー、ニュイ・サン・ジョルジュ、モレ・サン・ドゥニ、クシェイで、半分が構成資産、半分が緩衝地帯に掛かる。

因みに、コート・ドゥ・ニュイ指定景勝地の管理指針は、コート・ドゥ・ボーヌ南部指定景勝地のガイドラインが参考にされる予定である[56]。これは両地域の景観の構造の類似性に拠るが、同一県内の同系の景勝地に於けるABFの判断が、地理的にも時間的にもより一貫するはずで、官民双方にとって有益であろう。

既存のコート・ドゥ・ボーヌ南部や3十字架山岳に上述の2件を加え、構成資産内部で約7,000ヘクタール、緩衝地帯で約8,000ヘクタールの景勝地指定が予定される。2014年2月の構成資産の絞り込み後の面積は、構成資産自体が1万3,219ヘクタール、緩衝地帯が5万11ヘクタールなので、少なくともブドウ畑に関しては、構成資産の過半が指定景勝地という厳格な管理の下に制御され、さらにAOC制度による間接的な近景保全がなされる。

第6章　ブルゴーニュのブドウ畑のクリマ　223

6-3 醜景防止のためのネガティヴ規制

6-3-1 地方集権と地方越権へ

広域一貫スキーム (SCOT) は一般的には基礎自治体間協力公施設法人 (EPCI) により策定されるが、コート・ドール県ではさらに地方集権を進め、複数のEPCIが上位組合を結成してそれを策定している。

2010年11月4日承認のディジョネSCOTは、グラン・ディジョン人口集積地共同体（2015年1月1日からはグラン・ディジョン都市圏共同体）の他、ジュヴレ・シャンベルタン基礎自治体共同体等の合計6件のEPCIが2003年に結成した組合によるものだし、2014年2月12日承認のボーヌ＝ニュイ・サン・ジョルジュ人口集積地SCOTは、ニュイ・サン・ジョルジュ地方基礎自治体共同体とボーヌ・コート・エ・シュッド人口集積地共同体の合計79の基礎自治体が2008年に共同創設した組合が策定している[57]。

しかも、地域憲章の精神に則り、ディジョネSCOTと、ボーヌ＝ニュイ・サン・ジョルジュSCOTを結合し、都市計画法典法律編第122-1条及び規則編第122-4条が規定する地域スキームにする計画すら存在する[58]。

また、ブルゴーニュの管理計画が都市計画的に興味深いのは、構成資産がEPCIという広域共同体の範囲を超えるのは無論、その上位の県境も越えている点である。構成資産内には40の基礎自治体が所在するが、レミニー、ドゥジーズ・レ・マランジュ、シャイイ・レ・マランジュ及びサンピニー・レ・マランジュの4基礎自治体はソーヌ・エ・ロワール県に所属する。それらの都市計画的制御は、2012年9月27日に中央分権機関としての県の条例で範囲が確定し、同年11月5日に策定が決定したシャロネSCOTが担っている。

問題は、県境を超える問題に関し、法律上は基礎自治体またはEPCI同士の話し合いは禁止されていないが、公式経路としては国の中央分権された出先機関としての県同士の交渉となることである。上述のSCOTの場合、ソーヌ・エ・ロワール県の県土局 (DDT) とコート・ドール県のそれで協力がなされる[59]。つまり、地方分権は無論、地方集権を超えた地方越権の協力体制が構築される。

以上を換言すると、スマートにスプロールした空間に対しては、地方分権ではなく地方集権や地方越権の都市計画が必要だということである。地域の経済発展を理由とした広域都市計画であり、財政やエコロジーを事由としたそれではない。環境政策的に必要なのは、都市形態の改変ではなく、例えば自動車が環境親和的なものになるように、電気自動車等への転換を促進するそれとなる。

6-3-2 緩衝地帯の管理

この地方集権と地方越権の都市計画は、緩衝地帯の管理でも必要である。上述の通り、緩衝地帯約5万ヘクタールの内、約8,000ヘクタールは景勝地制度で守られる。では、そもそも緩衝地帯の設定はどのようになされたのか[60]［図1，P198参照］：

・東側：ソーヌ平原との同時可視性を勘案した高速道路31号線や同6号線のライン；

224 第2編

- 西側：平野部との同時可視性を勘案したコート（＝丘陵）の稜線；
- 南側：コート南端との同時可視性を勘案したサン・ジル村等を含むライン；
- 北側：ディジョンの市街地限界を示す環状道路のライン。

同時可視性とは、上記の東側を例にすると、高速道路の路肩に自動車を駐車して構成資産とソーヌ平原を同時に見上げることや、構成資産からソーヌ平原方面を遮るものなく俯瞰することである。要は、一般的に知られた展望点から構成資産を見た時にその視野の中に邪魔なものが入ってこないか、あるいは、構成資産を見渡した時に遠景に目障りなものが入ってこないかということになる。では、同時可視性の下で景観が毀損されるとは、ブルゴーニュではどのような場合を指すか。以下のような案件絡みとなろう：

① コート・ドゥ・ボーヌ南部指定景勝地が創設される契機になったような、採算性が余り高くない畑での開発；
② 既成市街地やロードサイドでの開発；
③ 風力や太陽光といった再生可能エネルギー生産施設の開発。

①は上述の景勝地の拡大で対応可能だろう。対して、②の防止は都市計画の活用が最適だし、③はエネルギー政策との整合性が必要になる。いずれも、単一基礎自治体による取り組みは合理的ではない。良質のスプロール空間である銘醸地の開発管理なのだから、広域の都市計画で考察するべきテーマである。

実際、ブルゴーニュの緩衝地帯を制御するのは、2010年11月4日承認のディジョネSCOTと、2014年2月12日承認のボーヌ＝ニュイ・サン・ジョルジュ人口集積地SCOTである。また、西部に関してはオートゥノワ・モルヴァンSCOT、南部に関しては県境を超えてシャロネSCOTがかかる基礎自治体も存在する。そのため、それらを集合させた連結型SCOT（interSCOT）の創設も検討されている。

6-3-3 地方分権された都市計画の活用

ここまで、地方集権と地方越権の都市計画の長所を論じてきたが、それは地方分権された都市計画を否定しない。地域都市計画プラン（PLU）を策定する余裕のある基礎自治体は、それを活用すべきである。近隣尺度の問題の解決のためには、地方分権された都市計画が最も合理的である。

開発が起きる蓋然性の高い場所での土地利用規制は必要かつ有効だし、1993年の景観法で基礎自治体の都市計画に付与されたローカルな景観要素の同定とその保護の規定も、優品保護システムの対象とならない都市空間にあっては有益この上ない。

ブルゴーニュを見てみると、小規模基礎自治体でも都市計画文書を具備するものが増加してきた[61]。構成資産内にある40の基礎自治体の内、ディジョンやボーヌ等の大都市を含む19基礎自治体がPLUを既に有している。世界遺産申請の正の効果と言える。

ニュイ・サン・ジョルジュやフィクサン等の8基礎自治体は、PLUの前身である土地占用プラン（POS）を有するなり、全国都市計画規則（RNU）で制御されるなりしているが、現在、

より効果的な土地利用の誘導のために新PLUを策定中である。なお、ピュリニィ・モンラッシェは基礎自治体土地利用図を策定予定だったが、都市化地域を設定可能なPLU策定に変更した[62]。

対して、シャサーニュ・モンラッシェとサン・ロマンは基礎自治体土地利用図で充分とし、他の基礎自治体はRNUで十全としている。それらは、原則として既成の集落以外では市街化区域設定ができないが、集落の住宅や農業関連施設の更新は可能である。ブルゴーニュの中でも著名な銘醸地で、ブドウ畑を潰して都市開発が起きる可能性は全くなく、であれば、基礎自治体土地利用図で充分であろう。

上述の通り、地方分権された都市計画の強味は、開発が可能性の高い場所で、きめ細かく土地利用の制御が可能なことである。ブルゴーニュの銘醸地の基礎自治体が策定する多くのPLUには、呼称こそ同一ではないが、農業的土地利用のゾーニングとしてAv区域（zone Agricole viticole、即ちブドウ農業区域）やAvp区域（zone Agricole viticole protégée、即ちブドウ農業保護区域）と呼ばれる特別用途地域が設定されている。Av区域では原則としてブドウ農関連の建設・拡張行為であれば許可され、Avp区域ではあらゆる建設行為が禁止される。このような、職種を限定した詳細な規制は、地方分権された都市計画のなせる技である。

これらの特別用途地区は、いかなる論理で設定されるのか。まず、上述の2件のSCOTは保全すべきブドウ農業地域を指定する。各自治体が策定するPLUはそれとの両立を要求されるため、かくなる用途地域で保全を図ることとなる。例えばディジョネSCOTはAp区域（zone Agricole à protéger、即ち農業保護区域）を設定しているので、下位にあるディジョン市やその他の自治体の都市計画文書にブドウ畑関連の特別用途地区が現れてくる[63]。

6-3-4 住宅政策の合理と背理

都市計画の地方分権がさらに機能的になるのは、ローカルな価値を有する建築的・都市的・景観的文化財の保護や、市民に最も身近な都市環境である住宅の問題を扱う時である。

例えば、グラン・ディジョン人口集積地共同体の都市計画担当部局は、2005年から2008年にかけて土着的価値を有する建築的・都市的・景観的文化財の調査を実施し、それを都市計画文書で保護することに結実させている[64]。文化財保護ではないので取り壊しや改変の阻止はできないが、同一形態や近似したイメージでの再建を課すことはできる。都市計画では景観の連続性だけでも制御できれば良いとの考え方である。世界遺産登録後の管理計画では、他の自治体もPLUを活用した建築的・都市的・景観的文化財保護を推進すべき旨が謳われており[65]、随時それが実現されてゆこう。

地方分権型都市計画のもうひとつの強味は、住宅政策との連携である。例えばディジョン市及びグラン・ディジョン人口集積地共同体は、2006年から2008年にかけて、中心市街地周縁部の複数の界隈に住宅改善プログラム事業（OPAH）を実施した[66]。以降も住宅改善が継続され、修復された物件は約1,000件に上る。また、ボーヌ・コート・エ・シュッド人口集積地共同体は2013年6月24日に2018年まで有効な地域住宅プログラム（PLH）を承認し、そ

の中で、OPAHに加え、既存住宅の断熱性向上改修等への支援を決定している[67]。

ディジョンやボーヌの近郊で、県道974号線沿いの都市スプロールが顕著になりつつある［図24］。とりわけ、ディジョン南郊のシェノーヴは産業区域で、住宅に加えて商工業の郊外展開が顕著である。今後は、それらをSCOTだけでなくPLHでも制御することとなろう。

図24 ボーヌ近郊での都市スプロールは、ロードサイドかつ採算性の低い畑地を侵食する

地方分権された住宅政策は、かくのごとく複数の尺度で、各々の問題に対応した施策を展開できる。

他方で、それには短所もある。2000年の都市連帯・再生法（Loi SRU）は、5万人以上の人口集積地に含まれる人口3,500人（イル・ドゥ・フランス地方圏では1,500人）以上の基礎自治体に、社会住宅比率を20％以上とすることを課し、不達成の基礎自治体には課徴金を設定している[68]。ブルゴーニュの構成資産で言うと、ジュヴレ・シャンベルタンやニュイ・サン・ジョルジュがそれに該当するが、銘醸地を犠牲にしての社会住宅建設は愚の骨頂である。にも関わらず、例えばマルサネ・ラ・コートは課徴金を課されている[69]。

低所得者向けの住宅不足や家賃の高止まりは都市部の現象で、そこでの社会住宅建設は意義がある。住宅修復や環境改修は基礎自治体の尺度で進めるべきだが、低所得者向けの住宅政策等は、むしろ地方集権尺度での課題と言えよう。

6-3-5 屋外広告物という副作用

ブルゴーニュのような銘醸地では、スプロールを賢明に維持する都市計画が不可欠である。しかし、道路管理や上下水道整備といった社会基盤の維持費用に加え、郊外拡散に副作用があることは失念すべきではない。ワインスケープやワイン観光を主題とする場合、自動車社会に対応した屋外広告物の増殖やそれによる醜景の発生が考えられる。徒歩の速度では小さくて済む看板も、動体視力と動態視野が減退する自動車の速度で視認されるために、大きく派手になる。それがワインスケープを破壊する。

ここでは、屋外広告物の制御の詳細には入らない。商店の壁面や屋上の店舗看板、そこから分離して店名や道順を示す案内看板、そして店舗と無関係に商品内容を示す野立て看板等に関して、数、大きさ、形状、あるいはデザインの制御が考えられる。大きさやデザインの規制はサン・テミリオンで概観したので、以下では、ロード・プライシングの論理による屋外広告物の制限と、違反広告物の撤去という視点で見てみたい。

2010年7月12日の第2010-788号法律、いわゆる環境グルネル第2法により、1979年7月の屋外広告物法は抜本的に改正・強化された。基礎自治体は地域屋外広告物規則（RLP）を策定し、その制御を行う。基本的に国土の全空間で屋外広告物の掲出はできず、許可される場所のみを示す限定列挙方式を基軸とする。構成資産関連自治体でいうと、ディジョンは既にRLPを策定済みで、ニュイ・サン・ジョルジュも2012年10月8日に市議会が策定を決定している。屋外広告物は、デザインの規制だけではなく、公共空間の占用を論拠とした課金制度や、審査手数料を通じた賦課方式で制御可能だが、両自治体とも、このロード・プライシング方式を導入している。

　これら制度設計の容易さに対し、自治体が最も苦労するのが取締りである。ブルゴーニュでは、世界遺産申請という大義もあり、そのための人件費が措置されて撤去が進められた。まず、2011年に、国が中央分権した出先機関による取締り強化が決まった[70]。まず違反広告物の所有者は、当該物件を適法化するための是正措置を勧告される。それに従わない場合、行政手続きを経て撤去となる。本件の場合、県道管理者であるコート・ドール県議会が、国の出先機関である県土局（DDT）の協力の下、県道974号線や同122号線といった構成資産関連の道路沿いの違法看板の撤去を推進した[71]。その結果、2012年には、ディジョンとマルサネ間及びボーヌとノライ間で115件の看板の撤去が行われた[72]。

6-4 優品保護のための規制
6-4-1 ワイン関連遺産認定の早熟性

　優品の内、景勝地と地域的価値を有する文化遺産に関しては上述した。

　以下では、歴史的モニュメント（MH）と建築・文化財活用区域（AVAP）に関して見たい。

　構成資産と緩衝地帯には約200件のMHが存在し、それらの多くがディジョンとボーヌの旧市街に所在する。ただ、都市部のMHの大半は宗教建築や邸館で、農村部でも教会が多い。確かに、それらはワイン業界の富で豊かに建設されたとも言えなくはないが、ブドウ農業やワイン生産に直接的に関連するMHは多数とは言えない。

　ただ、その中にも、シャトー・クロ・ドゥ・ヴージョのように、世界的に知られた遺産がある[図25]。また、比較的早くから指定・登録された物件があるのも、ブルゴーニュの特徴である。

　例えば、ディジョン市街を見ると、ブルゴーニュ公の醸造所は、1934年7月3日に醸

図25　シトー会の遺産というよりもタストヴァン（利き酒）騎士団本部として世界的名声を得ている

造所の建物がMH登録され、サン・ベニーニュの貯蔵室は1939年にMH指定されている。シャピトルの醸造所は1948年3月4日に指定されたが、建物自体は1926年5月26日に登録されていた。

因みに、ディジョンのサン・フィリベール教会は1913年に指定されていたが、倒壊危険性があるとして1979年に閉鎖された。それが、2002年から修復工事が行われ、2011年に再公開された[73]。まさにブルゴーニュのクリマの世界遺産登録運動中で、このようなところでも世界遺産の効果が見られる。

ディジョン旧市街では、登録後になったが、それ以外のワイン関連遺産のMH化が進められている。その結果、シャトー・ドゥ・コルトン・アンドレを初めとする12件がMHとなる予定である。

6-4-2 建築・文化財活用区域（AVAP）活用の推奨

さらに、AVAPを活用した村落の街並み保存が進行中である。

当初は構成資産に含まれていた19世紀のディジョンの郊外拡張部の354ヘクタールには、ディジョネ人口集積地共同体が2014年6月26日にAVAPの創設を議決している。ボーヌ市議会は2011年6月にAVAP予備研究着手を承認している［図26］。サン・ロマンには2008年創設でAVAPの前身の建築的・都市的・景観的文化財保護区域（ZPPAUP）が既在である。

2011年から2012年に世界遺産登録推進協会が国から中央分権された出先機関と実施した共同調査では、構成資産内の多くの自治体に対してAVAPの設定が提言された［表3］。

AVAP活用のかくなる推奨は、景勝地制度では扱いの難しい土留め壁等を自然景観と一体のものとして保護でき、さらにMH

図26 ボーヌはむしろ保全地区（SS）をかけても良いほどだが、市が国家の介入を嫌ったと言われる

図27 建築や景観のみならず、土木工作物等も扱えるAVAPはワインスケープ保全に最適な方策と言える

表3：文化財調査に基づき推奨された保護方針一覧 [74]

	基礎自治体名	文化財種別	文化財の質	設定・更新すべき保全措置
1	ディジョン	建築	＋＋＋	保全地区（SS）の更新 SS 周辺に AVAP SS と構成資産中心部の間の領域に都市の美化に関する中間的区域を設置
2	シェノーヴ	建築	＋	部分的 AVAP（MH周囲の景観制御領域の修正と拡張）
3	マルサネ・ラ・コート	建築	＋ －	部分的 AVAP
4	クシェイ	建築	＋	AVAP
5	フィクサン	景観・建築	＋	AVAP
6	ブロション	景観・建築	＋	AVAP
7	ジュヴレ・シャンベルタン	景観・建築	＋＋	AVAP
8	モレ・サン・ドゥニ	景観・建築	＋	AVAP
9	シャンボール・ミュジニー	景観・建築	＋＋＋	AVAP
10	ヴージョ	景観・建築	＋＋	AVAP
11	ジリー・レ・シトー	記述なし	＋	AVAP
12	フラジェー・エシュゾー	顕著なものなし	＋ －	部分的 AVAP
13	ヴォーヌ・ロマネ	景観・建築	＋	AVAP
14	バンクール・ル・ボア	記述なし	＋ －	部分的 AVAP
15	ニュイ・サン・ジョルジュ	建築	＋	AVAP
16	プリモー・プリセイ	建築	＋	AVAP
17	コンブランシアン	顕著なものなし	＋ －	採石地の活用計画
18	コルゴロワン	顕著なものなし	＋ －	MH 周囲の景観制御領域の修正
19	ラドワ・セリニー	建築	＋ －	部分的 AVAP
20	アロース・コルトン	景観・建築	＋＋＋	AVAP
21	ペルナン・ヴェルジュレス	景観・建築	＋	AVAP
22	サヴィニー・レ・ボーヌ	建築	＋＋	AVAP
23	ショレイ・レ・ボーヌ	顕著なものなし	＋ －	MH 周囲の景観制御領域の修正
24	ボーヌ	建築	＋＋＋	AVAP を現在策定中（SS 相当のものとなる予定）
25	ブリニー・レ・ボーヌ	記述なし	＋ －	部分的 AVAP
26	コルセル・レ・ザール	記述なし	＋ －	部分的 AVAP
27	ポマール	景観・建築	＋＋	AVAP
28	ヴォルネイ	景観・建築	＋＋	AVAP
29	モンテリ	景観・建築	＋＋	AVAP
30	ムルソー	建築	＋＋	AVAP
31	オーセイ・デュレス	景観・建築	＋	AVAP
32	サン・ロマン	景観・建築	＋＋	ZPPAUP を AVAP に変換
33	ピュリニー・モンラッシェ	景観・建築	＋＋	AVAP
34	シャサーニュ・モンラッシェ	景観・建築	＋	AVAP
35	サン・トーバン	景観・建築	＋＋＋	AVAP
36	サントネイ	景観・建築	＋＋	AVAP
37	レミニー	景観・建築	＋ －	部分的 AVAP
38	ドゥジーズ・レ・マランジュ	景観・建築	＋ －	部分的 AVAP
39	シャイイ・レ・マランジュ	景観・建築	＋ －	部分的 AVAP
40	サンピニー・レ・マランジュ	景観・建築	＋ －	部分的 AVAP

制度と異なり自在な尺度で建物と周辺環境を一体的に扱うことが可能なためである。ミュレやミュルジェール、あるいはカボットのような工作物は至って重要な資産構成要素で、それらをワインスケープと共時的に考慮する際、AVAPは最適な仕組みと言える[図27]。無論、目的は凍結保存ではなく、地域経済の活力増進のための適切な刷新を含む。

6-4-3 AVAPへの躊躇

　問題は、基礎自治体側にある。表3では40の構成資産内の37にAVAP創設が推奨されている。しかし、現時点でその創設を議会が承認したのは、ブロション、シェノーヴ、クシェイ、ディジョン、フィクサン、ジュヴレ・シャンベルタン、マルサネ・ラ・コート、モレ・サン・ドゥニ、ニュイ・サン・ジョルジュ、サントネイ、ピュリニー・モンラッシェ、ムルソー、サヴィニー・レ・ボーヌ、及びショレイ・レ・ボーヌの14自治体に留まる[75]。

　AVAPは保全地区（SS）と異なり、地域都市計画プラン（PLU）の付録に挿入されて初めて効力を有する[76]。つまり、それを具備しない自治体や、その策定の必要性を看取しない自治体では、AVAPを整備しても意味がない。実際、少なくない自治体が基礎自治体土地利用図や全国都市計画規則（RNU）で土地利用のコントロールは充分と考えている。

　ブルゴーニュ・ワインの市場動向から、当面はブドウ畑を潰してまでの都市開発は予想不可能だが、ヴァナキュラーな文化財の取り壊しの蓋然性は否定できない。そう考えると、小規模自治体にAVAPを無理強いせずに、補助金等の事業的方策で地域文化財を保護するのが効率的とも言える。

　因みに、上述の14自治体のAVAPは2社のコンサルタントが、歴史的環境監視建築家（ABF）の助言を受けながら策定している。全てが異なる規則を設定すると審査側のABFの混乱が大きいが、コンサルタントを限定し、かつABFと意見交換をしながら策定することで、その短所を忌避している[77]。

7. イコモスとの応酬

7-1 イコモスの評価の問題

　世界遺産申請は毎年の世界遺産委員会で審議されるが、そこでの議論の基盤となるのが、文化遺産であればイコモスの評価である。その勧告は登録・情報照会・登録延期・不登録の4段階でなされる。意見に拘束性はなく、同委員会でそれが必ずしも採択されるわけではないが、専門家によるものとして議論に重大な影響を及ぼす。

　ただ、評価は無謬ではなく、調査委員の個人的見解に左右される部分もある。確かに、イコモスは調査委員の評価原案を審議した上で、組織の公的見解として世界遺産委員会に勧告を上程する。しかし、調査委員は専門家として尊重され、その意見に対して別の委員が批判的修正を加えることは困難だろう。また、予算の制約から複数人による現地調査ができず、単一担当者の単一的答申に留まる欠点もあるし、申請者による担当者の接待も巷間では噂される。

第6章　ブルゴーニュのブドウ畑のクリマ　231

ブルゴーニュがサン・テミリオンやシャンパーニュと異なるのは、イコモスに情報照会という評価を下され、それへの対応を迫られたことである。最終的には登録されたので、イコモスからの疑義は解消されたと言っても良い。しかし、その過程を検証すると、ブルゴーニュ側とイコモス側の双方の主張に問題が看取される。それらの分析は、銘醸地遺産の保存論理、範囲確定、あるいは保全措置を考慮する上で示唆に富むとも考えられる。そこで、以下ではそれらに関し、双方に対して批判的な視座で検討を施す。

７-2 イコモスの現地調査から世界遺産委員会まで

　イコモスは、ブルゴーニュの申請がユネスコから回覧されると、分科会である国際文化的景観技術委員会及び複数の専門家の意見を徴した。また、2014年9月24日から30日に、『文化的景観の保存』等の著書があるフィレンツェ大学准教授・マウロ・アニョレッティに現地調査を実施させた。それらで表明された疑問等は、調査中の9月26日にブルゴーニュ側に伝達され、フランス側は同年11月5日に回答書を提出した。

　それに対し、イコモスは同年12月22日に再度の情報照会を行い、翌年2月28日に回答書が提出された。イコモス側は顕著で普遍的な価値の実証は認定したが、保護措置に関する疑念は払拭されず、2015年3月12日付けの評価では情報照会とされた。疑問の提示と回答書の提出が複数回に亘ることは珍しくないが、ブルゴーニュの場合、イコモスの説得は不調に終わった。

　情報照会という評価は、世界遺産委員会の準備段階でも同様である。同委員会が準備した2015年5月15日の第39回委員会議事予定でも、ブルゴーニュのブドウ畑のクリマは情報照会のままとなっている。通常、この評価では世界遺産登録は数年先送りになる。

　他方、フランス側は世界遺産委員会での登録実現に向けた姿勢を堅持した。委員会直前の5月の報道発表資料でも「情報照会は意見であって決定ではなく、場の顕著で普遍的な価値を形成するものと無関係な要素に関する些末な2点に基づいている」と述べる[78]。また、文化遺産の遺跡として登録申請する点にも変更はなく、基準(iii)と基準(v)の文章にも修正は加えられていない。

　そして、7月4日の第39回委員会では、同案件は文化的景観に範疇変更の上、登録と結論される。

　無論、イコモスの評価は世界遺産委員会を拘束しない。例えば世界遺産を一件も所有しない加盟国の申請案件が低い評価でも、外交的配慮の下にそれが登録されることがある。また、イコモスの評価を覆すロビー活動も巷間噂される。第39回委員会では33件の文化遺産の申請が審議されたが、事前評価で情報照会とされた6件の内5件が登録に格上げされた。

７-3 イコモスの現地調査後の情報照会

　イコモスの現地調査後に伝達された2014年9月26日付けの情報照会は、以下の10項目から構成される：

① カテゴリー：文化的景観ではなく文化遺産としての申請の理由；

② 構成資産の範囲：ワイン生産に関してディジョンの位置付けが不明確；

③ 比較衡量：イタリアのモンタルチーノ、スペインのリオハ、ジョージア（グルジア）の クヴェヴリ等、暫定リストや無形登録を含む世界遺産との比較の欠落；

④ 地域文化財の保存：法的保護を受けていない建築文化財の保存への言及があるが、その財政措置が不明確；

⑤ 保護と管理：様々な保存措置が列挙してあるが、それらを全般的に示す適切な尺度の図面が必要；

⑥ SCOTの権能：この都市計画文書の保全に際しての役割が強調してあるが、その強制力が不明確；

⑦ AOC制度：保全に関するその有効性が記述されているが、その仕様書を提出することが必要；

⑧ ハザード・マップ：申請書で危険防止プラン（PPR）の策定が言及されているが、いかなる災害の危険性があるのかが不明確；

⑨ 管理組織：地域会議や技術委員会等が提案されているが、それらと既存行政組織の関係、法的位置付け、さらには財源等の提示が必要；

⑩ 遺産破壊要素：採石場や風力発電施設といった遺産破壊要素への対応策の記述が必要。

これに対し、申請の取りまとめ組織である登録推進協会は2014年11月に回答を提出した。以下では、①②③④に関し、その内容を検証してみたい。

① カテゴリー

ユネスコは世界遺産委員会に於いて充分に議論を尽くすため、さらにその前段階として綿密に申請を検証する必要性から、既に登録案件を有する国は、2014年からは文化遺産と自然遺産の各1件のみの申請しか受け付けないとしている。ただ、自然遺産を文化的景観で代替可能としており、フランスは2015年の審査に際してそれを利用した。即ち、案件としてシャンパーニュとブルゴーニュという銘醸地を、一方を文化的景観、他方を文化遺産の範疇として並べて申請した。ブルゴーニュは文化遺産である。

ブルゴーニュは、暫定リスト段階では複合遺産の範疇、しかも文化的景観として登録されていた。他方で、シャンパーニュは暫定リストの段階では文化遺産として登録されているものの、文化的景観の範疇には入っていなかった［表4］。

表4：ブルゴーニュとシャンパーニュの範疇の変遷

	暫定リスト（2002）	申請（2014）	決定（2015）
ブルゴーニュ	複合遺産（文化的景観）	文化遺産	文化遺産（文化的景観）
シャンパーニュ	文化遺産	文化遺産（文化的景観）	文化遺産（文化的景観）

なぜブルゴーニュが文化遺産とされ、シャンパーニュが文化的景観とされたか。

シャンパーニュはそのワインの祝祭的性格を強調する上で基準 (vi) を利用しており、ブルゴーニュに比較して文化的景観という範疇への収まりが良い。他方、ブルゴーニュは、既に数十件のワイン関連の世界遺産の大半が文化的景観であること、さらには景観に留まらず醸造に関する共同知の強調等といった差別化の方策として、文化遺産を選択した。

世界遺産委員会は、加盟国が 1 年に 2 件の文化的景観の申請を提出することを禁止していない。とはいえ、銘醸地という類型的に同じ遺産を、同じ範疇で申請するのは競合性を高めるとして、国としてもカテゴリーの差異化を図った。

つまり、フランス政府の世界遺産申請に関する方策にも問題があった。2014 年 1 月 13 日の文化・通信大臣・オレリー・フィリペティの声明には、「既に 1999 年にサン・テミリオンが世界遺産リストに記載されているが、これらの 2 件の相補的申請により、フランスのブドウ畑の顕著で普遍的な価値が完璧に示される。これらの 2 件の申請を同一年度に提出することで、フランスは、その威信や国際的なレヴェルでの評価を形成するワイン生産に関わる文化遺産の豊穣さや多様性を証明する[79]」と自信に満ちた記述があるが、同一年度の同一テーマでの申請は、相補的というよりも相反的になってしまった。

さて、情報照会に戻ると、それに対するフランス側の回答は以下の論理構成である：
――――ブルゴーニュのクリマは、ワイン生産に関わる区画総体を形成する。それらは、直裁的で近似的な評価としては、ワイン生産に関わる景観の一要素として類型化できようが、厳密に言えば、ブドウ畑でもなければ景観でもない。［…］学術委員会の作業に立脚しながら、申請書類は、クリマの歴史的建設行為は、機能的で一貫性のあるジオ・システムを生成させた。「遺跡 (site)」の範疇選択を決定付けたのは、このジオ・システムである。[80]

即ち、ブルゴーニュのブドウ畑のクリマは文化的景観ではあるが、そこに全遺産を還元できないとする。苦しい論法である。文化的景観は、文化遺産の概念では評価不可能な遺産の包含のために発明されたもので、その概念は一般的に文化遺産よりも広範である。それに包摂不可能な遺産があると主張するには、文化的景観制度創設以前の石造文化財中心の世界遺産への回帰となろう。しかし、1990 年代前半以前では、ブドウ樹という石に比較して遙かに短命な植物は遺産として評価されることはなかった。

この情報照会の段階で、やはり文化的景観に範疇変更を行っておくべきだった。

②構成資産の範囲

この問題は、①と密接に関係する。文化遺産として申請する以上、恒久的外形を有する遺産の存在が必要で、その意味でディジョンは有力な資産である。しかし、文化的景観としての申請であれば、それを省略する決断が可能であった。上述の通り、ブルゴーニュの世界遺産申請の発端は、2004 年のディジョン市長の発意で、それに引きずられディジョンが残ってしまった。

イコモス側の疑問は、ディジョンとワイン生産の本質的関係である。ディジョンは、そもそもからして AOC コート・ドゥ・ニュイにすら含まれず、クリュニー修道院やシトー会修

道院のようなワインに直接的に関連する遺産もない［図28］。

確かに、そこに所在するブルゴーニュ大学には付属ブドウ畑・ワイン大学研究所（IUVV）が存在してワイン観光講座を開講し、歴史、経済、そして関連法規等が講じられている[81]。また、欧州味覚化学センターもある。しかし、それは今日の話である。

図28 歴史的な価値は高いものの、それがワイン生産と直接的関係を有したかというと否である

しかも、「ブドウとワインの生産を行う丘陵の尺度でクリュの階層化と差別化が加速すると、ブルゴーニュのワイン生産は完全に変わり、都市［ディジョン］はワインの質に関する参照機能を失った[82]」と回答書自ら記載するように、クリマの確立との関連の稀薄さは否定できまい。

このイコモスの疑問に対するフランス側の回答は、申請書と変わらず、ディジョンはブルゴーニュ・ワインに関わる政治的中心地であったと述べる。フィリップ剛胆公がガメイ種の栽培を禁じた1395年の勅令がそこで発せられたことがその証左とされる。また、クリマの造り手もそこに別邸を所有し、販売や流通に関わる業者もそこで策謀を巡らせたとする。

この回答には説得力がある。仮にボーヌだけでブルゴーニュ・ワインの発展が支え切れたかと自問してみると、否定的にならざるを得ない。ただ、であればこそ、フランスは構成資産を絞り込むべきだった。同じ2015年に世界登録されたシャンパーニュと比較してみると、ブルゴーニュで申請された都市的資産に於けるワイン関連遺産の凝縮性の薄さは明白である。

これもまた、ブルゴーニュのブドウ畑のクリマの申請を脆弱なものとした一因である。

③比較衡量

イコモスの疑問は、既に2004年に世界遺産登録されたイタリアのオルチャ渓谷に所在するモンタルチーノ、2013年に暫定リスト登録されたスペインのリオハ、あるいは同じく2013年に無形遺産となったジョージア（グルジア）の伝統的クヴェヴリ・ワインの製造方法を始め、本来であれば比較が妥当と考慮される案件が残っているというものである。

この情報照会には、イコモス側、ブルゴーニュ側、双方に問題がある。

前者としては、暫定リスト登録の有形遺産であればともかく、無形遺産との比較の要請は合理性を欠く。「製法」という無形の価値と「生産地」という有形のそれの比較には無理がある。この内容の質問であれば、シャンパーニュの申請にも宛てられて然るべきだが、シャンパーニュの調査委員は至極妥当なことに、かかる非合理的要求をしていない。

反面、再度問題視したいのは、ブルゴーニュ側の論理構成である。即ち、申請書類と同一

の論法に拘った結果、文化財の専門家が理解可能な様相で外形に表出していない事項を比較要素とし、説得力が薄弱となってしまった。

クヴェヴリ・ワインの製造方法にはテロワールの概念がなく、ブルゴーニュのそれにはクリマがあるという論法までは、無形と有形の遺産の比較という困難な作業を進めている以上、瞑目するとしよう。

しかし、例えば、ブルゴーニュ・ワインの格付けは区画に基づく4段階であるのに対し、モンタルチーノのワインの階層はそれとは無関係の3段階に過ぎないとか、ブルゴーニュの赤ワインはピノ・ノワールという単一品種からの醸造であるのに対し、リオハのそれは複数品種の混醸であるという差別化手法には無理がある。これが景観に明確に表出し、文化財の専門家の目にも一見して明らかであれば問題ないが、それが不可能であるため、比較の幅が拡張されても深化はされていない。その結論の最終部で「区画、即ちクリマとワインの官能的質との密接な関係という独自の性質[83]」が、ブルゴーニュのブドウ畑のクリマと比較された35遺産との差異だとされても、「官能的質」を文化財保護の術語で表現できない以上、説得力を持たせるのは困難である。

④地域文化財の保護

ここまでの①②③の論点と比較して、イコモスからの情報照会に対して最も明確な回答が記載されているのが④の地域文化財の保護に関してで、前述のヘラクレス・プログラムがそれである[84]。別の言い方をすると、このようなことこそ申請段階で強調すべきであった。

7-4 情報照会に対する情報照会

以上の回答に対し、2014年12月23日付けでイコモスからさらなる情報照会があり、フランス側は2015年2月に回答書を送付した。7月の世界遺産委員会の5ヶ月前である。情報照会の骨子は4点で、「基準の正当性」「範囲の妥当性」「保護措置の実効性」及び「保存の完全性」である[85]。

それぞれの要点は、以下の通りであった：

① 基準の正当性：ディジョンとボーヌの役割は申請書と情報照会回答書で理解できたとして、それが基準選択の妥当性やその内容記述に反映されていない；

② 範囲の妥当性：ディジョンを構成資産に含めることは納得できたが、申請された領域は必ずしも今次の主要遺産であるクリマと関係していない；

③ 保護措置の実効性：ボーヌの保護は、歴史的モニュメント（MH）周囲500メートルの景観制御という手法に依存しているし、緩衝地帯の保護も同様のものが多いが、本当にそれで充分か；

④ 保存の完全性：申請範囲内に採石場が含まれているが、それがクリマを毀損する懸念を払拭する十全な保存措置が本当に取られるのか。

それぞれに関して、以下で見てゆきたい。

①基準の妥当性

新旧対照表を作成してみる［表5］。

基準(iii)「現在でも生きている文化的伝統の例外的証拠」と基準(v)「人類の伝統的な施設、ある文化を代表する伝統的な国土利用、または人類と環境の相互作用に関する顕著な事例」の利用は一貫しているが、言い回しに変化がある。

文化的景観ではなく文化遺産として自己規定したため、実質的に基準(vi)、即ち「顕著な普遍的価値を有する出来事(行事)、生きた伝統、思想、信仰、芸術的作品、あるいは文学的作品と直接または実質的関連がある」という論理構築の手法を封じてしまっている。

しかし、申請書第1巻で多くのページを割いて記述されている歴史性を、基準(iii)や(v)に何とか反映されるべきではなかったか。ボルドーやシャンパーニュとの差別化のためには、無論クリマの存在は言及すべきだが、シトー会や世俗権力の介入等に関しての記述が、基準説明の中でもあって然るべきであった。それに関連し、基準(v)の中で、分割境界に関する説明が加筆された点に注目したい。格付けは遺産の外形には表出しない。対して、ミュルジェール等の有形遺産は可視である。当初から言及すべきは、かくなる要素ではなかったか。

②範囲の妥当性

2014年9月の情報照会では、もっと根本的に、ディジョンとクリマとの関係性自体の挙証が要求された。イコモスはその関係性には納得したが、そもそも関係性の稀薄な資産なのであれば、除外すべきではないかと提案してきたのが今次照会の骨子である。具体的には、広めに設定されていた構成資産の範囲を、保全地区(SS)の97ヘクタールにまで絞り込むべきだとされた。それ以外の19世紀の郊外拡張部分は不要だし、現時点では確固たる保全措置もかけられていないためである。

これに対し、基準(iii)と基準(v)共に、わざわざディジョンとボーヌが並列されて加筆され、ディジョンを擁護する姿勢が示されている。しかし、ディジョン郊外部は、さすがにイコモスの合理的指摘に従わざるを得なかった。とはいえ、構成資産を外れたとしても19世紀の街並みの重要性は不変であるとし、ディジョネ人口集積地共同体議会が2014年6月26日に議決した建築・文化財活用区域(AVAP)の創設方針は堅持し、またディジョンの構成資産周辺の緩衝地帯の範囲も維持するとしている。

③保護措置の実効性

保護の実効性に関するイコモスの疑義は、文章としても最も長文になっており、それゆえに十全な回答が必要であった。そのため、今次の補足説明では保存手法に関する言及が多数・多岐に亘っている。イコモスの疑念は、ボーヌの保護措置の不完全性と地域文化財の保全施策の不充分さを要点とし、それらに対し、フランス側が進めているとする措置の現状報告を求めるものである。また、緩衝地帯に所在する歴史的な採石場や、緩衝地帯にすら存在しない風力発電施設の景観的インパクトへの対策も要求している。

ただ、フランス側が進めている保全施策が策定の中途であることへの懸念を除けば、イ

表5：基準内容の変化

	申請時 （2012 年）	イコモスの情報照会への回答時 （2015 年 2 月）[86]	世界遺産会議段階 （2015 年 7 月）[87]
基準 (iii)	ブルゴーニュのブドウ畑の「クリマ」で構成されるジオ・システムは、ふたつの丘陵部の村落群やディジョンとボーヌの両市を含み、数世紀に亘り手付かずで伝達された歴史的なワイン生産の場の顕著な事例で、その産業は今日、かつてなく盛んになっている。当該産業の活発さは、今日でも、何代もの世代による経験的手法の伝達や、少なくとも 2 世紀前からのワイン関連農業や醸造業に関わる知見の蓄積に依拠している。場所とワインの階層化はさらに、一連の規則の漸進的制定を伴っており、その最終形は、20 世紀前半にフランスで創設された原産地統制呼称（AOC）制度に対応している。	ブルゴーニュのブドウ畑の「クリマ」のジオ・システムは、クリマの区画、丘陵部の村落群、そしてディジョンとボーヌの両市を結び付けるもので、歴史的なワイン生産の場の顕著な事例である。その真正性は数世紀に亘り毀損されず、その産業は今日、かつてなく盛んになっている。当該産業の活発さは、現在でも、何代もの世代による経験的手法の伝達や、少なくとも 10 世紀前からのワイン関連農業や醸造業に関わる知見の蓄積に依拠している。場所とワインの階層化は、ディジョンとボーヌという都市核の発展の下に実現したもので、それら二都市は、知識、科学と技術の形成、商業と仲介取引、そして教育機関の存在により、今日でも活動の中心であり続けている。階層化はさらに、一連の規則の漸進的制定を伴っており、その最終形は、20 世紀前半にフランスで創設された AOC 制度に対応している。	ブルゴーニュの「クリマ」のシステムは、ブドウ畑の地籍の区画、丘陵群の村落群、そしてディジョンとボーヌを結び付けるもので、歴史的なワイン生産の景観の顕著な事例である。その真正性は数世紀に亘り毀損されず、そこでは今日なおブドウ栽培が生業とされている。当該産業の活発さは、ブドウ栽培分野に於ける試練を経た経験則や数世代に亘る知見の蓄積の将来世代への伝達に依拠している。耕作された区画とクリマの差別化は、ディジョンとボーヌという都市の政治的・商業的発展の下に可能となったもので、それら二都市は、商業と制度を代表するものとして、今日でも科学と技術の教育の中心であり続けている。区分はさらに、一連の規則の漸進的制定を伴っており、その最終形は、20 世紀前半の AOC 制度の創設に対応している。
基準 (v)	ブルゴーニュのブドウ畑の「クリマ」は、明確に区切られたブドウ畑の区画の歴史的な建設物と言える。それは、それによってはじめて人間社会は場所や時間に対する参照源を選択することが可能になった文化的事実の完全な表現である。参照源とは、自然の潜在力と人間の活動の共同作品として高い名声を得た生産物の質と多様性の目印のようなものである。クリマは、その点に関し、数世代に亘る文化という理由のみならず、人類と環境との相互作用という理由からも、至って代表的なものである。	ブルゴーニュのブドウ畑の「クリマ」は、区画が明確に区切られたブドウ農業に関わる領域の歴史的な建設過程を反映している。その区画は、独自の文化的事実を表現している。というのも、人間社会はそのおかげで、高い名声を得た生産物の質と多様性の目印として場所（即ちあるクリマ）と時間（即ち醸造年）に対する参照源を選択できたからである。その生産物は、自然の潜在力と人間の活動の共同作品である。クリマは、その点に関し、人類と特殊な自然環境、即ちディジョンとボーヌという都市核の継続的発展の下になされたブルゴーニュのブドウ生産に関わる丘陵群との相互作用を代弁している。クリマの漸進的な認知と確立は、現在でも見ることのできる分割境界（石垣、生け垣、ミュルジェール）や、永続的なものとなった農道といった様々な形で物質化され、それらは今日でも各々のクリマに特有の土地のあり方を規定している。ディジョン市とボーヌ市の建築文化財は、この文化的建造物の有形の証拠を代表する。それは、ブドウ生産に関わる領域を統御した権力や制度を正当化し、関係者の生産や生活の場に密接に関連付けられた建造物である。2 千年前から、人間の根気が自然条件の特殊性と連合することで、この場所を、テロワールを有するブドウ畑の代表的るつぼとした。	ブルゴーニュの「クリマ」は、区画が明確に区切られたブドウ農業に関わる領域の歴史的な建設過程を反映している。その区画は、人間社会が、自然の潜在力と人間の活動の共同作品である生産物の質と多様性の目印として、場所（即ちあるクリマ）と時間（即ち醸造年）に対する参照源を選択したという文化的事実を表現している。クリマは、ディジョンとボーヌという都市核の影響の下に置かれた、人類と特殊な自然環境との相互作用を代弁している。大地の区画の持つ特別な属性の認知とクリマの漸進的な確立は、現在でも見ることのできる分割境界（石垣、石の堆積構造物［ミュルジェール］、生け垣）や農道等の形で物質化され、各々のクリマの特殊性を証示立てている。ディジョン市とボーヌ市の建築文化財は、ブドウ栽培に関わる建設物の証拠である。即ち、それは、ブドウ栽培に関わる領域を統御し、ブドウ生産関係者の生産や生活の場に密接に関連付けられた権力や制度を意味する建造物群で構成されている。2 千年前から、人間の根気が自然条件の特殊性と連合することで、この場所を、テロワールを有するブドウ畑の代表的るつぼとしたのである。

コモスの要求は過剰とも考えられる点が少なくない。以下にそれを分析したい。

A. ボーヌの保全措置：

フランス側の言い分を簡潔に記述すれば、ボーヌ市議会は既に2011年6月30日にAVAPの創設を全会一致で議決しており、それを信用して欲しいということになる。確かに、保存の方針が決定していても、保存規則が承認される保証はなく、議決されても骨抜きになる蓋然性は否定できない。

その意味で、フランス側の論法は苦しい。上述のAVAPも2015年2月の時点では予備調査の結果や素案を示せず、2017年の承認予定までの流れが説明されるのみである。その他、9基礎自治体がAVAP創設を議決したとの記述はイコモスの疑義とは無関係だし、歴史的モニュメント（MH）周囲の景観制御、地域都市計画プラン（PLU）を通じたその保全、あるいは屋外広告物規制に関する言及があるが、これらを不充分と判断したからこそイコモスは情報照会をしてきたのであって、その疑義に対する正面からの回答にはなっていない。

また、緩衝地帯の保全措置に関する疑義も同様である。ただ、これはフランス側に同情の余地がある。まず、ブドウ畑の大半はAOC制度で管理されており、ブルゴーニュ・ワインの市場評価を考慮すれば、AOCを改変してまで開発が起きることは想像できない。また、フランス側は、既に景勝地の拡張や新設、さらに、複数の基礎自治体によるAVAP創設の議決を伝達している。イコモスの疑義は議論のための議論で、AOC制度や当該遺産エリアのワインの市場価値等、調査委員として事前に学習して常識として持っていなければならない知見を欠いている。

B. 地域文化財の保全：

地域文化財に関する懸念も、同様の理由から杞憂である。フランス側はヴァナキュラーな文化遺産の保全に関する情報を伝達済みで、さらなる情報照会に利益はない。ブルゴーニュ側は、構成資産内では14基礎自治体が、そして緩衝地帯でも3基礎自治体のAVAP創設を議決している。また、2000年創設のフォンテーヌ・レ・ディジョンのZPPAUPが2014年にAVAPに移行している。これらのAVAPでは、ミュルジェール等の保護が明確に謳われている。また、前回の情報照会時の回答にあるように、文化財団等の助成金による修復事業や、欧州連合の補助金による人材育成講座・ヘラクレス・プログラムが既に実施されている。即ち、規制が策定中という問題を除外すると、イコモスの疑念に根拠はない。

ところで、今次の情報伝達で興味深いのが、それら地域文化財の類型化は、2000年に策定されたコート・ドゥ・ボーヌ南部指定景勝地の管理文書を参考にするとされている点である[88]。つまり、歴史的環境監視建築家（ABF）の語彙や種別判断、さらに建設許可審査に於ける一貫性の担保が期待でき、規制の増殖による審判の揺らぎの抑制のための優れた方策と言える。そもそも、同景勝地管理文書は、ミュルジェールやカボットの取り壊しを原則として不可としている。無論、指定景勝地なので、ABFが取り壊し許可を認めれば破壊は可能

だが、正当事由なくしてそれが不可能なのは常識である。それを読み込めていないイコモス調査委員の側にも問題があった。

④保存の完全性

　イコモスの風力発電施設に関する疑義は、③保護措置の実効性で呈されているが、採石場の問題と同様、保存の完全性にも関わるのでここで論じておきたい。

　緩衝地帯には複数の採石場が存在し、イコモスの要求は、それによるクリマという文化遺産の毀損防止計画を確定的な形で示し、かつ予算措置を示せとするものである。しかし、緩衝地帯に所在する歴史的な産業地帯まで完全な保護措置の設定を要求するのは不当であろう。

　問題の採石場は、ラドワ・セリニーからニュイ・サン・ジョルジュにかけての緩衝地帯に所在し、装飾用の石材の産出で、ブルゴーニュ諸都市や農村部のヴァナキュラーな構築物の材料を供給してきた。また、一部は輸出され高い評価を得てきた。

　フランス側の回答書では、むしろそれを「日常の景観」としてクリマとの不可分性を述べ[89]、歴史的価値の肯定的位置付けを行っており[90]、合理的主張と言える。ただ、保全措置を講じておくに如くはないため、「景観プラン」という憲章的手法が用いられることを伝達した[91]。

　景観プランとは、一般的には広域共同体の尺度で、地方団体のみならず住民や議員、地域産業の業界団体、あるいは企業等が参画して、景観に関する枠組みを決定し、契約として調印する形式の方針文書である。景観プラン自体では、利害関係者がその制御方策を確認するのみで、個々の規制は文化財保護や都市計画文書に依拠する。

　今次申請に際しては、9基礎自治体（マニー・レ・ヴィレール、ショー、コンブランシアン、コルゴロワン、ニュイ・サン・ジョルジュ、プルモー・プリセイ、ヴィラール・フォンテーヌ、ヴィレール・ラ・ファイ、ラドワ・セリニー）が参画し、構成資産と緩衝地帯を合わせ6,300ヘクタールのエリアに関する景観的合意を目指している（内4,000ヘクタールは緩衝地帯）[図23]。主担当はニュイ・サン・ジョルジュ地方基礎自治体共同体である。

　風力発電施設に関しても、イコモス調査委員の再度の疑義提示は不当である。フランス側は、2014年11月の回答で2012年5月に国の中央分権機関とブルゴーニュ地方圏議会が共同採択した『気候・大気・エネルギー地方圏スキーム』と、風力発電施設に特化した付録文書を伝達している。確かに、緩衝地帯のベッセイ・アン・ショームに風力発電開発区域が設定され、8基が建設されているが、それらは申請前の事案で、今後の拡張予定はない[92][図29]。また、当該付属文書では、申請中のブルゴーニュのブドウ畑のクリマに加え、ブルゴーニュ地方圏の所在するヴェズレーの教会堂やフォントネイ修道院等も例示しながら、ユネスコの世界遺産に対しての最大限の配慮を謳っている。ベッセイ・アン・ショームでの建設による緩衝地帯の修正提案であれば首肯できるが、これ以上の情報照会や規制措置の設定を要求するのは過剰と言えよう。そもそも、文化財は社会の凍結ではなく活性化のためにあり、再生可能エネルギーとの共存はむしろ積極的に推進してゆくべき事案である。

イコモス調査委員は、例えば屋外広告物規則を全基礎自治体で確定させてから申請せよ等の主張をしない反面、例外的かつ環境的親和性を看取させる風力発電施設を問題視しており、その要求は合理性を欠く。

7-5 最終的承認に向けて

図29 確かに構成資産内から見えなくはないが、それはむしろ環境調和社会という付加価値を想起させるのではないか

ブルゴーニュ側の回答に対し、イコモスは2015年3月12日付の評価で「情報照会」との勧告を維持した。

登録後のインタヴューではあるが、フランス共和国ユネスコ大使・フィリップ・ラリオは、申請取り下げは全く考えなかったとしている。というのも、世界遺産委員会の委員国であったポルトガルとヴェトナムとの外交チャンネルを利用して情報を収集し、以下の感触を得ていたためである[93]。

- 資産本体の顕著で普遍的な価値は認められており、情報照会となった点は後補可能な技術的な点に限定され、登録は可能と考えられていること；
- 他方で、全会一致ではないが、文化遺産よりも文化的景観の範疇が適切と思料されていること。

フランスとしては、範疇変更をしたところで遺産の重要性が軽視されたり、保護手法の変更を強いられたりすることもないため、異議なしと決して会議に臨んだ。また、委員国の説得のため、論理の再構築を模索して会議に臨んだ。それは基準の文章の変更からも推断可能である［表5］。

基準（iii）で注目すべきなのは、3点である。

まず「ブドウ畑のクリマのジオ・システム」から「クリマのシステム」への修正である。これまでは文化遺産としての申請という制約があり、有形財の強調が必要であった。対して、文化的景観への範疇変更で、悪く言えばより曖昧な、良く言えばより広範な主張が可能になる。ここでは、畑という大地のシステムよりも広範な、畑から都市までの地理的範囲、さらには経験や知見という無形遺産も包含するシステムを表現するため、上記の文言修正がなされた。

次の「歴史的なワイン生産の場（site）」から「歴史的なワイン生産の景観（paysage）」への言い回しの変更も、理由は明白である。文化遺産としてではなく文化的景観としての登録へ申請範疇を変更したため、遺跡的な場ではなく今日なお生業としてブドウ栽培が営まれる景観であることを前面に押し出す必要性に基づく。

最後に、階層化も差別化に言い換えられている。他の銘醸地との比較衡量の中で多用さ

れた階層化という術語だが、市場に於ける状況的差別化の結果に過ぎないという視座によるものであろう。これは、委員国の中にポルトガル等のワイン生産国があり、その懐柔に不可欠の外交的措置でもあった。

　他方、基準（v）で象徴的なのは「永続的なものとなった」や「有形」といった表現の削除である。形態の固定性を要求する文化遺産に対して、生業のダイナミズムや無形性を包容する文化的景観への範疇変更が、ここにも反映されている。

　穿った見方をすると、文化的景観であれば生業の維持という視点からも、保護措置の厳格さは相対的に低くても説得できた可能性がある。対して、文化遺産、しかも遺跡としたことで、フランスは水準を自ら上げてしまった。本書では、基準（iii）の説明文で使用されるsiteとの単語を、ブルゴーニュの文脈に鑑みて「場」と訳してきた。しかし、世界遺産の現場では「遺跡」を主意とする。これは評価書でも、以下のように批判的に記述されている：

――――1972年の世界遺産条約第1条で定義される文化遺産の範疇では、それは「遺跡」である。『世界遺産条約履行のための作業指針』（2013年7月）の第47パラグラフでの術語に従えば、それは同様に「文化的景観」であるとイコモスは考えるが、それは文化的景観としての登録を提案されたわけではなかった。

　では、当該の2013年7月版の『世界遺産条約履行のための作業指針』の第47パラグラフはと見てみると、文化的景観は以下の通りに定義されている：

――――文化的景観は、文化遺産であり、世界遺産条約第1条に記される「人間と自然の共同作品」を表現している。それは、自然環境の提示する物理的制約並びに／または可能性の下での、及び継続的な内外の社会的、経済的並びに文化的力の影響の下での、人間社会とそれが設置した事物の時間の中での変化を示す。

　この定義に従えば、ブルゴーニュのブドウ畑のクリマは文化的景観に他ならない。やはり、それを文化遺産、しかも遺跡として押し切ろうとした方針に無理があった。

⑦-6 世界遺産委員会での常識的議論と登録決定

　ブルゴーニュのブドウ畑のクリマに関し、2015年7月4日の世界遺産委員会の議事要録に拠れば、レバノン代表団を皮切りに登録に向けた肯定的発言が続き、最終的に満場一致で登録が承認されている[94]。フランスによるポルトガルとヴェトナムとの外交チャンネルを通じた情報収集を前述したが、それら2国はレバノンに続いて肯定的発言を行い、後の議論の筋道を造っている。以後の一連の議論は、アルジェリア代表団の若干の疑義を除外すると総じてブルゴーニュに好意的である。フランスによるロビー活動の成果とも言えようが、代表団の背後には各国の文化財保護の専門家が控えているのだから、余りに不適格な案件には肯定的評価は連続的に表明されなかったはずである。つまり、常識的議論がなされ、常識的に登録が決定した[95]。

　ブルゴーニュ擁護論の要点は2点である。

　まず、保護措置は充分とする点である。外交の現場なので、イコモスの評価は不当との直

242　第2編

裁的発言はないが、機微としては、勧告の不的確さが指弾された。文化財保護の専門家が背後に控える代表団は、大半がフランスによる遺産保護措置の実効性を知悉し、数年後という近い将来にそれが確定的になることを信頼するという常識を働かせて審議に臨んだ。あるいは、実効措置がなければ後日のモニタリングで登録を抹消すれば良いだけの話と割り切った。

　次に、文化遺産から文化的景観への範疇変更という点である。これは複数の代表団から提案され、フィンランド代表団の提案で意見を求められたイコモスも、もとより本案件は文化的景観としての認識だったゆえに、当該変更に賛意を表明している。それどころか、「文化的景観の最良の事例のひとつ」との評価まで下しているのである。

■7-7 ブルゴーニュの今後の課題

　ブルゴーニュのワインスケープは、かくのごとく世界遺産となったが、死角はないのだろうか。

　ヴォーヌ・ロマネ村では、1968年から2008年の40年間で人口が34.7％減少している[96]。これはサン・テミリオン自治区でも見た同様の現象で、農地や醸造所への自動車通勤が容易になったことや、機械化の発展で人手が不要になっていることが要因と考えられる。ただ、地域経済の地盤沈下にはつながっていないので過疎化現象とも言えず、むしろ農業の合理化により、人口が適度な安定に向かう過渡期にあると捉えるべきであろう。

　他方で、増加しているのが観光客である。

　登録前の一般的状況は、年間観光客数で見ると、どの年でもディジョンは約300万人で、宿泊件数は約120万件である。他方、ボーヌの年間観光客数は約100万人だが、その内40万人はオスピス・ドゥ・ボーヌのみを訪れる。

　ワイン観光に限定してみると、問題は何か。AOC制度の前身である1919年の法律の副次的効果は、造り手が自ら瓶詰めまで行う元詰めの拡がりである。その結果、小さなクリマに小さな醸造所が付随する形式になり、この構図は現在もほぼ変わらない。世界遺産登録により、これらの小規模ワイナリーを目指す観光客の増加は必至で、この地域の観光をいかに持続可能なものとするかが問われている[97]。そして、問題は都市計画にも関連する。

　フランス観光開発機構 (Atout France) は各地に支部があり、ブルゴーニュ支部は2010年に世界遺産登録による観光の変容予測を行った。とりわけ問題視されたのが交通である。現在、観光の主要交通手段は自動車、しかも自家用車で、ブドウ栽培やワイン観光と相容れない側面を多々有する。排気ガスや振動は農業にとって有害で、騒音や交通事故の危険性は観光にとって望ましくない。他方で、この地域の各村には鉄道駅があり、運行頻度こそ1時間に1本程度と低いものの、レンタサイクル等との組み合わせにより、より持続的で密度の高い観光が期待可能としている[98]。

　ボーヌにワイン都市を創設する計画もある。これはボルドーのワイン都市に触発され、ディジョン国際美食・ワイン都市と連携するものである。これは2010年のフランスの美食術

第6章　ブルゴーニュのブドウ畑のクリマ　243

図30 クリマの家は基本的に模型と映像施設しかなく、歴史や技術を知るための博物館が必要であろう

の世界無形遺産登録を受けて2013年に国が推進したプログラムで、他にもパリ＝ランジス、トゥール及びリヨンに開設され、ディジョンのそれは2018年に開館予定となっている。ボーヌはこの選定から漏れたため独自に計画を進め、同じく2018年の開館を目途とするものである。ただ、資金調達を含めた問題は未解決で、先行きは不透明なプロジェクトと言える。

対して、2017年7月4日にボーヌ観光案内所に開館したクリマの家は、クリマの全貌を知るには規模が過小である［図30］。ニュイ・サン・ジョルジュのイマジナリウムやカシシウムといったワインのテーマ・パークとも連携した博物館が必要であろう。

8. 結論

本章では、ブルゴーニュのクリマに関し、冒頭の問題意識に基づき研究を進めた結果、以下の結論を得た。

①ヴァナキュラーな工作物への着眼

ワインの銘醸地の文化的景観の保護対象は、多くの場合はブドウ畑の景観自体かシャトーやメゾン等の秀逸な建築物であった。ブルゴーニュでは、ミュルジェールやカボットという土着の工作物の保護が考慮された。これは空積み工法を承継させる技術教育の重要性も認識させた。他方で、本来であれば客土と共に土壌流失を防止するコモンズ的存在であるのに、その保護が私人に押し付けられる矛盾も起きていることが解った。

②地方集権とスマート・スプロール

ブルゴーニュでは醸造所と住宅の組み合わせは職住近接の極点で、しかし買物や通学、さらには通院等に自動車を使用する。さらにそこは都市開発よりも営農の採算性が高い土地で、そこにコンパクト・シティ論やスマート・シュリンキング論を適用するのは賢明ではない。ガヴァナンスも基礎自治体を単位とするわけにはいかない。そもそも、人口の少ない基礎自治体には、都市計画や文化財保護の専門要員を配置する余裕がない。こう俯瞰すると、地方「分」権を性善的に盲信せず、地方「集」権を必要とする風土も存在することが解る。

③「好い加減の」制度設計

開発圧力の小さな地域あれば、都市計画は曖昧にしておき、ケース・バイ・ケースで審査をする仕組みの方が利点が多い。面倒な都市計画規制も、事後的な泣き寝入りも不要となる。「好い加減の都市計画」が有効な風土もある。他方で、景勝地制度のように完全に属人的

判断が行われるのは、申請者側にも審判側にも負担が大きい。そこで、大まかでも良いので憲章等のルールがあると、都市開発の時間的経済性の毀損を最小限にしながら、景観的にもより最善に近い案が生まれる可能性が高まる。

対して、以下の欠点や問題が看取される。

❶構成資産の選択や顕著で普遍的な価値の挙証の失敗

世界遺産申請を先導したのがディジョン市長だったこともあるが、構成資産にワイン生産と無縁の歴史的都市空間を含ませる等、その選択は非整合的であった。また、顕著で普遍的な価値の挙証に関しても、文化遺産という範疇選択の失敗から景観的特性を上手く使うことができず、格付けのランク数等の物的環境には直接的には無関係の事項が並んだ上、他の遺産を差別化ではなく優劣の論理で比較する印象を与える記述が見られ、至って不明確な内容になっている。

❷イコモスの調査の問題

イコモスの調査員の意見は、構成資産の範囲や比較衡量の手法に対する妥当なものもあったが、緩衝地帯内の採石場に対する疑義、フランスの歴史的環境保全制度に対する無定見な懸念、さらには現状では存在しない再生可能エネルギー施設の防止策の強固な主張等、的外れなものも多かった。そもそも論としては、独立した複数の調査員が匿名の意見をイコモスに提出し、それを検討した上でその勧告とすべきであろう。最低でも、イコモスは世界遺産委員会への答申前にその修正を図るべきであったがそれができず、同委員会でその答申が逆転される失態を演じた。

注

1　GRIZOT Xavier, «Unesco: Dijon et la Côte des vins candidates», dans *Le Bien Public*, 19 novembre 2004.

2　AICVBPMU (2013), p. 7 et p. 12.

3　プレスイール（2012）、pp. 82-86。

4　ノーマン（2013）、pp.48-49。

5　PIGEAT (2000), p. 50.

6　ジョンソン（2008上）、pp.286-288。

7　ゴーティエ（1998）、p.52。

8　AICVBPMU (2012c), p. 184.

9　AICVBPMUのサイト（https://www.climats-bourgogne.com/fr/qu-est-qu-un-climat_5.html）［2018年2月1日アクセス確認］。

10　AICVBPMU (2012c), *op.cit*, pp. 316-317.

11　*ibidem* , pp. 323-324.

12　ここでは、この比較衡量の要求を所与の条件として論考を進める。しかし、この差別化の要求は、世界遺産の主旨に整合しているのか、疑問は持ち続けたい。既に類似の遺産が登録されていても、例えば自力では文化財保護を推進できない途上国に同様の遺産があった場合、国際社会はそれを人類が救出し保護すべき遺産と認めないのか。早い者勝ち的な論理で世界遺産が構成されるのは、本末転倒ではないか。

13　AICVBPMU (2012d), *op.cit*, p. 28.

14　*ibidem*, p. 24.

15　*ibidem*, p. 64. 下線部は原文ではボールド体で、原文による強調である。

16　AICVBPMU (2013), *op.cit*, pp. 210-212.

17　PIGEAT, *op.cit.*, p. 120.

18　山本博（2009）、p.116。

19 山本：前掲書、p.144。

20 VITOUR (2012), p. 16.

21 LARAMEE DE TANNENBERG et LEERS (2015), p. 43.

22 AICVBPMU (2013), *op.cit*, pp. 34-35.

23 ノーマン：前掲書、p.45。

24 AICVBPMU (2012c), *op.cit*, p. 309.

25 ピット (2007), pp.130-139。

26 GARCIA Jean-Pierre, «La Construction géo-historique des climats de Bourgogne», dans *idem*, *op.cit.*, pp. 97-105, p. 103.

27 西欧のコモンズ（共有地）は、誰にも所有が帰属しない点を定義の核とするので、無論、ミュルジェールやカボットはコモンズそのものではない。しかし、その建設には帰属とは無差別に共同体が借り出されており、コモンズ「的」な存在と言えよう。本書では、その意味で「コモンズ」という術語を運用してゆく。

28 リゴー (2005), pp.50-51。

29 POUPON et LIOGIER D'ARDHUY (1990), p.19及びHERBIN et ROCHARD (2006), p.97より作成。

30 POUPON et LIOGIER D'ARDHUY, *op.cit.*.

31 AICVBPMU (2013), *op.cit*, p. 205.

32 AICVBPMU (2012c), *op.ci*t, p. 162 et p. 164.

33 BOUR Pascale, JACOTOT Pascale et VINCENT Eric, «Murets et meurgers dans la côte viticole de Côte-d'Or : un patrimoine reflet de la géologie locale», dans INTERLOIRE (2003), pp. 32-35, p. 32.

34 AICVBPMU (2014d), *op.cit*, p. 61.

35 無論、修復工事を施工する能力と、それを実施する意思は必ずしも合致しない。PERROY et WYAND (2014), p.57に拠れば、コルトンでは、ミュルジェールやカボットの修復が冬場の農閑期に行われることに古今の変化はないが、最近は業者任せにするのが通常である。

36 Direction régionale de l'environnement de Bourgogne (2000b)。

37 Bourgogne Tourisme (2008), p. 9.

38 世界遺産登録後の2015年11月26日の総会でドゥ＝ヴィレーヌは名誉会長に退き、ヴォルネイの造り手であるドメーヌ・マルキ・ダルジェルヴィルの当主・ギヨーム・ダルジェルヴィルが会長職を襲った。

39 AICVBPMU (2011), pp. 8-10.

40 AICVBPMU (2012a).

41 AICVBPMU (2012c), *op.cit*, pp. 260-265.

42 AICVBPMU (2013), *op.cit*, p. 11.

43 AICVBPMU (2014c), pp. 4-5.

44 その集大成として、GRACIA (2012) があり、本書もそれを活用している。

45 AICVBPMU (2014c), *op.cit*, p. 34.

46 BIVBが紹介する同協会のウェップサイト (http://www.vins-bourgogne.fr/accueil/gallery_files/site/289/1910/19296.pdf) に拠れば、約30の造り手が発起人リストに名を連ねている［2018年２月１日アクセス確認］。

47 AICVBPMU (2012d), *op.cit*, p. 127.

48 Bourgogne Tourisme, *op.cit*. p. 17.

49 VINCENT Eric, «Le Rôle des vignerons dans la conservation des paysages», dans PERARD et PERROT (sous la direction de) (2010), pp. 37-51, p. 44.

50 PIGEAT, *op.cit.*, p. 88.

51 Direction régionale de l'environnement de Bourgogne (2000a).

52 CODET Olivier, «Le Site classé des Côtes de Beaune», dans ANABF (2006), pp. 28-29, p. 28.

53 Bourgogne Tourisme, *op.cit.*, p. 18.

54 DESGEORGES Dominique et VINCENT Eric, «Le Site classé de la côte méridionale de Beaune : exemple d'application d'une charte de gestion», dans INTERLOIRE, *op.cit.*, pp. 133-136, p. 133 et p. 135.

55 AICVBPMU (2011), *op.cit.*, p. 13.

56 Direction régionale de l'environnement de Bourgogne (2014), p. 59.

57 ただ、後者の79基礎自治体の人口を合計しても2013年時点で67,467人に過ぎず、面積は774平方キロメートルなので、１平方キロメートル当たり87人という低密な状態である。

58 AICVBPMU (2012d), *op.cit.*, pp. 95-96.

59 *ibidem*, p. 96.

60 AICVBPMU (2015a), pp. 33-34.

61 AICVBPMU (2014c), *op.cit.*, pp. 27.

62 AICVBPMU (2012d), *op.cit.*, p. 96.

63 *ibidem*, p. 110.

64 *ibidem*, p. 120.

65 *ibidem*, p. 119.

66 *ibidem*, p. 120.

67 AICVBPMU (2014c), *op.cit.*, pp. 48-49.

68 鳥海基樹：「フランス2000年都市連帯・再生法と1990年代のパリ市の先駆性」、『東京大学社会科学研究所研究シリーズ』、No.16：「現代都市法の新展開−持続可能な都市発展と住民参加−ドイツ・フランス」、2004年3月、pp.147-160。

69 BOURDON Françoise, PICHERY Marie-Claude et VINCENT Eric, «Les Climats de Bourgogne aujourd'hui», dans GRACIA, *op.cit.*, pp. 65-93, p. 89.

70 AICVBPMU (2012d), *op.cit.*, p. 70.

71 AICVBPMU (2014c), *op.cit.*, pp. 154-155.

72 AICVBPMU, *Lettre d'information*, n⁰ 10, mars 2014, p. 4.

73 ただし、常時開放ではない。

74 AICVBPMU (2012d), *op.cit.*, pp. 115-116を基に著者作成。

75 AICVBPMU (2014c), *op.cit.*, pp.42-43. なお、ソーヌ・エ・ロワール県の緩衝地帯にあるシャニーもAVAP創設を議会決定している。因みに、ショレイ・レ・ボーヌは文化財調査時にAVAP創設を推奨されなかったが、独自の判断でその策定調査を進めている。

76 AVAPは2016年夏から優品文化財地区（SPR）となったが、PLUを必要とするという位置付けに変化はない。なお、基礎自治体土地利用図しか具備しないサン・ロマンのZPPAUPが存在できたのは、同図をPLUに変換する予定の下であった。PLUは未だに策定されていないが、将来的には2017年1月1日に発足したボーヌ丘陵・南部人口集積地共同体の枠内で、基礎自治体横断型PLU（PLUi）に包含されるものと考えられる。

77 2017年7月6日のコート・ドール県建築・文化財課（SDAP）長・オリヴィエ・キュール氏への聞き取りによる。

78 AICVBPMU (2015b), p. 4.

79 (communiqué de presse), *Annonce par Aurélie Filippetti, ministre de la Culture et de la Communication de la demande de nouvelles inscriptions sur la liste du patrimoine mondial*, 13 janvier 2014.

80 AICVBPMU (2014d), *op.cit.*, p. 17.

81 BIENAIME (2012), p. 198.

82 AICVBPMU (2014d), *op.cit.*, p. 22.

83 *ibidem*, p. 47.

84 *ibidem*, p. 61.

85 AICVBPMU (2015a), *op.cit.*, p. 7.

86 *ibidem*, p. 13.

87 WHC-15/39.COM/19: Décisions adoptées par le Comité du patrimoine mondial lors de sa 39e session (Bonn, 2015), p. 204

88 AICVBPMU (2015a), *op.cit.*, p. 25.

89 *ibidem*, p. 38.

90 *ibidem*, p. 55.

91 以下の制度解説は、Ministère de l'écologie, du développement durable et de l'énergie, *Le Plan de paysage – Agir pour le cadre de vie*, janvier 2015を参考にした。

92 Schéma Régional Eolien de Bourgogne annexé au *Schéma Régional Climat Air Energie*, 2012, p. 14.

93 «Les Climats de Bourgone entrent au patrimoine mondial de l'Unesco», dans *Le Bien Public*, édition spéciale, n⁰ 1980, 9 juillet 2015, p. 3.

94 WHC-15/39.COM/19: Summary records – Résumé des interventions, pp. 191-194.

95 同委員会では、スペインの「リオハとリオハ・アラベサのブドウ栽培とワイン生産に関わる文化的景観」も登録申請がなされたが、構成資産の絞り込み及びそれに伴う顕著で普遍的な価値の挙証、さらにはそれに応答した比較衡量を求められて登録延期とされている。これはイコモスの勧告通りである。因みに、イコモス調査員はハンガリー聖イシュトヴァーン大学教授のアルバート・フェケットであった。

96 Direction régionale de l'environnement de Bourgogne (2014), *op.cit.*, p. 12.

97 AICVBPMU (2012d), *op.cit.*, p. 71.

98 *ibidem*, p. 144.

第 **3** 編

ワインスケープの向かう先

第 **7** 章

文化財保護と都市計画の6次産業化

——ファッション化、テロワール、ラギオール観光

1. ワイン投資と家族型経営の終焉

■1-1 投資商品としてのワインスケープ

21世紀も約20年が過ぎ、世界的低金利でたぶついた資本があらゆる事象を投機の対象とする中、ワインもその格好の素材になっている。金がまず向かうのは、手頃なワイン投資、つまり、ワインを安く買って、高くなってから売却する資産形成術である。

背景には、技術の向上やインターネットの普及がある。醸造から始まり適温輸送を経て温湿度管理可能な家庭用ワインセラーに至るまで、技術の向上は高品質ワインの生産と消費に好条件をもたらしている。また、インターネットを通じて個人が瞬時にマーケットにアクセスできる。こうなると、ワインは飲用ではなく投機用商品とされる[1]。その結果、著名銘柄をポートフォリオに組み込んだワイン・ファンドが出現し、さらには時折その倒産騒ぎが起きる。

他方、行き場のない資本は、ワインという飲料を超え、その生産基盤自体にも流れ込む。それに関する近年の一方の奔流として、芸能人やスポーツ選手による買収が挙げられる[2]。米国では俳優のブラッド・ピット、アンジェリーナ・ジョリー、ジョニー・デップ、ドリュー・バリモア、英国ではデヴィッドとヴィクトリアのベッカム夫妻やミュージシャンのスティング、フランスではコメディアンで現在はロシア国籍のジェラール・ドパルデューや女優のキャロル・ブーケ、スペインでは俳優のアントニオ・バンデラスがその代表格である。ウィキペディア英語版には「ワイナリーやブドウ畑を所有する有名人リスト」という項目まである[3]。

趣味という理由もあろうが、自らのブランディングのため、あるいはワインのブランディングのためというそれは、ワインが単なる農産物を超え、イメージで取引される産品であることを傍証する[4]。

他方の潮流は、ファッション企業、さらには銀行や保険会社のワイナリー買収が挙げられる。これは、本書の主題であるワインスケープに少なからぬ影響がある。

■1-2 家族型経営の終焉の背景

買収自体は既に1970年代から見られたが、功成り名を遂げた企業経営者の道楽的購入を除くと、ワインや蒸留酒を扱う同業種によるそれが大半だった。そこに今日、有名人、ファッション企業、さらに金融企業が流れ込む。これらの企業の進出の背景には、新たなブドウ農業や醸造環境に、旧来の家族型経営が適応困難であることがある。

地理学者のロジェ・ディオンやジャン＝ロベール・ピットが理想化した、きめ細かな景観を構成する小規模なブドウ畑は、相続による細分化の結果でもある。ところが、身内での遺産承継が行われず、企業へ身売りするケースが出現している。

農産物全般に言えるが、とりわけワインのように収穫年・醸造年が存在し、出来・不出来の年が明確に確定され、それで価格が著しく異なる産品の場合、良作の年の高値には、不作の年の安値を補填する保証金のような値段が含まれる。ワインは、同じ造り手のもので

も、場合によっては良否で価格が十倍以上異なることすらある。ブドウ農は不作の年でも、良作の年と同量の労働や資本を投下する。消費者は、長期的に見て、ブドウ農が安値の年が数年連続しても離農しないで済む値段を、良作の年に払ってきた[5]。

　しかし、新興国の安価なワインの興隆やワインの流通のグローバル化で、消費者はかかる費用負担から解放された。特定のワインを常に飲むのではなく、その時々で適当な価格のものを買えば良くなった。つまり、消費者は不作の年の費用負担をせず、当たり年の産地のワインだけを気にかければ良い。その結果、新興国ワインと同程度のテーブル・ワイン級の産地では耕作放棄が、銘醸地では企業による買収が進行する。

■-3 小規模ワイナリーと消耗戦

　また、家族経営では整備不可能なロジスティクスも不可欠な時代になった。

　例えば、シャンパンは異なる畑のブドウで造ったワインを混ぜたり、醸造年の異なるワインを混ぜるブレンドで生産される。ただ、それに必要なのは味覚だけではない。本当の問題は、将来の需要予測の下での、前年までに醸造されたリザーヴ・ワインの在庫調整である。これは投資と同じである。対象は予測不能な自然で、リスクを織り込みながら確実に配当を獲得しなければならない[6]。今年天候不順だからといって、これまでのリザーヴ・ワインという貯金を全て取り崩すと、来年以降のリスクに備えられない。しかし、来年以降数年は好天が続き、単年度の原液のみに絞った醸造年記載シャンパンが生産可能かもしれない。となると、リザーヴ・ワインは無駄になる。これは、まさに投資判断で、メゾンの経営に、農業や醸造だけではなく、トレーディングやマーケティング、さらには長期的気候予測の能力すらも要求される。家族経営では、このシステムの整備は不可能である。

　さらに、ワインを生産したまでは良いが、販売が難しくなってきた。小規模な造り手であっても、丁寧に生産されたワインの質は、著名な大規模生産者のそれと異ならない。ただ、決定的に不利なのは販路の確保である。大規模生産者であれば、仲買に対して仲介手数料の交渉を有利に運ぶこともできようが、家族型経営ではそれができない。フランス国内や外国での販売を断念して地元で商品を捌かなければならないとすると、質の低下を惹起してしまう[7]。つまり、小規模生産者の選択肢は、かかる状況を甘受するか、さもなくば質の高いワインを生産し、インターネットを通じた通信販売や、ワイン観光を通じた直接販売を駆使することになる。

　ただ、そうなると問屋も商売あがったりとなるので、自力本願で努力する企業に、今度は仲買業者がアプローチする。つまるところ、高品質化が最善の策となる。

　そして、高品質化と直接販売に関する資金繰りができなくなった時点で、造り手はマーケットから退場する。耕作や生産を放棄するか、企業に身売りをするかという選択になる。物騒な表現になるが、小規模ワイナリーは消耗戦を生きなければならない。

２．ファッション化と不動産の高騰

🄲-1 ワイナリーのファッション化

　そこでワイナリー買収という話になるのだが、実はその経営には短期的で直接的な利益はない。というか、それがあるのであれば、端からワイナリーやブドウ畑を売り出す所有者は少ないはずである。

　例えば、ブドウ樹は樹齢15年から35年が充実した実を実らせると言われるが、高品質ワインの生産者はさらに40年から100年の樹を大切にする[8]。それどころか、サン・テミリ

表1：ボルドーに於けるワイナリー買収

年	シャトー名	原産地統制呼称 （AOC）地域	買収主体
1955	クプリー［現シャトー・ダッソー］	サン・テミリオン	マルセル・ダッソー（ダッソー航空機製造創始者）
1969	ラ・ドミニク	サン・テミリオン	クレマン・ファヤ（ファヤ建設創始者）
1978	ドゥ・フェラン	ポムロール	ビック男爵（筆記用具製造会社創始者）
1990	マルゴー	マルゴー	ジョヴァンニ・アニェッリ（フィアット会長）［2003年まで］
1993	ラトゥール	ポイヤック	フランソワ・ピノー（アルテミス）
〃	モンブスケ	サン・テミリオン	ジェラール・ペルス（スーパーマーケット経営）
1994	ローザン・セグラ	マルゴー	アラン・ヴェルテメール（シャネル）
1996	カノン	サン・テミリオン	アラン・ヴェルテメール（シャネル）
〃	マラルティック・ラグラヴィエール	グラーヴ	アルフレッド・ボニー（洗剤メーカー経営者）
1997	グリュオー・ラローズ	サン・ジュリアン	ジャック・メルロー（タイヤン・グループ）
〃	パヴィ・ドゥセス	サン・テミリオン	ジェラール・ペルス（スーパーマーケット経営）
1998	パヴィ	サン・テミリオン	ジェラール・ペルス（スーパーマーケット経営）
〃	シュヴァル・ブラン	サン・テミリオン	ベルナール・アルノー（LVMH） アルベール・フレール（個人）
1999	イケム	ソーテルヌ	ベルナール・アルノー（LVMH）
2000	コス・デストゥルネル	サン・テステフ	ミシェル・レイビエ（食品会社経営）
2001	ラロゼ	サン・テミリオン	ロジェ・カイユ（ジェット・サーヴィス社創始者）
〃	フルール・カルディナル	サン・テミリオン	ドミニク・デコステ（元ハヴィランド・リモージュ陶器会社経営者）
〃	ラスコンブ	マルゴー	セバスチャン・バザン（コロニー・キャピタル）
2004	ジャン・フォール	サン・テミリオン	オリヴィエ・ドゥセル（冷凍食品スーパー経営者の息子）
2005	フォジェール	サン・テミリオン	シルヴィオ・デンツ（ラリック・クリスタル経営）
2006	ピション・ロングヴィル・コンテス・ドゥ・ラランド	ポイヤック	フレデリック・ルゾー（ルイ・ロデール）
〃	モンローズ	サン・テステフ	マルタン＆オリヴィエ・ブイグ（ブイグ・テレコム）
〃	カントナック・ブラウン	マルゴー	サイモン・ハラビ（シリア人投資家）
〃	フルカ・オスタン	リストラック	モメジャ兄弟（エルメス・オーナー）
〃	ギロー	ソーテルヌ	ロベール・プジョー（プジョー自動車） ステファン・フォン・ナイベルグ伯爵（シャトー・カノン・ラ・ガブリエール） オリヴィエ・ベルナール（ドメーヌ・ドゥ・シュヴァリエ）
2011	マトラ	サン・テミリオン	ヴェルテメール兄弟（シャネル）

オンで最上級に属す、シャトー・シュヴァル・ブランの経営・醸造責任者のピエール・リュルトンは、最上級になりたいのであれば200年努力せよと述べる[9]。ワイン生産に関わる経営というのは、かくも長期的な視点が必要とされる。

　こうなると、投資の回収は世代どころか世紀をも跨ぐ。昨今の短期での株の売り抜けとは全く発想が異なるのである。

　にも関わらずファッション企業が買収に動くのは、ファッションとワインという高級嗜好品のイメージが相乗し、ひいては売り上げが増加する間接的便益があることによる。ファッションは、服地の品質や縫製、あるいは機能性が重要なのは無論だが、ブランドやデザインで購入する部分も大きい。ワインも、味が肝要なのは当然だが、銘柄や格付けが価格の大きな部分を形成する。例えば、ルイ・ヴィトン・モエ・エ・ヘネシー (LVMH) グループは、社主の個人所有と会社所有により、ボルドーではサン・テミリオンのシャトー・シュヴァル・ブランやソーテルヌのシャトー・イケム、シャンパーニュではドン・ペリニオン、モエ・エ・シャンドン、クリュッグ、ルイナール、ヴーヴ・クリコ、さらにはメルシエを傘下に置いている。いずれも世界的名声を得た著名シャトーや有名メゾンである。そのワインやシャンパンが、系列服飾ブランドの新作発表会で振る舞われれば、双方のイメージが共鳴する。

　また、著名シャンパン・メゾンのテタンジェ家は、ホテル (クリヨン、コンコルド・ラファイエット等)、レストラン (ル・グランヴェフール)、あるいはバカラ・クリスタルを所有している[10]。ここでも、あらゆるイメージ産業の共振が図られている。

　ワイナリーの買収は高度成長期から散見され、同業種以外では、巨大企業に成長した会社の創業者によるシャトー購入が、サン・テミリオンで言えば10年に1度位の頻度で見られた。いずれも手堅い製造業や建設業の関係者で、シャトーを企業イメージの向上に利用することはなく、いわば金持ちの道楽であった。様相が一変するのは1990年代に入ってである［表1］。

2-2　所有と生産・経営の上下分離

　とりわけボルドーでファッション企業やその社主による買収が相次いだ理由は、1855年のメドック地方のシャトーの格付けや、戦後始まったサン・テミリオンのそれに象徴される差別化の基盤があり、それらに世界的名声が付帯していたためと推断できる。

　先鞭を付けたのは、アルテミス (グッチやイヴ・サン・ローランといったファッション企業や大手デパートのプランタンの持ち株会社) のフランソワ・ピノーやシャネルのアラン・ヴェルテメールで、やや遅れてLVMHのベルナール・アルノーが参入した。アルノーは今日、ボルドーやシャンパーニュに1,717ヘクタールのブドウ畑を所有し、ワイン関連の資産だけで15億ユーロを有する。

　社有物件も多いが、社主の個人資産はその会社の収益を代弁すると考え、彼らの私的財産を見てみよう。横並びのデータのある2010年時点の1ユーロの円換算平均レートは120円だから、資産額は、アルノーが2兆4,750億円、ピノーが7,830億円、ヴェルテメールが

6,750億円、マルタン・ブイグが3,060億円、アルベール・フレールが2,340億円となる。また、これらのような現代企業の雄ではないが、ボルドーのワイン製造の老舗としてロートシルト（英語の発音ではロスチャイルド）一族がある。彼らの多くの個人財産は明らかになっていないが、超の付く富豪であることは明らかである[11]。

では、これらの企業や社主は、どのようにして短期的利益のないデメリットを克服しているのか。

まず、ブドウ樹の植樹から始めるのならともかく、既存の著名ワイナリーの買収は、上述のような植物の生長にかかる長大な時間を割愛してくれる。ただの畑から買うことと比較して遙かに高価になるが、直ちに利益を得ることができる。

とはいえ、彼らは醸造に関しても経営に関しても素人である。そこで彼らはオーナーを名乗る一方、生産や経営は現地の専門家に任せる上下分離方式が基本となる。企業の最終目的は利益を上げることで、しかもその効率化と最大化が株主に対する責任になる。そこで、ワイン生産という長期的投資に対し、短期的利益を望む株式市場をなだめ惹き付けるため、企業は生産と経営の双方の専門家を招聘する。最近の著名シャトーや有名メゾンでは、かくして親方的な醸造責任者と、先生的な経営責任者で共同運営されることが標準的になっている。

2-3 ブドウ畑の証券化と金融業者の進出

アルザスでは、地元の地方銀行がこの上下分離方式を応用し、2008年からブドウ畑の証券化を開始した。飲料としてのワイン投資と、不動産としてのワイナリー所有の中間的商品で、超大富豪ならずとも投資可能という特徴を有する。10万ユーロを下限に発行された土地所有権付きの証券を購入した投資家は、ジャン・シュヴェベルがリボーヴィレ地域で生産したワインの利益配当に預かる[12]。シュヴェベル自身、生粋のブドウ農ではなく、ストラスブールを本拠とするフランスの有力ビール会社・クローネンブルグの元所有者で、経営の専門家である。無論、醸造は地域の専門家が助言する。所有、経営、あるいは営農の分離した、まさに株式会社組織とも言える。

ワイン業界は全体としてみると景気の影響を受け易いが、トップの造り手はさにあらずという、投資家や買収企業にとっての安心材料もある。ワインは、場合によっては10年以上先に飲むものなので、景気が悪く価格が下がると、安い時に買っておこうということになる。逆に、好景気だと高い時に売ってしまおうという心理が働く。従って、著名銘柄ほど、景気に左右されない。実際、ボルドーのトップ40のワインの平均価格と、ユーロネクスト・パリ（旧パリ証券取引所）の時価総額上位40銘柄の平均株価・CAC40は、ほとんど連関しない[13]。

その上、ワインは農産物の加工品だから、欧州連合の共通農業政策補助金が交付される。零細農家に対する補助なら首肯可能だが、大企業や高級ワインの造り手にも平等に交付される。

グラン・シェ・ドゥ・フランス社は、2012年の売上高が8億4,100万ユーロのフランスで

も有数の仲買だが、2011年から2012年にかけて約136万ユーロを受領した。2012年にサン・テミリオンの最上級に昇格したシャトー・パヴィは、シャトー・パヴィ農業会社名義で約21万1,000ユーロを受領した他、別の営農会社名義で7万3,000ユーロを領収している[14]。

　つまり、ワインという飲料の投資はともかく、ワイナリーによる資産運用は、それが著名な造り手であれば、かなり安全と言える。

　かくなる安全性に眼を付けたのが、銀行や保険会社といった、安定配当が不可欠な金融企業である。例えば、サン・テミリオンで最上位に次ぐグラン・クリュ・クラッセのシャトー・スタールは、2006年に保険・年金共済組合（AG 2 R La Mondiale）が3,500万ユーロで、マルゴー第2級のシャトー・ラスコンブは2011年にフランス相互保険会社が2億ユーロで買収している。因みに、保険・年金共済組合は、日本ではむしろトゥール・ドゥ・フランス常連のプロのサイクリング・チームとして有名だろう。

　かくなる具合に、近年は金融企業の参入も相次ぎ、ボルドーだけで2013年現在、14億ユーロ相当のワイン関連不動産を所有し、ブドウ畑の面積は約2,400ヘクタールに上る。さらに中国からの投資が加わり、彼らが新規に取得したブドウ畑は約1,000ヘクタールといわれる[15]。

2-4 ワインの原価

　ブドウが現金になるまで時間がかかる。経営効率は決して良くない。資本力がないと事業を継続できない。ファッションや金融の巨大企業複合体の進出の背景には、そのような事情もある。

　では、ワイン生産にはどの位の資金が必要なのか。まずはその費用構成を見よう。

　ブルゴーニュ・ワインになるが、ボトル1本の製造に必要な予算構成は、労務費40％、設備・建物の減価償却費18％、広告費15％、畑に於ける栽培費12％、保険等8％、資金調達費と雑費7％と試算されている。良質のワイン生産は労働集約性が高いビジネスで、フランスは、ブドウ栽培地域に於ける1時間当たりの1人の労働費用と社会保険料が最も高い。ただ、問題は、この支出明細に現れてこない土地代である。2006年、前述のピノーが、ブルゴーニュの銘醸地・ヴォーヌ・ロマネ村のドメール・ルネ・アンジェルを買収する際に支払われた金額は、耕作地1ヘクタール当たり200万ユーロであった[16]。

　では、ワインの原価はいくらになるのか。換言すると、付加価値はどの程度なのか。推測値が入手できたボルドーを事例にしてみよう。

　2009年の数字だが、畑の管理、醸造、減価償却、商品化等を合わせたワイン生産のボトル1本当たりのコストは、ポムロールの著名シャトーであるシャトー・ペトリュスで30ユーロ（当時のレートで約3,700円）である。これが市価となると、ペトリュスの2004年ものであれば軽く10万円を超える[17]。

　2015年の出版物から引用すると、年間営農費用、摘み取り、圧搾、そして発酵を経てボトルに詰めるまで、シャトー・シュヴァル・ブランやシャトー・ムートン・ロートシルト、シ

第7章　文化財保護と都市計画の6次産業化　257

ャトー・オー・ブリオンやシャトー・アンジェリュスでも、ボトル1本当たり15から20ユーロだといわれる。しかし、その前段階として、苗木を育て、樽を新調し、運営資金を出費し、広告費用を払い、何より醸造施設を初めとする設備投資を行う必要がある。となると、ボルドーのトップ15シャトー級のワインで1本当たり30から40ユーロ、シュヴァル・ブランで35ユーロとなる[18]。これは上記のペトリュスの値とも整合する。

　こう見ると、消費者が飲んでいるのは、ワインではなく土地である。価格のほとんどを構成するのは、生産原価には現れてこない不動産や醸造施設に関わる地価、即ちワインスケープの価格なのである。さらに換言すると、ワインが高騰すれば喉が鳴る景観の価格もそれを追うことになる。例えば、フレデリック・ルゾーが、2006年にシャトー・ピション・ロングヴィル・コンテス・ドゥ・ラランドの80ヘクタールを入手した価格は、2億ユーロとも2億5,000万ユーロともいわれ、過去最高といわれたものであった[19]。

2-5 高騰するワインスケープ

　ワインはフランスの外貨獲得の重要手段である。フランスの外貨獲得の第1位はエアバス社に代表される航空機で、第3位は農産物や食料品だが、ワインはその間の第2位の位置付けである。

　ワインは経済環境の変化にも強い。2009年から2011年というリーマン・ショック前後の数字を見ても、高品質ワインの輸出は量にして46％、金額にして51％増加した。2012年初頭にかけてもこの勢いは持続し、ワインと、とりわけコニャックに代表される蒸留酒の輸出は前年比11％増の110億ユーロである。前述の航空機にはダッソー社等の戦闘機も含まれるが、110億ユーロはフランスの最新鋭戦闘機・ラファール100機の額に相当する[20]。

　これらの旺盛な引き合いの背景には、中国やロシアといった新興国での大量需要がある。しかも、求められるのは著名銘柄だけで、それに併行して、ワイナリーの不動産価格が高騰する。デヴィッド・ローチとワーウィック・ロスが共同監督した映画『世界一美しいボルドーの秘密』は、その批判的ドキュメンタリーである。

　事実、1990年代から2010年代の20年間でフランスに於けるブドウ畑の地価は平均3倍になり、銘醸地では10倍から15倍の高騰ぶりである。買収は、当初はフランスやヨーロッパの企業であったが、今日では、表向きはともかく、資金源は中国であることが多くなった。中国人や中国企業によるシャトー買収が顕著になったのは2008年頃で、フランスのワイナリーを所有する外国人の国籍で見ると、ベルギー人に次いで2位となった。無論、輸出先は1位である[21]。クリスティーズが香港でワイン関連不動産専門の競売部門を開設し、2013年にはブルゴーニュの銘醸地・ジュヴレ・シャンベルタンで、11世紀から13世紀にかけて建設された歴史的ワイナリーが、2ヘクタールのブドウ畑と共に売りに出されたが、買収したのはマカオのカジノ業者で、購入価格は800万ユーロであった。

　ボルドー右岸地域で見ると、1ヘクタールのブドウ畑が、1993年から2012年の10年で、サン・テミリオンで12万ユーロから110万ユーロへ、隣村のポムロールで29.2万ユーロか

258　第3編

ら235万ユーロに急騰した。これもまた背景には中国資本の流入があるといわれる。例え
ば、香港の銀行家・ペーター・クオックは、1997年にサン・テミリオンのシャトー・オー・ブ
リッソンを購入したのを皮切りに、同じくサン・テミリオンのシャトー・トゥール・サン・ク
リストフとポムロールのシャトー・ラ・パターシュも買収し、3人の息子各々にそれを贈与
している[22]。

　中国に限らず、2002年のITバブル崩壊後と2008年のリーマン・ショックで、行き所を喪
失した資金の流入先になっている。さらに顕著なのは、近年はますます銘醸地にのみ投資
家の目が向いているとことである。ITバブル崩壊前後までは銘醸地近郊も連鎖的にブドウ
畑の地価が高騰していたが、その後は半値程度にまで急落してしまっている。

3. 企業の論理と原産地統制呼称（AOC）制度の崩壊

3-1 企業的生産者の行動論理

　合併や買収を受けるにせよ、家族型経営を続けるにせよ、好むにせよ好まないにせよ、現
代の生産者は企業的に振る舞わなければならない。

　企業的ワイン生産者の行動論理は、ブドウの安定確保、規模の経済の追求、名声の確立と
伝播、そして流通の管理の4点である[23]。ブドウの安定確保は農法の改善や気候予測の確実
性を増加させ、流通の確保は、グローバリゼーションの中で販路開拓の巧みな仲買との協
働促進やインターネット販売の拡張を意味する。では、規模の経済の追求はというと、最も
容易には畑の拡張で、伝統的ワインスケープに変化を及ぼさずには済まない。

　また、名声の確立や伝搬は、ファッションやアートとの共振が考えられる。ファッション
との連携は上述の通りだし、シャトー・ムートン・ロートシルトがその時代々々の著名芸術
家に依頼したラベル・デザインは周知の通りだが、近年では現代建築のワイナリーの建設に
もつながってゆく。これは場所を変えて第9章で論じよう。

　まとめればイメージの昂進と拡散だが、同時に、ワインに関してそれを決定的に支配す
るのは格付けであろう。大半の消費者は、それを頼りにワインを購入する。

　ボルドーは、先駆的かつ顕著にも、質の評価を価格に反映させる仕組みを18世紀初頭か
ら試行してきた[24]。それは造り手の序列化で、基本的に不変で、だからこそメドックの生産
者達はその恒久化を懸念して、1855年に完成した格付けの世界記憶遺産登録に反対してい
る。

　他方、それが定期的に見直されているのがサン・テミリオンである。企業によるシャトー
買収がサン・テミリオンで多いのは、ブドウ畑の平均面積は約8ヘクタールで、50ヘクター
ルを超えるメドック地域のものと異なり買い易いという理由がある。加えて、努力次第で
は格付けを昇進させて売り上げを伸ばすことが可能であることもある[25]。これは、同地で
イメージ向上を狙った現代建築のワイナリーの建設が陸続としていること証左でもある。

3-2 資本の論理と畑の拡張

ワインスケープに関し、資本の論理の支配が及ぼす影響が最も大きいのは、畑の拡張である。

AOCサン・テミリオンの面積は約5,500ヘクタールだが、1996年の格付けでは最高峰の次のランクのグラン・クリュ・クラッセは、全面積の16％の約800ヘクタールだった。それが2012年の格付けになると、同24％の約1,300ヘクタールに増加している。グラン・クリュ・クラッセになると、格下クラスの地価の3倍から4倍になるといわれるので、グラン・クリュ・クラッセ全体で地価の含み益が3億ユーロから5億ユーロ膨張した。プルミエ・グラン・クリュ・クラッセは1ヘクタール当たり300万ユーロの価値があるとされるが、2012年の格付けでプルミエ・グラン・クリュ・クラッセAという最上級に昇格したシャトー・アンジェリュスの場合、格上げによる含み益の増大は2億ユーロといわれる。

この昇進に伴う拡大は、造り手の力量の向上の帰結とも考えられる。他方で、それに疑義を挟む事情通もいる。サン・テミリオンのそれは、造り手が総じて小規模で著名度判定が困難であるため、味覚審査に大きく依存する[26]。しかし、チョコレートには380、チーズには500、ワインには1,000の味に関する語彙があるといわれる[27]。それで官能審査となれば、揉めない方がおかしい。事実、サン・テミリオンの2006年の格付けは、複数の生産者が起こした不服訴訟の結果、2009年3月12日のボルドー行政高等裁判所の判決で無効が決定した[28]。サン・テミリオンには、1199年に結成された名士団 (Jurade) があり、著名シャトーが構成員となっている。第4章でも論じた通り、この組織がワインスケープの保全的刷新に果たす役割は至って大きい。にも関わらず、サン・テミリオンには格付けの見直し、さらにはそれを加熱させる企業的論理の支配という、せっかくの伝統的自治組織の結束を乱す要因が内在している。

また、畑ではなく生産者を格付けするボルドー特有の問題として、ブドウ畑の合併がある。

上述の通り、シャトー・スタールは、2006年に保険・年金共済組合に買収されたが、その際のブドウ畑の面積は22ヘクタールであった。それが、2009年に隣接するシャトー・カデ・ピオラを吸収して畑の面積は29ヘクタールになった。双方ともグラン・クリュ・クラッセなので、質の高い畑同士ではあるが、こうなるとサン・テミリオンは、いつかはいくつかのシャトーの寡占に陥るのではないかという危惧が出てくる。

さらに問題なのは、2011年のシャトー・マトラの買収である。同シャトーは12ヘクタールの畑や生産施設を有するグラン・クリュ・クラッセだが、2011年に隣接するプルミエ・グラン・クリュ・クラッセBのシャトー・カノンに800万ユーロで買収された。この場合、マトラの土地部分で生産されたブドウにいきなり箔が付くこととなる。それは妥当なのか[29]。

3-3 ボルドーの拡張文化

畑の拡張は、造り手で格付けの決まるボルドー全般で見られるものである。文化と言っ

ても良い。

　AOCマルゴー第2級のシャトー・ラスコンブは、1826年には7.2ヘクタールの畑しかなかった。合併に合併を重ね、2006年から2011年までサッカー・チームのパリ・サン・ジェルマンのオーナーとなったことでも知られるコロニー・キャピタルが所有しているが、畑は82ヘクタールになっている。つまり、約200年で10倍以上の拡張を行っている。同様に1826年との比較では、シャトー・マルゴーが80ヘクタールから87ヘクタールに拡大した。これはまだ少ない方で、シャトー・ラフィット・ロートシルトが74ヘクタールから103ヘクタール、シャトー・ラトゥールが55ヘクタールから78ヘクタール、シャトー・プリウレ・リシーヌが10ヘクタールから69ヘクタール、シャトー・ブラーヌ・カントゥナックが50ヘクタールから90ヘクタール、シャトー・ラ・ラギューヌが50ヘクタールから70ヘクタール、シャトー・レオヴィル・ラス・カーズが50ヘクタールから97ヘクタールへ拡張している。

　マルゴーのシャトー・デミライユはさらに奇異である。1855年の格付けでは第3級の格付けだったが、1938年に隣接する同じく第3級のシャトー・パルメに買収されて合併され消滅した。ところが1980年にリシュアン・リュルトンがそれを買い戻し、格付け第3級のシャトー・デミライユとして38ヘクタールを復活させている[30]。

　ただ、メドックのワインは、格付けと同時に、ロバート・パーカーのような著名評論家の評価によって価格が左右されもする。「格付けは第3級だが味は第2級である」という形で、専門家やマーケットの評価を得ると、むしろ稀少価値が付加されて値段が上がる。そのギャップを利用する度量と力量のあるシャトーも少なくない。

　ともあれ、畑の統合や拡張は、ワインスケープに影響を残さずにはおかない。丁寧な造り手による統合ならともかく、金に目の眩んだ林地や穀類畑の開墾による拡張は、景観の構造の変化と同時に、益虫・益獣の住み処の収奪にも帰結し、生態学的な影響も懸念される。家族経営が大勢の時代であれば、地域コミュニティの構成員として相互監視される引け目があったが、外国を含む外来企業が所有するワイナリーには、そのような黙契への従属意識が薄弱ともいわれる。

❸-4 なし崩しになる原産地統制呼称（AOC）制度

　造り手が格付けされるボルドーに対し、クリマと称された畑が序列化されるブルゴーニュでは、ボルドーほどの露骨な畑の拡張はない。では、村を単位に畑が等級化されてきたシャンパーニュはどうか。

　シャンパーニュの貿易に於けるパフォーマンスは高い。2014年で見ると、量的には輸出されるフランス・ワインの8％に過ぎないのだが、販売額の32％を占める。つまり、フランスで第2位の外貨獲得額の3分の1は、この地域が産み出している。そこに旺盛な需要が到来したらどうなるか。村自体の拡張はできないし、ブドウの単収向上も質を維持する限り不可能である。となると、AOCエリアを外側に拡張するしかない。そして、主要輸出産業であるシャンパーニュの業界団体に意見には、国も従わざるを得ない。

第7章　文化財保護と都市計画の6次産業化　261

シャンパーニュはネゴシンアン・マニュピュラン（ブドウの全部または一部を購入して醸造する会社）という大企業が幅を利かす一方、零細農家や共同組合も多い。同地の業界団体はそれらの総合体で、彼らが一丸となってAOCエリア自体の拡張を目論んでいる。

　戦後になって醸造設備の価格が下がったこともあり、シャンパーニュでは小規模ブドウ農の中にもリコルタン・マニュピュラン（自らブドウを栽培して自ら醸造をする農家）になる者が増加し、1939年に約1,300、1955年に約1,600だったそれが、1970年に約4,500に、そして2012年には4,723軒となっている。他方で、自家生産には5ヘクタール以上のブドウ畑が目安とされるため、全農家がリコルタン・マニュピュランになるのは困難である[31]。それゆえ、1950年代から1960年代にかけて協同組合が結成された。2011年現在で136組合が存在し、2012年の加盟者数は12,973名である[32]。シャンパーニュ全体の年間生産数の3分の1は零細農家か組合が出荷している。小規模な造り手にとって収益は死活問題で、拡張は最も安価で安易な方策になる。

　事実、シャンパンは2000年紀を祝うため、そして同時期に急成長を始めた中国やロシアの旺盛な需要への対応のため、1990年代末期からブドウ畑を拡張してきた。シャンパーニュ・ブドウ農総合組合（SGV[33]）に拠れば、1970年代に実際に耕作されていたブドウ畑は約17,000ヘクタールで、耕作可能な畑が約15,000ヘクタール留保されていた。40年後、保留地が全て耕作された。そして、さらに開墾によりブドウ畑が拡張している。2003年に同組合が構成員に対して実施したAOCエリアの拡張の是非を問うアンケートでも、418票中393票の賛成票が投じられている[34]。

　つまり、シャンパーニュでは、AOC自体がなし崩し的に拡大する可能性がある。ワインのグローバリゼーションは、ブランド化されたワインの需要を高めるが、その需要自体がブランド化のシステムを破壊する矛盾である。

4. 原産地統制呼称（AOC）批判と再評価

4-1 原産地異議申し立て呼称

　AOCは認定制度だから、地域や業界団体の意向にも左右され、その決定プロセスや承認基準に関する非論理性は常に残る。また、近年では、全般的な規制緩和の潮流もあり、拘束の多い制度への批判も多い。AOCは原産地統制呼称（Appellation d'Origine Contrôlée）の略称だが、Appellation d'Origine Contestée、即ち「原産地異議申し立て呼称」との揶揄があるほどである。

　AOCは、基本的に買い手に紛い物を掴ませないための消費者保護制度である。前身となった1905年8月1日の法律の正式名称は「物品販売に於ける詐欺行為及び食糧品並びに農産物の変造の撲滅に関する法律」で、原産地呼称という名前が初出する1919年5月6日の「原産地呼称の保護に関する法律」も、主目的は産地の詐称や混醸による不正ワインの取り締まりだった[35]。

　しかし今日、その実効性には疑問が呈されている。

例えば、当初から存在していた問題として、同一地名のそれがある。好例はシャンパーニュである。ボルドーやブルゴーニュの地名と異なり、Champagne の語源はラテン語の*campus*、即ち田舎のことで、欧州には発音や綴りに若干の差はあっても多数の Champagne という地名が存在する。今日、そこで、欧州連合の地理的呼称保護の原則に則ってワインが生産される場合、仮に発泡性ワインではなくとも、Champagne を名乗らせない方が難しい[36]。

　その上、偽造防止は AOC 制度で対応できる域を越えている。地理的にも、グローバリゼーションを背景に、フランス国内でも欧州連合内でも取り締まり切れない。中国では、シャトー・ラフィット・ロートシルトの空き瓶が80ユーロから100ユーロで取引されている。リーマン・ショック直前の2007年には、世界的なインターネット・オークション・サイトの eBay でシャトー・ペトリュスの空ボトルが1本600ユーロで落札されて話題になった[37]。別の安ワインを入れてそれらのワインとして売るためである。フランスの造り手側もバーコード管理でトレーサビリティを担保し、インターネット上で公開する等しているが、知財意識の低い国々相手では焼け石に水になってしまう[38]。

4-2 悪ワインが良ワインを駆逐する

　AOC 制度は、消費者保護制度の反射として、生産者側には厄介な制約とも捉えられている。

　例えば、ブルゴーニュの生産者は多くが零細で、自家醸造をせずにブドウを販売するだけのものや、醸造まで行うが樽酒の段階で売却するものもある。それらを買い取り、必要とあらば醸造から行い、最後に瓶詰めの上でラベルを貼って販路に乗せるのが仲買である。映画『モンドヴィーノ』では批判的に描写されたが、ブルゴーニュの零細だが丁寧な栽培をするブドウ農は、それで生きている。手広くブドウや樽酒を集める仲買にとって、造り手の希求する製法にまで遡及する地理的表示は障害以外の何物でもない[39]。仲買への制約は収益の低下を招き、農家への支払額も低減するかもしれない。

　また、消費者保護制度の背面として、AOC は地域ブランドのラベリング制度とも解釈されることがある。しかし、そうなると、AOC エリアに含まれるか否かで生産物の価格も変わるので、範囲画定が困難になる。旧くはなるが、そもそも最初の1911年のシャンパーニュの境界画定時の紛争は、まさに「原産地異議申し立て呼称」の揶揄通りであった[40]。

　かくなる異議申し立てを、事なかれ主義的に回避する最も簡単な方法は、安易な承認の連発である。その結果、フランスには2014年現在で364の AOC が存在し、面積で見るとフランスのブドウ畑全体の59％を覆う。フランスでは、ワインの生産過剰が表面化した1970年代から抜根による低質のブドウ樹の間引きが奨励され、全体的なブドウ畑の面積は減少している。フランス農務省統計調査・研究課に拠れば、1980年から2000年の間にフランス全体で24万ヘクタール、21％減だった[41]。にも関わらず、AOC の覆う面積割合は拡大している。

　いまや、仕様書さえ遵守していれば取るに足らないワインも AOC を名乗れる。高品質ワ

第7章　文化財保護と都市計画の6次産業化　263

インの生産者も、最低限の規則しか守らない生産者と同じラベルを貼られる。真摯な造り手にすれば、これは偽造とも言えるパラドクスで、AOCが逆説的に消費者保護を危うくしている[42]。悪貨が良貨を駆逐するのと同様に、合法的に悪ワインが良ワインを駆逐している。

４-3 ジョゼ・ボヴェのAOC評価

他方で、それらの問題点や批判にも関わらず、本システムが継続的に利用されているのは、ブドウ農業やワイン醸造に関する負の便益よりも、消費者保護や地域ブランド化に関する正の利益が大きいためである。

AOCワインは、売上量減少の反面、売上高は増加している[43]。新興国ワイン等との競争を勘案すれば、消費者がそれなりの信頼を寄せる質が維持され、さらに向上しているとも換言できよう。改革は必要でも、廃止は不要という論理になる。

前述したAOCエリアの画定の問題も、範囲画定は景観に依拠可能との研究もある。ワインスケープに基づきAOCの範囲が固まると、逆にその規則が景観を統御する[44]。AOCと景観は、入れ子的な循環構造になっている。インターネットの発達で産地の写真が即座に世界に拡散したり、ワイン観光で現地を訪問する人々が増加すれば、生産者側と消費者側の情報の非対称が解消され、無茶なエリア拡張に歯止めができるかもしれない。

2008年7月1日から、AOC管理はさらに厳格になっている[45]。全AOCで、あらゆる生産者及び仲買は、仕様書と各AOCの管理プランという２重の管理を受ける。生産状況に関しても、毎年、外部管理組織が生産者と仲買の双方を検証する。５年毎には、生産者は各AOCの保護・管理組織による、仲買は外部管理組織による機器監査を受ける。こうなると、AOC内のブドウ農業は、AOC規定に変更がない限り変化するのは困難になる。

AOC制度を支持する意外な人物がいる。本書第３章でも登場した農民運動家・ジョゼ・ボヴェである。ジャンクフードに対抗するためマクドナルドを破壊するなど、過激な行動で著名な農民で、であれば、国家の強制とも言える同制度は格好の標的となりそうだが、彼に言わせると、それは土地に結び付いた知見や製法を守るものとなっている[46]。

４-4 社会的品質と持続可能性の概念

これは、最近、欧州を中心として「社会的品質」という概念が定置されつつあることとも整合する。例えば、生物多様性の維持、持続可能な農業、あるいは動物の愛護等がそれで、景観の維持もそれに含まれる。即ち、社会的な価値と結び付いた農産物・食品の品質である[47]。これはさらに、ヨーロッパでサステナビリティ（持続可能性）と言う時、環境だけではなく、社会や経済のそれを同時に意味することにも合致する［図1］。

例えば、AOCの内容を規定する仕様書に、社会的品質や農業の多面的機能が出現することは必定である。ブドウ農業は土壌に大いに依存するが、除草剤や殺虫剤の合理的利用や、草生栽培用の雑草を残させる規定は、農業の環境的持続性と不可分である。

AOC制度は、同時に社会の持続性も担保する。そのことで原産地が（再）認識され、活力

ある田園の維持に貢献する。原産地統制呼称システムが受け入れられているヨーロッパ各地でもこの効用が確認できる。例えば、イタリア・トスカーナのモンテプルチアーノ、スペイン・カタロニアのプリオラート、ドイツのヘッセンのラインガウといった銘醸地では、顕著な景観の保全と同時に農業の維持が同時に達成されている[48]。

また、本システムには、経済の持続という側面も見られる。先に問題視したAOCエリアの拡張

図1 ヨーロッパの持続可能性の概念に則ったワインの社会的品質の分析

は、中級ワインの競争力向上に使えると解釈できなくない。高級ワインは公的支援がなくても売れるが、そうではないワインは造っても売れずに生産過剰に陥りがちである。そこで、拡張は大目に見てAOCを名乗らせることで、それらの競争力向上を公的に促進できる[49]。

これはフランスの都市計画でしばしば見られる連帯（solidarité）の概念とも通底する。強者をさらに強く、弱者は自己努力せよという新自由主義的態度に対し、フランス、さらにはヨーロッパの都市政策は、強者は放っておいても何とかなるので弱者こそ支援をという社会派の理念に支えられ、衰退地域の支援が中心となっている。AOCも社会的連帯の文脈で議論可能かもしれない。

5．テロワールとワイン関連遺産の6次化

5-1 無形と有形を止揚するテロワール

持続可能性、しかも、環境のみならず経済や社会のそれを包含したサステナビリティは、AOC制度というよりも、近年のフランス農政全般に関わる論点である。

例えば、2014年10月13日制定の「農業・食品・森林の未来のための第2014-1170号法律」の基礎理念は、農業の国際競争力の維持・強化と同時に、その持続可能性の維持である[50]。即ち、農業による経済成長への寄与と同時に、それが有する気候変動対応能力の強化である。その中で、ワイン用ブドウ畑のテロワールが双方に寄与するものとして明確に位置付けられている。

フランスでは法案審議の過程で修正が多数なされるのが通例だが、本法律も約1,300のそれが加えられた。その内、上記のブドウ畑の位置付けは、上院議員でオード県を選挙区とするロラン・クルトーとロット・エ・ガロンヌ県選出のピエール・カマーニが動議し、同法第22条により、農村・海洋漁業法典法律編第665-6条として以下のごとく加筆されたもので

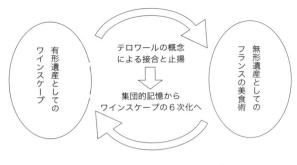

図2 テロワールの概念が進める有形遺産と無形遺産の接合と止揚

ある：

―――ブドウ畑の産物であるワイン、ブドウ農業のテロワール、並びに地域の伝統に基づくシードル及びポワレ、スピリッツ及びビールは、フランスで保護された文化的、美食的及び景観的な遺産を構成する。

本法に関し、とりわけワイン用ブドウ畑のように、産物の特質が原産地の呼称と強い連関を有する土地では、県自然空間・農業・森林保護審議会の権限が、その保全を確固とする方向で強化されたことを特記する研究者がある[51]。これは、形の有るワイン関連資産保護に向けた公権確立の再認識と言えよう。

他方で、本書が注目するのは、ワインやシードルと言った飲料の種別が例示される中での、例外的な「ブドウ農業のテロワール」という表現の発現である。アルコール飲料だけではなく、その原料生産地も、文化的、美食的、そして景観的遺産として重要だとしている。この美食的遺産という表現の発現の背景には、2010年のフランスの美食術の世界無形文化遺産登録があるが、2014年の農業基本法は、ブドウ畑のテロワールを美食遺産に接続することで、それが有形性と無形性を共時的に持つことを示したと言える。

ワイン用ブドウ畑や醸造施設は、文化財保護や都市計画の制度で有形性を根拠に保護されてきた。しかし、2010年の美食術の無形遺産登録で、そこに無形性の根源としての有形性という発想が萌芽してきた。そして、この無形と有形の接合面、あるいはそれらを止揚する渦の中心としてテロワールがあることが、2014年の法律で公認されたことになる［図2］。

5-2 テロワリストから集団的記憶へ

しかし、この「テロワール」という言葉ほど、陳腐になってしまったワイン用語もあるまい。

映画『モンドヴィーノ』の監督・ジョナサン・ノシターは、テロワールの存在の主張も行き過ぎるとナショナリズムに絡め取られ、「テロワリスト」と呼ばれる原理主義者と見なされると論難する[52]。

他方で、テロワールの真意は再考に値する。

まずは公的定義から見てみたい。国立原産地統制呼称院（INAO）のそれは以下の通りである：

―――テロワールは限定された地理的空間で、その内部で人間の共同体が、物理的で生物学的な環境と人的要素の総体の間の相互作用のシステムに立脚した、生産の共通知識を、歴史を通じて建設しているものである。

フランスだけではなく、国際的なそれも見よう。国際ブドウ農業・ワイン生産機構（OIV）

は以下のように定義している：

─────ブドウ農業やワイン生産に関わるテロワールとは、特定の空間を参照する概念である。その空間では、同定可能な物理的・生物学的風土と、それに適用されたブドウ農業やワイン生産に関わる習慣の間の相互作用に関し、当該空間の独自の産品に明確な性質を授与する集団的知見が発達している。

　AOC制度に関してだが、ワイン評論家・ヒュー・ジョンソンは、それは、それまでの規制で見過ごされてきたブドウ栽培の慣習、剪定法、最大収穫量、ブドウの熟し具合、貯蔵庫での管理方法も規制したからこそ、つまり、ワイン生産を一連のプロセスとして自然と人為の両側面から捉えたからこそ、ここまで有用なものになったと述べる[53]。INAOやOIVの定義から、テロワールもまた、自然と人為の相互作用のシステムと捉えられよう。だからこそ、自然という有形遺産と、人為という無形遺産の止揚の渦として使われる。

　ノシターによる「テロワリスト」論は上記の通りだが、同時に彼は「テロワールは出発点であると同時に目的地でもある」と述べる[54]。例えば、シャトー中心であったボルドーすらも、とりわけサン・テミリオンやポムロールを中心にテロワール主義を取り入れ始めている。今日、技術的には世界のワインは全てフラットで、そうなると独創性をワインに付与できるのは、唯一、土地だからである[55]。背景として技術の発展もあり、畑の細かな区画ごとに発酵・熟成を行い、その個性を引き出す醸造法が可能になったためでもある。それは、ブドウ自体の圧搾に於ける人為の介在を最小化する自重圧搾による果汁の搾り出し、寸胴ではない円錐台状の発酵・熟成タンク、さらには等温システムの普及といった技術革新との併行現象である。

　そしてこの技術革新は、さらに建築のそれを惹起する。テロワールの発見を反射した発酵室の整備のため、現代建築のワイナリーが建設される。それらがさらに、テロワールの目的地たるワインスケープを形成する。

　さて、同時にノシターは、ワインが記憶に関して独特なのは、味覚の他、誰と飲んだか等の個人的体験の追憶源であると同時に、テロワールを通じた集団的記憶（しかも至って長期の歴史性を有する）でもあり、さらにそれが恒常的に深化し進化する点だとする[56]。

　こうして真意からテロワールを捉え直すと、2014年10月13日の法律が「ブドウ農業のテロワール」を文化的・美食的・景観的遺産とする理由が解る。歴史的モニュメントのモニュメント（monument）の語源はラテン語の動詞 moneō だが、その意味は「記憶する」「思い出す」ということである。遺産が外形化したのがモニュメントだが、それは語源的にも集団的記憶の媒体に他ならない。つまり、フランスは、テロワールもモニュメントとして捉える階梯を登りつつある。これは、近年の醸造施設の歴史的モニュメント（MH）化の進行や、テロワールの外形であるワインスケープの保護や世界遺産登録の推進にも併行する。第1章で紹介したサラガシのブドウ樹はその象徴である。

　テロワールを集団的記憶の基盤とするのはノシターの個人的意見に過ぎなかったが、フランス立法府はそれを遺産とする公式見解を2014年に表明したのであった。

5-3 文化財保護と都市計画の6次化

2000年代初頭まで有形遺産といえばブドウ畑とシャトーやメゾンといった醸造施設、あるいはサン・テミリオン旧市街やボルドーのシャルトロン地区のような、ワイン産業が形成した都市空間に留まってきた。本書のワインスケープの定義そのものだし、その保全で活用される建築的・都市的・景観的文化財保護区域 (ZPPAUP) との制度名はその象徴である。

ところが、テロワールによる有形と無形の止揚は、ワイン関係遺産の拡がりにもつながってゆく。2007年に世界遺産登録運動を本格化させたシャンパーニュでは、ボトルやコルク栓、さらには輸送基盤にまで遺産の概念を拡張させている。「供する」「飲む」あるいは「味わう」という無形行為を有形遺産に逆流させると、醸造所と流通の間に断絶があること自体がむしろ奇異になる。

これは、ワイン産業が6次産業である事実[57]に、文化財保護や都市計画がようやく追い付いたことを意味する［図3］。6次産業とは日本固有の表現で、フランスでは聞かない。しかし、近年のワイン関連の遺産概念の拡がりを捉えるのに格好の術語なので、それを軸に論旨を展開してみたい。

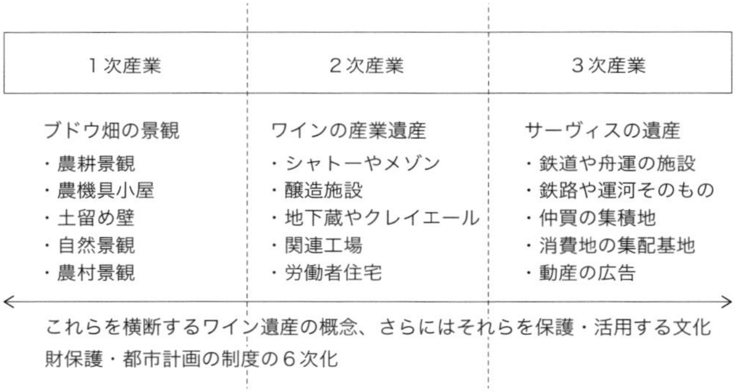

農業の6次産業化とは、農産物が田畑、集荷・加工施設、そして流通基盤等を経て消費者に届くまでのサプライ・チェーンとして農業を

1次産業	2次産業	3次産業
ブドウ畑の景観	ワインの産業遺産	サーヴィスの遺産
・農耕景観	・シャトーやメゾン	・鉄道や舟運の施設
・農機具小屋	・醸造施設	・鉄路や運河そのもの
・土留め壁	・地下蔵やクレイエール	・仲買の集積地
・自然景観	・関連工場	・消費地の集配基地
・農村景観	・労働者住宅	・動産の広告

これらを横断するワイン遺産の概念、さらにはそれらを保護・活用する文化財保護・都市計画の制度の6次化

図3 ワインスケープに関わる遺産概念の6次化

認識することを意味する。では、文化財保護や都市計画の6次産業化はいかなる様相を呈するのか。

まず、農業関連遺産の範囲の拡張である。文化財保護や都市計画のシステムを活用して、農地に加え、選果・加工施設に始まり運搬や流通の基盤に至るまでの空間の保護が目論見られる。

次に、それを受けた文化的景観と産業遺産等の関連付けである。従前の保護対象は第1次産業の場所だけであったが、2次・3次産業の施設や空間も不可分の遺産となる。これは、文化的景観や産業遺産等の保存論理の再検討や、制度修正につながる。また、遺産の拡張は、全物件の保存を許さず、適宜開発を認容する計画技術が不可欠となる。

最後に、結果としての保護対象の拡大である。例えば、6次産業としてのワイン産業といった場合、ワインスケープやワイナリーだけではなく、流通基盤等にも拡がる。また、ボルドーの1855年の格付けの世界記憶遺産登録推進運動も、この文脈で解釈できよう。

このように、ワインに源泉を有する文化財保護や都市計画の6次化は、発展の期待こそ

268 第3編

あれ、否定的態度を取る必要性は現時点では看取されない。他方で、ワインという生産業自体の、さらには農業自体の６次産業化は、それを性善説的に盲従するには危険が大きいと考えられる。ここでは、とりわけ２次産業化への注意を、ワインスケープと連関させながら記述しておきたい。

6. 無形・有形の融合と６次化

6-1 ２次産業化による景観の維持と破壊

２次産業化が、一般的解釈の通り、農産物の加工過程の工業化であれば、ワインの醸造過程に於ける品質管理の向上と理解でき、むしろ推進すべき事項である。しかし、それを生産効率の向上と位置付け、１次産業の工業化と解釈すると、農薬や遺伝子組み換え技術の利用に対して盲目的になる危険性がある。フランスは農業国として賞賛されるが、その一方で、それらの利用による消費者や農民の健康被害、環境破壊、そして植物や家畜の抵抗力の低下等が指摘されている[58]。

ブドウ栽培は殺菌殺虫剤を最も多く消費する農業だといわれる。シャンパーニュ地方の畑では、除草剤以外で年に20回の散布が行われている。多くの果樹と同様に多年生植物であるブドウ樹は、輪作サイクルのある一年生植物に比較して常時様々な寄生虫に曝される。そのため、大量の農薬が必要になる。ブドウは最も農薬濃度の高い農産物で、ブドウ農は農薬産業の格好の標的になっている[59]。

無論、無農薬は最善であり理想である。しかし、第１章で論じた通り、それを使わなければブドウ栽培の労働が辛過ぎて農民のなり手がなくなり、耕作放棄が起きるとしたら、今度は景観問題が惹起される。そこで、農薬と景観の関係を整理しておきたい。ひと言で言うと、農薬使用を継続しなければ維持できない景観がある一方、継続は継続で景観的にも以下の点から望ましくないという、これまでの問題同様、ジレンマがあるということである。

農薬使用の一時的問題としてはイメージの悪化がある。散布は一瞬だが、その写真等の拡散は消費者心理を毀損する。一般の人々は、農薬禍には敏感でも、零細ブドウ農の経済事情には関心がない。農薬を利用する造り手の背景に、無農薬を試行する造り手が写り込みでもすれば、後者の努力は虚偽だとの誤解を招きかねない。

時間のスパンをもっと拡げると、表土硬化や草生栽培用の植物の枯死がある。周囲に雑草が生えているのにブドウ畑にはない不自然さは、やはり奇異である。また、殺虫剤が益虫と害虫を無差別に殺傷しては、ブドウ樹自体も衰弱して景観を損ねる。農薬散布用トラクターの導入のため、樹列の間隔を拡張しても不自然さを伴う。

6-2 減薬と景観的多様性の維持

そこで考えられているのは、できるだけの無農薬に向けた知見の拡散である。あるいは、無農薬は無理でも農薬使用を合理的にする「合理的ブドウ農業 (viticulture raisonnée)」への流れである。ここでは減薬と訳そう。減薬はまずは農民の健康のためにする[60]。農民がいなく

第7章　文化財保護と都市計画の６次産業化　269

ては農業は成立せず、農薬も不要になってしまう。

　では、無農薬や減薬による景観的なメリットは何か。

　例えば、除草剤は表土を固めてしまう。しかも、散布にはトラクターが使用されるから
なおさらである。深い根は根絶され、新しい根は空気を求めて地表に向かって伸びるので、
８月の雨の後で一気に水分を補給する。結果は、水っぽい果実である。農薬使用という合理
が、ブドウ農業の持続可能性の低下という不合理に帰結する。対して、雑草を手でむしると、
土壌表面に空気と水が循環し、表生動物群に養分が運搬される。

　このように、古き良き栽培法を実践すれば、多くの問題を解決可能であるという知見が
徐々に広まりつつある。除草剤や殺虫剤をやめたところ、植物に捕食性のダニやヨコバイ
が寄生し、ブドウ樹の葉を食い散らすコナダニの数が減ったというのである。生物学的多
様性が害虫の減少や病害の抑制に役立ち、かえってブドウ栽培の手間が省ける[61]。

　殺虫剤の使用停止は、同時に益虫を救う。ショヴェル一杯の表土には地球上の人間と同じ
位の数の微生物がいる。有機体が死滅する際に植物の成長に有益なアンモニウムと硝酸鉛
イオンを発生させる[62]。殺虫剤がなければ、かくなる微生物が生き続ける。

　これらを本書の立場で換言すると、ブドウ畑近傍の森林等の保全と、それによる景観的
多様性の維持には、益虫・益獣の生存基盤の維持と同時に、より安全な食品生産が可能にな
る基礎を構築することを意味する。

⑥-3 ワインスケープという３次産業の抑制力

　ブドウ農達も減薬に向かっている。

　農薬漬けと非難されるシャンパーニュだが、それに対する反対運動の立ち上がりも早か
った。ヘリコプターによる農薬散布に対抗するため、有機栽培を試みるブドウ農が自らの
所有地上空の飛行を禁止することを求めた裁判で、ランス高等裁判所民事法廷は1988年２
月17日、原告勝訴の判決を下した[63]。ワインスケープでも同様だが、ひとりの造り手の抜
け駆けが集団に迷惑をかけることがある。ヘリコプターによる農薬散布は、その象徴であ
ろう。

　また、最近、ブドウ栽培やワイン製造による環境汚染で批判されているのは、農薬だけで
はない。製造過程で排出される廃液等も、そのままでは有害なものもあり、醸造所や蒸留所
は危険施設とされ、環境法典で規制される他、都市計画でも立地規制を受けるようになっ
ている[64]。

　繰り返すが、人件費を投じても投資回収の可能な高価なワインを生産する造り手はとも
かく、一般的なブドウ農が除草や殺虫に手間をかけては、採算性が上がらない。つまり、余
程の著名な造り手を除き、農薬は不可欠で、それが景観を維持することもある。他方で、減
薬や無農薬が景観を保護したり回復したりする農地もある。経済と健康の均衡点の上に、景
観は立っている。

　ワインスケープは、農業を３次産業化する場面で表出してくる。シャトーやブドウ畑がラ

ベルに描写されたり、インターネット販売でそのイメージが伝達されたりする。ワイン観光では、訪問者がそれらを直接的に目の当たりにして、その情報を即座に発信する。前述したAOCエリアの画定の問題と同様、農業の３次産業化により生産者側と消費者側の情報の非対称が解消される可能性がある。行き過ぎた２次産業化を適切な３次産業化が抑制するかもしれない。

6-4 テロワールからラギオールへ

このように、ワイン産業の３次産業化はイメージを主軸に展開する。AOC領域の画定や農薬使用の抑制といった問題解消型の３次産業化の利用方法もあるが、ファッション産業によるイメージ利用は積極的活用の典型例で、都市計画的には現代建築のワイナリーに連なってゆく。

また、ワイン関連遺産は、無形と有形というヴェクトルの融合と、６次化による拡がりを見せる。

ボルドーで2016年に開館したワイン都市には、有形の展示物がない。無形の博物館（というか、物はないので博像館）が成立するのは、ワイン関連遺産の無形性に覚醒したためとも言える。本書では次章で否定的評価を下すが、他方で、博物館もまた、無形化した証左とも言える。

ここでは、かくして拡がったワイン関連遺産の中から、ソムリエ・ナイフを論じたい。

スクリュー・キャップのワインであれば別だが、ワインはコルク栓を抜栓しないことには飲めない。ナイフ自体は有形だが、開封の所作は無形である。これは、美食術という無形概念になしには発想できまい。また、抜栓の場は、テロワールに於ける栽培や醸造、瓶詰め、輸送、そして流通の最終段階にある。つまりは、６次化の最終局面である。

ソムリエ・ナイフの造り手として有名なのはラギオールであろう。

ソムリエは日に何十本ものワインの抜栓が必要で、しかもそれを客の面前で優美に見せる必要がある。だから、抜栓時の人間工学、例えば掌全体の微妙なバランスや、薬指や小指にかかる負担を考え尽くす必要がある。ラギオール社製のソムリエ・ナイフは、ボルドー・ワインに使用される長めのコルクにも対応可能なように、スクリュー部分を長くする等の実用的配慮がなされてきた。それを超えて、優美な流線形のデザインでワインのイメージを昂進する。

実は、ラギオールのソムリエ・ナイフの歴史は浅く、出発点は1978年に過ぎない。当代随一のソムリエといわれたギー・ヴィアリスは、それまでの無味乾燥なソムリエ・ナイフに飽き足らず、優美で高性能なそれの開発を目論んでいた。それに応えたのが1850年創業の刃物工房・スキップ社の当主・レオナール・サナジュストで、かくして誕生したのがシャトー・ラギオールと呼ばれるソムリエ・ナイフである[65]。因みに、ラギオールはソムリエ・ナイフだけでなく刃物全般で著名で、その工房見学や直接販売を期待した観光も発展している[66]。

抜栓という１次産品の６次化の最終局面の無形の所作を支えるナイフが、それを遡上し

て、工房という２次産業の有形の場に人々を引き戻す。さらにそれは３次産業の典型である観光業の所業である。文化財保護や都市計画が６次化しない方がおかしい局面にあるのである。

注

1　山本昭彦（2009）、pp.51-52。

2　GRAVARI-BARBAS Maria, «Winescape : tourisme et artialisation, entre le local et le global», dans *Revista de Cultura e Turismo*, ano 08 – n° 3 : «Edition spéciale : Vin, patrimoine, tourisme et développement : convergence pour le débat et le développement des vignobles du monde», Outubro 2014, pp. 238-255, p. 248.

3　ウィキペディア英語版「ワイナリーやブドウ畑を所有する有名人リスト」(https://en.wikipedia.org/wiki/List_of_celebrities_who_own_wineries_and_vineyards)［2018年２月１日アクセス確認］

4　SAVEROT et SIMMAT（2008）, p. 71に拠ると、フランスに於けるワイナリーの取得は、それまでのキャリアを捨ててワイン生産を専業としようとする者にとっては有効な節税手段でもある。労働時間の主要部分がそれに費消されていれば、富裕連帯税と呼ばれる一定額以上の資産を対象とした累進課税を免除されるからである。

5　CHABIN Jean-Pierre, «Le Climat, la vigne et les climats de la Côte d'or», dans GRACIA（2012）, pp. 29-46, p. 44.

6　山本昭彦（2008）、p.42及びp.57。

7　BEAUR Gérard, «Conclusion – La grande propriété, un passeport pour le vin de qualité?», dans FIGEAC-MONTHUS et LACHAUD（2015）, pp. 241-254, pp. 253-254.

8　奥山（2011）, p.16。

9　SAPORTA（2014）, p. 216.

10　2017年６月に、バカラは中国資本に売却されるとの報道があった。

11　副島・中田（2010）の各人の該当ページを参照のこと。なお、アラン・ヴェルテメールの資産額は弟・ジェラールのそれと合算したものである。

12　MULLER Claude, «Les Elites et la propriété viticole en Alsace du XVIe siècle au XXIe siècle», dans FIGEAC-MONTHUS et LACHAUD, *op.cit.*, pp. 17-27, p. 27.

13　SIMMAT（2015）, p. 141.

14　SAPORTA, *op.cit.*, pp. 229-230. ただし、ROUGE（2009）, p.183に拠れば、アルコール業界も一枚岩ではない。フランス・ワインのような競争力のある産品が欧州共通農業市場政策から便益を享受しているのは本末転倒だとして、反アルコール団体に資金提供をする酒造メーカーがあると言う。フランス国内であればパスティス製造大手のリカール社が知られており、イギリスの複数の蒸留酒製造の多国籍企業も名が挙がっている。

15　SAPORTA, *op.cit.*, pp. 23-27.

16　ノーマン（2013）、p.248。

17　山本：前掲書（2009）、p.30。

18　SIMMAT, *op.cit.*, pp. 92-93.

19　SAVEROT et SIMMAT, *op.cit.*, pp. 70-71.

20　DUPONT（2013）, pp. 14-15.

21　Atout France（2013）, p. 30.

22　SAPORTA, *op.cit.*, pp. 133-134.

23　HANNIN (sous la direction de)（2010）, p. 19.

24　POUSSOU Jean-Pierre, «L'Essor d'une consommation de luxe : grands vins et eaux-de-vie de qualité (1650-1850», dans DESBOIS-THIBAULT, PARAVICINI et POSSOUS (sous la direction de)（2011）, pp. 49-76, p. 52.

25　メドックでは、努力だけでは格付けは上がらない。1855年の制定以降、昇進の例外はシャトー・ムートン・ロートシルトが1973年に第１級に格上げになっただけである。当時の大統領はジョルジュ・ポンピドゥーで、ロスチャイルド（ロートシルトの英語読み）銀行の元頭取だった。つまり、政治的な手練手管を行使しても例外は一件のみである。因みに、当時、ワインを所管する農業担当大臣は後に大統領になるジャック・シラクであった。

26　DUCASSE Manuel, «Heurs et malheurs des classements en bordelais», dans (collectif)（2010）, *Histoire et actualités du droit…*, pp. 73-92, pp. 87-88.

27　OLSZAK Norbert, «Aspects juridiques de la dégustation d'agrément des vins à apelleation d'origine ou indication géographique», dans (collectif), *Histoire et actualités du droit viticole…*, *op.cit.* pp. 57-72, p. 67.

28　サン・テミリオンの現行の格付けは、この訴訟騒動の後、ようやく2012年に決定したものである。

29　SAPORTA, *op.cit*, pp. 181-182.

30　SAVEROT et SIMMAT, *op.cit.*, pp. 162-163..

31　MAHE（2014）, p.53 et p. 102.

32　APC（2014c）, p. 185

33 第5章で世界遺産登録を発意した団体としてシャンパーニュ地方ワイン職種横断委員会（CIVC）が登場したが、それは呼称保護や世界規模でのプロモーションを担う。他方、SGVは零細農家を束ねる。AOCシャンパーニュ全域の農家に加盟権があり、実際ほとんど全ての農家が加入している。シャンパーニュでは、著名メゾンも農家からブドウを買い付けるので、組合の政治的影響力も大きいと推断できよう。

34 SAPORTA, *op.cit.*, pp. 157-158. 法人を含む組合構成員は約2万人なので、アンケートに回答したのはAOC拡張賛成者が多かっただけとも考えられるが、上書は全般的に賛同者が多いと論じている。

35 SCHIMER Raphaël, «Aux Origines de la mise en place du CNAO : trente années de lutte pour les élus du vin», dans WOLIKOW et HUMBERT (sous la direction de) (2015), pp. 29-40, p. 30. そもそもこの時代、ワインの定義からして曖昧だった。クラドストラップ（2007）、p.142に拠れば、ビートのジュースやリンゴ果汁、あるいは他のあらゆる原料も認めて、「もっぱら生のブドウあるいはブドウ果汁のアルコール発酵によって」造られた飲料のみをワインと定義されるのは、1907年に南仏のワイン生産のために制定された法律である。

36 CELERIER Frédérique et SCHIRMER Raphaël, «Les Appellations d'Orgine Contrôlée (AOC) – Modèle de développement local à la française – L'exemple de la vigne et du vin (1960-2010) », dans BODINIER, LACHAUD et MARACHE (2014), pp. 253-269, p. 256.

37 SAVEROT et SIMMAT, *op.cit.*, p. 151.

38 SAPORTA, *op.cit.*, pp. 124-125.

39 AICVBPMU (2013), p. 61.

40 BAGONOL Jean-Marc, «Aux Origines de la mise en place du CNAO : trente années de lutte pour les élus du vin», dans WOLIKOW et HUMBERT (sous la direction de), *op.cit.*, pp. 29-40, p. 31に拠れば、域外地域の線引き反対運動が最も顕著だったのはシャンパーニュであった。1905年の法律に基づき境界の線引きが行われたが、排除されたオーブ県の不満が募り、1911年に暴動を惹起するのである。

41 SMITH, DE MAILLARD et COSTA (2007), pp. 327-328.

42 ROUGE (2009), p. 148.

43 *ibidem*, p. 170.

44 MAUGUIN Philippe, RONCIN François et VINCENT Eric, «Terroir viticole et paysage : l'implication des AOC», dans INTERLOIRE (2003), pp. 252-255, p. 252.

45 QUENIN Jean-François, *Guide des vins de Saint-Emilon 2009-2010*, Saint-Emilion, Conseil des vins de Saint-Emilion, 2009, p. 13.

46 ボヴェ＆デュフール（2001）、p.178。

47 高橋（2015）、p.28。

48 BAGONOL Jean-Marc, «Les Enjeux internationaux de la reconnaissance et de la protection des appellations d'origine», dans WOLIKOW et HUMBERT (sous la direction de), *op.cit.*, pp. 93-104, pp. 100-101.

49 リゴー（編著）（2010）、pp.42-43。

50 原田純孝：「フランスの農業・農地政策の新たな展開−『農業、食料及び森林の将来のための法律』の概要」、『土地の農業』、第45号、2015年、pp.45-65、p.46。

51 OLSZAK Norbert, «La Certification des vignobles de terroir», dans ANATOLE-GABRIEL (sous la direction de) (2016), pp. 163-173, p. 171.

52 NOSSITER (2007), p. 17 et p. 127.

53 ジョンソン（2008下）、pp.299-300。

54 NOSSITER, *op.cit.*, p. 11.

55 リゴー（編著）：前掲書、p.96。

56 NOSSITER, *op.cit.*, p. 17 et p. 127.

57 例えば、サッチ／マッツ（2010）、SAPORTA, *op.cit.*、あるいはSIMMAT, *op.cit.*が示す通り、ワイン・ビジネスはグローバリゼーション以前の問題として6次産業化が当然かつ不可欠となっている。

58 SAPORTA (2011) は、とりわけ豚肉とトウモロコシを題材にそれらの危険性を告発している。本書はフランスのワイン生産の肯定的側面と取り上げているが、それは局所的観測に過ぎず、大局的には農薬は生産効率の向上の名の下に使用され続けている。無論、本書で繰り返す通り、適切な農薬使用はワインという産業の持続的発展のために必要である。しかし、生産性向上の美名の下に過剰投与される場合もあることを失念すべきではない。

59 ルプティ・ド・ラ・ヴィーニュ（2015）、p.25。

60 CELERIER et SCHIRMER, *op.cit.*, pp. 253-269, p. 264.

61 リゴー（編著）：前掲書、p.146。

62 ジェームズ・E（2010）、p.22。

63 SAPORTA (2014), *op.cit.*, p. 172.

64 HERMON et DOUSSAN (2012), p. 15 et p. 45. なお、規制されるのは年間生産量が2万ヘクトリットル以上のもので、主に協同組合方式の醸造所が対象である。軒数にすると675施設である。

65 鳥取（2008）、pp.216-219。

66 BESSIERE (2001), p. 140. 因みに、ラギオールの他の著名名産品としてチーズがあるが、SAPORTA (2016), pp. 42-47に拠れば、これは欧州連合の共通農業政策が乳牛よりも肉牛を優遇する中で、協同組合形式で乳牛優先の伝統を守った好例である。現在ではむしろそのことで付加価値が上がって高値で取引されているという。

第7章 文化財保護と都市計画の6次産業化 273

第 **8** 章

ワイン観光
――惰眠、販売補完策、子供の取り込み

1. ワイン観光後進国・フランス

1-1 ワイン観光の定義と歴史

　本書では、ワイン観光を広く捉える。即ち、試飲や購入、そのためのワイナリー巡り、あるいは醸造過程見学を主目的とせず、例えば古都見学や美食探訪が主旨でも、醸造所訪問や銘醸地探訪が副次的でも良いので旅程に組み込まれれば、ワイン観光と捉えたい。というのも、後述するように、ワインを主軸にしたり単独目的としたりする観光は、少なくともフランスでは実質的に成立不可能だからである。

　そう定義すると、ワイン観光は目新しくはない。ジャン=ロベール・ピットは、旅をする主体の変化を16世紀に見出している[1]。それまでは旅をするのはワインの側であったものが、冒険旅行やレジャー旅行の始まる同世紀に至って、人間の側が生産地への旅を開始した。ワインは古代ギリシャの時代から旅をしてきたが、人間が銘醸地に赴くようになるのは、大きく遅れて古典主義期であった。

　また、ピットは、18世紀になるとワインと景観の関係が明言されるようになるとする。後に米国大統領となる同国駐仏大使・トーマス・ジェファーソンは、1787年にフランスの銘醸地を巡り、彼を魅了したワインとそれを産み出した景観を不即不離のものとして記録しているのである。

　そもそも、ボルドーのシャトーやシャンパーニュのメゾンには贅を尽くしたサロンがあり、商売絡みの旅人だけではなく、遠来の貴顕賓客がワインでもてなされた。しかし、これは私人の発意に基づくプライヴェートな整備で、地域で協働してワイン観光を受け入れる環境整備を実施したわけではない。では、公的機関がワイン観光に着手するのはいつかというと、20世紀に入ってからである。

　フランスで、ということは、おそらく世界で初めてワイン関連の展示を中心とした博物館は、アルザス地方コルマール市のウンターリンデン博物館である。展示開始は1927年なので、アルザスのワイン街道 (route du vin) の創設に先立つ。ここでは、酒蔵の中に民俗文化財として圧搾機等が置かれた。また、4年後にシャンパン生産の中心地であるエペルネでも、市立博物館に同様の展示コーナーが設置されている。では、ワイン専門の博物館はというと、第二次世界大戦後、ボーヌに設置されたブルゴーニュ・ワイン博物館であった[2][図1]。

　地域尺度での発想となると、ワイン街道が、ブルゴー

図1　開館が早期だったこともありワイン生産関連の民具を展示の主軸とする

ニュとシャンパーニュに設定されたのは1934年である。しかし、第二次世界大戦の勃発で発展せず、戦後は戦後で大衆観光の時代に入り、ワインや美食は主要な検討項目とはされずじまいだった。

■-2 フランスのワイン観光覚醒の背景

フランスのワイン観光に関して初の博士論文をものしたソフィー・リニョン゠ダルマイヤックは、フランスに於いてワイン観光が本格化したのは1990年代に過ぎないとする[3]。

複数の背景がある：

① 新興国ワインの台頭で量から質への転換を強いられ、その中で観光という形式により、薄利多売ではなく厚利少売でワインを売る必要に迫られたこと；

② ナパ・ヴァレーの事例を初めとする、そもそもからしてワイン生産とワイナリー訪問を組み合わせた観光直売方式が知られてきたこと；

③ そもそも、大衆観光からオーダー・メイド観光への移行期で、消費者や観光業界もマス・ツーリズムとの差別化が明確な商品を求めていたこと。

①は、高級ワインを仲買手数料なしに入手するためや、丁寧な生産ゆえに出荷量が少なくそのことで稀少価値を産んでいる、いわゆるカルト・ワインとの出会いのため、客を生産地にまで誘引し、ワイン販売を行うものである。

②のカリフォルニア方式に関しては後述するが、米国等の新興国では、ワイン生産と観光は併行して発展してきたという簡単な事実確認をしておきたい。後発者として生産方式や生産物の正統性の挙証を迫られたカリフォルニアの造り手達は、ワイナリーの透明性を高めることを思い立った。そこで、建築を美的に整備し、訪問者にとって心地良い空間を提供し、さらにワインだけではない観光要素との融合に勤しんだ。ワイン観光に関する研究の濫觴は、1990年代半ばに米国のティム・ドッドになされたものだといわれるが[4]、これもまた新大陸の先駆性を示す。また、フランスの研究者や実務家が当初参考にしたのも、アメリカの研究である。

2012年の統計だが、ワイン観光がとりわけ新興国で重要性を有することを見ておこう[5]。同年、カリフォルニア州では2,000万人がワイナリーを訪問し、そこで20億ドルを費消した。オーストラリアでは、500万人超の観光客が少なくともひとつのワイナリーを訪問している。ニュー・ジーランドでは、外国人観光客の13％が少なくともひとつのワイナリーを訪問し、延べ2,200回分のワイナリー訪問を記録している。さらに、それらのワイナリー訪問客の消費意欲は高く、同国の外国人観光客の平均単価よりも92％多い額を使っている。

フランスは、2013年の統計で、外国人観光客数こそ世界一の年間約8,473万人だが、滞在中の消費額は、2009年と古い統計になるものの、米国の2,147億ドルやスペインの676億ドルに敵わず、660億ドルである[6]。客単価となると780ドルで、米国の3,078ドルの4分の1程度に留まる[7]。その伸張のためにも、ワイン観光は有望な分野である。

■-3　ワイン観光とワインスケープ

　③は、ボルドー・ワイン職種横断審議会（CIVB）元会長のロラン・フェルディが指摘する点である[8]。ともすると①の経済的要因のみでワイン観光を考えがちだが、それだけで人々は銘醸地にまで来ない。観光は先進国の市民にとってますますの関心事で、そこで美食と連関させたり、修道院等の歴史的環境と融合することが可能なワインスケープは、仮にワイン業界が関心を抱かなくとも、観光業界が時代の趨勢として商品化していったはずのものである。

　そう考えると、本章のアプローチの妥当性も明確になる。人々が希求するのは、試飲や購入の場であるワイナリーだけではない。それらを巡りながら出会うワインスケープも重要で、その集団的利益の保全的刷新のために、個々人の従う文化財保護や都市計画の集団規定が重要になる。

　やや古い調査だが、アキテーヌ地方圏観光審議会が2010年に実施したアンケート調査が、景観や建築の重要性を証明する。これは、各地の観光案内所の協力で約3,600の回答を集めた統計から、ワイン観光の将来像を展望したものである。

　それに拠れば、ワインそのものを観光の中心に置くことはできない。来訪目的を問う設問に対し、ワインが主軸と回答した人（あるいはグループ。以下同様）は９％に過ぎない。他方で、ワイン関連の観光地に来ている客に、ワインのいかなる点に関心をもっているかを訊いたところ、複数回答可で以下の結果が出ている[9][表1]。

　景観や建築の見学を第一目的として挙げる人は、ワインの試飲や購入のそれと並ぶ。さらに、ワイン関連の村落訪問は全ての第一目的の中で最高位にある。つまり、ブドウ畑やシャトー、そして銘醸地の村落なくしてワイン観光は成立しない。いずれにせよ、ワインスケープは個人ではなく共同体がコモンズ的に管理する。それは、栽培方法という側面で見れば原産地統制呼称（AOC）制度が中心だし、物的環境の整備方法という側面で見れば文化財保護や都市計画の役割となる。

表1：ボルドーのワイン観光の目的

	第1目的 （%）	その他 （%）	合計 （%）
試飲	14	30	44
購入	14	26	40
景観や建築の発見	13	25	38
酒蔵や生産現場の見学	13	18	31
ワイン関連の集落の観光	16	13	29
ワインの知識や情報の収集	5	18	23
地域の美食、ワイン、景観の調和を感じながらの食事	5	17	22
葡萄農との会話	4	12	16
ワイン街道での休憩	4	8	12
（ワインとは無関係に）地域の観光や情報の収集	2	9	11
偶然、たまたま	2	5	7
ワイン関連のイヴェントや祭りに参加	1	3	4
ワイン関連の研修に参加	1	1	2
その他	5	4	9

2. 先駆者ナパ・ヴァレー

2-1 ナパ・ヴァレーに於けるワインと芸術の結合

　前章でも論じたが、近年のボルドーでは、ファッション企業や金融企業によるワイナリーの買収が見られる。しかし、芸術関係者によるワイナリー所有はほとんどない。

　ところが、カリフォルニアのナパ・ヴァレーでは、ウォルト・ディズニーの孫、映画監督のフランシス・コッポラ、写真家にして映像プロデューサーのパトリック・オデルといった芸術関係者や、日本での翻訳書の出版で財を成し、現代美術の収集家として著名なジャンとミツコのシュレム夫妻といった多彩な人々がワイナリーを所有している。ナパが、ワイン生産のみならず、観光客の誘引でも著名なことの背景のひとつにこの点がある。それらのワイナリーは、生産現場というよりも別荘に近い。

　いずこの別荘地も、まずはエリート階層が都市の世俗を嫌って隠遁し、それを庶民が追うという形成パターンがある。そして、不動産所有の叶わない人々は、そこでの短期滞在の観光を次善の策とする[10]。ナパはその構図の典型である。そこで、ナパに於けるワインと芸術の結合と、それのワイン観光への展開を概観しておきたい。

　ナパでのワイン生産のパイオニアとしてその名が必ず引用されるロバート・モンダヴィは、ワイナリーに芸術や知的イヴェント開催による付加価値を与え、芸術化されたワイナリーによる観光の潮流を発生させた先駆者でもある。

　モンダヴィ・ワイナリー開業は1966年だが、既に翌年、パートナーのマーグリット・ビーヴァーが純粋芸術プログラムに着手して写真展等を企画していった。また、1969年からは夏の音楽祭でジャズとワインの融合を試行する。さらに、観光の通年化を図るべく冬季クラシック・コンサートを企画した。ミッシェル・ゲラール、ポール・ボキューズ、アラン・シャペル、あるいはトロワグロ兄弟といったミシュランの三つ星級の料理人を招聘し、ワインと料理を同時に楽しむ環境を整備してゆくのも彼らである。

　そもそも、ワインはそれ自体を物神化して飲むものではなく、料理と共に楽しむものである。そして、高級ワインほど、それを消費可能な人々の食卓での会話は音楽や芸術にも及ぶ。ワインの質は、かくなるエリート階層の健啖により鍛えられてきた。そう考えると、専門家の閉鎖的円環の中でしかワインを評価できなくなっていたフランス・ワインの凋落は必定でもあった。真っ当な思考回路を有したイタリア系アメリカ人に、フランスは本来のワインのあり方を学ばなければならなかったのである。

2-2　観光ワイナリーの誕生

　カリフォルニアでは、最初から観光を前提にしたワイナリーが出現するのも必然であった。

　ピーター・ニュートンが1972年に建設したスターリング・ワイナリーは、販売所は無論、圧搾、発酵、熟成、そして瓶詰めと、ほとんどの工程を観光客が見学可能な動線計画の下に設計された。そのため、生産動線と見学者のそれは立体的に分離されている。観光客は、生

第8章　ワイン観光　279

図2 当初は山頂のオーナ自邸も建設予定で、そこから流れる小川にペガサス神話を絡めた配置構成がされていた

産と干渉しないように、各室を見下ろせるキャット・ウォーク(空中廊下)を通って30分ほどのワイナリー巡りを行う。終点は、当然ブティックである。これは醸造学というよりもミュゼオグラフィー(博物館展示学)に基づく建築計画である。

ナパの先駆性に関し、もう一点追記すべきなのは、ワイナリー建築史上初めて設計競技が実施されたことである。スターリング・ワイナリーに隣接するクロ・ペガスがそれで、ジャンとミツコのシュレム夫妻が所有する。96案の中の勝者はマイケル・グレイヴスで、竣工は1987年である[図2]。グレイヴスはポスト・モダンの旗手とされた建築家だが、露骨な歴史的建築の引用はせず、むしろイタリア的な明解で陰陽の効いた立面構成とポップな色使いが特徴である。

クロ・ペガスでも、施主の設定した「ワインと芸術の殿堂」というイメージに応答し、古典主義的な左右対称で列柱を有するファサードを構成しつつも、柱のプロポーションを鈍重にすることで引用の直裁性を回避している。また、別の開口部では、通路幅と上部のアーチのそれを違えて、しかも様式建築的な柱を用いつつもそれを開口部の中央に配置して通路の機能性をあえて妨害し、さらに構造的に無意味な梁を支えさせている。そもそも、アーチにしても半円形でも尖頭形でもなく、円弧の切り取りに過ぎない。色使いも、明度の高い砂岩や泥岩を想起させ、露悪的なものの多いポスト・モダン建築にあって、良質の出来を見せている。

景観という視点からも、設計競技の審査会は、グレイヴス案を「配置計画とそのランドスケープへの馴染みによる時を超えた質という点で最も雄弁である」と評価している[11]。グレイヴスはこの建築で米国建築家協会(AIA)名誉賞も受賞した。費用は1,000万から1,500万ドルであったといわれるが、それに見合う価値のある建築である。

他方、ナパならではデザインとして、ウィリアム・ターンブル・ジュニアが設計したケークブレッド・セラーズや、自身が共同経営者となったジョンソン=ターンブル・ヴィンヤーズ(現ターンブル・ワイン・セラーズ)がある。ナパならではと書いたのは、内外装に木材をふんだんに使用し、しかも少雨の地域を象徴すべく庇(ひさし)をほとんど張り出させないデザインとしているためである。日差しが強烈なので軒を深くしてコロニアルなイメージとすると、ワインに悪印象を与える。しかし、ここではバルーン・フレーム[12]が採用され、軒の浅い無駄のないすっきりしたデザインで、ワインの味と建築のイメージが重なり合う。ともあれ、秋の長雨の心配のあるフランスや、外装に木材を使う習慣のないイタリアでは考えられないデ

ザインであった。

2-3 ディズニーランドとワイン観光

　フランスの停滞を尻目に、ナパ・ヴァレーでは、ワインの質の向上に加え、現代建築のワイナリー建設やワイン観光の商品開発が着々と進んでいた。

　その経済規模は大きい[13]。やや旧い2005年の数値となるが、カリフォルニアのワイン観光は同州に所在するディズニーランドに次ぐ観光客を集めている。約2,000万人の訪問客が、20億ドルの支出をしている。ワインの売上げも、2007年の数値だが、インターネットや通信販売を含むワイナリーの直接販売が104億ドル、小売業やレストラン業によるそれが98億ドル、卸売業者が販売したものが27億ドル、そして観光客が購入したものが30億ドルになる。1977年から2009年の間に、ワイン観光は13億ドルをナパ・ヴァレーにもたらした[14]。

　ワインの観光化は雇用にも波及する。2005年にワイナリー本体での雇用は、正規雇用換算で約3万3,500人だが、ワイン観光によるホテルやレストラン、ワイン・ショップでの雇用は同4万9,710人である。ワイン産業が1.5倍の経済波及効果を及ぼしている。

　ただ、ワイン産業の短所はそのままワイン観光の弱点ともなる。観光客の季節変動の大きさは通年雇用を困難にするし、業務自体が比較的単純であることから雇用者のスキルが磨かれず、転職等に際しての可塑性が低い。また、景気変動にも脆弱で、2008年のリーマン・ショック後、カリフォルニアのコピアにあった米国ワイン・食料・芸術センターがあっさり閉館してしまう等、持続的雇用の比率を高められない次元も残存している。

3. ボルドーの惰眠とブルゴーニュのジレンマ

3-1 『シャトー・ボルドー』展

　ナパ・ヴァレーのワイナリーが観光と不可分に発展してきたのに対し、フランスではワイナリーはずっと生産の場であった。

　ただ、ボルドーは近年になってようやくワイン観光に関心を示したのではない。既に1980年代に、しかも、建築の刷新、ブドウ畑の景観保全、さらにボルドー中心部の仲買横町であるシャルトロン地区の都市再生と、2000年代に入らないと議論や整備が本格化しない項目が出揃っていた。

　象徴的なのは、1988年11月16日から1989年2月20日まで、パリのポンピドゥー・センターで開催された『シャトー・ボルドー』展である。これは、1986年から1988年まで国民議会議長を務めたボルドー市長・ジャック・シャバン＝デルマスの周旋に拠るもので、近年の国際市場でのボルドー・ワインの地位の低下に対する地元の意識改革を目論んだものとされる[15]。

　しかし、結局、この展覧会の提言はほとんど全く活用されず、ボルドーはナパに20年以上の遅れを取る。

第8章　ワイン観光　281

ボルドーには1990年にパリからの新幹線（TGV）が到達し、そのことも本提言の背景にあった[16]。近郊在来線の駅名に、マルゴー、ポイヤック、あるいはサン・テミリオンといった銘醸地のそれがあり、ボルドー基点の鉄道を活用した放射状の観光形態が想定された。小回りの利く自動車でワイナリーを巡る今日のワイン観光のあり方から見れば柔軟性に欠けるし、実際、ワイン鉄道は、フィリップ・スタルクにデザインを依頼したが実現しなかった。そして、ボルドー市、同商工会議所、あるいはフランス国鉄（SNCF）といった諸機関は、本提言に全く関心を示さなかった。

3-2 シャトーとブドウ畑の荒廃

　逆に、世界の視線は、ボルドーのシャトーの一部は設備投資を怠り、さらには文化財に対する態度も劣化していることを看取していた。

　雄弁な証拠が、1988年にあったシャトー・ピエトリュの取り壊し騒動である。アントル・ドゥ・メール原産地統制呼称（AOC）制度エリアの北端に所在するアンベ村にあった同シャトーは、フランス電力公社が社員寮として活用していた。1980年代に空き家になり、近隣の工業地帯の拡張に伴い取り壊しが決定された。ところが、その新古典主義的意匠が秀逸だとして保存論争が持ち上がった。文化省が滅失阻止のため歴史的モニュメント(MH)に緊急指定する動きを見せたが、結局取り壊された。これは氷山の一角で、例えばAOCグラーヴのシャトー・ドゥ・オスピタルは、スイス人所有者が1787年建設のシャトーを放置して荒れるに任せ、ドメーヌ・ラフラジェットが1997年に買収するまで廃屋状態であった。

　私有物件だけではない。サン・ルイ・ドゥ・モンフェラン村のドメーヌ・ダルティは同村の所有で、1965年にMH登録されていたのに、維持管理が全くなされず廃墟と化した。村は除却費用も捻出不可能な財政状況で、公有物件だから保全は万全とは考えられない状況を露呈している。

　AOCオー・メドックのブランクフォール村に所在するシャトー・ディロンはさらに深刻である。20世紀前半から学校として再利用され、1953年に農業省が取得の上でワイン製造を主体とする農業高校を運営している。とはいえ、1705年建設で、1984年にMH登録されたシャトー本体は利用されずに放置されている。国有物件にしてこの有様である。ブランクフォール村は1865年建設のシャトー・デュラモンを所有し、こちらはMH登録はなされていないが、建物は小学校として、庭園は公園として活用されている。それだけに、シャトー・ディロンの国の無為無策が際立つ。

　歴史的建造物に加え、ブドウ畑も危機に曝された。1980年代後半のボルドー都市計画界最大の論争のひとつは、三権分立論で著名な哲学者・シャルル・ドゥ＝モンテスキューの生家にして住まいであったシャトー・ドゥ・ラ・ブレードと、ボルドー・ワイン界の名門・リュルトン家のアンドレ・リュルトン所有のシャトー・ラ・ルヴィエールの間の土地に於ける、ボルドー・テクノポリスの開発計画であった。著名畑があるわけではないが、AOCグラーヴの内部で、やり方次第では良質のブドウ畑となる場所を不可逆的に建物で占用させる計画

282　第3編

で、激しい論戦が繰り広げられた。これも結局、規模縮小の上でテクノポリスが建設されている。

3-3 シャルトロン河岸の衰退

郊外のシャトーの取り壊しやブドウ畑への都市スプロールの進行の一方で、中心市街地にあるシャルトロン地区の凋落も目を覆う状況であった。同地区はボルドーの中心であるカンコンス広場の北に接するワインの仲買と倉庫群の集積する街区で、ボルドー・ワインは、シャトーではなくシャルトロンで値段が決められると言われた曰く付きの場である。

その衰退は、ガロンヌ河の河川港の衰退と対になる。トラック輸送全盛の時代にあって河川港の荷物取扱量の減少は必然で、かつて舟運でボルドーに集積したワインも、もはや陸送が完全に主流である。歴史的街区の倉庫群に狭隘街路を縫いながらアクセスするのは非効率的で、そもそもワイン流通に於ける仲買の地位も低下

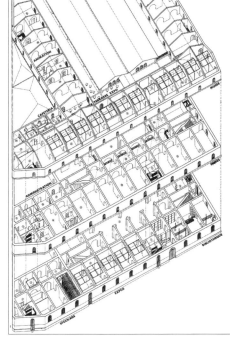

図3 アーチで連続する倉庫の小区画を活用して機能を分配している

している。シャトーからワインを樽買いして仲買が瓶詰めをしていたのが、醸造者元詰めが当然の時代になっていた。

伝統ある名門の仲買ほど、自身の原点たるシャルトロン地区から郊外に移転してゆく。転出先で建設されるのはボックス・アーキテクチャーと呼ばれる倉庫建築で、郊外の景観破壊がますます深刻となる悪循環である。

確かに、1973年にレネ倉庫が取り壊し間際、MH登録された上で市長の英断でボルドー市に400万フランで買い取られ、建築家・ヴァロッド・アンド・ピストルの設計で現代美術館にコンヴァージョンされるという朗報もなくはなかった[17][図3]。ただ、同倉庫は砂糖の倉庫で、しかも変更後の用途にワインも砂糖も関係せず、物的環境としての建物は保全されたが、社会的履歴は抹消されてしまった。

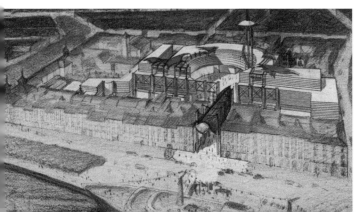

図4 1980年代後半に構想されたワイン都市はシャルトロン地区の内奥空間でスクラップ・アンド・ビルドするタイプのものだった

図5 ワイン倉庫の短冊状の形態を活用したアトリウム空間の構築等が進行している

さて、1980年代後半には、既にワイン都市と呼ばれる博物館構想が提示されているが、問題なことに、当該のシャルトロン地区の都市再生の基本方針が定まっていなかった［図4］。ただ、後知恵とはなるが、この不作為こそが功を奏した。1980年代の景気を考えれば、都市計画といえばスクラップ・アンド・ビルド型の再開発で、それが実現していたら、シャルトロン地区は無機質で無個性な再開発をされたはずである。なので、問題を精確に記述し直すと、歴史性を保全しながら刷新する界隈プランが不在であったということになる。

因みに、シャルトロン地区は今日、2000年代に進んだ近隣の旧ドイツ軍の潜水艦ドックの活用、船舶施設のあったバカラン地区でのオフィスと住宅を中心とした再開発、そして2016年に開館したワイン都市の影響を受け、自律的に再生に向かっている［図5］。

3-4 ワイン観光への覚醒と惰眠

『シャトー・ボルドー』展が興味深いのは、単なる展覧会に留まらず、ボルドーのワインの生産環境の長短所を炙り出し、将来構想を提示した点にある［表2[18]］。

表2：『シャトー・ボルドー』展が描く将来構想

軸	内容
①地域の空間整備	1. 都市と田園の経済的不均衡の解消、あるいは少なくともその安定化 2. 鉄道や他の潜在力のある交通機関を利用した、都市と農村双方に関わるワイン観光の開発 3. 予防措置や修景を通じたブドウ畑の美観の保全 4. 「国立メドック・ワイン自然公園」の設立
②都市計画	5. 以下の3点の行動計画を有し、仲買の消滅に代替する都市核を構築する、ワインの取り扱いに特化した都市計画 5-1. ワインや文化を主題とした倉庫のコンヴァージョンを含むシャルトロン地区の再生 5-2. 郊外に「地方圏ワイン業団地」を創設 5-3. 都心部でのワイン関連文化財の保護・活用 6. 以下の4軸に沿った都市とブドウ畑の対立の解消 6-1. ボルドー都市圏内部にあるブドウ畑に於ける都市・住宅整備の新手法の考案 6-2. メリニャックの国有地に「ワイン・シャトー大学」を創設 6-3. ブドウ畑への都市スプロールの抑止手段の考案 6-4. グラーヴに於けるテクノポリスとブドウ畑の共存の探求
③建築	7. ワイン関連建築文化財の研究と成果の発信 8. 都市と農村、規模の大小を問わない、利用されていないワイン関連建築のコンヴァージョン 9. 伝統を踏まえつつも革新的なワイン関連現代建築の実現推進
④広報とメディア	10. ボルドーのワイン関連文化遺産・建築遺産の豊穣さの再認識 11. ブドウ畑の美的長所やメディアへの訴求力の活用推進

これらは、そのまま今日の提案としても充分に通用する。ワイン観光も提案されている。しかし、いつもながら、全くそれが活かされない。そもそもボルドー商工会議所は、1988年に外国、フランス及びボルドーに於けるワイン観光に関する報告書を作成したが、内部使用に限定され、成果は机上に置かれたままだった。

❸-5 郷土料理と生産直売

ブルゴーニュは、シャンパーニュと並んで1931年にフランス初のワイン街道を設定した銘醸地である。この時代にワイン観光が進められた背景には、売り上げ減退の失地回復の他、自動車による観光の初動期を捉えたいとする意識があった。タイヤ・メーカーであるミシュランが自社のタイヤを使わせるために観光ガイドの刊行を開始したのは1900年だが、三つの星を使ったレストランの格付けを始めるのは1931年である。ブルゴーニュの西側を走る国道6号線はパリからコート・ダジュールを結ぶ富裕層のヴァカンス・ルートで、その客を中途で立ち寄らせる発想から当地のワイン観光は始まっている。

同時に観光業者によって郷土料理の開拓が進められた。主体はパリの美食家やジャーナリスト達であった。今日我々がブルゴーニュ料理として食すコック・オウ・ヴァン（雄鶏の赤ワイン煮）にせよブフ・ブルギニオン（牛肉の赤ワイン煮）にせよ、あるいはエスカルゴにせよ、いずれも都会の美食家の健啖に合わせてアレンジされたものである。だからこそワイン観光と美食を融合できた[19]。因みに、ブルゴーニュ料理だけではなく、およそあらゆる郷土料理は、都市がその根源を発掘し、都会的に味や盛り付けを調整したものである。

ただ、1934年というと第二次世界大戦直前で、ワイン観光も美食観光も発展不可能であった。

戦後になったところで、零細農家はワイン生産はできても、それを流通させる能力も方法も持たない。ブルゴーニュでも、40-50年位前までは自家で瓶詰めして外国に出荷可能な造り手はほとんどなかった。ところが、交通事情と輸出手段の変化、通関手続きの簡易化、そして個々の農家が比較的豊かになり、ブルゴーニュ人の独立不羈の性向も加わって、すっかり事情が変わった。自家用車旅行が汎ヨーロッパ的レジャーになったことで、ワイン愛好家がブルゴーニュに押し寄せてきて、農家からワインを直買いしだした。

つまり、大衆観光の枠組みではワイン観光は発展しなかったが、自家用車の普及がブルゴーニュを外部に開かせた。

❸-6 カルト・ワインと酒蔵開放

実際、ブルゴーニュほど、生産直売の看板を見かける銘醸地はない。というか、家族経営程度の小規模な造り手にしてみれば、仲買や流通業者に引かれるマージンすら大きな負担である。となると、酒蔵開放と直接販売は生き残りの重要な方策となる［図6］。

ワイン産業はグローバル化し、とりわけ新興国では大規模ワイナリーが時の流れである。技術に依存しているので、揶揄的にテクニカル・ワインともいう。しかし、同時に、という

か、だからこそ、特定のブドウ品種や特殊な製法での銘柄の少量生産等、大規模ワイナリーにできないことをして成功する例が存在する。それらを「ブティック・ワイナリー」と称し、かくなるワインを「カルト・ワイン」とも言う。知る人ぞ知る、顕示欲や虚栄心をくすぐるワインに価値を見出す人々もいる[20]。ブルゴーニュ、さらにはフランスの造り手は、この嗜好に活路を見出す。

図6 旧い圧搾機を看板にして誘客するコート・ドゥ・ニュイの小規模醸造所

ブルゴーニュは、そのこともあって、フランスの中では比較的早期からワイン観光に関心を示してきた。例えば、2000年に発行された『「コート・ドゥ・ボーヌ南部」指定景勝地管理指針』は、同景勝地の保存に関して4点の目的を掲げている[21]：

- 地域史の表現であり顕著な眺望の源泉である空間の総合的構造を保全する；

図7 農閑期であれば醸造環境まで案内してくれる造り手もある

- 丘陵と背斜谷のブドウ畑の景観と文化財を活用する；
- 丘陵頂冠部の平原の農家や森の文化財的・生態学的・景観的管理を推進する；
- 景勝地とその周辺に於ける発見の質と観光のもてなしを改善する。

第4点目では、名所となるブドウ畑の景観の保全や活用が謳われるだけではない。観光公害とも言える無節操な屋外広告物の制御等も訴えられており、来訪者の増加に伴う負の影響への対策も、既に考案が開始されていたことが看取できるのである[22]。

表3に示す統計からも、ブルゴーニュの観光客受け入れの積極性は明らかになる[23]。フランスには2010年現在、観光に開放された造り手が約1万軒あり、最大なのはボルドーを含むジロンド県で、5,416軒のシャトーと50の協同組合醸造所が360万人をさばく。他方、その他の地域では、銘醸地アルザスの674軒による140万人に対し、ブルゴーニュの650軒は年間約250万人の訪問客を受け入れている［図7］。

表3：フランスの銘醸地と観光客数

地方	観光客を受け入れる造り手の数	訪問客数	調査年
アルザス	674	140万人	2010
アキテーヌ	6,299	509万人	2009
内ジロンド県（ボルドー）	5,416	360万人	同上
ブルゴーニュ	650	250万人	2010
シャンパーニュ	400	120万人	2008
ラングドック＝ルシヨン	1,483	90万人	2008
プロヴァンス＝アルプ＝コート・ダジュール	360	統計なし	調査なし
ローヌ＝アルプ	551	統計なし	調査なし
ロワール渓谷	300	90万人	2008
8地方合計	10,717	1,200万人	

③-7 複雑性のジレンマ

　ブルゴーニュの問題は、訪問客と観光客が完全に重合しないことである。つまり、直接販売を期待して訪れる客が観光をしてゆくかと言えば、必ずしもそうではない。

　ブルゴーニュのブドウ畑のクリマは、その複雑さゆえに世界遺産登録されたが、それは逆にワイン観光の阻害要因となる。ひと言で言えば、難し過ぎる。それは、以下の5点に整理できる[24]：

- まず、ワインにエリートの印象が付随し、それが原産地統制呼称（AOC）制度をより複雑なものに見せている；
- 次に、造り手が小規模であることにも起因し、訪問の予約を取るのが困難である[25]。さらに、そもそも観光客を受け入れない造り手や、英語を初めとする言語を不得手とする造り手もあり、それらの情報の入手も困難になっている；
- また、第2点目にも関連するが、観光協会等との協調がなく、観光案内所での情報の一括的取得が困難である；
- 同様に、ワインの質が高く、高所得者階層を販売対象としていることもあり、一般向けのインターネットのウェッブサイトがない；
- そして、造り手の間でも協働が少なく、ネットワーク化による回遊性の向上等の工夫がない。

　観光客にとっては、クリマの複雑性は行政区画の不連続性と同義となり、通過するひとつひとつの村の名前を覚えていられないように、自分が今、どこにいるか判らなくなる[26]。

　伝統を活用したワイン観光を推進したいのに、セールス・ポイントである多様性が、かえって客に二の足を踏ませている。そのジレンマの解決策が必要で、ブルゴーニュはワインや景観の単純化ではなく、イヴェント開催による通年化を試行している。この点に関しては、後述しよう。

　いずれにせよ、ボルドーは有益な資産を活かし切れずに惰眠し、ブルゴーニュは覚醒しているのに有益な資産が逆に足枷になっていたのである。

4. 国策としてのワイン観光

4-1 ワイン観光の現状

　フランスではワイン観光に関する定量的統計が2010年近くまでなかった[27]。ただ、ようやく取られ始めた統計からは、示唆的事項が多く抽出できる。

　フランス観光開発庁 (AFIT) は、2009年6月から10月にかけて、ボルドーを中心としたアキテーヌ、アルザス、ブルゴーニュ、シャンパーニュ、ラングドック＝ルシヨン、プロヴァンス＝アルプ＝コート・ダジュール、ローヌ＝アルプ、ロワール渓谷というフランスの8大銘醸地で、6カ国語の記入用紙を使った留め置き式のアンケートを実施し、9,405件の回答を得た。内、外国人による回答は3,617件であった[28]。

　それに拠ると、旅行者の国籍や旅行先を問わず、ワイン観光客は高所得階層に所属する人々が大半で、49％が月収3,000ユーロ以上で、内40％が5,000ユーロを超えていた[29]。つまり、多額の支出をする潜在力があり、美術品や文化財に関する審美眼の所得への比例を仮定すれば、ワイン建築やブドウ畑の景観の保全的刷新は彼らの耽美意識の監視下にある。

　同伴形態では、カップル43％、友人同士22％、家族が26％だが、地域によって差異がある。例えば、ブルゴーニュではカップルが49％で家族は12％だが、ボルドーを含むアキテーヌでは家族旅行が36％になる。つまり、アルコールを口にできない子供もターゲットに商品開発をする必要がある。

　他方、フランス観光開発機構 (Atout France) の2010年の調査では、ワインを中心とした観光に関し、ボルドーを含むアキテーヌで69％、アルザスで59％、ローヌ・アルプで56％が一週間以上の滞在があるのに対し、シャンパーニュでは80％、ブルゴーニュでは57％、ロワール渓谷では54％が1日から5日という短期滞在型旅行になっている[30]。とりわけパリからの日帰り観光が可能なシャンパーニュでは、日帰りされると夕食代も宿泊費も地元に落ちず、軽装ということもありシャンパンの購入も進まない。つまり、滞在の長期化の方策も重要な探求課題である。

4-2 ワイン観光の政策化

　統計の出現と同期した事象のひとつに、術語の発現と確定がある。今日、仏語でワイン観光を指すために用いられるエノツーリズム (œnotourisme) という術語は、2009年に国が始めた『ブドウ畑と発見』というラベル付与プログラムで定着した[31]。それ以前は、「ワインの観光 (tourisme du vin)」あるいは「ブドウ農業の観光 (tourisme viticole)」が一般的であった。

　実際、2009年というのはフランスのワイン観光にとっての画期である。

　ワイン産業の構造転換の必要性はかねてより唱えられていて、とりわけ2000年代に入ると多くの政策提言書が公表されている。

　上院議員・ジェラール・セザールが2002年7月に同院経済事案・プラン委員会に提出した報告書は、ワイン消費の減少や新興国での高品質ワインの増産によるフランスのワイン産業の凋落を予測し、その防止策の一環としてワイン観光の重要性を認めている。ただ、景観

の保全には直接的言及がない[32]。

　元外交官で、2004年からはラングドック・ルション沿岸整備省際ミッション所長を務めてきたベルナール・ポメルは、2006年に首相府の依頼で報告書を提出している[33]。2008年の欧州連合によるワイン市場制度改革に向けたフランス国内の対策案の集成で、グローバリゼーションの中でフランス・ワインの危機的状況の克服を報告の骨子としている。目的はワイン産業自体の内的改革と、市場や消費者を対象とした外的方策に項目立てられるが、前者の8目的の最後に「最良のテロワールを価値付け、ブドウ畑の景観を保存する」という項目があり、後者の最初に「景観の保全を勘案する」という項目が挙げられている。ただ、観光に関する言及は「景観の保全を勘案する」に一箇所あるのみで、観光を通じたワイン産業の中興という意図は見られない。ただ、これは、本報告書が植樹・抜根等に関わる欧州レヴェルでの政策変更への対応を主眼としている点から、当然とも言えよう。

　ところが、数年を経ずしてワイン観光は国政の場の議題になる。中心人物が、リュベロン地方のブドウ農、というよりも元フォンテーヌブロー市長にして上院議員、あるいは政治家としての顔よりもソフィテルやノヴォテル、さらにはイビスといったホテル・ブランドを運営するフランス屈指のホテル企業のアコーホテルズ・グループ共同創設者として知られるポール・デュブリュルである。

4-3 ラベル付与プログラムとデュブリュル報告書

　デュブリュルは、既に2007年に観光担当大臣と農業担当大臣に対して『ワイン観光：ブドウ農業とワイン生産の産品と文化財の価値付け[34]』と題した報告書を提出している。これが両省を動かし、2009年にフランス観光開発機構内にワイン観光上級審議会が設置された

表4：デュブリュル報告書の考察軸と提案群

軸	提案
I. ワイン観光を通じ、フランスのワイン産業文化財（景観と建築というふたつの本質的要素と共に）の価値付けに関わる共通文化を構築する	提案1：ワイン観光分野での知見と競争力に関する共通方針を、同分野のあらゆる関係者と共に策定する
	提案2：農業担当省と観光担当省双方の後援の下、企画コンクールや授賞を実施する（「ワイン観光総会」や「ブドウ畑を目的地に」といった）年間行事を創設する
	提案3：ワイン観光政策に欧州景観条約を取り込み、景観憲章、もてなし憲章、ワイン観光憲章等の策定を支援する
	提案4：ワイン観光に「高品質観光」マークを拡張してラベルの信用性を向上させる
II. 観光とワインに関する商品の解り易さを増進する	提案5：関係分野のあらゆるデータと変化を収集し、更新し、全関係者に提供する責務を負ったワイン観光案内所を創設する
	提案6：パリにブドウ畑・ワイン博物館を創設するための国民的議論に着手する
III. ワイン観光と他の観光形態とをネットワーク化する	提案7：企画提案、地域色のある企画の共同発案、それらの活動の実施、フォロー、評価のための方法論を確立する
	提案8：国土整備や社会経済計画で、ワイン観光の企画を調整しネットワーク化する
IV. ワイン観光の関係者を育成する	提案9：ワイン観光に関わる職種一覧を確定し、（例えばワイン観光関連職業学士のような）特別学位や、養成所を含む未習者用課程と経験者用専門課程を擁する地域圏レヴェルでのセンターを設置する
	提案10：発展のための方法が持続的に生まれるように、協調と活性化に関わる新興職種を支援する

が、そこで始められたのが「ブドウ畑と発見 (Vignobles & Découvertes)」というラベル付与プログラムだった。それまではワイン観光の質の保証がなかったが、規定を満たすワイン観光施設に対して認定ラベルを付与し、観光客が安心して当該施設を利用できる環境を整備した。経済学で言う情報の非対称の解消で、需給双方にメリットが生まれる。

表5：フランス観光開発機構選定のワイン観光ルート

no	地方	ルート名
1	アルザス	アルザスの心臓部
2	〃	コルマール地方の大地とワイン
3	ボジョレー	黄金石のボジョレー
4	ブルゴーニュ	コルトンの丘陵
5	〃	モンラシェの丘陵
6	〃	ディジョン＝コート・ドゥ・ニュイ
7	〃	オーセロワのブドウ畑
8	〃	シャブリのブドウ畑
9	シャンパーニュ	コート・ドゥ・バール
10	〃	セザンヌの丘陵
11	〃	エペルネ南部の丘陵とコート・ドゥ・ブラン
12	〃	サン・ティエリー山塊とアルドル渓谷
13	〃	ランス山岳
14	〃	マルヌ渓谷
15	コニャック	コニャックのブドウ畑
16	ジュラ	ジュラのブドウ畑
17	ラングドック	地中海沿いのナルボンヌ地方
18	〃	トーの郷土
19	プロヴァンス	エクスの郷土とリュベロン南部
20	ルシヨン	地中海沿いのペルピニャンとリヴサルト
21	サヴォワ	サヴォワの心臓部
22	〃	ブルジェ湖岸のサヴォワ
23	シュド・ウエスト（南西部）	カオール＝マルベック方面
24	〃	ガイヤックの城塞とブドウ畑の郷土
25	ロワール渓谷	ロワール渓谷沿いのアンジュ
26	〃	シノン、ブルグイユ、アゼ
27	〃	ロワール河大西洋岸のミュスカデ
28	〃	ロワール渓谷沿いのソミュール
29	〃	アンボワーズ付近のロワール渓谷
30	〃	シュノンソー付近のロワール渓谷
31	〃	レイヨン渓谷
32	〃	ロワール渓谷
33	ローヌ渓谷	ダンテル・ドゥ・モンミライユ周辺
34	〃	コンドリューとコート・ロティ
35	〃	エルミタージュからサン・ジョゼフまで
36	〃	クリュソル近辺のローヌ河

そこでデュブリュル報告書を概観しておこう。そこでは、観光によるフランス・ワインの中興策が考究されるが、わけても建築と景観の位置付けが最優先される。ワイン観光に重要な3要素として場所、製品及び人が挙げられ、場所の中でも、ワインの質を連想させるブドウ畑の景観の保全は先頭に取り上げられている[35]。

4軸に亘り10の提案がなされているが、それを表4に整理してみよう。

デュブリュルは繰り返しワイン観光に於ける景観の重要性を強調している。また、それに関し、個々のワイナリーという私人の努力は無論、公的関与の政策化も提言している。実際、同時期の2008年、政府は欧州連合のワイン政策の変更と消費減退傾向に鑑み、『フランス・ワイン関連業近代化5カ年プラン』[36]を発表した。その行動計画では27手段が提示されているが、ここで第15手段としてワイン観光推進が挙げられた。

では、観光客はどこを巡るべきなのか。2009年にフランス観光開発機構が選定した「ブドウ畑と発見」のためのルートを表5に書き出す。

ボルドー地方のルートは皆無な

のは、立候補書類が間に合わなかったためで、3年毎の見直しの結果、現在はボルドーを含め60地域になっている。フランスのワイン販売や観光の現状を勘案すると、ワイン観光は有望分野で、60選から離脱するルートはなく、むしろ増加する可能性がある。つまり、フランス観光開発機構の情報を頼りにする観光客は、逆にルートの豊富さに戸惑うこととなろう。そこで必須なのが、民間のガイドブックである。

4-4 プチ・フュテ、ミシュラン、そしてブドウ農民宿ガイドへ

プチ・フュテはフランスの旅行ガイドのシリーズで、ミシュラン・シリーズほどの高価な旅行や美食探訪、あるいは知的なモニュメント紀行のためのものではなく、若者や子供連れ世帯を対象としている。

2002年から『観光とブドウ畑』をシャンパーニュ、コート・デュ・ローヌ、ロワール渓谷及びラングドック版として出版し、2004年にはフランス全土版が刊行されている。なぜかボルドー版やブルゴーニュ版が上梓されたことがない。2007年から2009年まで休刊し、2010年に復刊した全土版は2012年版［図8］で廃刊され、2013年からアルザス版のみ発刊となっている。全土版廃刊の翌年の2013年からは『フランス・ワイン観光ガイド』として全国版が刊行されている［図9］。

2016年秋に刊行された2017年版を見ると、各銘醸地に関し、個々の造り手の紹介の前に、地域のワイン観光業者が記載され、代表的なパック・ツアーの値段や構成が記載されている。ワイン観光は、フランス人にとっても自前でプログラムを立てるのは難しいためである。

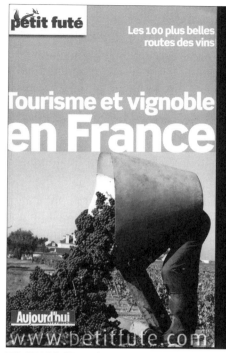

図8　2012年版『観光とブドウ畑』の表紙

図9　2017年版『フランス・ワイン観光ガイド』の表紙。Œnotourismeという術語への変化も看取できる

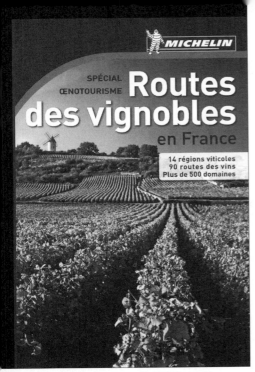

図10 2013年版『フランスのブドウ畑街道』の表紙

また、アルコールを伴う観光だけに、自動車運転を避けてツアーに参加する方が得策という需要・供給両サイドの意図の反映とも受け取れる。情報量優先の編集だけに写真が少なく、旅行ガイドの宿命として地元ライターや口コミ情報に依存する部分も大きい。また、造り手の掲載選択基準も明確とは言えない。とはいえ、600ページを超えるガイドブックの毎年の上梓は、フランスに於けるワイン観光の一般化と定着の証左と言える。

ミシュランもワイン観光の専用ガイドを刊行に乗り出した。『フランスのブドウ畑街道−ワイン観光特集』がそれで、2012年11月時点の情報を2013年2月に出版した[37][図10]。美食ガイドで著名で、富裕層を対象にした旅行ガイドの出版社の書籍だけに、575ページの全体の冒頭に、ワインの選び方、味の表現に関わる語彙、ワイン略史、醸造方法、あるいは給仕の作法が約60ページにわたり記述してある。プチ・フュテはツアー紹介が充実していたが、本書は題名の通りワイン観光のモデル・ルートが90本紹介され、自家用車でそれらを巡る中級以上のワイン観光客を対象としている。ミシュランらしくレストランやモニュメントの紹介にも抜かりがなく、ワインだけではない知的旅行の案内書に仕上がっている。ただ、2013年以来、重版や改訂版の上梓がなく、対象を富裕層に絞っただけに、売り上げには苦心している可能性がある。

2015年に発刊された『ブドウ農探訪』[38]は、プチ・フュテにもミシュランにも欠落する情報を提供する。ブドウ農や造り手が経営する民宿を約400軒紹介しているのである。ワイナリーでの宿泊は、消費者にとっては飲酒運転の心配なく心置きなくワインを飲み、さらに同じ土地から産まれたことで、それとの組み合わせが必然的に最適な郷土料理を堪能できることを意味する。無論、醸造室等をゆっくり見学し、造り手の話を聞けることも大きなメリットであろう。他方、経営者にとっては利鞘の大きな宿泊費の収入と、短時間滞在と比較すると有利な直接販売の機会を得ることを意味する。

4-5 トゥール・ドゥ・フランスとワイン観光の屋外広告物規制

世界遺産登録推進のため、シャンパーニュにせよブルゴーニュにせよ、トゥール・ドゥ・フランスを誘致している [図11]。教育史学者・ジョルジュ・ヴィガレロは、「ツールは国の境

と国の一体性を提示するものであるばかりではなく、国の記憶の遭遇でもあるのだ。景観という装飾の見事さが語られるだけではなく、過去への言及もおこなわれた。景観は過去を想起する機会ともなったのである。[…] ツールはこの点で、まさしく領土を演出するもの、つまり空間と時間のなかに刻み込まれた国民遺産を演出するものだった。おまけにその遺産は、まとまりのあるもの、魅惑的なもの、防御力のあるものとして演出されたのである[39]」と述べる。

そのテレヴィ放送を見れば明らかだが、カメラはレース展開を捉えるだけではなく、音声も走りを伝えるだけでない。選手が点景となることを覚悟の上で、カメラを大きく引いて国土の美観を取り込んだ映像が流され、アナウンサーは競技の実況を犠牲にしてその土地の歴史や風土を語る。つ

図11 ブルゴーニュは2017年にもツール・ドゥ・フランスの誘致に成功した

まり、過去のような国民教化の機微はないが、トゥールは依然としてフランスの国土に於ける数多の風土の美観と歴史を、全国に、さらに全世界に伝達する。シャンパーニュもブルゴーニュも、それを巧妙に活用した。穿った換言をすると、トゥールの通過点に銘醸地が含まれた場合、それらは世界遺産登録を目論んでいるかもしれない。

そう考えると、ワイン観光は、ワイン業界を下支えするためにあるのだから、ワインや観光の関連業者自らが、看板の過剰設置や異常色彩等でワインスケープを破壊してはならない。そのためにも、明確な規定を定めておく必要がある。そこで、1979年12月29日の屋外広告物法を、ワイン観光に沿って概説すると以下の通りとなる[40]。

まず、屋外広告物は大別して、建物等に直接設置される自社看板、近隣に設置されワイナリー名や道順等を示す案内板、そしてそれらに該当せず、商品名等も書き込める宣伝看板である。

フランスでは、歴史的モニュメント (MH) 周囲500メートルの景観規制領域や景勝地では、国から中央分権された県の出先機関に所属する歴史的環境監視建築家 (ABF) が承認した自社看板以外は一切の広告掲出が禁止され、保全地区 (SS) や建築的・都市的・景観的文化財保護区域 (ZPPAUP)、あるいは建築・文化財活用区域 (AVAP) では、その規則に従った自社看板しか認められていない。その他の場所でも、原則として基礎自治体が条例で許可した区域にしか屋外広告物を掲出することができない。銘醸地のみならず、トゥールの実況で屋外広告物が映り込まない背景に、かかる努力がある。

第8章　ワイン観光　293

5. ボルドーのワイン観光

フランスを代表する銘醸地のボルドーは、ワイン観光に関してどのような展開を見せているのか。ここでは主に、1. 世界遺産登録を契機とした組織化の動き、2. 高級ワイン・リゾートという突出化の動き、そして3. ワイン都市という拠点形成の動きから、それを探ってゆきたい。

5-1 世界遺産登録を契機とした組織化の動き

5-1-1 先駆者達

ボルドーを含むアキテーヌ地方では、ワイン観光に対する組織的対応が遅れている[41]。ただ、これは先駆的試行がなかったことは意味しない。

忘れ去られたワイン観光の先駆者は、メドック原産地統制呼称 (AOC) エリアのシャトー・シランである。まだワイン観光の概念すら未確立の1980年代に、当主のアラン・ミアイユはウィーク・デイも門戸を開き、慎ましいワイン博物館や熟成庫での試飲に客を誘った。ボルドーのシャトーはその閉鎖性から修道院と揶揄されていた時代にである。ただ、マルゴーの隣村であるラバルドという所在ゆえに主要街道から外れ、客層を絞る等のマーケティングがなされず、さらに当時はワイン自体の評価も高くはなかったこともあり、現在では忘れ去られた存在である[42]。

1980年代からステンレスの発酵タンクが普及したが、その結果、一部のシャトーでは旧式の木製タンクを保存し、レセプション・ルームに展示するものが出てきた。同様に、この頃から、シャトーにワイン生産以外の文化的付加価値を持たせる動きが見られる。AOCグラーヴのシャトー・ドゥ・モンジュナンの小さな18世紀美術館と可愛らしい庭園や、AOCメドックのシャトー・モーカイユのワイン芸術・職業博物館のような専門的展示施設の開園が見られた。また、AOCマルゴーのシャトー・ジスクールではポロ競技場(今日ではクリケット競技場)が整備され、AOCオー・メドックのシャトー・ラネッサンやシャトー・マルレでは歴史的な馬車や馬具の展示施設が開場している。

こう見ると、既に1980年代から、ワインに別の観光要素も絡めた誘客の試行がなされている。しかし、それが組織的になるのは、やはり2000年代に入ってから、しかもサン・テミリオンの世界遺産登録を画期としてである。

5-1-2 世界遺産とワイン観光

サン・テミリオン自身はワイン観光のパイオニアになったわけではない。それに触発された他の地域の動きが、ナパ・ヴァレーの成功と相俟ってボルドーになだれ込んだ。

第3章でも詳述したが、ひとつはロワール渓谷ミッションによるワイン観光プログラム(VITOUR)である。ワイン用ブドウ畑を含む構成資産により世界遺産となったロワールが提唱して創設された欧州規模のプログラムで、ロワールに加え、サン・テミリオン、アルト・ドゥロ、フェルテー／ノイジードル、ライン渓谷及びチンクエ・テッレの7遺産の参加で始

まった。しかし、サン・テミリオンは最終段階では実質的に脱退していたことは既述の通りである。

では、サン・テミリオンはワイン観光への関心を喪失したのかといえば、そうではない。自分自身でプログラムを立ち上げたのである。

アキテーヌ地方圏が、ボルドーのワイン観光推進のために立ち上げたプログラムがワイン巡りプログラム(TOURVIN)で、2004年から2008年まで欧州連合構造基金の Interreg IIIb (西地中海地域、バルト海地域の他、11の広域圏協力の支援プログラム)を享受した。フランスであればアキテーヌ、スペインであればリオハ、ポルトガルであればポルトといった11地域に於けるワイン観光推進での協力体制整備を進めたものである[43]。総予算は205万ユーロで、構造基金の補助額は115.7万ユーロであった。サン・テミリオンは、当初はVITOURのメンバーであったが、最終的には籍は残しつつも報告書に寄稿がない。アキテーヌ地方圏は、サン・テミリオンの他にメドックを始めとする世界的銘醸地を擁し、ロワール等の複合体に参加を継続する利益が薄くなったということであろう[44]。

ともあれ、ボルドーのワイン観光を公的関与の下に組織化する動きは、外発的運動により触発されてようやく始まった。

5-1-3 近隣観光地との現実的ネットワーク化

TOURVIN プログラムが興味深いのは、ワインのみでワイン観光を成立させることはできないという、ワイン観光の本質的脆弱性を見越している点である。フランスのワイン観光の強味は、ボルドーであればワイン交易で栄えた古典主義の街並み逍遥であり、ブルゴーニュであればそのワインの起源の探訪も兼ねた修道院巡りを併置できることにある。シャンパーニュも、ランス大聖堂抜きのワイン観光はあり得ない。

そこでサン・テミリオンは、TOURVIN プログラムを契機に、近隣の世界遺産である、ヴォーバン[45]の築城した要塞の残るブライ市、同様にヴォーバン築城のメドック要塞の残るキュサック・フォール・メドック市、あるいはそれらの核にあるボルドー市と観光振興等で協力体制を組んでいる。また、直近の都市であるリブルヌ市を中心とした地域の単位で地域観光組織協定を、アキテーヌ地方圏やジロンド県の観光推進計画と整合させながら推進している。そもそも、アキテーヌ地方圏には世界遺産・サンティアゴ・デ・コンポステーラの巡礼路があり、「道」による遺産のネットワーク化には一日の長があった。

他方で、サン・テミリオン自治区はTOURVINを通じ、スペインのリオハやポルトガルのポルトと進めている[46]。ただ、これはVITOURにも言えるが、自治体職員や生産者団体レヴェルでの交流、そして知見の交換はともかく、遠隔地同士での客の融通は困難であろう。となると、TOURVIN の近隣観光地のネットワーク化は現実的な方策である。これは、次章で述べるリオハとビルバオ、さらにはサン・セバスティアンのネットワーク化からも傍証されるし、ナパ・ヴァレーはその典型と言える。そして、このネットワーク化という考え方が、その核としてボルドーにワイン都市を建設する構想にもつながってゆく。ボルドー市内に

第8章　ワイン観光　295

はワイン交易による文化遺産が多数残っているし、周辺ともなれば短期間では巡回不可能なほどの銘醸地が揃っている。

5-2 高級ワイン・リゾートという突出化の動き

5-2-1 高級ワイン・リゾートの誕生

ボルドーのワイン観光には、回遊性と同時に、別の強味がある。ワイン観光の客層は高所得者が多く、さらにボルドーは世界に冠たる高級ワインの銘醸地である。即ち、これらを掛け合わせた高級ワイン・リゾート誕生の余地があった。

ボルドーのワイン観光の本格的先駆者として名が挙がるのがマティルドとアリスのカティアール姉妹である。姉妹は、AOC ペサック・レオニャンのシャトー・スミス・オー・ラフィットのオーナーであるカティアール夫妻の子供だが、父・ダニエルはフランスでも屈指のスポーツ用品チェーンであるゴー・スポー（Go Sport）グループの経営者で、母・フロランスはフランスのナショナル・チームに所属したスキー選手である。フロランスの1960年代のチームメイトに、大回転選手として世界的に著名で、後には国際オリンピック委員会（IOC）のスポーツ官僚になるジャン＝クロード・キリーがいたことも、ゴー・スポーの初動期を助けたと言う。

ただ、夫妻はそのキャリアを途中放棄した。1990年にゴー・スポー株の大半を処分してボルドーでワイナリー経営を始めるのである。ダニエルは対内的な経営に手腕を傾注し、フロランスは渉外に専念した。彼女は、2014年からデュブリュルの後を襲ってフランス観光開発機構ワイン観光上級審議会の会長を務め、当時の外務大臣・ロラン・ファビウスに外国人旅行者の取り込みのためワイン観光の振興を約束させる等、精力的活動で知られる[47]。外務省は2014年に、夏の山岳観光、エコ・ツーリズム、知識習得型観光、そして夜間観光と並び、ワイン観光を「フランスの観光イメージを刷新する5本の矢」として挙げているのである。

さて、カティアール家のワイン観光のコンテンツは、現代では当然だが、当時としては至って変わっていた。ワイン自体よりも、高級ワインを嗜む階層のレジャー指向を捉えたのである。美食や高級ホテルへの滞在は無論、ブドウ果汁やワイン自体を使ったボディ・ケア、スパ、あるいはリラクセーションを、タラソテラピーならぬワインテラピー（vinothérapie）の概念で楽しませる商品開発を行った。富裕層でなければ楽しめない娯楽である[48]。因みに、ワインテラピーはカティアール・グループが商標登録している。また、ワインに含まれるポリフェノールを利用した化粧品開発も手掛け、「コーダリー」の商標名で販売している。

5-2-2 コーダリーの泉

カティアール家の経営する高級ワイン・リゾート「コーダリーの泉」は、シャトー・スミス・オー・ラフィットの建物の再建に際し、外装にはボルドー近辺のシャトーの古材、インテリアにもアンティーク家具を徹底して使用し、歴史ある邸館のイメージの演出を行った[49]。

建築家はイヴ・コレと言うが、フランス国内でも無名で、高級リゾートや富裕層の別荘を

専門とするデザイナーらしい。コーダリーの泉の宿泊棟も、「鳩小屋」「グラン・クリュの要塞」「インドへの窓口」「漁師の村」「船室」等のテーマで設計され、それらはアキテーヌ地方の歴史、地理、あるいは文化に触発されたとしている[50]。ただ、そこに歴史的建造物の真正性や現代建築の前衛性を看取することはできず、相対的には創造よりも想像の世界と言える。これは善悪の問題ではなく、商業建築の宿命で、むしろ露悪的模倣に陥らずに地域性を表現することを試行したと評価できる。

同ホテルは五つ星だが、ホテルの星の数はフランス観光開発機構が室数や設備の充実度に応じて付与するので、設備投資さえ惜しまなければ増やすことができる。対して、レストランは簡単には評価を得られない。ミシュランの星は、賛否や評価方法への疑義はあるが、健啖家を唸らせる美食を安定して提供できなければ獲得できない。コーダリーの泉に併設されたレストラン「偉大なブドウ畑」は、2009年にニコラ・マッスを料理長とし、翌年にミシュランの一つ星、2015年には二つ星を獲得している。

コーダリーの泉が、他のワイン・リゾートと一線を画すのは、そのワインの造りにも理由がある。スミス・オー・ラフィットは、有機農法、廃棄物の可能な限りのリサイクル、再生可能エネルギーの利用等の環境的配慮は無論、世界的に珍しい自前の樽工房を設置して自分好みの樽香をワインに溶け込ませる等、ワイン自体の評価も高い[51]。これは、収集された美術品やホテルの質の高さは折り紙付きだが、ワインの評価は抜群とはいえない他のワイン・リゾートとの大きな違いである。

5-2-3 高所得者層向けの商品開発

コーダリーの泉は、ホームページやダウンロード資料の充実に留まらず、写真家を起用した建築や料理の紹介する写真集を出版している。いずれもＡ4版超の大型本で、39.5ユーロと49.5ユーロという値段は、一般的観光客がリゾート施設のパンフレットを買うというレヴェルにはない。一方の『泉への回帰―コーダリーの泉でのニコラ・マッスの料理』は2011年[図12]、他方の『コーダリーの泉―ブドウ畑のただ中での生活芸術』[図13]は2016年の発行で、ミシュランの

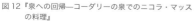

図12『泉への回帰―コーダリーの泉でのニコラ・マッスの料理』

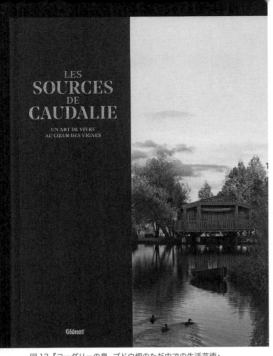

図13『コーダリーの泉−ブドウ畑のただ中での生活芸術』

星の獲得と昇格に関連した美食を強調した記念誌的色彩を看取させる[52]。

このような、高級ワイン・リゾートが成立するのが、ボルドーの強みである。

ところで、ナパ・ヴァレーではワイナリーを所有する芸術関係者が多いことを前述した。対して、ボルドーでは著名企業やその経営者がオーナーとなっているシャトーが多々ある。その企業イメージと、後述するイヴェント開催という集客手段を組み合わせ、ワイン観光を推進する事例もある。

モエ・ヘネシー・ルイ・ヴィトン（LVMH）のオープン・ハウス活動はその代表格である。LVMHは言わずと知れた高級ファッション・ブランドのグローバル・コングロマリットで、会長のベルナール・アルノーは、サン・テミリオンの最高峰・シャトー・シュヴァル・ブランを個人的に所有する。

2013年LVMHの日では、酒類に限らず、グループ所属の40箇所が公開され、全体で10万人に及ぶ職人の技芸が紹介された。フランス国内では、表6に示す8箇所のワイン、コニャック、そしてシャンパンの製造施設が公開された。

表6：2013年のLVMHの日

no	シャトー/メゾン	イヴェント内容
1	シャトー・シュヴァル・ブラン	ボルザンパルク設計の発酵室・樽熟成庫の公開やブドウ畑の散策
2	シャトー・イケム	シャトーやブドウ畑の見学
3	ヘネシー	創業時の樽熟成庫や瓶詰め工程の見学
4	ドン・ペリニオン	オーヴィレール修道院の公開とドン・ペリニオンの生涯の解説や、ブドウ畑の散策
5	クリュッグ	圧搾機の見学や醸造長による講座
6	メルシエ	通常施設公開に加え、広告コレクションの展示やブドウ樹の剪定等の管理方法のデモンストレーション
7	モエ・エ・シャンドン	ブドウ畑の見学や、シャンパン・グラスのピラミッドの制作現場の公開
8	ヴーヴ・クリコ・ポンサルダン	クレイエールの公開の他、シャンパンのサーヴの方法の講座

別の高級ワイン観光の形式もある。リラクゼーションや健康、さらにはワイン自身に加え、ワインに付きものの文化を軸とする。ボルドーは、遅れは取ったがナパを良く見ている。例えば、AOCオー・メドックの第4級シャトー・ラ・トゥール・カルネ、グラーヴ地区で

の格付けでクリュ・クラッセに選ばれたシャトー・パプ・クレマン、サン・テミリオンのグラン・クリュ・クラッセのシャトー・フォンブラージュの他、18のシャトーを所有するベルナール・マグレは、現在のフランスの高級ワイン観光の中核人物の一人である。高級ホテルへの宿泊やミシュラン三つ星クラスの料理人によるレストランでの美食は無論、ベルナール・マグレ文化研究所を設立して美術鑑賞の機会や美術史の講座を提供する。客の多くがアメリカ人で、ヨーロッパの国々からも客もあるが、フランス人は少数であるという[53]。

所得と学歴や知見はおおよそ比例する。となると、高所得者層向けの商品開発には文化や健康という要素が不可欠で、ワイン観光もその例外ではない。

5-3 ワイン都市という拠点形成の動き

5-3-1 ボルドー市の沈黙

ボルドーの周辺の銘醸地ではワイン観光推進が軌道に乗ってきた。しかし、ボルドー自体の惰眠は長い。同市のガロンヌ河沿いの18世紀の街並みは「月の港ボルドー」の名称で2007年に世界遺産登録され、構成資産内にワインの仲買倉庫が集積していたシャルトロン地区が所在する。地区にはワイン・仲買博物館もあるが、規模は極めて小さい[図14]。ワイン産業自体は自動車輸送に対応できず空洞化している。そのこともあり、近年のボルドーの都市計画の解説書でも、同地区をワインで再生する方向性は論じられていない[54]。また、その広域的な位置付けもない[55]。

ボルドーは、ワインに関しては、市内の回遊性よりも銘醸地の中心という拠点性で自己を定義をしてきた。同市は、メドックやオー・メドック、グラーヴやソーテルヌ、アントル・ドゥ・メール、そしてサン・テミリオンやポムロールといった具合に、自身を中心に放射状的に銘醸地が散在する構図を享受してきた。ボルドーを拠点に半日から1日かけていくつかの銘醸地を巡り、夜は同市に宿泊し、さらに翌日は別の銘醸地に赴く形式の観光である。だから、ボルドーに残された課題は、高級ホテルの部屋数を伸ばすことだけだといわれた。

しかし、ナパ・ヴァレーの成功やワイン自体の消費の減退、そして周辺銘醸地でのワイン観光の発展を前に、市内でも取り組みが必要になった。これに関し、2000年代に入ってのワイン業者側の意識の変化を象徴する事例がある。

ボルドー・ワイン職域横断審議会（CIVB）、通称ボルドー・ワイン委員会は、生産から世界的なプロモーション活動まで、ボルドー・ワインの全てを担う業界団体である。本部はボ

図14 ワイン・仲買博物館にはこのような短冊状の空間が2連あるだけである

図15 現代デザインのワイン・バーにはないクラシックな環境を、邸館とステンド・グラスが形成する

ルドーの中心であるカンコンス広場近くにある。その新古典主義のサロンは会員専用で、『バッカスの凱旋』と題されたステンドグラスは一般人には非公開だった。それが2006年、建築家・フランソワーズ・ブスケ設計のワイン・バーに改装され万人に開かれた[56][図15]。それは、ボルドーのワイン観光への開放と併行する。

5-3-2 アラン・ジュペとワイン都市

2016年6月1日に開館したボルドーの博物館であるワイン都市は、地元の有力政治家・アラン・ジュペの20年来の悲願であった[図16]。推進したのはシルヴィ・カーズだが、シルヴィはAOCポイヤック第5級のシャトー・ランシュ・バージュの当主・ジャン=ミッシェル・カーズの妹で、自身もサン・テミリオンのグラン・クリュ・クラッセのシャトー・ショーヴァンを所有する。彼女はボルドー市議会議員でジュペの側近であったが、その職を返上してワイン都市理事会理事長に就任した。

ただ、ボルドーに優れたワイン博物館を建設する構想は、カーズの発案ではない。エレーヌ・ルヴューがジュペに20年前に提案している。ルヴューはアントル・ドゥ・メール地域にあるシャトー・ロック・モリアックのオーナー兼醸造責任者である。父親はフランスでも有数のスーパーマーケット・チェーンであるルクレール・グループを率いたエドゥアール・ルクレールで、大きな政治的影響力を持った人物だった。ルクレール・グループは、ハイパー・マーケットとして早くから品揃えの厚いワイン販売をしたことで知られる。

しかし、フランスの最高学府・国立行政院出身で、若きボルドー市長、そしてその後ジャック・シラク市長の下でのパリ市助役や、1995年からシラクが大統領になると首相に抜擢される中、ジュペはルヴューに提案されたワイン博物館にはさしたる興味を示さなかった。

ところが、1997年の下院議員

図16 ワイン都市はガロンヌ河沿いにあり船でもアクセスできる

選挙の敗北の責任を問われて首相の座を追われ、さらにはパリ市助役時代の汚職問題で国政での政治力を失うと、ジュペはボルドーに回帰する。同時にワイン博物館建設を検討するようになるが、ルクレール・グループは景気の動向から博物館建設推進から撤退していたし、著名シャトーやCIVBも関心を示さなかった。

カーズは1995年の根回しの失敗を以下のように回想している[57]:

――― 1995年の時点では、ブドウ農達は観光客を受け入れる利益を理解できなかったですし、そもそも、その受け入れ施設も整備できていませんでした。しかし、13年を経てメンタリティは大きく変化しました。多くがとりわけナパ・ヴァレーを訪問し、ワイン観光がブドウ畑にとっての切り札であることを理解したのです。

5-3-3 衰退地区再生とビルバオ効果

2008年の市長選でジュペが3選を果たすと、カーズが根回しに回り、2016年の開館に漕ぎ着ける。ボルドーは2007年に月の港を世界遺産登録し、観光客の増加に湧いていた。ジュペの開館時に以下のように述べている[58]:

――― 2000年にはボルドーを訪れる観光客は年間200万人でしたが、2015年には600万人になっています。ワイン業界は、所有地へのルートを開くのは今だと理解したのです。

ジュペがワイン都市建設推進を決断した2008年は、欧州共通農業市場ワイン部門でブドウ樹の栽培規制撤廃の改革論議があった年で、ワイン市場の変容が強く看取された時期である。ワイン都市は、ボルドーと周辺銘醸地のワイン自体を、観光を通じてもプロモーションする拠点だとするマーケティング方策の変化の象徴でもあるのである。

2009年9月14日、ジュペは5大シャトーのオーナーをボルドー市役所で夕食に招待した。ムートンのフィリップ・ドゥ=ロートシルト、ラフィットのエリック・ドゥ=ロートシルト、オー・ブリオンのロベール・ドゥ=リュクサンブール、ペトリュスのジャン=フランソワ・ムエックス、そしてラトゥールのフロランス・ロジェールである。そこで、ワイン都市建設への協力の合意を取り付けた。かくして、建設資金3,000万ユーロの内、CIVBが1,000万ユーロを欧州連合から引き出し、自身も550万ユーロを投じた。また、多くのシャトーがメセナに応じたが、上院議員・フィリップ・カステジャの影響力が大きかった。結局、2016年初頭に断念されるのだが、当時はメドックの1855年の格付けを2018年までに世界記憶遺産に登録する運動があり、カステジャはそのロビー活動の先導者でもあった[59]。

さて、ワイン都市が、いわゆ

図17 ビルバオのグッゲンハイム美術館による都市再生の成功は、ボルドーにナパ同様の影響を及ぼす

るビルバオ効果を狙ったことは、カーズ自身が証言している[60]。ビルバオ効果とは、スペインの産業衰退都市・ビルバオに、フランク・ゲーリー設計の奇抜なデザインのグッゲンハイム美術館が建設されることで、地域再生に成功したことを指す[図17]。

ワイン都市の建設用地となったバカラン地区は *no man's*

図18 バカラン地区では港湾産業跡地が現代的なウォーター・フロント地区にコンヴァージョンされている

land と呼ばれ[61]、ビルバオ同様に衰退した産業地区で、文化政策を通じた都市再生という文脈でも両者は通底している。

バカラン地区は、既に船舶ドックのコンヴァージョンでオフィスや集合住宅が建設され、ウォーター・フロントという利点もあって、周回遅れでボルドーの最先端の界隈に変容しようとしていた[図18]。カーズは、そこに艀を造ることで船を利用したブドウ畑クルーズの起点を設置可能であること、さらに博物館はボルドー・ワインのみならず国際的な次元を有するべきで、港湾地区にそれを建設するのはその文脈からも適切と判断した[62]。

こうして見ると、設計を担当したX-TU建築設計事務所のアヌーク・ルジャンドルとニコラ・デジマールが主張する、ワイン都市とビルバオ・グッゲンハイムとの相違点が明確になる。ワイン都市はボルドー地方のワイン生産という文脈を活用しているのに対し、ビルバオと現代美術の関係は不明確である。また、ビルバオ・グッゲンハイムが点的な最終目的地であるのに対し、ワイン都市は放射状の観光ルートの起終点としても機能する。

5-3-4 ワイン都市の建築

確かに、ワイン都市の形態は、グッゲンハイム美術館を想起させる。現代建築の典型である3次元局面で構成されて印象的である[図19]。カーズは、18世紀や19世紀の歴史的建造物で構成されるボルドーの中心市街地に対し、未来に目を向ける姿勢を失っていないことをアピールするためにも、現代的な、さらには未来的

図19 一目見れば忘れない形象でありながら様々な解釈を触発する不可解さを孕む

なプロジェクトが必要であったことを述懐している。これは、今日のボルドーの現代建築のワイナリーにも看取できる通奏低音である[63]。

では、この形態は何かを具象するのか、それとも抽象的形象なのか。巷間、しばしば言われるのは、ワイン用のデカンターを模倣したとするものである。あるいは、人間的尺度を超えてモニュメンタルでありながら、木材の利用で柔らかく仕上げた内部空間の印象を「カテドラル」と見る意見もある[64]。

これに対しては、設計を担当したルジャンドルとデジマールが明確な回答を残している。彼らに拠れば、試飲時にグラスを回すとできるワインの動態で、さらにボルドーの某ワイナリーの当主が自らのワインに関して使った「縫い目のないしなやかさ」という表現に触発されたものである[65]。

旋回性と上昇感を兼備し、さらに古典主義建築の印象が支配するボルドーのガロンヌ河岸で、衰退した港湾機能の刷新のシンボルとなるこの建築は、フランスの近年の現代建築の中でも出色の出来映えとなった。

また、ワイン都市の建築設計競技は、建築家と展示デザイナーがチームを組んで応募することが条件であり、X-TUはロンドンを拠点とするロジャー・マンとダイナ・カッソンの事務所・カッソン＝マンと共同で設計案を練り上げている。従って、展示の流れや収まりも完璧である。

5-3-5 IT依存と実物の軽視

しかし、疑念を抱かざるを得ないのが、内部での実物の軽視とITへの過剰依存である。カッソン＝マンは、以下のように述べる[66]：
――――醸造タンクやバリック樽、その他の醸造機材を展示装飾に用いるなんてことは言語道断。［…］展示空間には、ワインはおろか、ワインに関連するオブジェすら設置されていません。［…］内部では、見せられ、教えられ、説明され、連想させられますが、いずれもオリジナリティに富んだ、ゲーム感覚、没入型の手法がとられています。

実際、大画面での世界銘醸地紀行、ワイン関連の箴言の寸劇映像、曲面スクリーンを使ったワインの交易史のアニメーション、さらにはタブレット端末によるインタラクティヴなワイン関連の知識の学習等、これまでの博物学的展示手法は採用されていない［図20］。

しかし、IT技術の発展やオーディオ・ヴィジュアル機器の値下がりで、映画を家庭用の再生機器や携帯電話端末で楽しめるようになった歴史を勘案すると、データ転送が可能な展示は、わざわざワイン都市に赴かなくとも視聴が可能になろう。無論、ワイン都市のヴィジュアル素材は盗撮でもない限り外部流出せず、不定形スクリーンの映像は個人所有可能な機器では再生しても臨場感や迫力に欠ける。しかし、それでも構わないという人々にはワイン都市へのわざわざの訪問は利益に欠ける。

また、カッソン＝マンの説明通り、有形のオブジェは一点もない。その場でしか体感できない尺度感や、参加型や体験型となっている展示から得られる触感や食感は、ワイン都市

図20 ワイン都市ではIT技術を駆使した展示手法が採用されている

では看取できない[図21]。唯一、ワインの様々なブーケやアロマを体験させる嗅覚刺激型の展示はあるが、移設や模倣は容易である[図22]。実際、逆に、この匂い当てクイズは、後述する1993年開館のデュブフ村のそれをデザイン的に洗練させたものに過ぎない[図23]。

　ボルドー・ワイン都市の発想の源泉のひとつにスペイン・リオハのボデガ=フンダシオン・ヴィヴァンコがある[67]。そこには、動態展示には至っていないものの、ワインの醸造機械、樽やボトル、コルクの製造過程の展示、さらにワインにまつわる芸術作品コレクションもある[図24]。カッソン=マンの基準では「言語道断」の旧弊な展示である。また、個人で収集可能な芸術作品には限界があり、質や量の面でリピーターの惹き付けに成功しているかは不明でもある。しかし、私人による運営が困難であるからこそ公的文化政策の一環としての博物館があり、ボルドー・ワイン都市は、本来的にはヴィヴ

図21 博物館の見学中なのにスマートフォン操作をしているのと同じ感覚に陥りかねない

図22 見学者が視聴覚以外の感覚を使う唯一の展示が芳香の体験コーナーである

図23 デュブフ村の芳香体験コーナーはデザインこそ素朴だがゲーム感覚で楽しめる

図24 巨大な圧搾機の尺度は実物を前にして初めて感得し驚愕するものではないか

ァンコ財団の方策を公的に拡大踏襲すべきではなかったか。

5-3-6 野心的目的と他の博物館との比較

「ゲーム感覚」との表現があったが、確かにワインの芳香や色を当てるゲームは楽しい。これらは多言語に対応し、とりわけ子供には受けが良い。しかし、それはブラインド・テイスティング（利き酒）でブドウ品種や醸造年を当てるゲームをして、むしろワインの楽しみ方の幅を狭めることにも類似していないだろうか。また、ワイン都市のゲームは規模的にも一日で遊び切る内容で、さらに、このような知性を必要とするゲームは、大衆向けのそれが有する耽溺性や依存性はなく、リピーターを獲得できるか未知数だろう。

ところで、ワイン都市は、公式に年間45万人の入場者、直接雇用250人分、波及雇用500人分、約3,800万ユーロ（約5,000万ドル）の年間収益を目的とすると述べている[68]。そこで、フランスに於ける他のワイン関連博物館と比較してみよう［表7］。

最大の集客力を有するもののひとつは、ボジョレーの帝王と呼ばれるジョルジュ・デュブフが創設したデュブフ村である。博物館もあるが、端的にはワインのテーマ・パークである。年間約10万人の訪問客があり、1993年の開村以来、約200万人が訪れている。その他、

第8章　ワイン観光

表 7：フランスに於けるワイン関連博物館[69]

	博物館名	地方	都市	入場者数
1	ワイン博物館	イル・ドゥ・フランス	パリ	25,500
2	コニャック技術博物館	ポワトゥー＝シャラント	コニャック	13,055
3	メゾン・ドゥ・コニャック（8軒の造り手による共同設置）	〃	〃	103,690
4	ブドウ畑・ワイン博物館	アキテーヌ	ポイヤック	12,125
5	シャトー・ラグルー・ワイン博物館	〃	ポルテ	15,158
6	プラネット・ボルドー	〃	ベイシャック・エ・カイヨー	17,248
7	デュブフ村	ブルゴーニュ	ロマネッシュ・トラン	104,233
8	ブルゴーニュ・ワイン博物館	〃	ボーヌ	27,929
9	ブドウ畑・ワイン博物館	シャンパーニュ	メニル・シュール・オジェール	12,000
10	ポメリー社	〃	ランス	125,000
11	メルシエ社	〃	エペルネ	120,602
12	モエ・エ・シャンドン社	〃	〃	79,827
13	マーム社	〃	ランス	61,000
14	テタンジェ社	〃	〃	51,000
15	ドゥ＝カステランヌ社	〃	エペルネ	26,949
16	ヴィネアの大地	ラングドック＝ルシヨン	ポルテル・デ・コルビエール	55,861
17	ブドウ畑・ワイン・シティ	〃	グリュイッサン	8,855
18	ヴィニュサンス（旧ショターニュの酒蔵）	ローヌ・アルプ	リュフィユー	33,352
19	ボジョレーの泉	〃	ボージュー	20,093
20	ジャイランスの酒蔵	〃	ディー	97,763
21	ワイン博物館等の一連の施設	ロワール渓谷	ルイィ	9,565
22	アンジュ・ワイン博物館	〃	アンジェール	10,238
23	メゾン・デ・サンセール	〃	サンセール	15,530
24	コワントローの広場	〃	アンジェール	11,878
25	ボウヴェ・ラデュベイの酒蔵	〃	サン・イレール＝サン・フロラン	26,385

　2008年の統計で、8軒の造り手を集めたコニャック・メゾン村が約10万人を、シャンパーニュのメルシエ社が約12万人を受け入れている。

　ともあれ、一見して明らかなように、年間入場者数が10万人を超えるものは少ない。対して、ボルドー・ワイン都市は、年間45万人の来訪者を見込む。

　開館数年は達成できるかもしれないが、持続可能な数値だろうか。ヴィジュアル・ソフトの更新に投資が継続的になされれば、リピーターを獲得可能かもしれない。しかし、ワインやワイン観光の商品購買層が限定的であることを勘案すると、ワイン都市の将来は、当局の想定以上に困難かもしれない。

　自動運転自動車が実現すれば、現在では飲酒運転を忌避するためにバス・ツアーに参加している人々も、より自由な自家用車での観光に移行する可能性がある。そうなると、ツアー発着の拠点としての機能も縮小せざるを得ず、この点でも、ワイン都市はプログラムの再考を迫られる蓋然性は少なくない[70]。

6. ワイン観光の逆説

　ここまでの分析からは、いくつかの教訓を引き出すことができる。以下ではそれらを翻案し、いくつかの思い込みに対する逆説の提示から、示唆を探ってゆきたい。

　ワイン観光で最も重要なのは、ワインの質である。これなしには、他がいくら優れていようと客は来ない。ただ、ワインの質は必要条件に過ぎず充分条件ではない。そして、充分条件の筆頭に来るのが、ブドウ畑の景観や伝統的醸造施設である。立派なブティックや試飲室は必ずしも必要ではない。また、ワインを観光の唯一の目的としたり、第一の目的とする観光客は少ない。従って、それ以外に、近隣に歴史的モニュメントや景勝地が存在する等の副次的充分条件が重要になる[71]。

　換言すると、ワイン観光客は、ワインだけではなく、食、さらには文化やレクリエーション等、魅力的な目的地に存在する全てを含む「利益の束」を探し求める真に文化的旅行者である[72]。フランスでの2009年の調査では、通常の観光にワインを組み込んだ観光商品の割合は58％だが、ワイン単独を探訪の対象とするのは10％に過ぎない[73]。

　このように、ワイン観光には、一般的な思い込みとは逆のいくつかの逆説が見られる。ここでは、それを以下の6点に整理して記述する：

　① 主客の動機の逆説：客は購入ではなく産地の「宇宙」を欲している；
　② 建築の逆説：格好の良い試飲室より歴史的酒蔵の方が希求されている；
　③ 目的の逆説：ワインは観光の第一目的にはならない；
　④ 時季の逆説：来て欲しいと思う時季に客は来てくれない；
　⑤ ターゲットの逆説：アルコール厳禁の子供もターゲットにしなければならない；
　⑥ イメージの逆説：アルコール絡みといえども、レジャーだけではなくビジネスの客も取り込まなければならない。

6-1 主客の動機の逆説

6-1-1 購入か試飲か

　ワイン観光客はワイン産地の「宇宙」の訪問を期待しているのであって、ワインの購入を第一義とはしていない[74]。

　フランス観光開発庁（AFIT）は、2004年に『酒蔵でのおもてなしに成功する[75]』と題されたガイドブックを刊行している。そこには「ワインを買ってもらえなくても落胆することはない」との箴言がある。ワインの購入は最優先目的ではないのだから、当然と言えば当然である。

　他方、同書には「良い印象はひとりにしか話さないが、悪い印象は10人に話される」との警告も掲載されている。では、「良い印象」とは何か。無論、案内人の態度や試飲室の清潔感等、様々である。とはいえ、ワイン観光に来ているのだから、ワイン自体の評価が重要なのは明らかである。「案内人の態度は悪かったが、ワインは美味しかった」というコメントと、「案内人の態度は良かったが、ワインはまずかった」というそれでは、どちらが造り手

第8章　ワイン観光　307

の利益になるかは明白である。また、後述の通り、客は専用の試飲室よりも醸造施設で試飲することを好む。

　ともあれ、試飲をさせないことにはワイン観光は成立しない。本書は建築と都市計画の専門書なので、ワイン自体の質向上の方法は論じられない。そこで、試飲のための空間設計に必要な許認可を概観しておきたい。販売ではなく試飲という逆説に気付いたのに、試飲の機会を提供できない可能性がある。具体的には、空間整備と食品営業許可である[76]。

6-1-2　生産か接客か

　空間整備に関しては、ワイナリーの整備は、まずは都市計画法典が制御するところの集団規定を受け、用途地域、建坪率や容積率、あるいは外観といった点で規制を受ける。

　さらに、客を迎える空間は、一般に不特定多数受入施設（ERP）として、単体規定を司る建設・住居法典の規制を受ける[77]。即ち、レストランやカフェ、あるいはホテルと同等の扱いになる。ここまでは、一般の観光施設と同様である。ワイン観光の施設が複雑なのは、客が醸造施設等を見学し、そこで試飲を希望することが多いことである。生産現場は労働法典による規制もあり、そこに客を入れると双方で矛盾が出る蓋然性がある。その矛盾を、醸造と建築双方のコンサルタントの協力で解かなければならない。

　他方の食品営業許可は、試飲に直接的に関わる。多くのブドウ農や造り手はカフェやワイン・バーの経営には無関係で、飲料販売免許を持たない。つまり、料金を取っての試飲は法律違反になる。そこで多くの場合、見学料に試飲料金を含めることでその問題を回避する。見学料を取る方が、客に購入の圧力がかかりにくく、客側も何も買わなくても気まずい気持ちを抱かなくて済む。見学料徴収は双方にとって優れた方策である。

6-2　建築の逆説

6-2-1　無作為という作為

　独立ブドウ農の会発行の『ワイン観光のプロになる[78]』は、小規模農家がワイン観光に乗り出す上で克服すべき法規等を丁寧に説明している。それに拠ると、ワイン観光の内、生産地での時間の約5割は、造り手の訪問や試飲といったワインに直接的に結び付いた行動に充てられる。他方で、ワイン生産に関わる景観や建築、さらには生産地の村落の発見という目的を有する観光客も少なくなく、25％から30％の活動はそれに割かれる[79]。

　上述の『酒蔵でのおもてなしに成功する』とも併せ、本書に対して示唆的なのは、建築重視の態度は全ての場合の万能解ではないということである。

　例えば、試飲専用の空間を整備しても成功するとは限らない。客はむしろ、醸造室で試飲をしたがる。また、訪問用に酒蔵を整備しても、それが地域性を無視した意匠や素材構成だと、客は感心しない[80]。わざわざ醸造元に来ているのに、どこにでもあるワイン・バーのような空間は求められない。

　本書では、現代建築のワイナリーを例示することが多いが、それは国際的著名な建築家

が起用され、格付けの高位にある醸造元の事例が大半であることに留意したい。一般の造り手が、小手先の整備をしても目の肥えた客を満足させられるとは限らない。であれば、伝統的で、その場でしか体験できない空間を見せた方が良い［図25］。

簡単な試飲場所の整備は、シャトー・ローザン・カシーやシャトー・パルメイがテラス

図25 陳腐な現代的空間よりもありのままの伝統的空間の方が客受けがする

席を設置し、シャトー・ダガサックがかつての鳩舎を改造したテイスティング・ルームを整備したのが初期の事例である。また、ワイン関連産業では、樽製造のナダリエ社が見学の受け入れの嚆矢といわれる[81]。それが発展して現代のワイナリーの試飲室がある訳だが、優れた現有資産を放棄してまで、陳腐なワイン・バーは不要なのである。

6-2-2 コスト削減のための現有資産活用

ワイン観光には設備投資や人件費といった様々な投資が必要になる[82]。また、季節変動や景気の影響等のリスクも多い。従って、酒蔵開放は全ての造り手に歓迎されているわけではない。小規模生産者は、それに割くコストに余裕がなく、敬遠する傾向がある[83]。

他方、直接販売は小規模生産者や協同組合の生き残り策のひとつでもある[84]。ボルドー、とりわけ著名シャトーでは、基本的に直接販売はしていないし、したとしても市価と同等とする。世界中に販路を開拓する必要のある造り手は、流通の専門家の仲買なしには生き残れない。それを裏切るような、大幅な値引きをした直接販売はできない。

しかし、小規模生産者は仲買に手数料を抜かれると手許にはさしたる額の売り上げが残るわけでもないから、インターネットでそれを省略し、消費者と直接的に取引することで少しでも多くの利潤を引き出さなければならない。インターネット通信販売も、サイトのデザインや維持管理等に費用がかかるが、小規模ワイナリーにとっては追い風であろう。インターネットがグローバリゼーションを促進する一方で、ローカルなワイナリーを残し味覚の多様性を保全するとしたら、これほどの肯定的背理はあるまい。実際、ワイン観光、バイオワイン、インターネットによる直接販売は、フランスのワインの3大新分野とされる[85]。

ただ、インターネット上での販売競争のため広告費も高額になっている。サン・テミリオンのグラン・クリュ・クラッセのシャトー・ラ・ドミニクでは年間30万ユーロ（ママ）が必要であったという[86]。これは小規模生産者には捻出不可能な額である。また、直接販売は、ワイン1本当たりの利益は高くなるが、追加的投資も必要になる。試飲室の建設や運営、ツ

第8章 ワイン観光 309

アーや特別なイヴェントの企画と開催には資金が必要になる。どうすれば良いのか。

　ひとつの方策は、上述の建築的無作為という作為である。外国の事例を引くと、イタリアのピエモンテでも、ワイン観光のルートにヴィラ（貴族の別荘）群が挿入される。それらは封建制の名残ではなく、むしろ金満銀行家などが建設させたもので、それらがエノテカ（ワインの販売店や酒場）にコンヴァージョンされて、旧態を活かした形で試飲空間やレストランになっている[87]。つまり、無理に試飲室の整備等をせず、ありのままを見せている。

　これは同国のアグロトゥリズモでも看取される考え方である。農家が無理に食事を提供しなくとも、地元のレストランに行ってもらう、つまり食泊分離という発想である[88]。イタリア人は不合理な追加的投資はしない。

　ワイン観光のための酒蔵開放に設備投資の点から躊躇する造り手があるが、醸造施設や旧くからの空間を利用すれば初期投資の削減は可能であろう。

6-3 目的の逆説

　ワイン観光はワインだけでは成立しないが、他に何が必要なのか。フランス観光開発機構の2010年の研究に拠れば、ワインに直接関連することでは、購入や試飲を含む造り手の訪問、ブドウ畑の景観やワイン関連建築の探訪、ワイン関連博物館の訪問、ブドウ農経営の宿での宿泊や食事が挙げられる。他方、ワイン観光に随伴する、あるいはワイン観光が付帯する行動としては、文化財の探訪、フランス料理の食べ歩き、自然の中でのピクニック等が挙げられる[89]。

　そこで、ここでは文化財探訪と美食観光を取り上げてみたい。

6-3-1 ワインと建築的・都市的・景観的文化財

　フランスは文化財の保存状況が良好なので、回遊性を持たせた観光商品の開発が可能である。さらに、単にモニュメントや歴史的街並みを訪問させるのではなく、ワインに関連した歴史的環境が数多く残されていることもフランスの強味である。

　ワインは修道院を中心に生産が確立されたので、それらを結び付けることができる。ブルゴーニュはその典型で、クリュニー会にせよシトー会にせよ様々な修道院が残っているし、ワイン街道を少し外れてヨンヌ県にまで脚を延ばせば世界遺産・ヴェズレーのサント・マドレーヌ大聖堂もある。逆の言い方をすれば、ヴェズレーを訪れる年間80万人の観光客を、ワイン観光に逆流させる方策を考えれば良い。ワイン観光は、特定地域のワインに絞ったテーマ的なものや、歴史的建造物と組み合わされたものの評判が良い。その点、ワインと修道院という視点は、際だって多様で充実したテーマを数多く提供できる[90]。

　シャンパーニュのように、パリから日帰り観光が可能であれば、その客を誘引できる。メルシエ社やポメリー社の見学者が例年10万人を超え、ワイン観光施設の中で上位に入る常連なのは、ランス大聖堂の存在もあり、そのような組み合わせを可能にする距離感の妙にある。

また、スペインのリオハでは、ビルバオのグッゲンハイム美術館や美食都市・サン・セバスティアンとのネットワークにより客が回遊している。建築的・都市的・景観的文化財の探訪ではないが、美術工芸品や無形遺産、さらには現代芸術や美食とのパッケージ化やリンケージも一手段であることの好例である。

6-3-2 美食

　美食とワインの組み合わせは即座に納得できる。ミシュランの旅行ガイドは美食観光のために発明されたのであり、従って、それ自体は目新しくはない。また、第3章で、フランスは美食術の無形遺産、銘醸地の有形遺産、さらには格付けという記憶遺産を連動させていることを見た。これは観光にも適用できる。本書での問いは、美食へのワインの組み込みではなく、美食観光へのワイン観光の組み入れである。

　以下では、世界的銘醸地ではないが、フランス料理の代表的食材であるフォアグラにワインを組み合わせたペリゴール・ノワール地方の事例を見てみたい[91]。

　同地方は、ドルドーニュ県南部の地域で、フォアグラの生産地として有名である。それを遠隔地のレストランで消費させるのではなく、産地で地消させる美食観光を1990年代から開拓してきた。畜産業や農業が売り上げをマージン抜きに手にするだけではなく、旅行業や土産物業も利益を得るため、経済波及効果が相対的に大きい産業形態である。実際、美食観光の客層は企業の管理職や弁護士といった自由業者の社会階層比率が高く、それだけ多額の消費を見込める。また、客の国籍が多様化し、滞在期間が長期化するのも美食観光の特徴で、ペリゴール・ノワール地方では、2000年前後という古い数字だが、フランス人と外国人の比率は各々3割と7割で、平均滞在日数が12日であった。

　同地方は、フォアグラの名産地という知名度が既にあり、1996年には、フランス人の44％が同地方を美食地域として認知していた。また、世界遺産・ラスコー洞窟を初めとする国の指定や登録を受けた歴史的モニュメントや景勝地が350も存在し、パリに次ぐ歴史的環境の濃縮度を誇る。さらに、フォアグラの他、トリュフ、ナッツ、さらにはクリが著名で、1980年代からそれらのラベル化を通じた価値創造を試行してきた。

　そこに付加されたのがワインである。

　ペリゴール地方では19世紀末期から20世紀初頭に、フィロキセラ（ブドウ根アブラムシ）禍によりワイン用ブドウ畑は消滅していた。ところが、美食観光にワインは不可欠であるとの認識から、1990年代にイチゴ等の果物畑をブドウ畑に転作し、さらにそれらを巡る散策ルートも整備してゆく。1993年にドーム国ワイン愛好家協会が結成され、翌年に実験農場を開設したが、それが比較的短期間で拡がり、1997年には零細農家が醸造施設を共有する協同組合が設立されている。

　料理に関しても、客受けするのは地域性の看取できないヌーヴェル・キュイジーヌ（繊細さを売りにした創作的フランス料理）ではなく伝統的家庭料理であることを直視し、「田舎風」「オーセンティック」「自然の」「昔風」というイメージを重視した。これは、試飲空間同様、なまじ

図26 戦災都市ランスには大聖堂はあるものの街並みや美食に欠けるのも弱点である

な現代性や突飛さよりも、現有の優秀資産を活用するに如くはないことの好例である。

6-3-3　回遊性の理論化の難しさ

美食観光とワイン観光の組み合わせ、あるいはボルドーを核として放射状に銘醸地を巡る観光は、端的に言えば回遊性のあるそれということになる。

ただ、回遊性とひと口には言うが、その理論化は難しい。銘醸地や生産者が少なくてもいけないし、それらが過多となってもいけない。適度な数でも、それらを回遊する適切な交通手段が必要になる。ワインのみを単一目的とした観光も困難だから、それと組み合わせる観光要素も不可欠だが、それらとの距離感も重要である。

例えば、ロワール渓谷は世界遺産登録されているが、その中心的構成資産は点在するルネサンス期を中心とした城館群で、シノンやブルグイユといった銘醸地をそれらに組み合わせることが考えられる。しかし、ロワール河流域のシャトー群に対し、同地方の銘醸地はやや距離があり、さらに離散的に所在している。こうなると、観光客は移動の時間や費用を考え、一方に対象を限定せざるを得ない。そこで、公的な観光案内所等が、各施設間を円滑に回遊させるガイドなりプログラムなりを開発する必要性が発生する。

また、シャンパーニュとパリの組み合わせを前述したが、シャンパーニュが最も希求するのは滞在型観光である。そもそもからして長期滞在型のワイン観光は難しい。ヨーロッパでは、自国内や近隣国に対象地を有する場合、週末利用の観光が主流なのである[92]。

しかし、雑駁に言うと、客が現地に一泊するだけで、宿泊費は無論、夕食を外食したりゆっくり土産物を買ったりと、地域経済に与える正の影響が大きい。シャンパーニュでは、パリとの距離感もあって宿泊型のワイン観光が発展せず、他の観光資産といってもランス大聖堂程度なので、いかに客の滞在時間を延ばし、あわよくば宿泊させるかが課題となっている［図26］。今次の世界遺産登録で、そこに文化的景観という資源が再認識されたが、さらに魅力的なコンテンツ開発を進めないと、宿泊型の観光客数は数年で頭打ちになる可能性もある。

また、美食とアルコール観光が上手く連動しない問題はヨーロッパ各国でも見られる[93]。上記のフォアグラのようなインパクトのある食材は、なかなかあるものではない。

6-4 時季の逆説

いずこでも行楽シーズンは主に春から秋までで、その間の長期休暇が繁忙期となる。ワイン観光の時季に関する逆説とは、ワイナリーの作業の繁閑と、観光客のそれの不一致にある。

典型的なのは秋である。格好の行楽シーズンである反面、ワイナリーが最も忙しい季節が秋なのである。客はブドウの収穫を体験し、搾汁や発酵の様子を見学したいのに、ワイナリーでは接客に割く人手がないし、率直に、客は邪魔にもなる。また、春や夏にもジレンマがある。ワイナリーには人手もあり行楽シーズンなのに、観光客はモニュメント観光や避暑、あるいは海洋レジャーに忙しく、銘醸地やワイナリーにまで足を運んでくれない。

6-4-1 イヴェントによる通年化

しばしば言われるように、短期間の繁忙期の黒字で長期間の閑散期の赤字を補填する経営には無理がある。解決策はいくつかあるが、ここではワイン観光の通年化の有力手段であるイヴェント開催の現況を論じる。表8は、ブルゴーニュのイヴェントによる観光の通年化の試行である[94]。

表8：ブルゴーニュ地方のワイン観光の通年化の試み

月	開催地	イヴェント内容
1	ブルゴーニュ各地	ワインの守護聖人・サン・ヴァンサン・トゥールナン祭り
3	コート・ドゥ・ニュイ	コート・ドゥ・ニュイ・ハーフ・マラソン大会
〃	ヨンヌ県	ブドウの花畑ラリー／ブドウ畑街道発見ラリー
〃	ボーヌ／クランジュ地域	ボーヌ・ワインの味覚の美食散歩／クランジュ地域美食散歩
5	コート・ドール	コート・ドール独立ブドウ農協会主催・ブルゴーニュ・エスカルゴ・ラリー
6	シャロン・シュール・セーヌ／コート・シャロネーズ	気球祭り
〃	クロ・ドゥ・ヴージョ	クロ・ドゥ・ヴージョ音楽・ワイン祭り
〃	クリュ・ヴィレ・クレッセ	クリュ・ヴィレ・クレッセの春（ミニ・トレインによる酒蔵巡り）
〃	ムルソー	（ムルソーもロケ地となったコメディ映画）『大進撃』記念・夜間行軍祭り
7	〃	楽聖バッハから酒神バッカスまでの音楽祭
〃	ラドワ・セリニー／コルトン	ラドワ・セリニーの美食散策
夏	各地	ブルゴーニュ・グラン・クリュ音楽祭
10	ポマール	ポマールの秋祭り（家族向けワイン講座やアトラクション）
秋	ムルソー／マコン等	ムルソー収穫ハイキング／ブリュからマコンまでのワインを巡るクラシック・カー・ラリー
11	ボーヌ他	栄光の三日間（オスピス・ドゥ・ボーヌの競売会やクロ・ドゥ・ヴージョの大夕食会）

注目点は、農閑期である冬季に世界的に有名なイヴェントを企画している点である。冬の旅行客の減少はどの観光地にとっても悩みの種だが、ワイン生産者にとっても、せっかく多忙な収穫から醸造作業が一段落したのに、客が少ない現象に悩まされる。ブルゴーニュは、むしろそこを狙った。

第8章　ワイン観光　313

図27 ブルゴーニュの畑は小規模なので家族や知己による手摘収穫が見られる

最も著名なのは「栄光の三日間」と呼ばれる11月のそれと、ワインの守護聖人・サン・ヴァンサンを立てた御輿が街を練り歩く1月のそれであろう。

前者は、まさに仕込みが終わった時季に開催される。オスピス・ドゥ・ボーヌの慈善競売とシャトー・クロ・ドゥ・ヴージョの大夕食会が有名だが、シャトー・ドゥ・ムルソーではポレといわれる昼食会が開催される。ポレとはもともとは収穫祭で、ブドウ畑の所有者が摘み取りに雇われた労働者を労う送別会でもある。フィロキセラ禍以降途絶えていた伝統が1923年に復活し、今日では年中行事になっている。イヴェントという形ではあるものの、それを保存している稀有な例がムルソーのポレで、これもブルゴーニュのワイン生産に刻印された修道会的な精神が底流にあるのかもしれない[95]。

フランスの他の銘醸地でも、かつては所有者が臨時雇いの労働者にご馳走を振る舞う打ち上げの酒盛りが見られた。家族経営が多く、親密な人々に依頼して収穫を行うことの多いブルゴーニュでは、今日でも造り手が臨時の働き手に対し、収穫最終日を祝う慰労会を開催する[96]。映画『プルミエール・クリュ[97]』では、そのような家族経営の造り手の親密なポレが活写されている。ムルソーのポレは、送別会の部分だけを一般の人々に開放したものである。

フランスの銘醸地では、ブドウの扱いを知らない観光客に収穫体験を開放しないので、客寄せにはならないが、慣れた収穫人を確実に確保するためのポレは、同時に世評を操作するための重要な手段にもなっている［図27］。

6-4-2 厳寒期ならではのイヴェント考案

1月の厳寒期にも、ワインの守護聖人サン・ヴァンサン・トゥールナンの祭りという人寄せが考えられている。このイヴェントも、戦前の1938年に始まって、今日ではブルゴーニュの冬の風物詩になっている。それを運営するタストヴァン（利き酒）騎士団は、ワイン街道の設定と同時期の1934年に結成された。ドイツに於けるワイン街道の設置に触発されたもので、このドイツの動きは、ヴェルサイユ条約と世界恐慌により売り上げの落ちたドイツ・ワインの失地回復を目論んだものであった[98]。

冬季の客寄せという点では、外国の特殊な解決策だが、カナダのナイアガラ地区の事例も興味深い。同地区では、ドイツのアイスワイン同様、収穫前のブドウが氷結し、水分の抜けた果実を使うことで糖度の高いワインを生産している。それを利用し、冬季アイスワイ

ン祭りを開催している。しかも、単なるワインの試飲ではなく、例えば発酵樽を転がす競争を取り入れている。暑気の厳しい夏場では受けない持久系スポーツを組み込む等、イヴェントにも幅を持たせる工夫をしている[99]。これは、コート・ドゥ・ニュイのハーフ・マラソン大会にも通じる。

　因みに、イヴェント開催の問題として、ワイナリー単独での開催が難しいという点がある。余程のコンテンツを用意しないと、わざわざそれだけのために観光客は来ないだろうし、ワイナリーにとっても実施費用が重荷になる。ひとつの解決策は、原産地呼称統制（AOC）エリア等の単位で複数のイヴェントを開催して規模の経済を狙う手法である。ブルゴーニュでは、例えば7月第一日曜日に開催されるラドワ・セリニーの美食散策がそれで、3,000人の訪問客が様々な造り手やレストランを訪問して歩く。ブルゴーニュ以外でも、例えば、コニャックでは市が毎年「コニャック・ブルース・パッション」を組織しており、そこから個々の造り手に客が回遊するシステムが構築されている[100]。

6-5 ターゲットの逆説

6-5-1 子供と風土記とワイン

　ワインと子供は、アルコールという点からは背反する組み合わせである。しかし、ボルドーのように家族旅行の客の多い地域では、子供連れが立ち寄ることもあろう。つまり、アルコールが関連するから子供が来ない、あるいは来てはいけないという前提に立つことは、せっかく酒蔵の門戸を開くのに敷居を高いままにしてしまう。つまり、子供向けの展示や、少なくとも彼らを飽きさせず、大人がアルコール観光に集中できる環境整備が不可欠になる[101]。

　教育や観光という視座に立脚すると、子供とワインの関係は深慮に値する。

　教育という視座では、ワインを教えることは、風土の歴史を学ぶ契機を与えることである。ワインで風土記を書ける土地もある。

　例えば、ブルゴーニュの世界遺産登録推進運動の中では、初等教育機関との連携の下、地場産業史としてワイン生産や風土の歴史が教えられた。座学だけではなく体験学習も実施され、例えば使用済みの牛乳パックを利用してカボット（砥石を空積み工法で積んだ農機具・休憩小屋）を造るワークショップ等が行われた[102]。また、同地の世界遺産登録推進協会のウェッブサイトでは、ブルゴーニュのブドウ畑のクリマに特有な景観の写真カードを使い、トランプの神経衰弱ゲームと同じルールで遊べるキットを無料でダウンロードできる[103]。その他、同協会は「子供に語るブルゴーニュ」シリーズの中で『ブルゴーニュのクリマ–ブドウ畑のモザイク』を刊行している。クロスワード・パズルありクイズありの解り易い構成で、クイズの得点次第で「君はブドウ農になれるよ」とか「君は仲買だ」等の工夫もなされている[104]［図28］。

　上記協会に限らず、その母体のブルゴーニュ・ワイン職域横断審議会（BIVB）では、関係者に子供向けのグッズを含んだワインの学習キットを頒布している。同様の取り組みは、ロー

第8章　ワイン観光　315

図28 なぞなぞや言葉遊びでワインの風土記を勉強できる

会も同様である。サン・テミリオンの地下遺構やアンリ4世が所有していたことで歴史的モニュメント（MH）に指定されているシャトー・ドゥ・ヴェイルの見学ツアーの他、AOCポムロールのオリエンテーリングを提案している[105]。

　他方、観光という視座では、ワインと子供の結び付けは、マーケット開拓という点で重要である。無論、子供の頃から酒の味を覚えさせるのが目的ではなく、発酵前の搾汁を題材に繊細な味覚形成を目的とする等の、ワイン観光に惹き付けられる比較的富裕な客層の大人の教育指向を踏まえたものが必要になる。また、ブドウ栽培という園芸学的なアプローチや、その景観保全という都市計画学的な切り口の学習型観光も考えられる。

　前述の通り、知識習得型観光は2014年のフランス外務省の観光刷新策のひとつである。ワイン観光もそうなので、上述の取り組みはまさに最先端の観光形式と言える。

6-5-2 食育観光

　ややもすると衒学趣味に陥るが、ワインは教養を必要とする飲み物である。これは、子供にも有効な食育教材にもなることを意味する。

　ボルドー地方のAOCカディヤックにあるカディヤック・ワインの家は、子供向けに、搾汁の味や香りからブドウ品種を当てさせるクイズや、団体であればブドウ畑を巡るトレッキングの引率を引き受ける等のプログラムを実施している[106]。

　また、シャトー・ドゥ・モンバジャックは、シャトーとは名ばかりのものが圧倒的なボルドーにあって例外的存在で、1550年頃建設された城館建築が、1941年2月20日にMH指定を受けている。1960年に25ヘクタールのブドウ畑共々それを買い取ったのがモンバジャック・ワイン製造協同組合で、そこで生産されたワインの販売と同時に、シャトーの歴史性を売りにしたワイン観光の拠点となっている。歴史あるシャトーでの結婚式の斡旋等を行う他、ワイン講座や周辺のブドウ畑へのトレッキングやレンタサイクルの貸し出し、さら

に、カディヤック・ワインの家同様、子供のための観光商品開発にも力を入れている[107]。そもそも、シャトー自体が建築的文化財に関する格好の教材になる。

ブルゴーニュのニュイ・サン・ジョルジュには、地域の発泡性ワインであるクレマン・ドゥ・ブルゴーニュをテーマとした博物館・イマジナリウムがある［図29］。同館は、畑や生産施設の付近ではなく、あえて鉄道駅と高速道路のインターチェンジ直近に建設することで集客力の向上を狙っている[108]。生産方法の展示や、澱を瓶の口に集めるための動瓶作業の速さを競うゲームがあったりと、産業教育にも力点を置いている。徒歩10分ほどの場所には、フランスを代表するリキュールであるクレーム・ドゥ・カシスをテーマとした博物館・カ

図29 展示室のプレゼンテーションは博物館というよりもゲーム・センターに近い

図30 ただし、双方に入館できるチケットの設定等がなく今後の工夫が待たれる

シシウムも存在する［図30］。キール・ロワイヤルは、本来はシャンパンとカシスで造るカクテルだが、これらを訪れれば、クレマン・ドゥ・ブルゴーニュとクレーム・ドゥ・カシスというブルゴーニュ産品限定のキール・ロワイヤルができることになる。このような、集積の経済を狙った選択と集中も不可欠であろう。

6-5-3 教育者・ジョルジュ・デュブフ

ジョルジュ・デュブフといえば、一般的にはボジョレー・ヌーヴォーを世界に普及させた著名醸造家である。しかし、ここでは彼の教育者としての側面を照射したい。

家族連れは観光業にとって重要な取り込み対象だが、ワイン観光はそれを考慮してこなかった。それを逆手にとったのがデュブフ村である。

デュブフ村はターゲットの絞り込みが明確で、明らかに子供連れの家族を対象としている。そもそも同村は、デュブフが蒸気機関車を購入し、ワインの運搬プロセスを展示したいと考えたことが端緒の博物館である[109]［図31］。しかし、彼の構想は乗り物の静的展示に留まらない、動的なワイン文化の提示であった。そこでデュブフは、米国フロリダ州オーランド

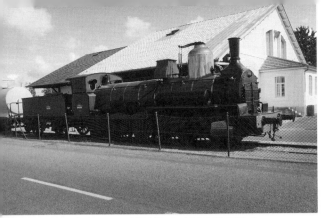

図31　デュブフ村はワインの流通方法にまで展示の幅を拡げている

図32　人形劇はプレゼンテーションは子供向けだが内容は大人でも充分に勉強になる

のディズニー・ワールドを参考にしたという[110]。

デュブフは、さらにウォルト・ディズニーの功績を讃えつつも、娯楽だけではなく教育効果も兼備したテーマ・パークの構築を主眼とした旨を述べる[111]。彼は、単なる醸造家やビジネス・マンではなく、教育者の顔も有するのである。

同村では、ワイン関連プログラムとして、ワイン造りの歴史を見せる人形劇、ブドウ搾汁を使った品種当てクイズ、フランスの著名遊園地・フュチュロ・スコープに製作委託した3次元のボジョレー・ワインの歴史映画、あるいはブドウ畑をミニ機関車で巡るツアーが準備されている［図32］。また、それだけで飽きが来ないように、ワインとは無関係に宝探しゲームやミニ・ゴルフ、あるいは変わった自転車等の乗り物を体験できるコーナーも用意されている。無論、大人は醸造工程の見学や試飲が可能で、周辺のブドウ畑のピクニック・ルートの案内も完備している。子供向けアトラクションや庭園こそ4月から10月までのハイ・シーズンのみの営業だが、村本体とブティックは年中無休というフランスでは考えられない営業体制である。

デュブフ村が子供の取り込みのためのしている工夫は、以下の4点に整理できる[112]：

- アトラクションの幅を拡げる（教育的・娯楽的・美的・夢想的といった様々アクティヴィティ）
- 様々に感覚を刺激する（味覚や嗅覚だけではなく触覚にも訴え、さらにクイズで楽しませる）
- 親子で楽しめる形式にする（親にはワイン、子供にはグレープ・ジュースを提供して体験を共有させる）
- 適切なペースと連続性を考える（子供のペースで考え、さらに飽きさせないための連続性を持たせる）

デュブフ村は平均して年間10万の観光客が訪れるが、75％はフランス人で、しかも大半は3時間の移動圏内に住んでいる。次いで多いのがドイツ人となっている[113]。ウェッブサイ

トやパンフレットはフランス語・ドイツ語・英語である。

　無論、デュブフの真の目的はワインの売り上げの増進だが、デュブフ村は結果としてフランスのワイン生産の風土を教える好機になっているし、五感を通じた食育の場にもなっている［図33］。

6-6 遊びのイメージの逆説

　ワイン観光というと遊びをイメージするが、フランスの取り組みとして興味深いのは、ワイン・コンヴェンションというビジネス観光が発達している点である。ビジネス旅行でも夜は羽根を伸ばすことが多いし、レジャー分を自費負担することでビジネスの出張日程の延長が認可され易い西欧では、コンヴェンション観光客の取り組みは重要な課題である。

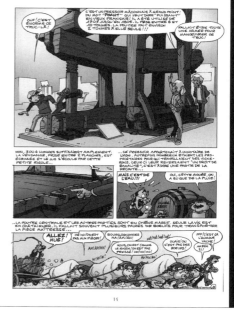

図33 デュブフ村の展示内容を解説するマンガも販売されている

　そもそも、シャンパーニュでは、既に19世紀の時点でシャンパーニュの生産者達は立派な屋敷構えが顧客の購入動機に影響を与えることを看取していた[114]。これは、ボルドーのシャトーも同様である。たとえ当時旅行をすることのできた階層のみを対象としているとはいえ、ワインのビジネス観光は既にその萌芽を見ていた。

　この歴史もあり、フランスではワインに関連する多数の見本市や商談会が開催されている［表9[115]］。件数だけでも全土で年間数十回の見本市が開催されている。コンヴェンションは都市の競争力ランキング等でもしばしば活用される指標だが、フランスのワイン関連のそれの中には貢献度の大きなものが少なくない。共通のデータが揃わずに標準化された形式での集客数を示せないが、プロフェッショナルを対象とした国際的なコンヴェンションの中には多大な集客力を有するものもある。

　ボルドーで隔年開催されるワインエキスポ (Vinexpo) は、2017年は6月18日から21日に開催され、主催者側発表では151ヶ国から48,500人が参加し、取材に訪れたジャーナリストは51ヶ国から1,200人に上る。

　パリでも年2回、市内のヴェルサイユ門コンヴェンション公園で独立系ブドウ農のワイン見本市が開催される。2016年11月のそれには978の造り手のブースが出展され、カルト・ワインを求める個人や小規模な飲食関係者で賑わった［図34］。半ダース単位からの購入が可能なので、入場者の多くは6ユーロの入場料で購入するグラスでの試飲だけに留まらず小分け購入をしている。会場ではそのためのカートも販売されているし、大量購入の客

表９：フランスに於けるワイン関連コンヴェンション一覧

名称	開催地	時期	サイト
自然ワインの見本市	ソミュール	1月	www.dive-bouteille.fr
ワイン・メディア見本市	リヨン	1月	www.vinomedia.fr
独立系ワイン製造者のレンヌ・ワイン見本市	レンヌ	1月	www.vigneron-independant.com
ミレジメ・バイオ	モンペリエ	1月	www.millesime-bio.com
リモージュ・ワイン見本市／美食のシャトー	リモージュ	2月	www.salon-vindefrance.com
南部ワイン市	モンペリエ	2月	www.vinisud.com
独立系ワイン製造者のストラスブール・ワイン見本市	ストラスブール	2月	www.vigneron-independant.com
独立系ワイン製造者のニース・ワイン見本市	ニース	2月	www.vigneron-independant.com
コート・デュ・ローヌ北部ワイン見本市	タン・エルミタージュ	2月	www.tainsalondesvins.com
ロワール・ワイン見本市	アンジェ	2月	www.salon-vindefrance.com
ヴヴレーの味覚とワイン	ヴヴレー	3月	www.vins-vouvray.com
フランス・ワイン見本市	ヴィルバルー	3月	www.salon-villebarou.blogspot.fr/
ブドウ畑のワインの大見本市	ヴァレ	3月	www.expovall.fr/
トゥールのブルグイユ・ワイン見本市	トゥール	3月	www.vinbourgueil.com/
ワインとテロワールの見本市	トゥアール	3月	www.salon-vins-terroirs-thouars.org/
オスピス・ドゥ・ニュイ・サン・ジョルジュの競売	ニュイ・サン・ジョルジュ	3月	www.hospicesdenuits.com/
テロワールのワインと味覚	コルマール	3月	www.vins-saveurs.fr
ヴァール＝プロヴァンス・ワイン見本市	ブリニョル	3月	www.foiredebrignoles.fr
オーセール・ワイン見本市	オーセール	3月	www.salon-vindefrance.com
独立系ワイン製造者のボルドー・ワイン見本市	ボルドー	3月	www.vigneron-independant.com
ブリーヴ・ラ・ガイヤルド・ワイン見本市	ブリーヴ・ラ・ガイヤルド	3月	www.salon-vindefrance.com
独立系ワイン製造者のリヨン・ワイン見本市	リヨン	3月	www.vigneron-independant.com
ブルゴーニュの偉大な日	ブルゴーニュ	3月	www.grands-jours-bourgogne.fr/
トゥーレーヌ＝メラン・ワイン見本市	オンザン	4月	www.vinsvaldeloire.fr
ワイン見本市	マコン	4月	www.concours-salons-vins-macon.com/
シノン・ワイン見本市－エキセントリック祭り	シノン	4月	www.chinon.com
ボジョレー銘醸地祭り	ボジョレー	4月	www.fetedescrus-beaujolais.com/
海産物・ワイン・美食市	パリ	4月	www.mer-et-vigne.fr
サン・テミリオン・オープン・ドア	サン・テミリオン	5月	www.saint-emilion-tourisme.com/
レ・リセー見本市	レ・リセー	5月	www.les-riceys.fr/
ワイン見本市	ゲブヴィレール	5月	www.tourisme-guebwiller.fr
アルマニャック蒸留酒見本市	オーズ	5月	www.tourisme-eauze.fr/
コート・ドゥ・ブール地方オープン・シャトー	ブール・シュール・ジロンド	5月	www.cotes-de-bourg.com
ワインエキスポ	ボルドー	5-6月	www.vinexpo.com/fr
カディヤック・オープン・ドア	カディヤック	5-6月	www.cadillaccotesdebordeaux.com
マイイ・シャンパーニュ美食見本市	マイイ・シャンパーニュ	5-6月	www.ccvcmr.com/tourisme/
『フランス・ワイン』誌見本市	パリ	6月	www.larvf.com

名称	開催地	時期	サイト
ラランド・ドゥ・ポムロール地方オープン・シャトー	ラランド・ドゥ・ポムロール	6月	www.lalande-pomerol.com/
バール地方ワイン見本市	バール	7月	www.foireauxvins-barr.com/
ジエノワ丘陵ワイン見本市	ボニー・シュール・ロワール	7月	www.vins-centre-loire.com
フランス・ワイン・美食見本市	ラ・シャルトル・シュール・ル・ロワール	7月	www.vallee-du-loir.com/
ワイン見本市	リュリ	7月	www.foiresdecorse.com/fiera-di-u-vinu/
ワイン見本市	リボーヴィル	7月	www.ribeauville-riquewihr.com/
ワイン・美食祭り	ソヴテール・ドゥ・ギュイエンヌ	7月	www.sauveterre-de-guyenne.eu/
アルザス・ワイン見本市	コルマール	8月	www.foire-colmar.com
デュラヴェル地方ワイン・産品見本市	デュラヴェル	8月	foireauxvins-duravel.jimdo.com/
ワイン見本市	オベルネ	8月	www.tourisme-obernai.fr/
ワイン見本市	プイイ・シュール・ロワール	8月	www.pouillysurloire.fr/
フランス・ワイン見本市	サンセール	8月	www.tourisme-sancerre.com/
ワイン見本市	ヴヴレー	8月	www.vins-vouvray.com/
グルメ・フード&ワイン・セレクション	パリ	9月	www.gourmet-food-wine.com
フランス・ワイン・醸造学・美食見本市	ベルフォール	9月	www.foire-aux-vins-belfort.fr/
ワイン・チーズ・パン見本市	ランゴン	9月	www.fetes-foires-salons-langon.fr/
ワイン・テック	ボルドー	隔年12月	www.vinitech.fr
美食とワインの見本市	パリ／サン・マロ	10-11月	www.gourmetsetvins.com
国際発泡ワイン技術見本市	エペルネ	10月	www.viteff.com
ブザンソン・ワイン見本市	ブザンソン	10月	www.salon-vindefrance.com
ワイン・ビール見本市	ダンケルク	10月	www.chevaliers-dunkerque.com
フランス・ワイン見本市	ロアンヌ	10月	www.salon-vindefrance.com
フロンサック地方オープン・シャトー	フロンサック	10月	www.vins-fronsac.com/
グラーヴ地方オープン・ドア	グラーヴ	10月	www.vinsdegraves.com/
ブルゴーニュ地方栄光の3日間	ブルゴーニュ	11月	www.beaune-tourisme.fr/
ソーテルヌ＝バルサック地方オープン・ドア	ソーテルヌ	11月	www.sauternes-barsac.com/
ルピアックの美食とフォアグラの日	ルピアック	11月	www.vins-loupiac.com/
ノルマンディー地方のワインとテロワール産品見本市	ルーアン	11月	www.salonvin.com
ワイン・美食見本市	レンヌ	11月	www.salondelagastronomie.fr
独立系ワイン製造者のリール・ワイン見本市	リール	11月	www.vigneron-independant.com
独立系ワイン製造者のランス・ワイン見本市	ランス	11月	www.vigneron-independant.com
ワイン・テロワール見本市	トゥールーズ	11月	www.salon-vins-terroirs-toulouse.com/
独立系ワイン製造者のパリ・ワイン見本市	パリ	11月	www.vigneron-independant.com
ル・グラン・テイスティング	パリ	12月	www.grandtasting.com
週末オープン・ドア	ペサック・レオニャン	12月	www.otmontesquieu.com/
国際ワイン・オリーヴ・果物・野菜生産設備・ノウハウ見本市	モンペリエ	12月	www.sitevi.com
カーヴ・ドゥ・バイイ健啖祭り	サン・ブリ・ル・ヴィニュー	12月	www.caves-bailly.com

図 34 ワイン・バーの経営者等がカルト・ワインを探して試飲と小口の試験購入が可能になっている

向けの宅配サーヴィスも準備されている。駐車場と会場を連絡する無料シャトルバスも運行されている。主催者側の入場者数発表がないのだが、パリでも屈指の見本市会場であるヴェルサイユ門の展示場を借り切っての例年の開催であるから、主催者にとっても出展者にとっても長期的には採算の取れる事業であると推測できる。

その他、従来のワイン観光の要素に加え、近年では「ワイナリー・コンフェランス」という会議ツーリズムも増加している。都市の喧噪から隔絶された、リラックスした雰囲気でビジネスを論じる場としてワイナリーが選択され、ワイナリーの側でもコンフェランス・ルームや会議向けのダイニングを整備する事例が現れ始めている[116]。

7. ワイン観光の問題

ワイン産業に関する前向きな予測として、世界規模でのワイン観光の人気の継続と拡大がある[117]。しかし、ワイン観光に問題がないわけではない。ここでは、そのいくつかを挙げておきたい。

最大の問題のひとつは飲酒運転である。バスでの団体客でもない限り、客は自家用車でワイナリーを訪問する。そもそもアルコールを口に含む機会を与えない、試飲時には必ず吐き出しをさせる、飲んだ場合に備えて代行業者を紹介できるようにしておく、あるいは飲むことを前提に送迎をする等、事業者側の準備も不可欠になる。あるいは、いっそのことブドウ農民宿を展開して夕食時にでも好きなだけ飲ませてやれば良い。

また、静かな環境を観光客が破壊する、いわゆる観光公害の問題も看過できない。銘醸地の世界遺産の中でも、観光公害が最も深刻なのはイタリアのチンクエ・テッレといわれる。同地は、その断崖絶壁が連続する地形からも推断可能なように、ワイン観光にとって理想的な、ワイン以外の自然資産も合わせ持つ観光地である。他方で、その地形的制約からアクセスの手段が限定され、とりわけ公共交通となると、鉄道にほぼ全面的に依拠しなければならない。従って、観光のハイ・シーズンには鉄道ラッシュが顕著で、それが駅周辺の街路に一気に押し出すため、道路交通にも影響が大きい[118]。サン・テミリオンの自動車公害は、第4章に記した通りである。

ナパ・ヴァレーはワイン観光のパイオニアだが、負の副作用抑止のため、土地利用の厳格化やレストランの併設禁止等の都市計画規制を導入している[119]。今後、フランスでもそのような措置が実施されることが予測される反面、自動運転自動車の開発も期待されている。

注

1 ピット、ジャン=ロベール（鳥海基樹訳）：「ガストロノミーと景観」、『approach』（竹中工務店機関誌）、2017年春号、pp.4-6、p.4。

2 LIGNON-DARMAILLAC Sophie, «L'Œnotourisme, redécouverte des valeurs patrimoniales des vignobles historiques, développement des vignobles du nouveau-monde», dans *Revista de Cultura e Turismo*, ano 08 – nº 3 : «Edition spéciale : Vin, patrimoine, tourisme et développement : convergence pour le débat et le développement des vignobles du monde», Outubro 2014, pp. 30-46, pp. 37-38.

3 LIGNON-DARMAILLAC (2009), p. 7

4 THACH and CHARTERS (edited by) (2016), p. 1.

5 *ibidem*, p. 3.

6 CASTAING (2013), p. 5.

7 アトキンソン（2015）、p.51。

8 2013年9月19日のヒアリング時の筆者への指摘。

9 CRTA, *Les Chiffres clés de l'œnotourisme en Aquitaine*, 2010, pp. 9-10.

10 ベルク（2017）。

11 HINKEL (2009), p. 19.

12 筋交いの必要な軸組工法と異なり、木造の壁面を地震に対する耐力壁として利用する構法のこと。

13 以下の記述は、SCHIRMER et VELASCO-GRACIET (2010), p. 71に拠る。

14 RESNICK et ROANY (de) (2014), p. 41.

15 DETHIER (sous la direction de) (1988), p. 10.

16 以下のボルドーの1980年代に関する記述は、DETHIER Jean, «La Modernité : une appellation à contrôler», dans *idem* (sous la direction de), *op.cit.*, pp.165-183を参考にした。

17 VEILLETET et FESSY (1992), p. 73.

18 DETHIER, «La Modernité···», *op.cit.*, p. 181.

19 PERARD Jocelyne et JACQUET Olivier, «Vin et patrimoine : l'exemple du Château du Clos-Vougeot», dans *Revista de Cultura e Turismo*, ano 08 – nº 3, Outubro 2014, pp. 13-29, p. 20.

20 サッチ／マッツ：前掲書、p. 35。

21 Direction régionale de l'environnement de Bourgogne (2000a), p. 11.

22 *ibidem*, p. 43.

23 Atout France (2010), p. 53.

24 CHARTERS Steve et al., «Is good wine enough ? Place, reputation, and wine tourism in Burgundy», dans THACH and CHARTERS (edited by), *op.cit.*, pp. 79-97, pp. 88-89.

25 ただ、PERROY et WYAND (2014), p.146の指摘の通り、家族経営が多いコルトン等の銘醸地では、予約形式で客を整序しないと本業が成立しないのも事実である。一部は輪番制を取り入れているが、醸造と観光の矛盾は解けないままである。

26 LIGNON-DARMAILLAC, *L'Œnotourisme···*, *op.cit.*, pp. 92-93.

27 TARRICQ, «Fréquentation œnotouristique en Aquitaine – Une quantification réussie», dans *Cahiers Espaces*, nº 111: «Vin, vignoble et tourisme», décembre 2011, pp. 75-82, p. 75.

28 その結果は、Atout France (2010) として出版されている。

29 Atout France (2013), p. 19.

30 RESNICK et ROANY (de), *op.cit.*, p. 158.

31 (série Petit Futé) (2016), *Guide de l'œnotourisme 2017…*, p. 8.

32 CESAR (2002), pp. 113-118.

33 POMEL (2006).

34 DUBRULE (2007).

35 *ibidem*, pp. I. 3.1 et suiv..

36 Ministère de l'agriculture et de la pêche (2008).

37 (série Michelin) (2013), *Routes des vignobles en France…*.

38 FAUGUET (2015).

39 ヴィガレロ、ジョルジュ（杉本淑彦訳）：「ツール・ド・フランス」、ピエール・ノラ（編）（谷川稔監訳）：『記憶の場－フランス国民意識の文化=社会史』、第3巻「模索」、東京：岩波書店、pp. 345-387、p. 357＋pp. 384-385。

40 AFIT (2004), p. 77.

41 LIGNON-DARMAILLAC, *L'Œnotourisme en France···*, *op.cit.*, p. 11.

42 SIMMAT (2015), p. 204.

43 LIGNON-DARMAILLAC, *L'Œnotourisme en France···*, *op.cit.*, p. 108.

44 もっと直裁的に書けば、サン・テミリオンが離脱した理由はVITOURへの加盟費用である（PRATS Michèle, «Les Paysages viticoles : une quête d'excellence», dans dans *Revista de Cultura e Turismo*, ano 08 – nº 3, Outubro

2014, pp. 128-149, p.139）。即ち、費用が便益を上回るという判断であった。

45　ヴォーバンはルイ14世治下の城塞包囲攻撃を得意とした軍人で、その反射として優れた築城技術者でもあった。彼の設計した12件の要塞は2008年に世界遺産登録されている。

46　Communauté de communes de la Juridiction de Saint-Emilion (2013), p. 53.

47　PUCCINI Ariane, «Florence Cathiard – L'œnotourisme conquérant», dans (revue) (2015), *Le Festin…*, pp. 26-28, p. 26.

48　SIMMAT, *op.cit.*, pp. 148-150, p. 152 et p. 163.

49　MENARD et CELLARD (2011), pp. 15-16.

50　SAINT VAULRY (de) (2016), p. 35.

51　CAMOU et DUBARRY (2016), p. 132.

52　それぞれ、MENARD et CELLARD, *op.cit.*とSAINT VAULRY (de), *op.cit.*である。

53　SIMMAT, *op.cit.*, p.174 et pp. 180-182.

54　例えば、ボルドー市が地域都市計画プラン（PLU）の改定に際して発行した広報書であるArc en rêve Centre d'architecture (2004) からは、都市計画の中でも明確な位置付けがないことが解る。GODIER, SORBETS et TAPIE (sous la direction de) (2009) は、フランスの都市計画担当省が後援し、リヨンやマルセイユ等の大都市に関して近年の都市計画を論じるシリーズの一巻としてボルドーを扱ったものだが、そこでも全く言及がない。ボルドーは世俗的イメージが強いが、シャルトロン河岸は、カルトゥジア会修道院、即ちシャルトルーズ修道院の記憶を留めている。このような特異な歴史を利用しない手はないはずだが、現時点での活用計画はない。

55　ボルドー大都市圏の都市計画解説書であるLARUE-CHARLUS (coordination) (2009) / *idem* (coordination) (2011) / *idem* (coordination) (2013) でも言及がない。

56　GODFREY Dominique, «CIVB – Au palais du vin», dans *Le Festin…*, *op.cit.*, pp. 54-59.

57　DESPORT Jefferson, «Les Obstinés», dans (revue) (2016), *Terre de vin*, pp. 62-69, p. 64.

58　*ibidem.*

59　SIMMAT, *op.cit.* pp. 148-150, p. 152 et p. 163.

60　ヴィニョー (2016)、p.22。

61　ROZENBAUM (2016b), p. 22.

62　DESPORT, *op.cit.*, p. 67.

63　ヴィニョー：前掲書、pp.23-24.

64　ROZENBAUM, *op.cit.*, p. 90.

65　ヴィニョー：前掲書、pp.43-44.

66　同上、p.69。ただ、ROZENBAUM (2016a), p.13に拠ると、そもそも所蔵品をなくし、ITに依拠した展示の方針を立てたのは、創設に関わったワイン都市財団の意向であった。

67　LIGNON-DARMAILLAC, L'Œnotourisme…», *op.cit.* p. 40.

68　Atout France (2013), *op.cit.*, p. 40 ; CUSIN Julien and PASSEBOIS-DUCROSJ Juliette, «"Toujours Bordeaux!" The creation of a cultural wine center», dans THACH and CHARTERS (edited by), *op.cit.*, pp. 63-78, p. 73.

69　Atout France (2010), *op.cit.*, p. 53より作成。ここには、例えばブルゴーニュのニュイ・サ・・ジョルジュ市にあるイマジナリウムやカシシウム等が掲載されていない。本来であればそれらを網羅すべきであろうが、入場者数の把握ができなかったので本書では割愛した。なお、入場者数は2008年または2009年のものである。

70　実際、2016年の開館時には3名体制でインタラクティヴなツアー紹介端末のあったワイン観光カウンターは、2017年7月現在、1名体制の対人型カウンターに縮小している。

71　Atout France (2013), *op.cit.*, p. 56 et p. 64.

72　サッチ／マッツ：前掲書、p.179。

73　Atout France (2010), *op.cit.*, p. 17.

74　CASTAING, *op.cit.*, p. 23.

75　AFIT, *op.cit.*

76　*ibidem*, p. 56 et p. 60.

77　フランスに於ける歴史的建造物のERP施設としての利用に関しては、鳥海基樹・村上正浩・後藤治・大橋竜太：「フランスに於ける公開文化財建造物の総合的安全計画に関する研究−安全性能規定の体系、公的安全マニュアル、ルーアン大聖堂に於ける検証とモデル化」、『日本建築学会計画系論文集』、Vol.73-No.627、2008年5月、pp.923-930を参照のこと。

78　Vigneron indépendant (2013).

79　*ibidem*, p. 5.

80　AFIT, *op.cit.*, pp. 52-53.

81　GROLLIMUND (2016), p. 37.

82　CASTAING (2007), p. 21.

83　TARRICQ, *op.cit.*, p. 77.

84　LIGNON-DARMAILLAC, L'Œnotourisme…, *op.cit.*, p. 47.

85　BIENAIME (2012), p. 12.

86　SAPORTA (2014), p. 112.

87 DOREL-FERRE Gracia, «Introduction», dans *ibidem* (sous la direction de) (2006), pp. 11-14, p. 14.

88 島村（2013）、p.114。

89 Atout France (2010), *op.cit.*, pp. 35-37..

90 スアード（2011）、pp.30-31。

91 以下の記述は、BESSIERE (2001), p. 189, p. 193, p. 209, pp. 218-219, p. 269を参照した。

92 ANDREW et al. (2015).

93 ETCHEVERRIA Olivier, «Wine tourism and gastronomy», ERIS-ORTIZ et al. (edited by) (2015), pp 161-177.

94 Atout France (2013), *op.cit.*, p. 56 et p. 77. なお、ここに挙げるのは、フランス観光開発機構が把握する比較的著名で集客数の多いものである。小規模であったり招待客のみ参加可能なそれは多数ある。例えば、BIVB (2017) には、各村で開催されるおおよそ全ての公開イヴェントが記載されている。

95 例えば、Communauté de communes de la Juridiction de Saint-Emilion, *op.cit.*, p.61に拠れば、サン・テミリオンではかかる良俗はすっかり見られなくなってしまった。

96 PERROY et WYAND, *op.cit.*, p. 188.

97 LE MAIRE (un film de) (2015). 日本公開時の題名は『ブルゴーニュで会いましょう』である。

98 Bourgogne Tourisme (2008), p. 29.

99 BRAMBLE Linda and CULLEN Carman, «Winter wine festival in Niagara, Canada», dans THACH and CHARTERS (edited by), *op.cit.*, pp. 29-41.

100 ワインとジャズの組み合わせはワイン観光に関わる音楽系イヴェントの定番である。コニャックの事例は公開コンサート群だが、例えばボルドー・メドック第3級のシャトー・パルメでは、上客限定のジャズ・コンサートを開催している。

101 CASTAING (2013), *op.cit.*, p. 82.

102 AICVBPMU, *CVB expliqués aux enfants*, 2014, p. 18.

103 AICVBPMU公式サイト（http://www.climats-bourgogne.com/fr/documents_350.html）［2018年2月1日アクセス確認］

104 AICVBPMU (2012e), p. 20 et p. 24.

105 Office du tourisme et des congrés de Bordeaux Métropole et Gironde Tourisme, *Bordeaux Wine Trip – Les routes du vin de Bordeaux* 2016, p. 38.

106 RESNICK et ROANY (de), *op.cit.*, p. 31.

107 *ibidem*, p. 102.

108 LIGNON-DARMAILLAC, *L'Œnotourisme…*, *op.cit.*, , p. 204.

109 GRISON (1996), p.11.

110 FOUNTAIN and COGNAN-MARIE, «Wine and kids : Making wine tourism work for families in Beaujolais at Hameau Duboeuf», dans THACH and CHARTERS (edited by), *op.cit.*, pp. 213-231, p. 220.

111 DUBŒUF (2016), pppp. 173-174.

112 *ibidem*, pp. 224-227.

113 *ibidem*, p. 223.

114 APC (2014c), p. 96.

115 BIENAIME, *op.cit.*, p.134及び（série Michelin), *Routes des vignobles en France…*, *op.cit.*, , pp.19-20等の情報に拠る。愛好家にも開放されたものか、業者のみを対象とするのか、全ての情報を収集できなかったため、表ではsalonもfoireも「見本市」と訳している。機微としては、salonは専門家中心、foireは祝祭的色彩が強いが、明確な線引きは不可能である。

116 STANWICK and FOWLOW (2010), p. 14.

117 サッチ／マッツ：前掲書、p.321。

118 VITOUR, (2012), p. 17.

119 RESNICK et ROANY (de), *op.cit.*, p. 8.

第 9 章

現代建築のワイナリー

――白馬、電子レンジ、ハイブリッド・ヴァナキュラリズム

1. 現代建築ワイナリー後進国・フランス

1-1 アーキグラムのフランス批判

本章では、現代建築、しかも新築を基本して、前衛的デザインのワイナリーを扱う。リノヴェーション（刷新）やコンヴァージョン（用途転換を伴う刷新）、あるいは旧建築へのアディション（付加）もなくはないし、歴史的建造物と対になって機能するものもある。なので、新築のヴォリュームの大規模性やリノヴェーション部分の対比性等、視覚的インパクトの大きなものを主体とする。

他方、歴史的建造物の修復や再利用は扱わない。むしろ前衛的デザインで新築の現代建築を議論することに比較優位を見出す。

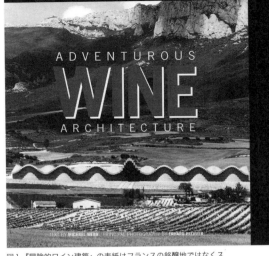

図1 『冒険的ワイン建築』の表紙はフランスの銘醸地ではなくスペインのカラトラヴァ作品である

視点は、そのデザインやインパクトと、ブドウ畑や歴史的建造物との対比であり、そこに屹立しながらも調和を乱さない形象のあり方である。

ただ、前衛的デザインのワイン建築に関し、フランスは先駆者とは言い難い。むしろ、新興国のワイナリーの影響や醸造技術の革新を受け、さらには1990年代の環境規制と2000年前後からのワイン観光の勃興に強制される形で徐々に開花したのが実情である。

傍証を引こう。

マイケル・ウェブというと、1960年代にイギリスで一世を風靡した建築運動・アーキグラムの中心的活動家のひとりだが、彼は2005年にオーストラリアのイメージ・パブリッシング社から『冒険的ワイン建築』という現代建築ワイナリーの集成を出版している［図1］。これは、今日までに、管見の限り20種類近く出版された現代ワイン建築集成の中でも、最初期に出版されたものである[1]。注目したいのは、時期的な先駆性ではなく、掲載された53建築の中にフランスの事例が皆無であることにある。

イギリス人がオーストラリアの出版社から上梓した書籍なので、アングロ・サクソン系の事例に偏重したり、新大陸の案件に力点が置かれる程度であれば首肯できる。しかし、フランスは完全に意図的かつ理論的に等閑視されている。

1-2 歴史への甘え

ウェブは、「バッカスのための建物」と題した序文で以下のように述べている：

―――― フランスのシャトーやドイツのシュロース[2]は賞賛するにやぶさかではないが、どれも住宅として当時の言語で建てられたものである。それらは、ワインが造られるどうでも良い納屋に優美なファサードを取りつけたものだ。このような方法は、生産が限定的で、訪問客もほとんどいない限り、ボルドーやブルゴーニュ、あるいはモーゼルやライン河流域では機能し続けるだろ

う。しかし、ワインはアメリカ全土で、そして世界のほぼ全ての国々で成長しており、真正的なシャトーでは供給不足になる。ワインは、血統書ではなく、現下の質で判断されるもので、だからこそ新たな造り手は伝統的な名前に挑戦を続けているのだ。新たな技術と大規模生産のための革新的施設が必要とされ、また、人々を観光、試飲、そして購買に駆り出す必要性が増大している。挑戦とは、あらゆる要素をひとつの総合体の中に包含することであり、しかもその総合体は部分の単なる加算ではない。それは変化と成長に柔軟性を与え、発酵タンク室から試飲室までの尺度の移行をひとまたぎのものとさせるものである。生産エリアで発酵中のワインから立ち上るアロマは、グラスの中のブーケと同じくらい興奮するものであって、最善のワイナリーは訪問客にそのどちらをも提供するのである[3]。

つまり、著者の主張を換言すれば、フランスには「最善のワイナリー」が存在しない。

無論、ウェブの調査不足への批判は簡単だし、この英国人はあえてフランスを除外したという論難も考えられる。しかし、新興国やスペイン、あるいはイタリアのいくつかの先進地域に比較して、事実としてフランスの現代建築のワイナリーに対する取り組みは遅れていた。

これは、フランスの専門家の見解とも整合する。例えば、ボルドーが所在するアキテーヌ地方圏文化局（DRAC）文化財台帳課の調査官・アラン・ベッシは、ボルドーには19世紀までに確立されたシャトーと発酵室・樽熟成庫[4]の伝統があったため、いくつかの例外を除き、著名建築家といえども2000年代まで歴史的建造物の模倣に甘んじたり、それとの慎ましい共存を課題としてきたと述べる。同調査官は2010年代までボルドーには伝統を打破するワイン建築が出現しなかったとする[5]。

また、ベッシは別稿で、1970年代のステンレス・タンクの導入で、ワイナリーを生産現場としてのみ捉える機能的視点が固定してしまい、ボルドーのシャトーの所有者は標準化された倉庫建築に甘んじたとする。そして、その惰眠の目を覚まさせたのが、ポンピドゥー・センターが1988年に開催した『シャトー・ボルドー』展だとする[6]。

本書は、既に2000年代から始まった新建築の試行を記述するが、それらを主題とする余り、他の圧倒的多数の伝統に甘んじ続ける事例を捨象している。むしろ、アキテーヌ全体を俯瞰したベッシの主張、さらに世界を見渡したウェブの意見の方が、総論として正鵠を射ている。

■-3 ブルゴーニュと反現代建築

では、フランスのワイン建築の革新を遅らせた建築的伝統とは何か。

ブルゴーニュに関しては明らかであろう。

ブルゴーニュは、シトー会を初めとする修道院によるワイン生産という伝統的イメージを、わざわざ現代建築で毀損する必要はない[7]。従って、これまで、そして今後も時代の最先端を行く建築デザインにワインのイメージを重ね合わせることはなかろう。

ブルゴーニュで現代建築のワイナリーの出現がないのには、別の理由もある。同地方での

ワイン観光の開始は1930年代で、フランスでも愛郷運動が盛んであった時期である。フランスの景勝地制度の源泉は1906年法だが、今日の景勝地関連法の原型は1930年法であり、第一次世界大戦後の都市発展や地域開発の中で壊されたり埋もれたりしてゆく郷土の風土の保護が主眼にあった。

ブルゴーニュではその流れの中、貴族的、あるいはブルジョワ的源流を有するボルドーとは対照的に、修道院に源泉を有し、農民主体のワインのイメージを造り上げていった。これは20世紀前半の愛郷の潮流の中で、パリやディジョンの都市的知識人達が構築した神話なのだが[8]、神話ゆえの絶対性が生まれ、今日でも都市的嗜好が忌避される。かくなる土壌は、ブルゴーニュで前衛的ワイナリーが誕生する基礎を形成しない。

現代建築のワイナリーが実現困難なのは、他でも同様である。

フランスでは、醸造施設やブドウ農の建物形態や配置に関して地方色が豊かである[9]。

ボルドーのシャトーは醸造施設として真っ先に連想されるもののひとつであろうが、その形態や配置はむしろ例外的である。それは三重の意味に於いてで、まず、そのモニュメンタリティは他の地域では見られないし、次に、ボルドーのように醸造施設がブドウ畑のそこここに散在することも珍しく、さらに、ブドウ農はブドウ農でワイナリーとは別の集落に集住している。

対して、例えばブルゴーニュではブドウ農が住居兼醸造施設で少量のワインを生産しており、建物は散在するが意匠は至って慎ましい。シャンパーニュでは醸造施設はメゾンとしてモニュメンタルだが、ランスのサン・ニケーズ丘陵やエペルネのシャンパーニュ大通りに集中し、他方でブドウ農は集落に集住する。一方、ボジョレーにもシャトーがあるが、ブドウ農の建物がその近辺に配されるし、プロヴァンスやラングドック・ルシヨンでは、集落に集住するブドウ農がそこに醸造施設を協同組合の形式で所有していたりする。

となると、フランスで現代建築のワイナリーを期待可能なのは、歴史的に見ると実質的にボルドーだけとなる。そこで、本章では基本的に考察をボルドーに絞ろう。

2. シャトーと伝統

2-1 シャトーの発明

しかし、そのボルドーですらウェブやベッシの指摘の通りなのである。

では、ボルドーの遅れの原因は何か。

それに関しては、「シャトー」の歴史を論じる必要がある［図2］。つまり、ワイン建築のあり方は、いつ頃から考究の対象になってきたのであろうか。

起源はおよそ16世紀に遡る。ボルドーのワイン関連建築で初めてシャトーと名の付くものが建設されたのは、1525年から建造されたシャトー・オー・ブリオンである。

ボルドー直近のオー・ブリオンの土地を入手したボルドー政庁の有力家系にあったジャン・ドゥ＝ポンタックは、ワインの生産と英国への売り込みのため、豪邸建設が不可欠との判断に至った。そのため石工頭のジャン・シュミナードを起用し、切石と装飾を用い、当時の

330 第3編

貴顕の邸宅に典型のスレート葺きの高い急勾配屋根や、かつての封建領主の館を彷彿とさせる建物の角に物見櫓を持った邸館を建設させてシャトーを名乗った。1545年には同様にボルドー政庁高官のアルノー・ドゥ=レストナックが、ボルドー直近にシャトーを建設させ、ここにワイナリーをシャトーと命名する建築の原点が築かれた[10]。

図2 19世紀初頭にルイ・コンプ設計で建築されたシャトー・マルゴーはその精華といえる

かくのごとく、ボルドーのシャトーは、原点からしてマーケティングの媒体である。本来的にはシャトーとは城のことである。それが、とりわけルネサンス以降は封建領主の住まいを意味するようになった。しかし、ボルドーのシャトーは住まいですらない。造り手の住まいは別の場所にもっと慎ましい意匠や造りで建設されており、シャトーは純粋にワインの生産や販売のためのものである。高価な買い物をさせるためには相応のイメージを伝達する必要があり、建築はそれに最適なのであった[11]。

2-2 19世紀と混乱の時代

18世紀、ボルドーのブルジョワはブドウ畑を購入すると、次は競って官職を購入して爵位を入手し、いわゆるシャトーを建てた[12]。上述の通り、商売のためである。19世紀になるとボルドーの年鑑には装飾図案入りのものが増加し、ボトルで売る場合にはラベルによる身元保証が必要であった。

そこで、建築家に設計が依頼され、中世の城に似せたり古典主義様式を取り込んだ城館・邸館建築が建設された。シャトー名には、村や集落、地形等に由来する地名が付けられることが多かったが、植物（オーク (chêne)、松 (pin)）や建物（十字架 (croix)、風車 (moulin)、礼拝堂 (chapelle)）の名を取ったり、おいしい空気 (bel air)、美しき滞在 (beau séjour)、景勝地 (beau site)、豪邸 (bon manoir)、快晴 (bon soleil) 等の言語論的な刷り込みを狙ったものもあった。有形の建築と無形の名称の両者でマーケティングを進めたので

図3 パルメは小塔の扱いを得意としたビュルゲの典型的かつ代表的作品である

第9章 現代建築のワイナリー 331

図4 コス・デストゥルネルはインドの仏教寺院を想起させる形象で意匠されている

図5 マルゴー村役場も19世紀にワインがもたらした富の産物である

ある。

　ともあれ、ボルドーでのシャトーの乱立は19世紀中盤である。1851年にポイヤック地区でピション・ラランドのシャトーがシャルル・ビュルゲ設計で立ち上がると、このボルドーの人気建築家は、向かいのピション・ロングヴィルやマルゴーのパルメといったワイナリーのシャトーの設計も受注していった［図3］。

　ビュルゲはルネサンス的な小塔を特徴としたが、折衷主義が幅を利かす当時、施主の意向を受けて様式は百花繚乱であった。シャトー・ラベゴルスは新古典主義、シャトー・ボーモンはルネサンス風といった具合である。顧客を意識した様式選択も少なくなく、英国市場を狙うシャトー・グルナドは、破風を正面に見せた16世紀の英国貴族の田舎の領地の邸館をイメージさせている。シャトー・コス・デストゥルネルには東洋の仏塔を思わせる塔が聳え、インド風の変わった門がある［図4］。所有者のルイ＝ガスパール・デストゥルネルが、インド駐留の英国軍将校を顧客とし、にわか景気に湧く英領インドでの市場の売り上げ増加を狙った。

　他方、シャトーを専門に手掛ける建築家も出現し、デュフォ親子、エルネスト・マンヴィエル、あるいはルイ＝ミッシェル・ガロスが頭角を現していった[13]。

　なお、失念されがちだが、19世紀はワイナリーだけではなく、ブドウ農やワイン製造に関わる労働者も潤った時代である。現在、ボルドー近辺で統一的景観を見せる街並みや、立派な役場や教会を有する集落の多くは、この時代の産物になる［図5］。前章でも触れたが、現代のワイン観光客の銘醸地訪問の目的の内、ボルドー地域では村落探訪は上位にある。その基礎は、19世紀に形成されていた。

　無論、別格は中心都市・ボルドーである。ヒュー・ジョンソンに言わせると、おそらくボルドーほど、繁栄する都市の気風を、建築という形で非の打ち所なく表現した都市はない。

中心市街地から離れた下層民の住宅でさえ切石で建設され、装飾ではなく均整や調和によって美的に整備されている様相は、ワインのもたらした富の大きさを語って余りある[14]。

2-3 伝統の重みと建築的保守主義

シャトーをワイナリー名に冠することは規制がなく、19世紀中盤に10軒から20軒だったものが、1874年には700軒、1893年には1,300軒、今日では4,000軒を超えている[15]。

戦前までにボルドーの自称シャトーは約1,400件を数えていたが、1942年4月17日の政令は、シャトーとは、「1919年5月6日の法律が規定する地域的、合法的及び恒常的な意味と用法に合致し、当該呼称が至って長期に亘り知られている、特定のクリュや画定されたブドウ畑」に結び付くものと定義した。ただ、これでは曖昧に過ぎ、当然ながら即座に、「判例に拠れば、『シャトー』なる表現は、規模不問で、帰属の明確な建物を備えた、あらゆる特定の造り手に由来するワインに適用可能」とされた[16]。

従って、ある者が畑の周辺に醸造所を持ち、自らブドウを栽培してワインを醸造し、瓶詰めする場合、そのワインに「シャトー」の名を冠することができる[17]。今日では、少なくとも3分の2のシャトーは城館や邸館を有さない。協同組合の醸造所で製造されたものすら、シャトーを名乗っても問題とされない。

このシャトーの伝統が、ボルドーでの、そしてフランス全体での建築的保守主義を醸成する。これは、技術への進取の気性とは対照的な現象である。象徴的事例を引こう。

自社瓶詰めの先鞭を付けたのはシャトー・ムートン・ロートシルトで、1924年のことである。そのために瓶詰め施設が必要になり、劇場建築で著名なシャルル・シクリスが建築家として指名された。彼の設計した劇場のいくつかはフィリップ・ドゥ=ロートシルトのメセナで建設されており、その縁でシクリスは史上初めて意匠も考慮された自社瓶詰め施設を設計した。この時代は、技術革新と建築のそれが併行している。

そして2005年、数代を経たフィリピーヌ・ドゥ=ロートシルトが当主になり、約80年前の施設のリノヴェーションが進められた。しかし、起用されたのは、建築家ではなく舞台芸術家のリシャール・ペドゥージである。フィリピーヌがペドゥージの舞台道具や背景の設計を覚えていて、建物の設計というよりも演出を要請した。従って、外観は完全に保存され、内部の計画と意匠のみがデザインされた[18]。そのインテリアとてかなり控え目で慎ましく、伝統に比重が置かれている。

つまり、21世紀に入ってすら、かくも著名なワイナリーですら伝統を前にデザインの前衛性が萎縮してしまう。その意味で、アーキグラムのフランス批判は正鵠を射ている。

3. スペインとカリフォルニアという先駆者

3-1 シャトーかカテドラルか

ボルドーでは、なぜワイナリーが機能性重視の営農施設に留まらず、絢爛なシャトーの様相をまとったのかという文明論的考察は、とても興味深い。

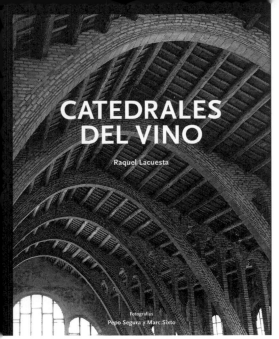

図6 『ワインの大聖堂』は表紙だけだとカタロニア的放物線の身廊を持つ教会建築の写真集に見える

本格的なワイナリー経営が法服貴族により着手されたので、そこから世俗的邸館をイメージさせるシャトーが発生したと考えるのが無難であろう。あるいは、イギリス国教会の支配する英国、そしてプロテスタントの支配的なオランダからの移民がワイン産業に関係したボルドーでは、カトリックと異なり、世俗建物を宗教建築と同等かそれ以上に位置付ける素地があり、それがボルドーのシャトーの意匠にも影響を及ぼしたとも考えられなくもない。

ただ、これは今後の課題とし、むしろ概観しておきたいのは、ワイナリーをカテドラルとして建設したスペイン、中でもカタロニア地方である。

スペイン語でワイン醸造所はボデガス（bodegas）というが、その語源はラテン語の apotheca で、同じ語源から仏語のブティック（boutique）等も派生していることからも解るように、つまりは倉庫や商店を指す。即ち、ボデガスを直訳すれば、ワイン用の貯蔵庫や店舗で、宗教的要素は看取できない。ところが、19世紀後半以降のボデガスは、とりわけその平面計画やファサードから、キリスト教の教会をイメージさせるのである。なぜか。

フランスに於いてフィロキセラ（ブドウ根アブラムシ）の虫害の猛威が本格化した19世紀後半は、スペイン・ワインの黄金時代であった。自国でのワイン生産が激減したフランスは、その不足分の供給をスペインに依存したためである。ところが、スペインにもフィロキセラが侵攻し、同世紀末期には多くの産地がその災禍を被る。

スペインでは1887年に非営利社団に関する法律が制定されているが、同法を契機に農業関連の協同組合が多く創設された[19]。ワインに関しても、フィロキセラ禍に零細農民が協働して対処するという目的の下、協同組合を結成して生産する事例が多く見られた。とりわけ1910年代から1930年代にかけて多くの組合醸造所が建設されている。

ラケスタ・ラケルの『ワインの大聖堂』は、それらをまとめ、2009年にカタロニア芸術文化財コレクション第16巻として出版された集成である［図6］。同書には64軒の歴史的ボデガスが掲載されているが、その多くで顕著なのは、建築計画である。

工業時代にあって当然なことに、それらは「ワインのための工場」というスローガンで建設されている。しかし、平面計画とそれを反映したファサードは、教会そのものである。これは、同地方のワイン製造業者が小規模で、協同組合を形成して醸造を営んだ影響と考えら

れる。カトリックの協働の精神と、ワイン製造の共同性が重合され、ワインの大聖堂が誕生した。

3-2 フランスのワインのカテドラル

多くのワインのカテドラルでは、平面は中央の身廊を挟んで両側に側廊が設置され、身廊が動線となって側廊の醸造タンクにアクセスする。また、カタロニアのモデルニスモに典型的で、当時盛んに採用された放物線アーチがレンガで建設され、数理的で躍動的な空間を構成する。それらを反射したファサードは、尖塔や鐘楼を持たないやや鈍重な教会の様相を呈する。

1903年にカタロニア・モデルニスモの三銃士といわれるジョゼップ・プッチ・イ・カダファルクが設計したサン・サドゥルニ・ダノヤ村のボデガ・ドゥ・コドルニウはその典型だし、1918年にセサール・マルティネル・イ・ブルネッが設計したボデガ・ドゥ・ピネル・ドゥ・ブライは、換気塔が教会の身廊と交差廊の上部に聳える鐘楼のごときイメージを与え、まるで教会である[20]。マルティネルは生涯に約40軒のボデガスを建設しており、多くが教会と同様の建築的構成を取る[図7]。

ところで、フランスにも協同組合のワイン生産施設があるし、その建築で知られる建築家がいる。ポール・

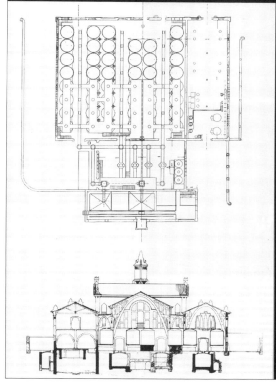

図7 イ・ブルネッ設計のピネル・ドゥ・ブライ農業協同組合醸造所の平面と断面

図8 ブレスのワイナリー建築では彫刻の綿密なスタディが行われ、それもカテドラルとの親近性を醸し出している

ブレスは、リヨンでエンジニア教育の課程を修了後に建築家として活動したが、1934年にフロランサック協同組合醸造所を設計したのを皮切りに、1973年に事務所を閉所するまでにエロー県で32軒の協同組合醸造所を建設している。いずれも顕著なデザインとは言い難く、建築史的な評価も高くはないが、単一の建築家が限定された地方で専門的にワイン建築に専従した好例と言える。そして、カタロニアの協同組合のボデガスのように、いくつかがキリスト教会の平面構成を取っている。モニュメンタルな三角破風を持つファサード等、立面もあたかもカテドラルである[21][図8]。推論に過ぎないが、南仏のカトリック信仰の濃厚な土地で、協働の精神が発現した結果かもしれない[22]。あるいは、近接するカタロニアの影響を受けたのかもしれないと書くと、ファンタジーが過ぎようか。

　ともあれ、そもそも協同組合を構成しての醸造が時代に沿わないものとなってきた上に、上述の通り慎ましいデザインであることもあり、フランスのワインのカテドラルは、保護の網が掛けられないままになっている。即ち、多くは早晩の取り壊しは忌避不可能な状態にある[23]。

3-3 リオハの先鞭とネットワーク化

　その後のスペインのワイン建築はどのような変遷を辿ったのか。

　スペイン・ワインは、長い間、テーブル・ワインの位置付けを甘受してきた。それを変貌させたのが、1975年の民主化後の外国資本の流入や、1982年の欧州共同体（EC）加盟で受領した補助金による高品質化の流れである。興味深いのは、ヨーロッパのみならず世界的に見ても、現代建築のワイナリーという革新は、1980年代のスペインで始まったことにある。

　カタロニア地方のワイナリーであるトーレス社やコドルニウ社が、樽熟成庫の建築で先鞭を付けた。また、リオハ地方では、サンチアゴ・カラトラヴァ設計のボデガ・イシオス［図1］やフランク・ゲーリー設計のマルケス・デ・リスカルが建設された。後にボルドーの現代ワイン建築で名を馳せるベルナール・マジエールもヴィーニャ・レアルを設計している。へスス・マンサナーレス設計のボデガス・エナテやハメイ・ガステル設計のセニョリオ・デ・オタズもパイオニア的事例と言えよう。

　因みに、ゲーリー設計のマルケス・デ・リスカルの竣工式典には、スペイン国王が臨席している[24]。国家としてもワイン建築の革新を重視していることの象徴とも言えよう。2010年にバルセロナで刊行された『ワインの建築—スペインのボデガス』は、スペイン観光庁の支援で上梓されたものだが、表紙をリスカルが飾っているのもその傍証である［図9］。そこでは観光の誘因としての現代ボデガスという考え方、しかもイギリス人観光客を意識した内容であることが記述される[25]。

　ところで、現代ボデガスにはカテドラルのイメージはもはや見られず、むしろゲーリーやカラトラヴァの活躍が象徴するように、跳躍性という形象で括るべき作品群となっている。

　そして、この躍動感は、観光のネットワーク化という側面にも表れる。

　上述の通り、マルケス・ド・リスカルは現代建築ワイナリーの先駆的事例だが、リスカル

はさらにホテル事業に関してスターウッド・グループ、スパ運営に関してボルドーの高級ワイン・リゾートのコーダリー・グループとパートナーシップを結んでおり、リオハのみならずスペインの高級ワイン観光の先駆者にして最高位にある。無論、収益還元を厳格に計算した投資判断が背景にあるのだろうが、その建設・設備投資は7,000万ユーロに上るといわれる[26]。この強気の投資の背景のひとつに、ビルバオ・グッゲンハイム美術館との建築的・時期的・地理的近接性という利点があった。

建築的近接性は議論の余地はない。両者は共にゲーリーの作品で、その躍動的外観は、新興銘醸地でも衰退工業都市でも地域のアイコンとして屹立する［図10］。

時期的には、グッゲンハイムの開館が1997年であるのに対し、リスカルは2006年竣工である。即ち、グッゲンハイムの名声が確立された時点でリスカルは立ち上がっている。

地理的には、ビルバオからリオハへは、自動車で2時間弱の移動で訪問可能である。つまり、ビルバオを拠点に、リスカルを中心としたリオハのワイン観光プログラムが立案容易である。また、美食で著名なサン・セバスティアンも、ビルバオからもリオハからも自動車で2時間強の場所にある。サン・セバスティアンは2016年の欧州文化首都でもあった[27]。

図9　リスカルはスペイン観光庁肝煎りの書籍『ワインの建築―スペインのボデガス』で代表例として表紙を飾る

図10　ゲーリー特有の躍動的建築がワイナリーと美術館をイメージ上でも連接させる

リスカルの成功は、他のワイナリーも刺激して集積の経済や規模の経済につながる。カラトラヴァ設計のイシオスやマジエール設計のレアルのみならず、イニャーキ・アスピアソーのボデガ・バイゴリ等の建設は、民間による自然発生的ネットワーク形成の好例と言えよう。

第9章　現代建築のワイナリー　337

3-4 正統性の顕示とワイン建築

米国カリフォルニア州のナパ・ヴァレーもまたワイナリー回遊型観光の先駆者である。これは、建築に関しても言え、スペインと並ぶ現代建築のワイナリーの発祥の地と言える。

フランスでシャトーやメゾンといった伝統的ワイナリーを保守してきた人々と、ナパでロバート・モンダヴィや彼に続いてワイナリーを革新した人々との発想の差異は、発酵室や樽熟成庫を初めとする生産工程の公開の可否にある[28]。

ワイン生産者が建築に託すイメージには、ひとつはブランドの誇示があり、ひとつには正統性の顕示がある。

フランスでは前者が優勢である。生産者が建築に対して多額の投資をしてきたのは、富裕層、つまり19世紀であれば貴族やブルジョワを誘惑したいからであった。イメージが全てで、生産過程は不問であり、ワイナリーの雰囲気が重要であった。従って、シャトーやメゾンには立派な設えの応接室やサロン、そして食堂があり、そこで客はゆっくりとワインを賞味した。いざ購入となっても、単位は数十本、数百本、さらに業者相手であれば数千本、数万本になるのだから、食後酒をサロンで楽しみつつ、座ったまま契約書に署名できる環境が必要であった。

他方、カリフォルニアでは後者が重要であった。後発者として、自分達のワイン生産の正統性を証明する必要がある。ヨーロッパに比較して清潔な発酵室、管理の行き届いた樽熟成庫、そして無駄のない瓶詰め工程を、消費者や投資家に見せなければならない。そして、どうせ見せるのであれば、そのまま観光施設としてしまうのは当然の発想である。いくつかのワイナリーを回遊する客のため、短時間で一杯を楽しめる試飲室や、1本から購入可能なブティックを併設する。あるいは、所有者が大口の顧客を接待するサロンではなく、客自身が自腹で食事とワインの双方を楽しめるレストランや、場合によってはホテルを整備する者も出てこよう。それに美術や音楽の鑑賞、果てはエステやセラピーを相伴させるアイデアも生まれてこよう。かくして確立されたのが、アメリカのワイン建築とワイン観光である。

3-5 「ワイナリーのショーケース化」から「ワインスケープのショーケース化」へ

冒頭で引いたウェブは、現代建築のワイナリーは、新規参入者が注目を浴びるために尽くすあらゆる手段の内のひとつであると述べる。現代の眼で見ると歴史的建造物でも、建設当時は当代の前衛的建築で、それがワインを嗜む階層の注目を浴びたものである。今も昔も富裕層の建築的審美眼に訴えることに変わりはない。

ただ、ウェブは現代ワイナリーと旧来のそれを差別化する概念として、「ワイナリーのショーケース化」という考え方を提示している。即ち、見学ツアー、試飲、さらにはアートとエンターテイメントの提供等から構成される新たなワイナリーの在り方である。今日、博物館で重要とされる機能は美術品展示だけではなくレストランやミュージアム・ショップであるように、ワイナリーのそれも、醸造施設に加え、レストランやミュージアム、コンサー

ト・ホールや料理教室、そしてブティックになりつつある。そして、博物館建築に著名建築家が起用されるように、ワイナリーでも有名建築家が招聘される[29]。

　インターネットを通じてイメージは簡単に全世界に拡散するし、ワイン観光の発展で現地を訪問する客も増加している。その中で、個別的にはシャトーをリノヴェーションし、ショーケース化することが、ワイン・ビジネスの中で重要性を有するに至っている。

　さらに本書の文脈に照応させると、「ワインスケープのショーケース化」を提唱できよう。ワイナリーがショーケース化されると、今度は周囲のワインスケープがそのショーケースになる入れ子構造である。ワインスケープは面的に広範なので、あるワイナリーの新建築の質が低いと、別のそれのショーケースを台無しにする蓋然性がある。経済学で言う外部不経済の発生であり、その防止のための規制が正当化される。具体的には、文化財保護や都市計画のシステムであり、これこそ本書を貫通するテーマに他ならない。

4. ボルドーの覚醒

4-1 美術の前衛性と建築の保守性

　ジャン=ロベール・ピットは、ブルゴーニュの生産者に比較してボルドーのそれは教養高く美術に対する嗜好が顕著であるとする[30]。しかし、ボルドーで不思議なのは、美術に関しては前衛性を指向しながら、建築に関しては保守的であったことである。

　例えば、戦間期にシャトー・ムートン・ロートシルトが先鞭を付けた現代芸術によるイメージ戦略がある。1924年に初めて芸術家にデザインが発注されたラベルは、第二次世界大戦後に著名アーティストへの依頼が定例化され、1970年のシャガール、1973年のピカソ、あるいは1993年のバルテュスのように、ワインの出来と同じ位、その作品が話題となる。また、ムートンに限らず、多数のシャトーが多くの美術品を購入・展示してきた。ワインは液体と同時にイメージを飲むもので、美術品はワインに付加価値をもたらすコミュニケーションの手段であった。

　このように、古典的デザインのシャトーは、同じ古典的デザインの美術品で伝統を披瀝したり、現代芸術作品で時代の最先端にあることを強調してきた[31]。しかし、それに反し、建築に関しては保守的なままであった。

　ところが、1990年代に入ると、古典的意匠のシャトーを保存しながら、発酵室や樽熟成庫を現代建築として、しかも著名な建築家に依頼して設計する事例が発現する［表1］。これは、企業買収によるイメージの刷新、醸造技術の発展と生産の質の向上の対応、あるいは衛生性や品質管理などの意識の萌芽といった様々な潮流の合流点にある。

　興味深いのは、かくなる現代建築や前衛芸術への嗜好が、景観というさらに広範囲の環境に拡張してゆくことである。最新技術で構築された醸造環境を有するだけではなく、それが景観を破壊することなく屹立することが、ワイナリーのイメージをコミュニュケートとする手段として最適と判断される。

第9章　現代建築のワイナリー　339

表1：顕著な現代的デザインで建築されたシャトー一覧

シャトー名	建築家	整備内容	AOC	竣工年
シャトー・ラフィット・ロートシルト	リカルド・ボフィル	地下樽熟成室	ポイヤック	1987
シャトー・ダルサック	パトリック・エルナンデス	発酵室・樽熟成庫	マルゴー	1990
ドメーヌ・アンリ・マルタン	アラン・トリオー	樽熟成庫（第1期）から発酵室（第4期）まで	サン・ジュリアン	1991-2015
シャトー・ランシュ・バージュ	ジャン・ドゥ＝ガスティン＋パトリック・ディロン	製品保管倉庫	×（場所はポイヤック）	1992
シャトー・ピション・ロングヴィル・バロン	ジャン・ドゥ＝ガスティン＋パトリック・ディロン	発酵室・樽熟成庫	ポイヤック	1993
シャトー・オー・セルヴ	シルヴァン・ドゥビュイッソン	発酵室・樽熟成庫	グラーヴ	1996
シャトー・ラトゥール・ドゥ・ベッサン	ヴァンサン・ドゥフォ＝デュ＝ロー	発酵室・樽熟成庫	カントナック	2000
シャトー・コス・デストゥルネル	ジャン＝ミッシェル・ヴィルモット	発酵室・樽熟成庫	サン・テステフ	2008
シャトー・フォジェール	マリオ・ボッタ	発酵室・樽熟成庫	サン・テミリオン	2009
シェ・バランド＆ムヌレ	パトリック・バッジオ＋アンヌ・ピエショー	製品保管倉庫	×（場所はリュドン・メドック）	2010
シャトー・シュヴァル・ブラン	クリスチャン・ドゥ＝ポルザンパルク	発酵室・樽熟成庫	サン・テミリオン	2011
シャトー・スタール	ファビアン・ペドラボルド	シャトー全般	サン・テミリオン	2011
シャトー・タルボ	ポール・ネラック	樽熟成庫	サン・ジュリアン	2011
シャトー・パヴィ	アルベルト・ピント	インテリア	サン・テミリオン	2013
シャトー・ピション・ロングヴィル・コンテス・ドゥ・ラランド	フィリップ・デュコ	発酵室・樽熟成庫	ポイヤック	2013
シャトー・ムートン・ロートシルト	リシャール・ペドゥージ	発酵室	ポイヤック	2013
シャトー・モンローズ	ベルナール・マジエール	樽熟成室	サン・テステフ	2013
シャトー・アンジェリュス	アルノー・ブラン	樽熟成室	サン・テミリオン	2014
シャトー・グリュオー・ラローズ	ジャン＝フィリップ・ラノワール＋ソフィー・クリアン	テイスティング・ルーム／ブティック	サン・ジュリアン	2014
シャトー・ペトリュス	ベルナール・マジエール	樽熟成室	ポムロール	2014
シャトー・ラ・ドミニク	ジャン・ヌーヴェル	発酵室・樽熟成庫・レストラン	サン・テミリオン	2014
シャトー・ペデスクロー	ジャン＝ミッシェル・ヴィルモット	発酵室・樽熟成庫	ポイヤック	2015
シャトー・マルキ・ダレム	ファビアン・ペドラボルド	発酵室・樽熟成庫	マルゴー	2015
シャトー・マルゴー	ノーマン・フォスター	発酵室	マルゴー	2015
シャトー・レ・カルム・オー・ブリオン	フィリップ・スタルク＋リュック・アルセーヌ＝ヘンリー	発酵室・樽熟成庫	ペッサク・レオニャン	2015
シャトー・ラ・グラス＝デュー・デ・プリウール	ジャン・ヌーヴェル	発酵室・樽熟成庫	サン・テミリオン	2016
シャトー・ランシュ・バージュ	イオ＝ミン・ペイ（実質的には息子が経営するペイ・パートナーシップ）	不明	ポイヤック	2019（予定）

340 第3編

4-2 醸造技術とワイン建築

産業施設の建築デザインは、時代々々の建築思潮の影響と同時に、当該産業の技術革新を反射する。ワイナリーも例外ではなく、とりわけ1970年代以降の変容は顕著と言える。建築思潮という視点で見ると、20世紀初頭までに建設されたシャトーやメゾンには、戦後の粗製濫造の近代主義の影響

図11 選果専用の空間を造ることは稀で、たいていは仮設テントの下で作業が行われる

はほとんどなかったが、1980年代以降のポスト・モダンといわれる潮流に押し流されたワイナリーもあった。それに関しては後述しよう。

その下部構造として、1970年代以降の技術革新と建築へのその影響に関して確認しておきたい。

1970年代から1980年代にかけての醸造技術の発展には複数の点がある。

まず、衛生思想の変化がある。一般的になりつつあった自社瓶詰めのための作業場の衛生管理の徹底が求められるようになった。具体的には、カビの発生の抑制である[32]。

あるいは、選果が厳密になった。それまでは摘果段階で選別する程度で、直ぐに除梗・破砕機に入れられていた。それが、テーブルやベルトコンベア上で果実が丁寧に選択されるようになる。ただ、これは季節的に数日から数週間に限定されるし、降雨を避けることができれば良いので、専用の恒久的空間を新設することはない［図11］。

さらには、醸造方法自体にも革新があった。ボルドーではないが、ボジョレー・ヌーヴォーの躍進の背景には、航空便による急送が可能になったことに加えてマセラシオン・カルボニック法（炭酸ガス浸漬法）の確立がある。同法は、ボジョレーだけではなく、ボルドーでも例えばシャトー・コス・デストゥルネルが採用している。

かくのごとく、衛生環境の改善に始まり、味の現代化やグローバル化に至るまでの技術発展が顕著であったのがこの時代である。

4-3 建築計画の（再）3次元化

では、空間的に実体的影響を及ぼしたのはいかなる点かというと、以下の3点である[33]。

まず、搾汁システムの変化がある。それまでは除梗・破砕機で果実がある程度潰され、実と果汁の混ざった原液が発酵タンクにポンプで圧送されていた。ところが、醸造学の発展で、この段階でのブドウの粗野な扱いが、発酵の前段階で果実や果汁を損傷することが判ってきた。そのため、既に自重で果汁が漏れ始めていたり、破砕を受けてゲル状になった果実や果汁を発酵タンク上部まで運び、重力に任せて流し込むことが始まった。また、か

つてはその後にスクリューで圧搾するのが当然であったが、今日では空気圧搾による丁寧な搾汁方法も出現している。つまり、発酵室を垂直的に三次元で考察することが必須になる。具体的には、発酵タンクの上部へ増階とそこへの容易なアクセスである。これは、エレヴェータやスロープを使うこともあれば、発酵タンクを地下化することもある。

ともあれ、ワイン生産施設の建築計画は、基本的に3次元的に構成される。2階レヴェルに運ばれたブドウが圧搾され、搾汁が1階の発酵タンクに落とされる。それが地下の樽熟成庫に降り、地中の恒温性を利用して10度から16度で保存される。後は生産業者の判断で、樽のまま寝かすのか、瓶詰めして保管するかである。これまでは送汁機器や空調設備の発展で垂直的建築計画から解放されてきたが、再び3次元化している。

次に、新たな発酵システムの出現である。これには温度管理の徹底と小規模化という流れがある。前者の中核はステンレス・タンクの導入で、その周囲に水冷管を回すことで発酵中の温度管理が容易になった[34]。また、後者に関しては、1990年代になると、テロワール思想の浸透で、畑の小区画に対応して発酵タンクも小規模化する流れが生まれてくる。さらに、木製やコンクリート製の発酵タンクの再評価と改善も進み、発酵室には24時間温度管理された小さなタンクが並ぶことになる。

最後に、樽熟成の考え方の変化である。発酵タンクの温度管理と平行する技術発展だが、それまで地下の樽熟成庫で自然空冷で熟成されてきた樽ワインが、空調管理された地下や半地下、あるいは場合によっては地上階で保管されるようになった。

4-4 環境規制による建築的変容の強制

醸造技術の発展とも併行するが、この時代に自社瓶詰めが本格化する。それまでは、著名シャトーであっても樽詰め段階で仲買に渡し、仲買がシャルトロン地区で樽熟成した上で瓶詰めして出荷していた。また、場合によってはブドウ圧搾果汁の段階で生産者の手を離れるものもあった。それが、1970年代になると、シャトーで樽詰めされた上で熟成庫で寝かされ、さらに余裕のある業者は瓶詰めまで自社で対応するようになる。換言すると、これにより仲買は純粋に販路開拓に集中することなり、それがシャルトロン地区の衰退を決定的にした。

ただ、生産者元詰めは、手許で従来よりも長期に亘りワインを管理する分、価格変動のリスクを引き受ける必要性が生じる。また、元より多額の設備投資が必要になる。上述の技術革新に応答する発酵施設の刷新に加え、樽熟成庫の拡張や新設が要求される。

とはいえ、これらのワイン生産にまつわる変化がワイナリーの意匠に反射するまでにはタイム・ラグがある。直裁的な書き方をすると、フランスは上述の潮流にも関わらず、いまだに伝統の上に依拠していた。ところが、1990年代に出された規制が、ワイナリーに有無を言わせず建築の更新を迫った。具体的には、1990年代後半の以下の3点への対応である[35]：
・1990年代前半に、ワインが黴臭くなる原因として、醸造所の天井や小屋組みの木材に防虫・抗菌剤として使用されていたペンタクロロフェノールが特定され、その使用が

342 第3編

1994年に禁止されたこと；

・1993年に年間2万ヘクトリットル以上のワインを生産する醸造所の排水基準が強化されたこと；

・個人が醸造所を直接訪問しワインを購入する観光型販売が展開し始めたこと。

　その結果、ワイン関連施設が3分の2を占めるジロンド県の農業施設投資は、1998年に前年比で投資額が39％増、工事規模が16％増、そして工事数が60％増という活況を呈した。そこで、発酵室・樽熟成庫を新たに造り直したり、旧くからのそれをリノヴェーションするワイナリーが現れてきた。さらにワイン観光の興隆は、それらが生産空間として機能的でありさえすれば良いという旧来の考え方を捨てさせ、見学経路や試飲空間の美的デザインを要求した。発酵室・樽熟成庫の設計では、機能性やインテリアのみならず、ブドウ畑の文化的景観の一部として、シルエットや形象も重視される。

　別の言い方をすると、醸造技術の発展で、ワイン造りで失敗することはまずなくなった。つまり、ワインの味だけではなく、別のイメージで勝負をしなければならない。建築やアートは、その重要なツールである。さらに、それを取り囲む景観を、個人ではなく他のシャトーや所有者にも呼びかけて集団的に保護する必要がある。個別的建築はまさに本章の課題だし、景観の集団的管理は本書全体のそれである。

5. ボルドーの先駆的伏流

　ボルドーのワイン建築が発展するのは2000年代以降だが、それまでに何の動きもなかったかというと、そうではない。そこで、その先駆的伏流として以下の3事業を見てみたい。即ち、①国際的に著名な建築家の起用の事例としてのシャトー・ラフィット・ロートシルト、②地味で荒廃したシャトーの建築リノヴェーションを通じた再生事例としてのシャトー・ダルサック、③そして大手企業の買収に付随した建築をメディアとした介入事例としてのシャトー・ピション・ロングヴィル・バロンである。

5-1 シャトー・ラフィット・ロートシルトとリカルド・ボフィル

　シャトー・ラフィット・ロートシルトは1855年の格付けで第1級とされたシャトーのひとつで、伝統に甘んじ続けようと思えばいくらでもできる条件を有していた。それが、1987年に、リカルド・ボフィル設計で樽熟成庫を竣工させた。そこには2,000のバリック（225リットルの木樽）が寝かされているが、注目すべきなのはその配置である。

　1980年代頃から、建築界は、戦後の大量生産指向の画一的デザインに飽き、近代主義により去勢された装飾への関心を再燃させ、3つの流れを派生させていた。ひとつは、建築家なしの建築として地域で造られ続けてきた歴史的建物を見直すヴァナキュラリズム（土着主義）であり、もうひとつは、歴史的建造物のデザインの一部を切り取って新建築に引用することを一手法とするポスト・モダニズムであり、いまひとつは、同じポスト・モダンに括られるものの、歴史都市の表現構造を読み解くコンテクスチャリズム（文脈主義）である。

第9章　現代建築のワイナリー　**343**

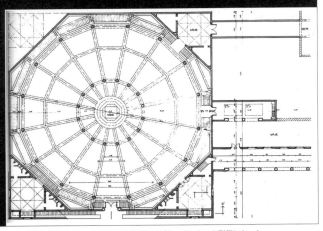

図12 集中管理という機能の究極がパノプティコンという形態になった

ボフィルは、引用を多用したポスト・モダンの旗手であった。ラフィット・ロートシルトの樽熟成庫のプランもまた引用を示唆し、建築家自身はロマネスク様式の教会の地下聖堂だと述べる[36]。しかし、パノプティコンの形態を取っていると言わざるを得まい。パノプティコンとは、放射状に獄房を配置し中央の看守が一望の下に囚人を監視するシステムである。無論、樽熟成庫は監獄ではない。ただ、パノプティコン形式は監獄だけでなく学校や病院、工場にも応用されており、放射状に並べられた樽を一望の下に収めるプランは、まさに集中監視をイメージさせる。

この形状を劇場に擬える論評も一部にあるが、発注者のエリック・ドゥ=ロートシルト自身が、年に4回、約2,000個の樽の移動が必要で、この形状であれば、1樽当たりの平均移動距離数は現況に比較して50メートル減り、総距離数を300キロメートル節約可能としている。まさに、集中監視と集中管理の形態である[37]［図12］。

5-2 パノプティコンの祖型と残響

1862年にスペインのヘレス・デ・ラ・フロンテーラ市に建築されたレアル・ボデガ・ラ・コンチャは、エンジニアのジョゼフ・コーガンが、後にエッフェル塔の設計者となるギュスターヴ・エッフェルの提案を基に設計したものである。当時の技術の粋を集約した鉄骨屋根は円形のドームを形成し、樽が360度方向に配置されて保管されている。

ボフィルは、このボデガスに触発されたらしい[38]。その所在地と、ボフィルがカタロニア出身であることもその平行性を傍証する。ただ、彼の翻案は成功とは言い難い。ラ・コンチャの建築にパノプティコンのイメージはない。中央にガラスの光屋根がかけられ、むしろ穏やかなドーム空間となっている。通常、温度管理のために樽熟成庫は地下に配置され、太陽光は射し込まないが、ここでは空気循環のために天窓が要請され、その換気塔が光井戸を形成している。それが空間に天空に向かう軽やかな上昇性を付与する。そこには、ボフィルの建築に漂う重苦しさがない。

パノプティコンの形状は、後に半円形ながらカラトラヴァが2001年に設計したボデガ・イシオスや、マリオ・ボッタが2003年に設計したカンティーナ・ペトラ・イタリアの発酵室にも残響を残している。また、マジエールが2001年に設計したヴィーニャ・レアルの樽熟成室や、ボルドーのドメーヌ・ドゥ・シュヴァリエの発酵室、あるいはパトリック・バッジオ

とアンヌ・ピエショーが2003年に設計したシャトー・ラ・ラギューヌの発酵室は、ボフィルのデザインの複写にも見える[39]。

ところで、ラフィット・ロートシルトの樽熟成庫では斬新さは外部には表出せず、外観は旧来のシャトー建築のままである。これにはふたつの理由があった。ひとつは醸造技術上のそれで、温度管理の容易さである。地下であれば、人工空調に依存しなくても年間を通じた温度管理が容易である。もうひとつは地価で、新規建造物でブドウ畑を潰すと、それだけ生産量が減少してしまう。

ただ、もうひとつの言表されない理由も穿ってみるべきであろう。1980年代は西欧の歴史都市では文脈主義が幅を利かせ、場合によっては、歴史的建造物の表現をそのまま真似させる似而非歴史主義すら見られた。ボルドーの歴史あるシャトーやブドウ畑という文脈では、現代建築が表出する雰囲気は醸成されていなかった。そこに前衛性の波が押し寄せるには、ボルドー、というかフランスでポスト・モダンが終焉を迎え、引用に依拠せずに現代的表現で前衛と調和を追求する2000年代以降になる。

5-3 シャトー・ダルサックと芸術の外表化

シャトー・ダルサックは初期かつ軽微な建築的介入の事例である。1986年に荒廃していたシャトーを購入したフィリップ・ラウーは、イメージ刷新のためにふたつの事業に着手する。

一方は、当時は単にAOCオー・メドックしか名乗れなかった原産地統制呼称を、AOCマルゴーに変更すべく国立原産地統制呼称院（INAO）に働きかけたことである。これは、全所有地ではなく半分だけだが、1995年になって成功する。AOCの変更は政令に拠らなければならず、首相の承認が必要となるが、当時の首相はボルドー市長も兼務するアラン・ジュペであった[40]。

他方は、シャトーに於ける芸術の外表化である。現代彫刻の作品を地所の各所に散りばめ、さらに毎年現代芸術の展覧会を開催する［図13］。今日でこそしばしば見られる芸術活動だが、当時はインテリアに置かれる程度、あるいはせいぜい庭園に設置される程度であった芸術作品が、ブドウ畑のただ中に、大々的に展示されるようになった[41]。

さらには、シャトー自体のリノヴェーションも試行する。建築家としてパトリック・エルナンデズを起用し、発酵室・樽熟成庫の刷新

図13 前衛的作品のパブリック・アートという視座からしてもダルサックは先駆的である

を行うが、当時としては既存建築の改築が精一杯であった。19世紀の建物のファサードに、イヴ・クラインの、いわゆるクライン・ブルーを塗ってイメージの転換を図っている。これはボルドーのシャルトロン門を経て遙か彼方にあるインド洋の青でもあり、べと病予防に使用されるボルドー液の青でもある[42]。開口部は思い切ってステンレス板で塞ぎ、屋根もアルミ・ボードで葺き替えて樽熟成庫としての温度管理を容易にしている。今日の眼で見ると表層的で些少な介入ではあるが、ワイン販売に於けるイメージ戦略の中で、建築の前衛性が発揮するコミュニケーション能力の高さを再認識させた初期の事例として評価できよう。

5-4 シャトー・ピション・ロングヴィル・バロンと引用型ポスト・モダニズム

　1993年に竣工したシャトー・ピション・ロングヴィル・バロンは、ふたつの点で画期的である。まず、アクサ保険による企業買収案件で、世界的企業が建築をメディアとして、さらには安定的利殖のための投資先として使う初期事例であること、さらに、ボルドーではワイン観光の本格化が2000年代であるにも関わらず、本件は観光を意識した先駆的事案であることである。

　デザインは、ポンピドゥー・センターの特別展『シャトー・ボルドー』展が企画した建築設計競技で、フランス人建築家のジャン・ドゥ＝ガスティンとアメリカ人建築家のパトリック・ディロンのチームが勝ち取った。買収は1988年だから、それを契機にイメージ刷新を建築を通じて図ったのは明白である。ただ、今日の眼で見ると異形なのが、ファサードのデザインである［図14］。

　設計競技の対象となったのは、古典的意匠のシャトーに向かって右手に建設される醸造施設である。その長大な壁面が典型的なポスト・モダンのデザインで、中央はギリシャ建築のドリス式オーダーで支えられた円弧状の破風を抱く門が載せられ、その両脇にはエジプト的というかネオ・クラシッシズムというか、要は古代建築からの引用であるオベリスクが屹立し、さらにそれらをイオニア式オーダーを彷彿とさせる渦巻きで終わる腰壁が囲んでいる。要するに、ポスト・モダンの引用建築の典型である[43]。

　因みに、この時期は、フランスのみならず世界中からシャトーの買収が仕掛けられた。ピション・ロングヴィル・バロンはフランスのアクサが買収したが、シャトー・オー・ブリオンは米国系企業に買収された。伝統的造り手だけに前衛的建築には走らなかったが、それに劣らぬ設備投資を進め、歴史的シャトーの見事な修復を行っている。

図14 ピション・ロングヴィル・バロンは引用型ポスト・モダニズムの外表化の最右翼と言える

6. 成功

6-1 シャトー建築の成功と失敗

ところで、ワイン建築での成功とは何を意味するのか。

ワイナリー側からすれば、そのイメージの向上と売り上げの増進である。

他方、市民や観光客の側からすれば、その建築デザインが個性的であることで交流人口を増加させ、ひいては地域を活性化すると同時に、周囲の景観に調和することで環境を安定化させることであろう。この場合、調和と同化は同義ではなく、仮に建築が前衛的でも、環境の中で屹立しつつも景観を紊乱せず、むしろ地域の新たなイメージを創出することも含む。

最善なのは、これらの目的が同時に達成されることだが、ワイナリー側が独りよがりの建築を建設させることも少なくない。ブドウ畑の地価は、景観調和よりも産出されるワインの質で決定される部分が大きいし、そもそも建築の周辺は自社の土地で、醜い建築が他の造り手の土地の地価を下げるという負の外部性を及ぼすことがほとんどない。つまり、醜景を形成しても批判を受けにくい。しかし、ブドウ畑の集団的ワインスケープに市民が貨幣換算できない価値を見出したり、ワイン観光が発展すると、景観に不調和な建築は許容されなくなる。本書が扱う銘醸地では、かくなる失敗を防止するため、文化財保護制度や都市計画が活用されている。

ここでは、景観調和という評価基準でのワイン建築の成功と失敗の事例を扱う。ワイン関連の現代建築は価格にも影響があり、市場原理で質の高いものが実現可能なので施主に任せておけば良い。対して、市民や観光客にとって重要な集団的景観との調和は、場合によっては公的介入を必要とする。別の言い方をすると、景観保全を任務とする歴史的環境監視建築家 (ABF) や基礎自治体の建設許可担当主事は、基本的に建築自体には干渉しないが、中・遠景への影響への考慮を要求する。

6-2 シャトー・シュヴァル・ブランとふたつの調和

建築的・都市的・景観的文化財保護区域 (ZPPAUP) や建築・文化財活用区域 (AVAP) は文化省所管の文化財保護制度だが、ローカルな文化遺産の保全を目的とする。また、保全地区 (SS) と異なって凍結的保存を目指さず、地域経済の発展を推進する建設行為は許容する立場に立つ。

サン・テミリオンのZPPAUP及びその後継のAVAPも同じ考え方に立脚する。比較優位にあるのはワイン産業の発展で、環境の緊縛ではない。ここでは、その保全的刷新指向の一例として、AOCサン・テミリオンでシャトー・オーゾンヌと並び最高位であるシャトー・シュヴァル・ブランを取り上げる[44]。

同シャトーはモエ・ヘネシー・ルイ・ヴィトン (LVMH) 取締役会長のベルナール・アルノーが所有し、ボルドーのワイン生産で著名なリュルトン家のピエール・リュルトンが支配人を務める。両者は、醸造施設の更新に際し、国際的に著名な建築家・クリスチャン・ドゥ＝ポル

第9章　現代建築のワイナリー　347

ザンパルクを招聘した。

シャトー・シュヴァル・ブランの新建築は、ふたつの調和という点で優れている。

ひとつは、旧シャトーとの調和である。古建築の石灰岩に対して新建築はコンクリート造だが、双方ともにミネラルな素材である。ポルザンパルクは、コンクリートの素材感を「アルカイックでアルチザナル（職人的）」と記述し、石材との親和性を強調する[45]。また、新築建物の西側ファサードは、シャトーの付属屋の東側ファサードと、軒高と幅が合わせてある等、尺度上の協調も明確である。さらに、樽熟成庫を地下化したため、立面的にも旧建築群と突出した差が出ていない［図15］。

図15 外装の質感の親和性と軒高の連続性により新旧は対立しつつ協調する

もうひとつは、曲線性によるワインスケープとの調和である。シュヴァル・ブランの醸造責任者・ピエール＝オリヴィエ・クエは、それはファサードを隠してブドウ畑に浮かぶ建築形態としてのみならず、シュヴァル・ブランのワインの味覚にも通じるとする。即ち、尖ったところのない、滑らかな曲線的性質である[46]［図16］。

図16 尖ったところのない滑らかさはワインの質感にも通じる

ポルザンパルクは、「地面から丘となるべく立ち上がるかに見える曲面コンクリートの膜の動きの中で、醸造所は穏やかにブドウ畑の上に漂うかに見える」ことを意識しつつ設計を進めたと述べるが[47]、その意図は完全に達成されている。また、屋上庭園設計担当の庭園意匠家・レジ・ギニャールは、「ブドウ畑の物質的規則性とのコントラストとしての自然発生

図17 屋上庭園は馬のたてがみをイメージしている

的景観」を意図したと述べ、それをシュヴァル・ブラン (Cheval Blanc)、即ち白馬 (cheval blanc) に掛けて「たてがみ (crinère)」と命名する[48]。仏語 crinère には俗語として「ぼさぼさの髪」という意味があり、上述の自然発生的景観にも対応する［図17］。

　事実、シュヴァル・ブランは、広大なブドウ畑という草原で、優美な白馬が体を休めているかに見える。建築的優雅さと、中・遠景の長閑とした景観形成の双方に成功した好例である。

6-3 シャトー・スタールと品のある保全的刷新

　サン・テミリオンのグラン・クリュ・クラッセのシャトー・スタールは、2006年に保険・年金共済組合に買収された。支配人となったベルトラン・ドゥ＝ヴィレーヌは、ボルドーの仲買業者・メゾン・カルヴェの出身で、当然ワインの生産や販売に通じていた。従って、一段上のプルミエール・グラン・クリュ・クラッセBへの昇格を目指して生産方法の見直しを絶えず行ったのは当然である。

　他方で彼は、昇格だけが販売促進の方策ではないことを理解していた。そこで、歴史や正統性、あるいは系譜を題材としたワイン観光にも投資を行う。その媒体がワインスケープである。ただ、ドゥ＝ヴィレーヌの着想は昨今の一般のボルドーのシャトーと異なり、著名建築家を起用して前衛的建築で目立つのではなく、旧き良きシャトーの再建であった。彼は、自らの源泉を18世紀に見たのである［図18］。

　実際、建築家・ファビアン・ペドラボルド設計で2011年竣工したシャトーの外観に大きな変更はない。増築されたブティックの意匠も控えめである。醸造施設の見学コースや試飲室等の内部は、ガラスとスチールで構成された品格のある現代建築に仕上がっている。他方で、発酵タンクはステンレスに加えて木樽も備え、冷ややかなだけの印象を抱かせない。樽熟成庫の壁面はコルドバ革と呼ばれる革クロスで覆われ、その表面に

図18 スタールの外観は18世紀の旧き良きシャトーのそれを保全している

図19 樽熟成庫もコルドバ革クロスの壁面（右手）と曲がりくねった小屋梁で品良く仕上がっている

図20 安定錆を吹かせたコールテン鋼の建物が古典建築の隙間に穏やかに挟み込まれている

図21 ワイン観光を意識した樽貯蔵庫へのダイナミックな動線計画はリノヴェーションの佳作である

はブドウの実や蔓が渦巻くようにあしらわれている。天井には屋根を支える曲がりくねった木材の小屋梁が見られるが、これは解体修理で再生されたものである[49]［図19］。この修景的デザインは、目立たないがゆえに逆説的に工費はかかり、2,000万ユーロが投じられている。

この投資は見合ったものとなったと言えよう。サン・テミリオンの旧城壁都市から直近の立地条件もあり、それまでほとんど一般客の訪問のなかったシャトーに、改装後2年間で1万8,000人が訪れている[50]。つまり、前衛的デザインだけが解法ではない。むしろ、外装は保存し、内装を修景的に、しかし品格ある現代建築に仕上げることで、保守性の上に立つ革新を表現した。失敗を恐れて冒険しないのではない。むしろ、保全的刷新の方が建築家の力量を必要とする。シャトー・スタールは、その証左である。

ボルドーではこのスタールの他、サン・テミリオンのシャトー・トロロン・モンド［図20］やシャトー・ドゥ・フェラン［図21］等、控え目ながらも品格のある現代建築のワイナリーが出現している。

6-4 フィリップ・スタルクと景観調和

フィリップ・スタルクは、そもそも建築家ではなくデザイナーで、バブル期の活動から相対的には景観に配慮しない身勝手なデザイナーの印象があるのではないか。

ところが、彼が2014年にデザインしたボルドー近郊のペサック・レオニャン地区のシャトー・レ・カルム・オー・ブリオンの発酵室・樽熟成庫は、その思い込みを覆す［図22］。

ペサック村は、例えば世界遺産登録されているサン・テミリオンとは景観的重要性の異なる場で、建築デザインに関する規制は遙かに緩い。しかし、スタルクは、彼にしては渋

めのデザインを採用することで、後述する同じデザイナー系建築家のパトリック・ジュアンと同じ轍は踏まなかった。2010年に地元の不動産プロモーター・ピシェ社に買収されたレ・カルム・オー・ブリオンは、イメージ刷新のためにスタルクに醸造施設の設計を依頼したが、彼は、水盤の中で船が転覆して船底が水面上に

図22 曲面や鋭角的端部処理で前衛性を表現しつつも色彩を抑制的にすることで景観調和を達成している

浮かんでいるかのようなデザインを提示した[51]。土色の外装コールテン鋼パネルは適度に外部のブドウ畑の景観を映し込みもするし、その反射は船底がかぶった水の照り返しのようにも見える。景観的にも、機能的にも成功した事例で、観光という視点でも、水盤を渡るブリッジは、難破船の中に残る貴重なワインを救い出しに赴く雰囲気を醸し出す。

6-5 ワインスケープと実用施設の美化

　ワインスケープは、シャトーを初めとするワイナリーの中心施設とブドウ畑の景観のみで形成されるわけではない。ワイナリーには、試飲室や醸造施設等、日常的に来訪者の目に触れる場のみならず、出荷設備や倉庫等、実用本意の空間がある。秀逸なワイン建築は、醸造施設に留まるべきではない。

　事実、ボルドーには瓶詰め後のワイン用倉庫の建築にも逸品がある。前章で既述の通り、シルヴィ・カーズはボルドーのワイン都市建設の推進役だが、AOCポイヤック第5級のシャトー・ランシュ・バージュの当主・ジャン＝ミッシェル・カーズの妹でもある。ワイン観光の牽引役を一族に有するためか、ランシュ・バージュでは1992年に、同時期にシャトー・ピション・ロングヴィル・バロンを設計していたジャン・ドゥ＝ガスティンとパトリック・ディロンにワイン倉庫の建築デザインを依頼した。ピション・ロングヴィル・バロンをポスト・モダン建築として設計したチームだが、ランシュ・バージュでは爽快なアルミの外装を用い、傾斜させた直方体を5連に並べてノコギリ型の外観構成のデザインとしている［図23］。形象の躍動感もあってアルミの安価なイメージを感じさせな

図23 アルミの外装で前衛的でありながら清潔さや調和を感じさせる

図24 倉庫建築でありながらワイン関連建築展の絵葉書に採用されたことは成功の証左と言える

いし、周囲のブドウ畑との景観とも対立的に調和して、成功した事例と評価できる。

　同様に秀逸なワイン用倉庫の事例として、リュドン・メドック村にあり、パトリック・バッジオとアンヌ・ピエショーが設計したバランド＆ムヌレ倉庫がある。これは様々なシャトーのワインの仲買倉庫で、500万本のボトルがストックされている。面積1万平方メートルのボックス・アーキテクチャーと聞くと陳腐な建物が思い浮かぶが、コンクリート打ちっ放しの壁面には約1,000個の赤色LED電球が埋め込まれている。夜間はその光が建物前面の水盤に反射する。卸売りのバランド社の企業アッピールのための建築である。

　なお、バッジオとピエショーは、この他にも約10軒のワイナリーを設計している。どれも著名ではなく、新築よりもリノヴェーションが多く、さらにデザインも顕著なものがないが、ワイン建築を専門的に手堅く手掛ける建築事務所の好例となっている。

　バランド＆ムヌレ倉庫の評価は、公的にも高い。

　アキテーヌ地方圏文化局（DRAC）文化財台帳課は、2013年9月13日から10月13日まで、地方圏庁で『アキテーヌでワインのために建てる』と題された写真展を開催した。ボルドーでは、19世紀までのシャトーに関しては研究があったが、とりわけ20世紀後半の研究は同時代性ということもあり本格的にはなされていなかった。その欠落を埋める研究である。同展で配布された絵葉書は、マルゴー村に所在し、チューダー様式という英国人の顧客を意識したデザインで19世紀前半に建設されシャトー・カントナック・ブラウンのブドウ畑越しの遠景、シャトー・ラフィット・ロートシルトの地下樽熟成庫、そしてバランド＆ムヌレ倉庫の写真の3種類であった［図24］。あえてワイナリーではなく倉庫、しかも仲買のそれを選択しており、その建築的優秀さと同時に、ワイン建築の裾野の広さを看取させている。

6-6 ワイン建築とコラボレーション

　ほとんど注目されないが、シャトー・プリウレ・リシーヌは、現代建築のワイナリーへの適用という点で新しいのみならず、観光を意識したリノヴェーションでも初期の事例である。1989年竣工のこの建築は、フィリップ・マジエールが発酵室にテイスティング・ルームも絡めて設計をしたもので、試飲室の水平に細長い窓は眼をブドウ畑に向かわせる装置になっている[52]。今日的な眼で見るとコンクリート打ちっ放しの円形の外観は陳腐とも言えるが、ボフィルのポスト・モダン建築よりも時代を感じさせず、飽きの来にくいデザインで

ある［図25］。

　ところで、フィリップはボルドーでワイン建築の専門家として知られるマジエール家の一員だが、今日、ワイン関連の建築家として最も引き合いが多いのが同族のベルナール・マジエールである。個別的事例はここでは扱わないが、1983年からシャトー・ラグランジュの整備を担当したこと

図25　コンクリートと伝統的赤瓦の材料的対比や円形と直線の形態的対比がありながら調和的と言える

でも知られる[53]。マジエールに拠れば、当時のラグランジュは家具すら残っていない荒れ果てた状態で、発酵室から応接間まで全ての再生が必要だった。これは、彼にとってはまたとない研鑽の機会であった。初めて、醸造学者、建築家、インテリア・デザイナー、ランドスケープ・アーキテクト、あるいは美術コンサルタントといった総合的チームで仕事をしたのである[54]。

　因みに、AOCメドックのシャトー・カステラは1986年にカール・プレスとディーター・トンデラが買収し、シャトーの修復の他、英国人ランドスケープ・アーキテクト（庭園意匠家）を起用して庭園整備を行わせて再生されている。また、ワインではなくコニャックの生産地になるが、シャトー・ドゥ・ボーロンの13ヘクタールの庭園は、1987年に歴史的モニュメント（MH）に登録されたシャトー本体に続き、1993年に景勝地指定を受けた。それを契機に、ランドスケープ・アーキテクトであるジル・クレマンの監修で庭園の修景が進められた[55]。

　シャトー・ダルサックの総合芸術化を先述したが、黎明期からランドスケープ・アーキテクトも含めた様々な分野のアーティストのコラボレーションが見られるのも、ボルドーの特徴といえよう。

7. 失敗

7-1 現代建築ワイナリーとスターキテクチャー

　マリア・グラヴァリ゠バルバは、著名建築家を起用した前衛的なワイン建築を、スター（star）とアーキテクチャー（architecture）を掛けてスターキテクチャー（starchitecture）と呼んでいる[56]。それには、正負両面が含意されている。

　肯定的には、ワイナリーが新たなデザインをまとうことで売り上げや来訪者数を伸ばすという効果がある。否定的には、建築デザインの失敗は、ワイナリーのイメージを毀損するだけではなく、周辺景観との不調和も惹起することがある。事実、新たなワイン建築がボルドーで全面的に受容されているかと言えば、そうではない。反対や疑問の声も少なくない[57]。

ここでは、あきらかに失敗、つまり立地からしておかしいと考えられる事例を見た後、もっと複雑な考察をしてみたい。即ち、同一の建築家がデザインしても、成功する事例もあれば失敗するそれもあるということである。ここでは、ヘルツォーグ＆ドゥ＝ムーロン、マリオ・ボッタ、そしてジャン＝ミッシェル・ヴィルモットを取り上げよう。さらに、ジャン・ヌーヴェルの失敗から、建築や都市計画の規制と判断のあり方を論じたい。

7-2 シャトー・ラ・コストとワインの不在

まずは、そもそもからしてのワイン不在という致命的事例を挙げたい。

場所はボルドーではなく、ローヌ地方である。シャトー・ラ・コストには、安藤忠雄設計のアート・センターと礼拝堂、ヌーヴェル設計の熟成庫、ゲーリー設計の音楽パヴィリオン等がある。また、現代芸術のコレクションが充実しており、例えば、ルイーズ・ブルジョワの巨大な蜘蛛のオブジェがある。まさに、スターキテクチャーの典型である。

ローヌは歴史的には評価が低かったが、近年、高品質のワインの造り手が業績を伸ばし、銘醸地と呼ばれるようになっている。ボルドーやブルゴーニュのような歴史に拘泥する必要がないこともあり、ラ・コストはほとんど全てを新築・新設で造り上げている。

ただ、そもそもワインはどこに行ってしまったのか。

2004年にラ・コストを買収したのは、アイルランド出身の不動産投資家・パディー・マキレンで、ロック・バンドU2のボノとダブリンのホテル・クラレンスを所有していることでも知られる。著名な美術収集家であるマキレンは、ラ・コストを自らの蒐集品の展示場としただけではなく、国際的に著名な建築家を使って、2014年までに建築6棟、彫刻やインスタレーション22件を擁するアート・センターを化し、さらにホテルも併設した。

ただ、確かにワインはビオディナミ（バイオ・ダイナミクス）農法で造られている。しかし、ボルドーの高級ワイン・リゾート・コーダリーの泉のように、美食と組み合わせる工夫がない。また、肝心のワインのプロモーションはアートのそれよりも遙かに弱い。

そもそもローヌという土地で、これだけの芸術の展開が合理的かは議論が分かれよう。ボルドーのようにイメージでワインの価格を釣り上げてきた土壌があったり、リオハのように域内の別の現代建築ワイナリーとネットワーク化をしたりする地盤もない場所である。実際、周囲には追従者は出現していない。

あるいはむしろ、アート・リゾートが本質であり、ワインは副次的な場と見るべきであろう。実際、ラ・コストの安藤忠雄建築の写真集[58]でも、ラ・コストから自動車で30分ほどの距離にあり、フランスでも有数のリゾート地であるエクス・アン・プロヴァンスとの近接性が強調されている。さらに自動車30分ほどの、マルセイユのル・コルビュジェ設計のユニテ・ダビタシオンにも言及がなされる。対して、建築の書籍の守備範囲外であるものの、ワイン自体に関する記述はほとんどない。つまるところ、主眼はアートと言え、その視点から評価すると、地方をアートで活性化させた成功事例と評価できる。

354 第3編

7-3 インテリアのデザインの失敗例

　多額の建築関連投資が可能な著名ワイナリーや優れた建築家が担当した案件、あるいはワイン観光を意識した事案では、外観のみならず、内部空間の出来映えにも秀逸なものが多い。しかし、ここでは失敗例を取り上げる。一方は歴史依存という安易な姿勢が産み出したもので、他方は能力の低い建築家が前衛性を誤解したことで産み出されたものである。

　歴史への盲従が顕著な著名シャトーとしては、シャトー・パヴィがある。AOCサン・テミリオンは、1954年に初回の格付けが行われてから半世紀の間、最上級はオーゾンヌとシュヴァル・ブランのみであった。それに2012年に加えられたのが、シャトー・アンジェリュスとシャトー・パヴィである。パヴィはアルベルト・ピントにインテリア・デザインを依頼したが、古典主義様式のシャトーとの調和を追求した結果、現代性には欠けるものとなっている。問題なのは、スタールのような品の良さも看取できないできない点にある。ひと言で書くと、進取の気鋭が欠落しているのである。

　このような内装の失敗例は事欠かない。例えばBPMアルシテクトが設計して2010年に竣工したシャトー・ブスコの樽熟成庫は、外装は茶系のメタルを素材に直方体の竹かごをイメージしたもので、景観との調和には優れるが、内部空間は空洞の倉庫に過ぎない。つまり、何もしなくて失敗している。ブスコの新たな樽熟成庫の建設目的にはワイン観光が挙げられているが[59]、このインテリアでは客は落胆しよう。

　他方、前衛性を追って失敗しているのが、AOCサン・ジュリアン第4級のシャトー・タルボの熟成庫である。2011年に地元ボルドーの建築家・ポール・ネラック設計でリノヴェーションされた。内部空間なので景観との不調和は惹起していないものの、ブドウの樹をイメージした思われる屋根を支える構造体が眼に煩わしく、やり過ぎの感を抱く仕上がりに終わった。

7-4 シャトー・プリウレ・リシーヌと無意味な環境調和の表出

　そう考えると、AOCマルゴーのカントナック村にあるシャトー・プリウレ・リシーヌも過剰である。前述の通り、試飲室とブティックの建築はコンクリート打ちっ放しの現代的デザインの佳作であった。ただ、発酵室・樽熟成庫は失敗である。

　近年は発酵樽をステンレス製からコンクリート製にする醸造施設が見られる。醸造学的にもより良い醸しや発酵を促進するといわれ、造形的にもステンレスでは実現不可能な官能性を見せている。最近ではさらに、コンクリート・タンクで熟成させたワインと樽熟成のそれを混合する例もあり、例えばポイヤックのシャトー・ポンテ・カネは、古代ギリシャのアンフォラに範を取ったといわれる形状のコンクリート製熟成タンクを使用する。ワイン観光という点でも、変わった熟成法ということだけではなく、造形的な見せ場になっている。

　プリウレ・リシーヌも、造形的に「チューリップ」と形容されるコンクリート製の発酵タンクを使用している。その意味では建築的に面白い[60]。しかし、ボルドー近郊のメリニャッ

図26 試飲室の成功したのに対し、壁面緑化はブドウ畑との同化を目指しつつも失敗している

クに居を構える建築事務所・アルシ・コンセプト・ユーロップ設計の発酵室・樽熟成庫は、外装が壁面緑化され、緑のブドウ畑の中に違和感のある幾何学形態の植物が出現したかのような印象を抱かせる［図26］。環境調和を目指したのは理解できるが、ヒート・アイランド現象とは無縁の広大な農地の中で、どれほどの効果が期待可能なのか疑問が残る。農法でのビオディナミ（バイオ・ダイナミックス）の採用はワインのセールス・ポイントにはなろうが、消費者は環境調和した醸造施設で生産されたワインという点に価値を見出さないだろう。マーケティングの視点からも、やはり、シャトーや醸造施設では明解な人工性を表現することが最善ではないか。

ただ、人工性を表出させても、力量のない建築家が失敗する。コッケン・エ・デュヴェット建築アトリエが設計したシャトー・ドゥ・カマルサックは、中世の要塞風の歴史的シャトーともブドウ畑とも不調和なブルーのボックス・アーキテクチャーで、失敗作と言えよう。

7-5 シャトー・グリュオー・ラローズと工事中の仮囲い

かくしてワインスケープとの調和という視点で現代建築のワイナリーを吟味してゆくと、いくつかの事例は景観関連規制の強化の必要性を看取させる。

例えば、サン・ジュリアン・ベイシュヴェル村のシャトー・グリュオー・ラローズはその一例である。ジャン＝フィリップ・ラノワールとソフィー・クリアンというボルドーの若手建築家が設計した。

問題は、展望台としてしか機能のない高さ18メートルのタワーの形態と意匠である［図27］。形態は近接するシャトーや楼塔に対し、ディテールのない大味に過ぎる縦長のボックス・アーキテクチャーである。外装材のメタリックなルーバーは、遠方から見ると単純な形態とも相俟って工事中の仮囲いに見える。

ポルザンパルクと比較すると、建築家の力量の差は明白である。ポルザンパルクは、既存のシャトーの自らの建築のイメージを合わせ、高さも抑制している。そして、その屋上庭園に自然に導かれるスロープを設置し、そこに上がれば千年来耕作されてきたブドウ畑を見渡すことができる[61]。他方、グリュオー・ラローズは、その対極にある。自らの展望台でブドウ畑の景観を毀損している。

サン・ジュリアン・ベイシュヴェル村には歴史的モニュメント（MH）や景勝地がないので、歴史的環境監視建築家（ABF）の介入はない。人口は2013年現在で637人に過ぎないこ

ともあり、都市計画文書を具備していない。上位の広域一貫スキーム（SCOT）も、自治体間協力の枠組みの変更もあり、未だに策定段階である。つまり、全国都市計画規則（RNU）に従うのみで、景観を事由とした建設許可審査が困難であり、営農や営業に不可欠な施設と主張されれば認可を出さざるを得ない。

図27 確かに負の外部効果を誰にも及ぼさないものの、機能的にも意匠的にも疑問が残る

　グリュオー・ラローズに関し、文化省は18世紀中盤に建設されたシャトー、塔、そして納屋を2012年2月22日にMH登録している。上述の新建築の竣工は2014年で、その頃には設計も完成して建設許可も取得していたはずなので、この登録は、後追い的とはいえ今後かくなる建築が出現することの防止措置である可能性がある。もし設計開始前にMH登録されていたら、ABFは新建築の建設許可を出さなかったのではないか。

　オーナーも当該新建築を失敗と考えているのではないだろうか。本書出版の時点で同シャトーのホームページを閲覧しても、ラノワールとクリアンの建築は、インテリアも外観もイメージとしてもテクストとしても全く登場しないのである[62]。

7-6 ヘルツォーグ＆ドゥ＝ムーロンの挫折と成功

　ヘルツォーグ＆ドゥ＝ムーロンは、1998年に米国・ナパ・ヴァレーでドミナス・ワイナリーを実現している。ガラス窓のファサードの外側に金網で粗石を挟み込んだスクリーンを構成し、断熱と微妙な光の透過の両立を成功させた佳作である。

　その両人が、AOCポムロールで世界的に著名なワイナリーであるシャトー・ペトリュスの樽熟成庫の建築デザインを依頼され、2000年前後に2回にわたり建設許可申請を提出した。ペトリュスの経営は、ドミナスと同じムエックス家で、ナパの傑作をフランスでも実現するものと期待された[63]。しかし、いずれも建設許可が下りなかった。今次調査では審査を通らなかった設計案を入手できなかったが、ドミナス、さらには両人のこれまでの作品を見る限り、本章で論ずる失敗作と同レヴェルであったとは考えにくい。事実、その後、彼らの設計で実現したレセプション・ルーム[64]は、多面立体の形象を取りつつもコンクリート打ちっ放しで落ち着いており、ポムロールのブドウ畑に屹立しつつも調和を乱さない成功作になっている［図28］。

　このレセプション・ルームの建設当時、ポムロール村を担当していたABFはピエール・カズナヴだが、彼はその設計案を見た時、「ABFのもうひとつのミッション、つまり保護された空間に於ける現代建築のプロモーションという任務を全うする好機[65]」と考えたという。

第9章　現代建築のワイナリー　357

図28 コンクリートで石材と調和しつつも、折り紙のような形象で前衛性を表現している

とかく保守的と批判されるABFを、ここまで唸らせた秀作なのである。となると、なぜ、樽熟成庫の認可が下りなかったのか、疑問である。換言すると、彼らほどの力量でも、挫折と成功が同居してしまうのがワイン建築であると言える。あるいは、原案は、2000年代後半であれば許可された可能性があると言うべきかもしれない。

　結局、ペトリュスの樽熟成庫は、2014年に上述のベルナール・マジエールとジャン＝ピエール・エラットの設計で竣工している。エラットはジロンド県の元ABFで、その前歴に違わず、ペトリュスの新樽熟成庫は古建築の修復である。外観を保存し、熟成庫ではなく熟成室を現代デザインで整備する事例として、アルノー・ブランが設計を担当したシャトー・アンジェリュスがあるが、エラットの名前はここでもコンサルタントとして出現する。また、マジエールはブイグ兄弟が2006年に買収したシャトー・モンローズのリノヴェーションも担当しているが、ここでも樽熟成庫全体ではなく、外観を保存した上での樽熟成室の現代デザインを進めた。下手に外観をデザインするより、安全な方策ではある。しかし、ヘルツォーグ＆ドゥ＝ムーロンのそれを見たかったものである。

　ところで、上述のドミナス・ワイナリーのエピゴーネン（物真似）がボルドーにある。2010年に建築家・ジャック・デュランが設計したシャトー・ロシュ・ラランドの醸造施設である。金網に粗石というデザイン・ヴォキャブラリーはドミナスと酷似している。確かにシャトー名にロシュ（石roche）という単語があるし、ブドウ畑の景観との対立的調和という点では評価できても、前衛性という点では批判されて然るべきである。

7-7 ジャン＝ミッシェル・ヴィルモットの成功と失敗

　シャトー・コス・デストゥルネルは、ジャン＝ミッシェル・ヴィルモット設計で3,800万ユーロをかけて建築をリノヴェーションした。著名デザイナーの起用と法外な建設費の第一印象は、金満ワイナリーの道楽というものかもしれない。しかし、更新されたのは発酵室・樽熟成庫で、それは醸造技術の連続的な革新の中で、トップ・クラスのシャトーが対応を余儀なくされるものでもある。

　コス・デストゥルネルは、2000年代に入ってシャトー・リリアン・ラドゥイの近くにまで畑を拡張し、隣接するシャトー・マルビュゼの7ヘクタールの畑も併合した。そこで、詳細な土壌調査を実施した結果、畑の小区画の線引きの修正と管理の在り方の変更を迫られた。

そして新たな小区画のテロワールの反映のため、19ヘクトリットルから115ヘクトリットルまでのステンレス・タンク72基を発酵室に新設した。また、除梗の間の酸化を防止し、発酵前低温浸漬を実施するための、ブドウの温度を3℃まで下げることが可能な冷却トンネルや自重式送り込み装置が設置され、さらに4基の100リットルのリフト・タンクで、伝統的なポンプ・システムを現代的なルモンタージュ・システムに変更している[66]。そのために、地下17メートルまでの掘削が行われた。これらが、上述のリノヴェーションの本旨である。

図29 基部のガラスの透明感と上部のアルマイト処理のアルミ・パネルは、シンプルな直方体形状と相乗して景観に対比的に調和する

フランスで質の高いワインの生産するワイナリーにあっては、大小多数の発酵タンクの整備を初めとする設備投資は必須条件になっている。まず建築デザイ

図30 リノヴェーション後も積み木細工のような形象は解消されないままである

ンありきではなく、ワインありきなのである。コス・デストゥルネルはさらにデザインも素晴らしい。デヴィッド・ローチ監督のドキュメンタリー映画『世界一美しいボルドーの秘密』の冒頭のカメラを引きながらのシーンは、この樽熟成庫を舞台にしている。

他方で、同じヴィルモットがAOCポイヤック第5級のシャトー・ペデスクローを2015年にリノヴェーションしているが、ここには成功と失敗が共存し、後者が前者を帳消しにしてしまっている。新建築の発酵室・樽熟成庫は、シャトーとは別棟の控え目なデザインで、ブドウ畑の景観の中に上手く溶け込みつつも、近景では直方体をアルミ・パネルとガラスで覆った現代建築で、内部も透明感と衛生感を印象付けることに成功している［図29］。

しかし、歴史的シャトーの両脇に付加されたヴォリュームは明らかに均整に欠ける［図30］。このシャトーは、そもそもからして急傾斜の屋根を頂く3窓分の中央部分の両脇に、ほぼフラットな各々2窓分の幅を持つ棟が付加されており、当初からプロポーションが悪かった。つまり、傾斜屋根とフラットなそれの止揚は歴史の課した宿題と言え、むしろリノヴェーションでその改善が可能であったはずである。

第9章 現代建築のワイナリー 359

しかし、ヴィルモットの建築は、石造の様式建築に対する簡潔なガラス建築の対比的付加を狙ったものの、単純にフラットな屋根形状を引き継いだため、新旧のぎこちない共存を解消できずに終わっている。また、青味がかったガラスは、透明感よりも自己主張を看取させる。施主側の要望が最優先なのだから、全面的に建築家に責任転嫁できないが、発酵室・樽熟成庫が成功しているだけに、もっと工夫の余地があったはずである。

7-8 マリオ・ボッタの成功と挫折

　ボルドーのスターキテクチャーの秀逸事例として必ず挙げられるのが、マリオ・ボッタ設計で2009年に竣工した、AOCサン・テミリオンのシャトー・フォジェールである［図31］。

　ボッタは2003年にイタリア・トスカーナ地方のカンティーナ・ペトラの発酵室・樽熟成庫を設計しており、フォジェールはその経験を踏まえた佳作となっている。

　カンティーナ・ペトラとフォジェールを見ると、2000年代に入ってのワイナリーの変容を理解できる。前者は中央に発酵室を設置し、両翼に樽熟成庫が置かれている。対して、後者では発酵室が両翼に展開し、そこから翼の背部に平行移動する形で樽熟成庫が計画された。テロワールの再評価で、発酵が区画ごとに以前よりも小容量の樽で行われるため、より多くの空間が必要になっているのである。また、ワイン観光の発展を象徴し、フォジェールでは中央に試飲室が設けられ、さらにその上部のテラスからは、フォジェールに加えて近隣の姉妹ワイナリーの畑が、そしてサン・テチエンヌ・ドゥ・リース村に拡がるブドウ畑の広大な景観が一望の下に収められる。

　その中にあって、フォジェールの建築形態は、様々な形象をイメージさせる。

　しばしば抜栓後のワインを空気と接触させて香りや味を開かせるカラフ（水差しに似たガラス容器）のそれに擬えられ、畑側のファサードに開口されガラスを填め込まれたニッチの形状は、ワイングラスを単純化したようにも見える。ボッタは教会建築で著名なので、フォジェールは「ワインの大聖堂」とも呼ばれるし、彼自身もこの隠喩を使うこともある。フォジェールの醸造責任者・アラン・ドゥルト=ラレールは、「発酵室・樽熟成庫、それは聖なる場所で、その静寂は教会と無縁ではない」と述べる。その形態を、胸から下が土に埋まった、ブラジル・リオデジャネイロのコルコヴァードのキリスト像だとする意見すらある[67]。

　さて、フォジェールで成功したボッタは、直近に所在する姉妹シャトーであるシャトー・ペビー・フォジェールの

図31 モニュメンタリティで自己主張しつつも、茶の砂岩で覆われる解り易い単純立体の構成で景観的にも調和する

それも依頼された。ペビー・フォジェールも、フォジェール同様、スイス人の香水メーカー社長・シルヴィオ・デンツが2005年に買収したもので、フォジェールの建築的成功に続くものとして期待された。ところが、サン・テチエンヌ・ドゥ・リース村長のフランソワーズ・ドゥカンは、それを許可しなかった。

ボッタは、フォジェールを「ワインのカテドラル」として設計したことを受け、ペビー・フォジェールを洗礼堂としてイメージした。同時のその形態を、カラフにも擬えた[68]。しかし、そのイメージを見る限り、その形態は、礼拝堂やカラフというよりは玉葱のような潰れた球体を想起させ、これがドゥカン村長には景観破壊と映った。本計画は歴史的環境監視建築家（ABF）の承認を得ながら、村長のそれが得られずに暗礁に乗り上げており、現時点でも膠着状態のままである。

7-9 シャトー・モンラベールとポルノグラフィー的建築

なぜペビー・フォジェールの計画は暗礁に乗り上げたのか。

サン・テチエンヌ・ドゥ・リース村は、サン・テミリオン自治区の建築的・都市的・景観的文化財保護区域（ZPPAUP）（現在は建築・文化財活用区域（AVAP））に覆われているため、まずはABFが文化財的な側面からの審査を行う。また、同村は2008年の国勢調査では人口287人の小村だが、基礎自治体土地利用図を具備しているので、建設許可を審査する権限がある。従って、同村は文化財以外の視点で、基礎自治体土地利用図に基づいて審査を行う。

ペビー・フォジェールの計画は、ABFは文化財に関する知見を基に承認したのに、ドゥカン村長は景観を事由として不許可としている。簡易な都市計画文書では、「既存の景観との調和」程度の書き方しかできないので、申請者側には納得できない判断もなされ得る。本計画も、その可能性がある。

ただ、基礎自治体の首長が、文化財保護の文脈ではなく都市計画の視点から前衛的デザインのワイン建築に再考を促す事例は、他にもある。

ワイン取扱量でフランス第1位、世界でも第3位のカステル・グループの総裁・フィリップ・カステルは、サン・テミリオン地区のグラン・クリュ・クラッセであるシャトー・モンラベールのリノヴェーションを企画している。起用されたのは建築家ではなく、デザイナーのパトリック・ジュアンである。彼はパリのシェア型レンタサイクル・システム・ヴェリブのデザイナーとして有名で、ワイン関連だと、2014年にフォントヴロー修道院のレストランをデザインしている[69]。ただ、ワイン関連と言っても、同修道院は2003年に銘醸地の世界遺産登録とワイン観光推進のためのフォントヴロー憲章が調印されただけで、生産施設ではない。

そのジュアンがデザインしたシャトー・モンラベールに対し、サン・テミリオン市が再考を促した。デザインが不明なので批評不可能だが、未確認飛行物体（UFO）のような形態であったと言われる[70]。サン・テミリオン市長のベルナール・ロレは、ジュアンのプロジェクトを「ポルノグラフィー的建築」と酷評している[71]。性的な何かを想起させる形態であった蓋

第9章　現代建築のワイナリー　**361**

然性もある。ジュアンはデザイナーだが建築家ではなく、その設計は景観に無配慮であったのかもしれない。

結局、ジュアンは建築家のジャン＝バチスト・ロイレットと協働して、建物全体を地下化することを余儀なくされた。即ち、実質的にインテリア・デザインのみの担当となった。

8. 弾力性のあるルール構築に向けて

8-1 歴史的環境監視建築家（ABF）の個性と判断

サン・テミリオンの首長を長く務めるロレは、歴史的文脈の尊重に力点を置く。ジュアンのプロジェクトを批判する一方、シャトー・スタールのそれには、「最終的に、修復と建設の作業の質により、スタールとその『村』は、完璧に環境に馴染んでいる」との賞賛を惜しまない[72]。

景観規制は、いくら詳細化しても最後は主観で判断される。無論、その判断には論理性が必要だが、ABFの感じる圧力は非常に大きい。しかも、その決定に対する訴訟でも、手続き上の瑕疵を除き、審美上の判断が覆ることはほとんどない。それだけ絶対的存在だが、その判断基準は時代により異なる。

ボルドー地方の歴代ABFで言えば、1990年代後半からのジャン＝ミッシェル・ペリニオンは近代の歴史的環境保存の強固な姿勢を残しておりやや保守的、2000年代後半からのフランソワ・ゴンドランはその次の世代ということで反動的に前衛に寛容、対して2013年から現職のカミーユ・ズヴェニゴロドスキーはその揺り戻しが任務ということもあり、法の支配の徹底を謳っている。

実は、シュヴァル・ブランにせよフォジェールにせよ、ZPPAUPの規則は守られていない。例えば、その第2-1条は新規に建設される醸造施設の屋根材として瓦を指定しているが、それら2シャトーは明確に違反を犯している。これは、当時のABFであったゴンドランが特例的に許可したものである。

他方、サン・テミリオンでは、新規のシャトー建築に対する市民の懸念が高まっていった。ペビー・フォジェールの問題を契機に地域の市民団体が直接ユネスコに世界遺産に関する危機を訴えたこともあり、2013年8月29日と30日に、文化省から建築・文化財総監が派遣されている。その結果、ABFは、ZPPAUPの後継である建築・文化財活用区域（AVAP）と地域都市計画プラン（PLU）の厳格な適用を通じた、とりわけヴォリュームや配置計画の制御を勧告している[73]。この勧告を出したABFは、まさにゴンドランの後を襲い、同年から現職のズヴェニゴロドスキーである。彼女は、2015年1月20日の『シュド・ウエスト』紙上でも、「規制が多ければ多いほど、プロジェクトは美しくなれるし、興味深くもなる」と述べ、規則の厳密な運用を謳う[74]。

ただ、これらの判断は属人的個性というよりも、時代々々の歴史的環境保全の思潮を反射している。人により判断が相違する批判よりも、時代意識を反映した評価がなされるという肯定的システムと捉えるべきあろう。

8-2 シャトー・ラ・ドミニクの品のなさ

　特例的許可に関しては、そもそもそれが妥当かという点と、許可された建築が本当に優れたデザインのものとなったかというふたつの点で賛否が分かれよう。

　前者に関しては、一般論として合理的な許認可の構造と言えよう。保全地区 (SS) ならともかく、ZPPAUPやAVAPのようなローカルな文化財の保全は、凍結的保存ではなく地域の発展を目指すべきで、ワイン産業がグローバリゼーションを前に前衛的建築というアイコンを用いたイメージ戦略を必要としているのであれば、その阻止は明らかに望ましくない。

　他方、許可された建築が本当に優れたデザインのものとなったかという点に関しては、ブドウ畑や既存の文脈との整合性に欠ける建築も見られるのも事実である。例えば、ジャン・ヌーヴェル設計のシャトー・ラ・ドミニクはそれに該当する［図32］。

　ワイン・レッド色という単純な発想の派手な色使い、アルミ・パネルの反射的性質によるブドウ畑の中での違和感、さらには直近のシュヴァル・ブランで先行的に建設されたポルザンパルク設計の発酵室・樽熟成庫との非親和的なデザインは、成功したとは言い難い[75]。シュヴァル・ブランの顧客の皆が皆、ヌーヴェルの建築をシュヴァル・ブランの工場だと勘違いし、「電子レンジ」と揶揄されるのも仕方あるまい[76]。

　シュヴァル・ブランは、コンクリートによりブドウ畑の大地との連続性を表現した。対して、ラ・ドミニクはワインを色で表現しているが、直截的に過ぎよう。確かに、ラ・ドミニクが先行して建設されていたら、シュヴァル・ブランとの景観的な整合性は問題にならない。また、色彩や素材に関する違和感も、感じ方が変わってくるはずである。

　では、むしろブドウ畑の中で異彩を放つ建築として評価されたであろうか。

　そうは考えられない。ワイン・レッドの反射性素材を使用したボックス・アーキテクチャーという品のなさには変化はない。

　ところで、ヌーヴェルはシャトー・ラ・グラス＝デュー・デ・プリウールの発酵室・樽貯蔵庫を2016年に竣工させている。こちらも駄作である。寸胴の円柱型の形態は石油タンクのようで、ステンレス表面のブドウのプリントも幼稚に過ぎる。レセプション用の建物の2階は展望台になっているが、その上部を覆う単調な屋根は厩舎をイメージさせる。

　さて、ラ・ドミニクから遡ること十数年、AOCカントナックにシャトー・ラ・トゥール・ドゥ・ベッサンの発酵室・樽熟成庫が建設されている［図33］。建築家はトゥールーズを本拠地とするヴァンサン・ドゥフォ＝デュ＝ローで、フランス国内でも全く無名と言っても良い。しかし、ラ・ドミニクと良く似

図32 ワインレッドの直方体はデザイン家電にも
　　 適していても、ブドウ畑には不整合になる

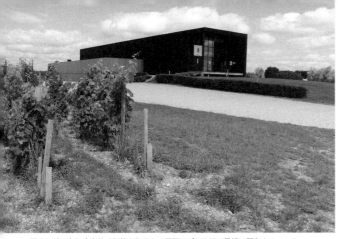

た直方体形状でありながら、ドゥフォ＝デュ＝ローは外装材にコールテン鋼を採用し、それに安定錆を吹かせて焦げ茶にすることで、シンプルな幾何学的形態をブドウ畑の中に溶け込ませることに成功している[77]。同シャトーはシュヴァル・ブランと同様にボルドーのワイン名家と言われるリュルトン

図33 錆の色で直方体の形態を無理なく周囲のブドウ畑の景観に調和させている

家が所有しており、同家の現代建築に対する見識を看取させる出来とも言える。

8-3 前衛的デザインと補助金の矛盾

　この、前衛的デザインのワイン建築という現象は、ヨーロッパ各地で見られる。そして、本書の巻末参考文献一覧に示すように、それに特化した写真集が、英語、フランス語、ドイツ語、イタリア語、あるいはスペイン語で20種類以上出版されている。

　その背景として、フランスであれば醸造技術の革新や衛生規制の強化があったことは上述の通りだが、醸造業者の建設活動を最も大きく後押ししたのが欧州連合の助成制度である。オーストリア等では、通常充当される欧州共通農業市場ワイン部門（OCM Vin）の助成金や構造基金に加え、欧州復興計画（ERP）のそれも投入されている。現代建築のワイナリーの建設という論理ではなく、あくまで醸造施設の近代化という建前だから、かくなる予算の使い方も許される[78]。

　問題は、本来は条件不利地域や条件不利業種を支援するはずの欧州共通農業政策の補助金が、比較的高収益のシャトーにも交付され、リノヴェーションに使われていることである。無論、これらが全て建設費に回ったわけではないだろうが、それにしても釈然としない[79]。

　リノヴェーション費用を見ると、パヴィは1,300万ユーロ、シュヴァル・ブランは1,500万ユーロ、建設会社を傘下とするブイグ兄弟のモンローズは2,000万ユーロ、カロン・セギュールは2,500万ユーロ、コス・デストゥルネルに至っては3,800万ユーロである。これだけの費用を建築に投じることが可能な生産者に、果たして補助金は必要か。再考が必要であろう。

　国際的に著名な建築家への依頼、そして奇抜な建築は高くつく。だからこそ補助金をそこに投入しようという発想が生まれる。しかし、上記のいくつかの失敗例は、スターキテクチャーが必ずしも最善の解にはならないことの傍証となっている。

8-4 弾力性のある景観制度への組織構築

フランスの歴史的環境に於ける現代建築のデザインに関しては、その様相に前衛性をどこまで許容するかで判断が行われる。それは、長所でもあり短所でもある。

フランスでは都市計画権限が基礎自治体に分権されているから、建設許可権者はその首長であり、さらに歴史的環境に於ける建設行為に関しては、それと空間の歴史性の両立に関し、ABFの同意が必要になる。かくして、市民の意見を広範に聴取する能力に長けた政治家や、芸術の流れをプロフェッショナルとして理解した専門家による判断は、市井の感情的議論や巷間の流動的意見に比較して、論理的で確固としたものとなる。これは長所と言えよう。

他方で、数年で去就の分かれる政治家や、何年かで異動する公務員による判断は、より属人的なものになる可能性がある。申請者側にしてみれば、朝令暮改にしか見えない。これは短所である。

これまでは長所への賛意が短所への疑義を押さえ、上からの判断が行われてきた。ただ、許認可全般の民主化の流れもあり、近年では合議の上で推奨案が出され、それを基に首長やABFが行政判断を下す仕組みが構築されている。

また、判断に妥当性と弾力性を具備させるため、有識者会議の構築も見られる。サン・テミリオンの賢人委員会が好例である。本章で挙げた新建築の事例は、ABFの意見に加え、行政内部や関係機関、さらには賢人会議や地域の職能団体での議論を経たもので、地域の総意としてそのデザインを引き受けたと解釈できる。

実際、この見解は建築的・都市的・景観的文化財保護区域 (ZPPAUP) が改変され2016年6月に承認された建築・文化財活用区域 (AVAP) に継承されている。そこでは、ZPPAUPの規則には存在しなかった現代建築に関する記述が新設され、特例的許可の可能性が明示されている。また、ABFまたは地域の行政当局の提案で招集される地域AVAP委員会 (CLAVAP) での承認を得るという条件も課されている。ここでも、委員会形式という民主化が見られる。

ところで、サン・テミリオンのように歴史的環境が濃厚な空間であれば、ABFや賢人委員会等の助言を得ることができるし、合理的である。しかし、歴史的モニュメント (MH) や景勝地が存在しないとそれができない。そこで、建設主は、各県にある建築・都市計画・環境助言機構 (CAUE) に助言を求めることができる。また、集団としては、景勝地の指定や登録を推進する他、地方圏自然公園 (PNR) の設置も一案となる[80]。

9. ハイブリッド・ヴァナキュラリズムとその超越へ

9-1 シャトー・マルゴーとハイブリッド・ヴァナキュラリズム

ノーマン・フォスターによるシャトー・マルゴーでのインターヴェンションは、歴史性の濃厚な環境での建築行為として最も成功したものである [図34]。アンドレア・パラディオの影響が明確な19世紀前半建設のシャトー自体が1965年7月5日にMH指定されており、建築家はブドウ畑越しの景観の変化を望まなかった。そのため、旧発酵室・樽熟成庫と同形

第9章　現代建築のワイナリー　365

状と同一の機微の瓦を載せた屋根を構築し、その覆いの中で、フォスターらしいハイテクで透明感溢れる醸造施設をデザインしている[81]。鉄骨柱を樹状にして植物的に見せてはいるが、白色にすることで直截性を回避している。また、外壁の木材縦ルーバーも、屋根庇の真下にまで迫るブドウ畑の有機的景観との無理のない連続性を生成させ、過剰な前衛性の制御に利している［図35］。

ところで、伝統的な瓦葺きの屋根の下に、ハイテックな醸造施設や試飲所を設置するスタイルが、近年、ボルドーの名門シャトーに於ける新築行為で散見される。

ボルドー地方では、円弧型断面の素焼き陶器を互い違いに組み合わせ、一方を雨水の撥水、他方をその排水に使うカナル瓦という方式で屋根が葺かれることが多い。色は褐色だが、焼成が異なることで一枚々々の色が微妙に異なり、それが面として葺かれると素朴な風合いを醸し出す。シャトー建築は予算を多くかけられるのでスレート葺きのものが多いが、実用的施設である発酵室や樽熟成庫、あるいはブドウ農の住宅や村落は、この屋根のイメージで景観が統一されてきた。無論、現代建築で使用される瓦は工業製品だが、ヴァナキュラー（土着的）な建築言語と言って良い。フォスターの建築のように、伝統の傘の中に最先端の醸造施設が収容される形式を、本書ではハイブリッド・ヴァナキュラリズムと形容したい。

1993年にポスト・モダンの古典建築の様式の引用という建築言語で設計されたシャトー・ピション・ロングヴィル・バロンには、直近にシャトー・ピション・ロングヴィル・コンテス・ドゥ・ラランドという姉妹シャトーが存在する。その姉妹シャトーで、2013年に発酵室・樽熟成庫が竣工した。建築家・フィリップ・デュコの設計だが、フォスターのシャトー・マルゴー同様、伝統的な屋根瓦の建物の中にハイテックなステンレス・タンクが並ぶ構成を取っている。ピション・ロングヴィル・バロンと比較すると、20年間の建築思潮の開きを一目で看取できる地区となっている。

9-2 2020年代の超越のために

サン・テミリオンでシャトー・スタールを設計したペドラボルドは、マルゴーのシャトー・マルキ・ダレムの発酵室・樽熟成庫も設計し、2015年に竣工している。ここでも、外観の節度を保ち、既存の列柱廊に直方体のヴォリュームを付加し、屋根もヴァナキュラーな

図34 形態操作で歴史的建造物群との連続性を担保しつつも、ディテールや内部機能で前衛性を表現することに成功している

赤茶の瓦で緩い傾斜を持たせたもので、禁欲的に仕上がっている。変わっているのは内装で、オーナーが中国系フランス人であることから、ドアは道教の陰陽太極図の形状で、発酵樽上部の作業空間をつなぐメザニンの天井裏には、金色の龍をイメージさせるオブジェが垂れ下がっている。壁面はスタール同様に彫刻が施されるが、ここでも中国風の瑞雲模様が見られる。

外観はハイブリッド・ヴァナキュラリズムにより既存景観との調和も素晴らしい。しかし、ワインの個性よりもオーナーの出自を強調したインテリアにのモチーフは、評価が分かれるところであろう［図36］。

図35 樹状の鉄骨柱や木製ルーバーは自然景観との調和を形成する

ともあれ、フォスターという影響力の大きな建築家が、シャトー・マルゴーというボルドーを代表する造り手で採用した形式だけに、今後もハイブリッド・ヴァナキュラリズムの現代建築ワイナリーが建設されると考えられる。

従って、2020年代のワイン建築のデザイン上の課題は、その物真似をいかに防止するかになる。ハイブリッド・ヴァナキュラリズムは、景観に調和しているだけに、ABFにせよ自治体の都市計画担当職員にせよ、あるいは有識者会議にせよ市民団体にせよ、真っ向から否定できない。しかし、後世はそれをエピゴーネンとか似而非建築と喝破するだろう。それを超越し、2000年代のポルザンパルクのシュヴァル・ブランのような挑戦をいかに促進してゆくかが問題となる。

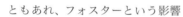

図36 門扉のグリルの模様も東洋的なイメージを看取させる

第9章　現代建築のワイナリー　367

注

1 現代的デザインのワイン建築のアンソロジーに関しては、本書巻末の参考文献一覧「ワインと建築・都市計画・景観」の項に列挙した。筆者が入手したものだけでもこれだけあるので、実数はかなりの数に上るものと考えられる。つまり、それだけワインと建築の関係の考察が世界的に進んでいる。

2 原文ではSchlösserとなっているが、これでは鍵屋の意味である。おそらく城（Schross）、即ちシャトーのドイツ語対応語の誤植と考え、ここではシュロースと記した。

3 WEBB (2005), p.7.

4 発酵室・樽熟成庫とは、仏語のchaiの意訳で、文字通り発酵と樽熟成がなされる場所ある。ボトルに移されて熟成させる空間は、地上面であれば酒庫（cellier）、地下であれば酒蔵（cave）と言われるので、chaiを醸造所と訳すと、訳し足りなくもあり訳し過ぎにもなる。また、CAUE de la Gironde (2014), p.60に拠ると、ボルドーでは、chaiと単数形を使用する場合は樽熟成庫を、chaisと複数形で使用する場合は発酵室を意味することが通常だが、必ずしも絶対的な規則ではない。そこで、本書では実態に対応して発酵室、樽熟成庫、そしてそれら２機能を併設する発酵室・樽熟成庫という表現で使用してゆく。ともあれ、昔も今も、ワイン生産の中で最も重要なのはこの空間である。

5 BESCHI Alain, «L'Invention d'un modèle : l'architecture des «chais» en Gironde au XIXᵉ siècle», dans *In Situ – Revue du patrimoine*, nᵒ 21 : «De l'art de bâtir aux champs à la ferme moderne», 2013, p.22 et p.25 (URL : http//insitu.org/10327)［2018年２月１日アクセス確認］.

6 BESCHI, STEIMER et al. (2015), pp.26-27.

7 PAVAN Vincenzo, «Architecture et vin, la rencontre de deux cultures», dans CASAMONTI et PAVAN (2004), pp.9-47, p.18.

8 PERARD Jocelyne et JACQUET Olivier, «Vin et patrimoine : l'exemple du Château du Clos-Vougeot», dans *Revista de Cultura e Turismo*, ano 08 – nᵒ 3 : «Edition spéciale : Vin, patrimoine, tourisme et développement : convergence pour le débat et le développement des vignobles du monde», Outubro 2014, pp. 13-29, p. 21+p. 25.

9 ROYER Claude, «L'Habitat vigneron», dans (catalogue de l'exposition) (1998), *La Vigne et le vin*, pp. 130-138, p. 130.

10 COUSTET Robert, «Histoire de l'architecture viticole», dans DETHIER (sous la direction de) (1988), pp. 63-97, pp. 66-70.

11 PIGEAT (2000), p. 116.

12 以下のシャトーの歴史と現代の問題に関する記述は、ガリエ（2004）、p.146、p.245及びp.450を参考にした。

13 GROLLIMUND (2016), pp.32-33. BESCHI, STEIMER et al., *op.cit.*, pp.22-23が指摘するように、彼らがワイナリーの専門建築家として鳴らすことができたのは、当時の技術革新であるメドック式発酵室（cuvier médocain）、即ち、発酵樽の上部に醸し等の作業空間を立体的に配置する新たな醸造技術を知悉していたためでもある。

14 ジョンソン（2008中）、p.219。

15 ジョンソン（2008下）、pp.159-162。

16 ROUDIE Philippe, «La Notion de château viticole», dans DETHIER (sous la direction de), *op.cit.*, pp.39-47, p.40からの再引用。

17 大塚（他）（監修・執筆）（2010）、p.119。

18 CHAIX (2016), pp. 42-55.

19 以下の記述は、LACUESTA (2009) を参考にしている。

20 PAVAN, *op.cit.*, pp. 31-34.

21 *ibidem*, p. 33.

22 GAVIGNAUD-FONTAINE et al. (2010), p.69は、学術的に慎重さを期して「馬蹄形平面」や「中央通路型平面」という表現でブレスの建築を分析している。本書が述べる「カテドラル」とは、従って形態が触発する隠喩である。

23 GANIBENC Dominique, «L'Architecture des caves coopératives héraultaises : l'exemple de Paul Brès (1901-1995) », dans DELBREL et GALLINATO-CONTINO (sous la direction de) (2011), pp. 129-146, p. 146.

24 MANTOUX et SIMMAT (2012), p. 268.

25 ANSON (2010), p. 10.

26 GRAVARI-BARBAS Maria, «Winescape : tourisme et artialisation, entre le local et le global», dans *Revista de Cultura e Turismo*, ano 08 – nᵒ 3, Outubro 2014, pp. 238-255, p. 243.

27 欧州文化首都とは、欧州連合加盟国の都市が１年に亘り欧州レヴェルかつ地域密着型の文化行事を開催するものである。当初は各国の首都が選ばれていたが、文化施設整備の契機となると同時に観光客の来訪による経済波及効果も大きいことから、発展途上都市が競って立候補するようになっている。

28 SCHIRMER et VELASCO-GRACIET (2010), p. 68.

29 ウェッブ、マイケル（土居純訳）：「ワイナリー建築の進化」、『a+u』、No.457（特集：ワインと建築）、2008年10月、pp.12-17、p.15。

30 ピット（2007）、p. 223+p. 277

31 GODFREY Dominique, «Des Châteaux pavés d'art», dans (revue) (2015), *Le Festin…*, pp. 92-99, p. 92.

32 COMPADRE César, «L'Architecte aux 150 châteaux», dans *Sud Ouest*, 26 novembre 2012, pp. 8-9, p. 8.

33 STEIMER Claire, «De Bois, de béton, d'inox : les chais médocains», dans *Le Festin*, nᵒ 84, hiver 2013, pp. 88-

95, p. 93. ここでは、ボルドーを意識して赤ワインの醸造法を中心に述べる。白ワインは、破砕後に皮等を除去しつつ圧搾され、発酵タンクに移されるのが標準的である。

34 ただし、今日、ステンレス・タンクは温度慣性に欠けるため、温度調節が困難だとして敬遠する造り手もある。

35 GILLES Jean-Bernard, «Gironde – De nombreux chantiers autour de la vigne et du vin», dans *Le MTPB*, nᵒ 4965, 22 janvier 1999, pp. 137-138.

36 HUART (d') (1992), p. 73.

37 «Genèse d'un haut lieu souterrain en Médoc», entretien avec Eric de Rothschild, dans DETHIER (sous la direction de) (1988), p. 173.

38 PAVAN, *op.cit.*, p. 37.

39 そもそも、BESCHI, STEIMER et al., *op.cit.*, pp.175-177に拠れば、樽熟成庫ではなく発酵室という括りで見れば、ボルドーではステンレス・タンクを円形に配置した事例が1980年代にシャトー・ダルサンで、1987年にシャトー・ピション・ロングヴィルで出現しており、それらを嚆矢とすべきであろう。

40 OLSZAK Norbert, «La Certification des vignobles de terroir», dans ANATOLE-GABRIEL (sous la direction de) (2016), pp. 163-173, pp. 167-168に拠れば、AOCマルゴーへの再編入は、当初はINAOによりAOC面積を20%も増加させるとして拒否された。対して、ラウーは訴訟を提起し、古文書等を論拠に再編入が妥当とする論陣を張った。司法は原告の訴えを認め、AOCマルゴーを名乗ることが可能になった。

41 GODFREY, *op.cit.*, pp. 94-95.

42 MERIC (2000), p. 129.

43 因みに、AOCテュルサンのシャトー・ドゥ・バッシェンは、1987年にミッシェルとクリスティーンのゲラール夫妻が取得し、ドゥ=ガスティンが1991年に樽熟成庫を整備した。1994年には18世紀後半建設のシャトー部分が歴史的モニュメント（MH）に登録されている。

44 2012年からは、さらにシャトー・パヴィとシャトー・アンジェリュスが最上級に昇格している。

45 LURTON (sous la direction de) (2014), p. 66.

46 *ibidem*, p. 58.

47 CHESSA Milena, «Un Chai galbé dans les vignes de Saint-Emilion», dans *Le MTPB*, nᵒ 5624, 9 septembre 2011, pp. 26-29, p. 26.

48 DESFONTAINES Michel, «Une Prairie de graminées recouvre le chai du château Cheval Blanc», dans *Paysage Actualités*, décembre 2011, pp. 20-21, p. 20.

49 LANGLOIS (2015), p. 51.

50 SIMMAT (2015), pp. 196-200.

51 REY et JAMIN (2016), p. 178.

52 GROLLIMUND, *op.cit.*, pp. 64-65.

53 本シャトーは同年にサントリーにより買収されたものだが、同社は荒廃したシャトーの再生に大金を投資した（山田（2004）、pp.119-122）。それを支えたのがマジェールであった。

54 BONNIN Sylvie, «Bernard Mazières – Architecte des châteaux bordelais», dans *Vigneron*, nᵒ 15, hiver 2013-2014, pp. 10-12, p. 10.

55 BESCHI, STEIMER et al., *op.cit.*, p. 151.

56 GRAVARI-BARBAS, *op.cit.*, p. 242.

57 MARTINEZ Eric, «Chacun cherche son chai», dans (revue) (2015), *Le Festin...*, pp. 78-85, p. 84.

58 JODIDIO (2016).

59 REY et JAMIN, *op.cit.*, p. 131.

60 BESCHI, STEIMER et al., *op.cit.*, pp. 184-185.

61 LURTON (sous la direction de), *op.cit.*, p. 66.

62 同シャトー公式サイト（http://gruaud.kairos-agency.com/）［2018年2月1日アクセス確認］。

63 BEKA et LEMOINE (un flim et un livre de) (2013), p. 15.

64 レセプション・ルームであると同時に、BEKA et LEMOINE, *op.cit.*のドキュメンタリー映像が示すように、収穫時の臨時雇いの人々のための食堂である。

65 CIVIDINO Hervé, «Le vin, expression contemporaine de l'architecture agricole», dans ANABF (2006), pp. 50-52, p. 51.

66 ローサー（2011）、pp.62-64。ルモンタージュとは、タンク下部から果汁を抜いて、表面に浮いた果皮の上に静かに戻すことで、発酵に必要な酸素を供給し、ワインの変成にムラをなくすための作業で、果皮成分の抽出で色が鮮やかになる作用もある。

67 DUSSARD Thierry, «Chais d'architecte», dans *Vanity Fair*, octobre 2014, pp. 104-105, p. 105.

68 シャトー・フォジェールの公式サイト（www.chateau-faugeres.com）にアップされているインタヴュー映像での発言［2018年2月1日アクセス確認］。

69 ジュアンはモンラベールでは失敗したが、本業のインダストリアル・デザインの成果であるヴェリブのデザインは秀逸である。鳥海基樹：「屋外広告物でワンコイン・レンタサイクルの錬金術!?−パリで進む景観形成を介した脱自動車社会への移行」、『季刊まちづくり』、第18号、2008年3月、pp.70-75を参照のこと。なお、このデザインの自転車は、2017年での契約満了により徐々に姿を消しつつある。

70 DUSSARD, *op.cit.*, p. 104.

71 (anonyme), «Saint-Emilion contre la «pornographie architecturale»», dans *Revue de vin de France*, 18 avril 2014, p. 22.

72 LANGLOIS, *op.cit.*, p. 7.

73 ZVENIGORODSKY Camille, *St Emilion ou la dialectique de l'architecture contemporaine*, sans date.

74 «Les Chais devront s'intégrer», dans *Sud Ouest*, 20 janvier 2015.

75 そもそも、ヌーヴェルが本シャトーの建築家に指名されたのは、ワイン建築や景観調和への手腕を見込んでと言うよりも、DUSSARD, *op.cit.*, p.104が指摘するように、彼が設計したパリのケ・ブランリー博物館の建設時に、シャトー所有者であるクレマン・ファヤが経営する施工会社が工事を請け負ったことを発端としている。

76 SAPORTA (2014), p. 39.

77 BESCHI, STEIMER et al., *op.cit.*, p. 179.

78 クツマニィ、マリオン＋グスト、ケアスティン（土居純訳）:「ワインから建築へ」、『a+u』（前掲書）、pp.50-55、p.55。

79 SIMMAT, *op.cit.*, p.76. なお、2014年から一申請に対し交付額に500万ユーロに、建設補助に関しては1平方メートル当たり400ユーロという上限が設定された。

80 AFIT (2004), p. 54.

81 CHAIX, *op.cit.*, p. 29.

第 **10** 章

俯瞰と展望

――スマート・スプロール、好い加減の文化財保護、
マイナスの政治主導、しかし植民地化の懸念

「喉が鳴る景観」との問題提起で始まった一連の分析だが、第2編の銘醸地の3世界遺産に関しては、都市計画と文化財保護、あるいはガヴァナンスに関する示唆を小括として記述した。他方、第1編と第3編の各章は状況の紹介や様態の整理、あるいは歴史的展開の省察であるため、あえて結論の引き出しをしていない。

ここでは、以上の小括や記述を俯瞰することで、本書が分析の主要な視座とした建築学、都市計画学、文化財保護論、あるいはそれらの活用主体であるガヴァナンスの点から、フランスのワインスケープの将来を展望してみたい。また、それらの肯定的展望に対し、悲観的見通しを提示しないことには、フランス翼賛本との誹りを免れ得まい。そこで、懸念される点に関してもまとめてみたい。

1. 建築・都市計画に関して

1-1 アグリテクチャーへ

現代建築のワイナリーに関しては第9章を中心にパノラマ的に俯瞰した。ボルドーのワイン都市に代表される象徴的建築のビルバオ効果に関しても第8章で鳥瞰している。クリスチャン・ドゥ゠ポルザンパルク設計のシャトー・シュヴァル・ブランは2000年代のその頂点であり、ノーマン・フォスター設計のシャトー・マルゴーに見られたハイブリッド・ヴァナキュラリズムは、2010年代の到達点である。

そこで、ここではその先にある「アグリテクチャー」という概念を展望したい。読んで字のごとく、アグリカルチャー（農業）とアーキテクチャー（建築）を合体させた造語にして概念である[1]。

今日、いずこでもコスト至上主義の営農用施設が幅を利かせている。しかし、ワイン観光、さらに広くはアグリツーリズム（農業観光）の対象地にでもなれば、原産地のイメージがインターネット上で即座に拡散する。とすれば、醜い畑や営農施設は長期的には淘汰されることが楽観できよう。さらに、農業が6次産業化し、2次産業や3次産業のイメージが1次産業にも求められるようになると、技術革新の形象が重要性を増し、前衛的で洗練された農業建築、即ちアグリテクチャーが出現するはずである。

その場合、傑出した作品の出現と、一般的建築の底上げというふたつの方向性が考えられる。

前者に関しては、スター（きら星のようなスター建築家）とアーキテクチャーを合体させたスターキテクチャーが、アグリテクチャーの分野でも現れないものか。つまり、スタグリテクチャーの出現である。これは、アグリツーリズムの進展とそのような発注をする農家の側の認識改革を待たなければならない。

他方で、後者のためのシステム構築も必要であろう。農家の側の意識改革は無論、例えば、その意志を受け止める助言組織の整備が考えられる。例えば、オー・サヴォワ県農業会議所が同県の建築・都市計画・環境助言機構（CAUE）と共同で毎年開催する農業関係者向けの建築講習会はその好例である[2]。

372 第3編

また、これらを併行して、アグリテクチャー周辺の空間整備も視野に入ってくる。個人に秀逸な建築を要求するのだから、共同体側も公共空間整備に投資しなければ責任が対称化しない[3]。アグリスケープ保全のための制度設計は、まさに個々人の利益と共同体の便益の均衡を探求する作業に他ならない。エペルネのシャンパーニュ大通りや、ランスのサン・ニケーズ丘陵で計画されている公共空間整備は、まさに私人と共同体の協働の文脈で捉えられよう。

さらに、アグリテクチャーが前衛的意匠をまとい屹立しつつも、周囲の景観を紊乱しない制度設計も必要となろう。それに関しては、ワイン建築の経験を活用できるはずである。

■-2 イメージの経済学による都市計画へ

ボルドー・ワインのラベルにはシャトーやブドウ畑が描かれていることが多い。つまり、建築のみならずワインスケープも生産物のイメージを形成し、さらには価格を左右する。近年では、消費者がイメージを見るだけでは飽き足らず、現地に足を運びワインを購入する形式のワイン観光が発展してきた。ワインは典型的な自己顕示型商品で、単なる購入ではなく、現地での入手が消費者の心理をくすぐり始めた。そのため造り手は、醸造環境の衛生性や革新性のショーケースとするため、現代建築のワイナリーを陸続として建設している。また、ワインスケープ自体もショーケース化している。

つまり、銘醸地で必要なのは、イメージの経済学による都市計画である。その究極の様相が、国立原産地統制呼称研究院（INAO）が、生産物のイメージ・ダウンを理由に都市計画の見直しを要求できることであろう。

となると、都市計画には、まずは確固として伝統的なワインスケープなりアグリスケープなりを保全する仕組みと、他方でそのような歴史的環境に中で屹立しつつも前衛的なアグリテクチャーを許容するシステムを併存させた制度設計が必要になる。

ワイン建築の設計の良し悪しは、当該ワイナリーの自己責任である範囲であれば構わないが、サン・テミリオンで見た、先行したシャトー・シュヴァル・ブランの建築に対する後発のシャトー・ラ・ドミニクのそれの不調和は、後発者が先行者のイメージを悪化させたとも言えなくはない。実際、シュヴァル・ブラン側は、植栽でそれを自社建物から見えなくしている。また、一般論として、ブドウ畑の景観は、点的な建築と異なり面的に拡がって他のワイナリーに近接することもあるので、その紊乱は外部不経済を発生させる可能性がある。

インターネットの発達でイメージは瞬時に拡散して次々にコピーされるので、ワイン観光の進展に比例したイメージ発信の増加は、そのような負の外部性を全世界に知らしめる。となると、都市計画により、それらを集団的に制御してゆく根拠が生まれる。

ジャン＝ロベール・ピットは、ワイン観光は、それまで密室的だったブドウ園の再生と質的向上への契機となると述べる[4]。これはブドウ園のみならず、それまで他者のすることに我関せずの態度で密室的ワイナリー経営が許容されてきた地域全体に適用可能な箴言となろう。近年では、環境規制の強化で廃液処理の水準向上等も都市計画の射程に入るので、な

おさらと言える。

　一般的市街地では住民の生活環境の制御を主眼とした都市計画が肝要だが、銘醸地では
イメージの経済学によるそれが重要となる。これは次に述べる、コンパクト・シティ論やス
マート・シュリンキング等、最近の都市計画概念の無差別的適用への批判ともなろう。

■-3 スマート・スプロールへ

　銘醸地を俯瞰すると、ほとんどどこでも自動車が主要交通手段で、シャンパーニュのメゾ
ンの集積を除けば、ボルドーにせよブルゴーニュせよ、醸造所や住宅は離散的に散在して
いる。つまり、営農、ワイン生産、日常生活、そしてワイン観光のいずれの場面でも、自動
車と道路は不可欠である。これはまさに都市スプロール(無秩序で低密な都市拡散)で、一般的に
は忌避すべき都市形態だが、銘醸地でそれを否定することは地域経済の否認に他ならない。
生産性の高い農業地域にコンパクト・シティ(集約型都市構造)論やスマート・シュリンキング
(賢明な縮退)論を適用するのは愚策である。

　となると、スマート・スプロール(賢明な郊外拡散)やコンパクト・スプロール(多数の小さなま
とまりによる郊外拡散)といった、銘醸地ならではの離散的都市形態を直視し、それに応答した
都市計画が必要になる。

　そもそも銘醸地の基礎自治体の大半は小村で、商店に関しても、食品店やよろず屋的商店
が軒を寄せ合う程度の集積に過ぎない。それを行商やマルシェ(定期市)が補完してきた。こ
れらの集落の人口減少は止まらず、それらの多くが廃業している。ただ、もともとさした
る商業集積はないので、集落から店がなくなっても寂れた感じにはならない。ブドウ農に
限らず、地域住民は幹線道路沿いのスーパーマーケットで買い物をする。都心ではないの
で、自動車の保有コストも低く、住民・商店主双方にメリットがある。

　そこで、スポット的に中規模商業施設を許可し、そこに銀行等のサーヴィスも付随させる
のが最適解であろう。そもそも、全ての都市に近隣商店街を要求とするフルセット主義こ
そ時代遅れである。住宅をまとめるコンパクト・シティではなく、商業やサーヴィスをまと
めるコンパクト・マーケット(商業集約)の方が銘醸地には適切である。サン・テミリオンに向
かうリブルヌ市郊外の幹線道路沿いにはさらに、農業機械や器具、あるいは肥料を扱う販
売所も併置されていた。また、同地では旧市街周辺での自動車公害抑止のため、観光バスの
集合駐車場が鉄道駅直近に整備されたが、これも同様にコンパクト・パーキング(自動車の拠
点集約)の発想である。

　ともあれ、以上の場合、問題はむしろ景観的なものになる。自動車利用を前提とした商業
施設は、野立て看板、案内看板、あるいは自社広告・自社看板をいった具合に、自動車の速
度で退化した動体視力や動態視野を補う巨大で派手な色使いの屋外広告物を出す。そのた
め、シャンパーニュやブルゴーニュでは建築・文化財活用区域(AVAP)、またサン・テミリオ
ンやブルゴーニュでは地域屋外広告物規則(RLP)が活用されていた。

2. 文化財保護に関して

2-1 コモンズ以上文化財未満の遺産の保護へ

　ブドウ畑やワイン生産に関わるヴァナキュラーな工作物については、第1章のバニュルスのアグイユ（別名「雄鶏の足」）や第6章のブルゴーニュのミュルジェールやカボットの保護等に絡めて俯瞰した。この土着遺産は、スターキテクチャーに倣えば、ヴァナキュラー（土着的な）とアーキテクチャー（建築）を合体させたヴァナーキテクチャーと括ることができよう。

　課題は、その保全である。国家的保護を期待できないが、地域の歴史にとって重要な遺産の保護は、地域都市計画プラン（PLU）で実施可能であることは縷々述べた。ただ、歴史的モニュメント（MH）制度と異なり、それには修復補助金が付帯しない。

　ワイン関連のヴァナーキテクチャーの多くは、村落や宗教といった共同体の集団的作業で建設され、維持管理も村民総出や修道会総出で負担してきた。牧草地や里山とは異なり個人の土地の上に固着された私有物件だが、輪番で修繕・維持されるコモンズ的な存在であった。しかし、物と所有権の一対一の対応を要求する近代的な所有権の概念の中で、その管理もまた所有者の責任とされる。さらに、それらは国家が価値認定するほどの文化財ではないため、直接的支援を引き出すのが基本的に困難である。

　このコモンズ以上文化財未満のヴァナーキテクチャーの保全に関する展望は、コモンズ的遺産なのだから、物ではなくコモンズ的なものに支援をするということになろう。実際、本書ではそれらの修復を担う人材育成に関して、バニュルスの「ブドウ畑の建築家」ラベルや、ブルゴーニュのヘラクレス・プログラムを紹介した。物の保全ではなく、コモンズ的な知恵の継承に力点が置かれている。

　また、シャンパンの産地であるオーブ県では、現地ではカドル（cadole）と呼ばれるブドウ栽培農家小屋を観光資源として活用したり、地元住民や愛好家が保存している事例がある[5]。従前の用途での利用が不可能になった作業小屋は、サン・テミリオン等でも保全が問題化していたが、ボルドー地方の切石積みの端正な小屋と比較すると、空積み工法のカドルやカボットは奇景とも言えるので、観光活用も比較的容易かもしれない。その場合でも、共同体的価値が見出せる物件に対しては、修復技術の提供等のコモンズ的支援が最適かつ必要であろう。

2-2 3次元マトリクスの遺産概念へ

　2次産業や3次産業は容易に海外移転（と言うと聞こえは良いが、要するに海外流失）するが、農生産の場や歴史的環境は、海外はおろか隣村にも移転できない。ブルゴーニュのクリマでは、わずか数メートルの差で生産物の味が異なる。土地からの切断は完全に不可能である。

　先進国では、農業・工業・サーヴィス業という時系列で進行してきた産業形態の移行に対し、3次（サーヴィス業）から2次（ものづくり）へ、さらには2次から1次（農芸）への遡行が見られる。あるいは、それらをまとめた農業の6次産業化が進められている。

　これはワインの生産のみならずその関連遺産の保護に関しても言え、第5章のシャン

第10章　俯瞰と展望　375

パーニュで顕著で、第7章でも詳述した通り、テロワールを接合面としてそれが進んでいる。また、シャンパーニュの女性進出等の概念との結合、ブルゴーニュのワイン観光で顕著な年中行事と絡めたストーリー構築は無形と有形の遺産を結合する。さらに、フランスの美食術とワイン関連の6次化された遺産、あるいは歴史的格付けとの統合は、有形・無形遺産と記憶の遺産の止揚という展望も啓く。

しかも、ボルドーの現代建築のワイナリーが典型だが、保全しつつ刷新をするという背反するヴェクトルの止揚が必要になる。

つまり、ワイン関連遺産の保護は、x軸：6次化、y軸：無形・有形・記憶の止揚、そしてz軸：保全的刷新（あるいは刷新的保全）という3次元マトリクスを形成するということである。象徴的事例としてワイン・グラスを見てみよう［図1］。

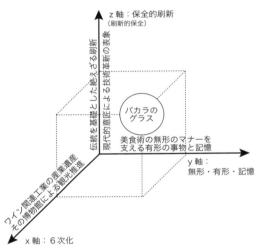

図1　3次元マトリクス化によりワイン関連遺産は拡張し、概念も豊かになる

ワインやシャンパンのグラスの著名メーカーは多数あるが、フランス大統領官邸・エリゼ宮で使われているのは、バカラ・クリスタル社製のそれである[6]。クリスタル・ガラスは、珪砂やソーダ灰等のガラス材料に酸化鉛を配合して屈折率、透明度、さらには共鳴度を高めたものである。欧州連合基準では酸化鉛配合率を24％以上としている。対して、バカラ・クリスタルは30〜34％である。1823年にルイ18世からグラス・セットを受注したのを皮切りに、時の権力者の愛玩ブランドであった。

同社は既にバカラ村の工房にクリスタル博物館を併設してきたが、2003年にはパリにもギャラリーを開設している。パリ本社併設のそれは、むしろ上客や取引先への歴史性の誇示を目的とし、ワイン関連アイテムよりもアクセサリーやシャンデリアの展示が前面に出ているが、それにしてもワイン関連遺産の裾野の広さ、そしてその波及的利用法の好例と言える。

ワイン関連の産業遺産とも理解できるし、フランスの美食術の無形のマナーからの解釈もできる。博物館は観光素材でもあり、その歴史はフランス史の記憶にもつながる。新たなグラスは保全的刷新の産物に他ならない。ワイン文化財は、かくして3次元マトリクス上で展開する。

2-3　好い加減の文化財保護へ

遺産の6次化、さらには3次元マトリクス化は、構成範囲が拡張したり、場合によっては

飛び地的に離散する可能性があるため地理的拡張も呼び込む。また、ヴァナーキテクチャー
や産業遺産が含まれる場合、それが稼働中であれば現業性も確保しなければならない。

　つまり、3次元マトリクス化した遺産の全面的保存や凍結的保存はできない。そもそも、
ワインの生産施設には技術革新の表象が要求されるので、過去の模倣という保全的保全の
方策を取ると、旧態依然というレッテルを貼られる。保全をしつつ刷新を行う保全的刷新
が必要になるのである。

　文化財保護に於ける保全的刷新の問題の核心は、新たな建築や都市空間が、伝統的景観の
中で前衛的に屹立しながらもそれを紊乱しない優れたものなのか、それとも単に奇を衒った
ただけなのか、誰が、どのような基準で判断するかということである。

　誰がと言えば、文化省から県に中央分権された歴史的環境監視建築家（ABF）であり、どの
ような基準かと言えば、ABF自身の専門的見地からということになる。しかし、かくなる
システムは前近代的で、申請者側から見ればルールのない判断は不透明だし、判断者側から
見れば先端的な専門知識を必要とする審理に自信が持てない。

　そこで俯瞰したのが、賢人会議とガイドラインであった。賢人会議は、サン・テミリオン
で設置されていた。醸造施設の機能性や土地区画形質の変更の必要性等、ABFの知見の専門
外の事項に関して、その決定を支援する。また、ガイドラインは、ブルゴーニュのコート・
ドゥ・ボーヌ南部指定景勝地が2000年に作成した管理指針を見た。景観に関することなの
で確定的記述は不可能だが、緩やかな内容でも事前確定していればそれを基盤に議論が可
能になる。

　これらから得られる展望は、好い加減の文化財保護と言えよう。「好い加減な」、つまり粗
略という意味ではなく、「好い加減の」、つまりほど良いということである。凍結的保存では
なく開発を許容する好い加減の保全、絶対的判断ではなく合議で合理的な知見に基づく好
い加減の審理、そして事前提示されているものの解釈の可能な好い加減の指針ということ
になる。

3. ガヴァナンスに関して

3-1 地方集権と中央分権へ

　フランスには約36,000の基礎自治体が存在し、ほとんどが人口1,000人以下の小村であ
る。多くはかつての教会教区を単位とし、現在の基礎自治体も、かつての教会同様、戸籍管
理を主務とする。それ以上の職員の雇用は困難な財政状況にある。しかし、顕著な「喉が鳴
る景観」を有し、そこでの醜景発生の抑止や優品の保護が必要な場合、複数基礎自治体の共
同体が結成されてきたのは、縷々俯瞰してきた。というか、それなしには、戸籍管理以外の
役務を扱えないのである。そこで、以下では地方集権と中央分権という視座で展望を開い
てみたい。

　前者は、とりわけサン・テミリオンとブルゴーニュで顕著だったが、細分化した基礎自治
体ではなく、それらの集合体に分権された権利を集権するものである。生活圏という発想

第10章　俯瞰と展望　377

に立つと、一基礎自治体の中で生活が完結することはない。ブドウ農業という点でも、醸造所周辺は住宅開発よりも採算性の高い農地なのだから、従業員が周辺居住することはあり得ず、近隣から通勤してくる。全ての醸造所に公共交通を巡回させることは不可能だから、個人の自動車利用が前提である。であれば、歴史的集合体(例えばサン・テミリオン自治区)や銘醸地の単位 (例えばボーヌ・コート・エ・シュッド人口集積地共同体) に権利を集権させるのが合理的であろう。合併も考えられるが、教会教区という伝統に依拠する基礎自治体のそれは経験的に困難で、また、地方集権方式であれば、時代の要請や変化に対応して離合集散が可能になる。

後者の中央分権についても、その実態を縷々描写してきた。そもそも、地方分権されたところで、小規模自治体では都市計画の策定や建設許可の審査を行う人材を準備できない。フランスには機関委任事務が残され、国は地方圏や県に出先機関を設置している。小規模自治体はそこに都市計画を委任することもできる。そもそも文化財保護のような国家的遺産の管理は国が責任を負うべきで、地方圏や県の出先機関がそれを所管する。本書では、それを中央分権と解釈してきた。

教会教区という歴史的起源を有する基礎自治体を守りつつも、権利を集約したり返納したりして効率的都市経営を実施する地方集権や中央分権のシステムは、合併により地域のアイデンティティを喪失するよりも、独自の伝統を有する地方にとって有効なはずである[7]。

3-2 ワインスケープ・コネクションへ

フランスの都市計画用語で、「コネクション」とは交通結節点を意味する。近年の交通計画のキイ・タームである交通結節点に於けるシームレス[8]に関しても、フランスでは乗り換えの利便性に代表される空間的連続性だけではなく、複数の公共交通を連続利用することで料金を割り引く経済的連続性や、接続ダイヤを巧妙に編成する時間的連続性も含まれ、さらにそこに心地良さを求める景観的連続性も不可欠とされる[9]。

ワインスケープのガヴァナンスに関しても、このコネクションとシームレスの概念が適用され始めたことを展望してみよう。

第8章で批判的に俯瞰したボルドーのワイン都市だが、それは博物館だけではなくワイン観光の拠点としての役割を負っている。近年のワイン観光では、様々な値段帯の様々なプログラムが準備されている。ただ、商品の多様性は逆説的に一般の人々を困惑させる。ほとんどの客にとってワイン観光は旅の第一目的ではなく、ワインの知見も充分とは言えない。そこで、ワイン都市には無料の相談カウンターが設置され、担当者のアドヴァイスを得ながら最適なツアー商品を購入できる。また、多くのツアーがワイン都市を拠点としているので、空間的にもシームレスとなる。これまでは銘醸地に赴き、そこの観光案内所でツアーの申し込みをしていたが、ワイン都市では民間旅行会社のみならず各観光案内所の商品も扱っているし、様々な生産者のワインを販売するブティックもあるので、まさにワイン観光コネクションとなっている。

あるいは、第5章や第6章で俯瞰したシャンパーニュ景観協会 (APC) やブルゴーニュの

ブドウ畑のクリマをユネスコの世界遺産に登録する協会（AICVBPMU）も、ワインスケープの保全的刷新を推進するガヴァナンスのあり方として、コネクションの役割を有する。世界遺産登録の目的が、遺産の後世への伝達を超えてブランド保護や販売促進、さらには観光客誘致となると、利害関係者の幅は大きく拡がる。情報の共有から始まり意見の相違の調整まで、上記協会が果たした役割は該当章で論述した通りである。ただ、両協会共、トップの人材の知己の多さや開放的性格といった属人的特性に依存してきた部分も大きく、今後、その管理に世界遺産登録前と同様の熱意と機動力で持続的に取り組めるかが課題となろう。

　さらに、ロワール渓谷ミッションが2003年に立ち上げたフォントヴロー憲章、アキテーヌ地方圏が2004年に仕掛けたワイン巡りプログラム（TOURVIN）、あるいは同じくロワール渓谷ミッション2005年から推進したワイン観光プログラム（VITOUR）も、同じ文脈で捉えられる。いずれも欧州連合補助金が切れた現在は活動は休止しているが、銘醸地世界遺産コネクションとして、保存概念の整理や保全手法の知見の共有等、ワインスケープのガヴァナンスとなったのであった。

■3-3 マイナスの政治主導 [10]「も」必要へ

　フランスの都市計画や文化財保護は基本的に政治主導である[11]。首長も議員もそれらに通暁し、生活環境の改善が選挙の争点になる。これは大きなメリットだが、他方で、あえて針小棒大にデメリットを指摘できなくもない。端的に言えば、彼らは次期選挙での再選を目指し、たとえ近視眼的と解っていても、有権者の期待に添った、ワインスケープを毀損する可能性のある政策を施行しかねない。

　本書では、その傾向に対処する様々な方策を俯瞰してきた。例えば、第2章で解説した通り、国立原産地統制呼称院（INAO）や関連組合は、都市計画立案時の法定諮問機関として、その計画内容が当該農産物の質は無論のこと、イメージを毀損する可能性があると判断する場合には、適格な原告として行政裁判に訴え出ることができる。これは、まさに上述のイメージの経済学による都市計画の産物である。もちろん、そうなると最終判断は司法の手に委ねられるが、近視眼的政治ではなく長期的視点の法の支配をより期待可能なのは明らかである。

　文化財保護の制度の中にも、自治体の判断を封じる方策が内蔵されている。例えば、フランスでは建物を取り壊す際にも許可が必要だが、歴史的モニュメント（MH）登録された建物の取り壊し申請が出され、自治体の段階でそれが許可されても、歴史的環境監視建築家（ABF）が明示意見を出せば制止できる。あるいは、MHになっていない事案でも、ABFが中央に働き掛けて文化大臣に職権指定をさせる仕組みもある。これは、環境省から中央分権された担当官も行使可能なシステムで、第6章で紹介したコート・ドゥ・ボーヌ南部指定景勝地はその果実である。

　逆に、サン・テミリオンのシャトー・シャトー・ペビー・フォジェールのプロジェクトに関しては、ABFは承認しているのにサン・テチエンヌ・ドゥ・リース村長が反対しているし、

第10章　俯瞰と展望　379

サン・テミリオン市長が現代建築のワイナリーに対して慎重なのは第9章で紹介した。これらをあえて陰湿に解釈すると、これらの政治家は景観に関して保守的な有権者を意識して凍結的保存という近視眼的評価をしていて、前衛的建築によるワイン観光の推進という長期的視点を欠いているとの強弁も成立しなくもない。

政治的判断は基本的に民意を反映した正当なものだし、フランスの都市計画に於ける政治主導の躍動感やスピード感、さらには政治家の護民官精神は見ていて清々しい。他方で、以上から開ける展望は、やはりマイナスの政治主導「も」必要と言えよう。となると、サン・テミリオンで見られた賢人会議の仕組みは、判断に対する長期的視点と同時に、専門的知見をもたらすものとして評価できる。同会議はABFが農業の門外漢であることからその決定を支援するもののみならず、政治の農業に対する知見の欠落を補完するものでもあるのである。あるいは、シャンパーニュで見た地方圏自然公園（PNR）によるガイドラインや、ブルゴーニュで活用されている景勝地のそれも同様と言えよう。

4. 植民地化の懸念

フランスのワインスケープが抱える葛藤に関しては、とりわけ第1章と第7章とで様々なそれを俯瞰した。それらは植民地化の懸念という概念に括られ得る。

第3章の銘醸地世界遺産の分析でcultureという単語が農耕と文化を共示する多義性を論じた。ただ、その語源であるラテン語の動詞「耕す」（*colore*、過去分詞 *cultum*）は、同時に「耕す人」「入植者」（*colonus* → *clon*）を経て「植民地」（colony）にもつながることは失念すべきでない。ブドウ畑の拡張により森や木立が駆逐され、ブドウ畑一色のワインスケープになるのは、mono-culture化に他ならない。そのまま解釈すればブドウの単一栽培だが、後景にはグローバリゼーションによる喉が鳴る景観の植民地化が透けて見える。低採算による耕作放棄はその逆向きのヴェクトルだし、ファッション企業や外国資本のワイナリー買収も、グローバリゼーションによる植民地化と形容できるかもしれない。

世界遺産やワイン観光も同様である。

今日、世界遺産制度は国際社会が共同で世界的文化財を救出するという初期の理念を、ほぼ喪失したと言える。呼称保護や収益増加という登録推進理由には、経済による世界遺産システムの植民地化が透けて見える。第6章のブルゴーニュで見た格付けの段階数による他の遺産の蔑視とも映る挙証方法は、その象徴と言えないだろうか。植民地化は、国や人間に優劣のレッテルを貼ることに他ならない。

また、同じくブルゴーニュで見たが、イコモスの調査委員の見解が、さしたる検証もなく世界遺産委員会に上がってしまうのも、イコモスによる世界遺産の植民地化と強弁できるかもしれない。世界遺産委員会での外交ロビーによるイコモス評価の変更を論難する向きもあるが、これはイコモス無謬説に陥っていると言えないだろうか。しかし、先進国が完全無欠であり性善であるとの神話こそが途上国の植民地化を正当化してきた歴史を、本書は忘れたくない。無論、世界遺産委員会での非科学的な外交取引もまた、同委員会の植民地化

と形容できることを、本書は失念しない。

第8章で紹介しフランス観光開発庁のガイドブック『酒蔵でのおもてなしに成功する[12]』には、「English spoken with french accentという自虐的看板で外国人の集客を」という教訓が収録されている。謙遜であれば良いが、意図的におかしな発音をし、文法や綴りを間違えるという、巷間で噂されるフランス式の外国人接客術なのであれば、これもまた、ホスピタリティが商品化され、酒蔵がグローバリゼーションに倒錯的に植民地化されていると言える。

植民地化の対極は民族自決に基づく主権の確立であろう。本論の文脈で主権という言葉から触発されるのは、食料主権という考え方である[13]。グローバリゼーションへの対応方法は、安価な農産物の生産ではない。各国・各地域が独自の食料生産様式を選択できるこの主権の確立にある。

文化的景観（英語でcultural landscape、仏語でpaysage culturel）という表現を前に、cultureの真意がcolonyではなく文化と農耕と宗教にあることを再認識することが、植民地化を忌避し、諸主体の主権の尊重や回復に帰結するはずである。ワインスケープはその契機として存在していることを、本書は信じている。

注

1 　GARRIC（2014），p.71に拠れば、語源論的には既に1793年に建築家・フランソワ・コワントローにより使われた造語だと言う。

2 　Ministère de l'agriculture, de l'alimentation, de la pêche et des affaires rurales et Ministère de la culture et de la communication, *Qualité architecturale des bâtiments agricoles*, 2003, p. 11.

3 　フランスに於ける公共側の取り組みに関しては、鳥海基樹：「フランスの公共空間整備憲章」、『季刊まちづくり』、第23号、2009年6月、pp.84-87を参照のこと。

4 　ピット（2012）、p.264。

5 　ITV（2002），pp. 18-19.

6 　鳥取（2008）、pp.200-203。

7 　我国でも、農業経済学者は地方分権を絶対善とせずその弊害を指摘することがある。例えば、農地転用規制は国土保全やナショナル・ミニマムといったマクロ的な関心事項であり、安直に地方に権限委譲をすべきではないとする意見である（神門（2006）、p.185；山下（2009）、pp.60-61；山下（2010）、p.71）。地域振興が役目の地方自治体の首長や議員は、土地を生産性の低い農地にするより宅地や工業用地にした方が役立つと考えがちである。また、再選を狙う場合、有権者の転用希望を否定するのは困難でもある。地方の独断による農地転用が都市部の食料供給を危うくしかねないのに、都会の自治体は法的にそれに反対できない。せめて、転用基準が明解であれば都市民も納得しようが、それは公開性や客観性に乏しく、農業委員会の判断の恣意性や政治家の口利きが指摘されている（八田・高田（2010）、p.32）。であれば、本書が述べる地方集権や中央分権にも一分の利があるのではないか。

8 　seamlessとは英語で「節目のない」「縫い目のない」の意味だが、ここでは英語発音をカタカナ表記して議論を進める。

9 　鳥海基樹：「フランスに於ける鉄道駅舎及びその周辺の都市整備に関する研究–政策展開と組織整備、計画・設計理念、一体的整備の一般化」、『日本建築学会計画系論文集』、Vol.76-No.669、2011年11月、pp.2143-2152。

10 　「マイナスの政治主導」との表現は、小峰隆夫：「負の影響克服、日本が範を」、『日本経済新聞』、2012年1月18日「経済教室」から借用している。金融政策や財政再建に関し、政治や民意の政策的意思決定へのバイアスを回避するため、有識者による科学的知見を活用するべきだとする意見である。

11 　赤堀忍・鳥海基樹：『フランスの開発型都市デザイン–地方がしかけるグラン・プロジェ』、東京：彰国社、2010年を参照のこと。

12 　AFIT（2004）.

13 　アリエス／テラス（2002）、p.103。

第10章 俯瞰と展望　381

あとがき

　この研究が始まったのは、2004年1月21日の夜のことである。東京文化財研究所のフランス文化財調査で泊まっていたボルドーの安ホテルで、斎藤英俊・国際協力センター長（当時）の部屋に、反省会と称して呼び出された。そして、近所のスーパーで買った、多分10ユーロもしないワインを、洗面所のコップで飲まされた。

　ところが、その美味かったこと旨かったこと。当日昼間は、文化的景観調査と称して銘醸地巡りをしていた。そして感得した。喉が鳴る景観は、わたくし程度の凡人の味覚を、あっけなく善解の方向へ押し流すものなのだと。

　ただ、残念なのは、その時に見た広大なワインスケープに反し、それ以降、微細な研究にばかり集中してきたことである。文化財保護にせよ都市計画にせよ、ミクロで粒子的な事象や現象を、顕微鏡で観察するように探査してきた。

　ところが、本書を執筆するにあたり、生活や産業の理想をまずありきとして、その実現にどのような制度設計が必要なのか、これまでとは反対向きにものを見るようになった。つまり、顕微鏡を捨て、裸眼で広角に制度群を俯瞰することになった。すると、これまで勉強してきた微細な断片が、ジグソーパズルのピースのようにぴたり、またぴたりと空間の上に填まる様相が浮かび出てきた。

　そもそも、わたくしたちが生きる空間は、文化財保護や都市計画の制度で区切られている訳ではなく、不可分で連続的な総体としてある。ワインスケープの研究は、その当然の事実を気付かせてくれた。まず制度ではなく生活像ありきで、それにどのような規制や事業が必要なのか、道具箱の中から最適なツールを選んで利用するのが都市設計の正当な手順である。なのに、わたくしはずっと逆のことをしてきた。それを反転させてくれたのが喉が鳴る景観であった。

　ただ、これまでの研究は無駄ではなかったと思いたい。ジグソーパズルのピースの形状や絵柄を知っていたからこそ、パズル全体を組み立てられたからである。

　その結果、本書は、ワインスケープの保全的刷新の装幀をまとめた、フランスの都市計画教科書になったと自負している。生活や産業の将来像を追いながら、必要な道具で建築や都市を組み立てる様態を理解すると同時に、その方策の効用や副作用を記述できたと思う。

　無論、それはわたくしの独りよがりで、その成否は、読者諸賢の判断を待つ他ない。

　ただ、本書の可能性を看取してくれた人物があったのも事実である。水曜社の仙道弘生氏がその人である。同社は文化政策系の書籍を中心とした出版社だが、仙道氏は、喉が鳴る景観を、文化財保護や都市計画といった視点を超え、教育やメセナという視座からも眺める可能性を啓いてくれた。ありがたい。

ところで、本書は、わたくしがワインに感じる衒学性を忌避するため、気障な記述は絶対的に回避してきた。例えば、ワインスケープを考える上で必要な場合を除き、セパージュ（ブドウ品種）やデギュスタシオン（試飲）といった和訳可能なのにフランス語をカタカナ書きにしただけの横文字は使わなかった。また、ブランドや格付けの解説もしていない。ましてや、ワインの味や香り、あるいは色などに関する表現をやである。

　しかし、最後に、わたくしとしては精一杯気障な引用をひとつだけご寛恕願いたい。

Nous n'héritons pas la terre de nos parents, nous l'empruntons à nos enfants.
Antoine Saint-Exupéry
　──わたしたちは父母から大地を受け継いでいるのではなく、子供達から借り受けているのだ。
アントワンヌ・サン＝テグジュペリ

　わたくしにこの大地を貸してくれている子供達、そしてその債権者達をわたくしに授けてくれた妻に、本書を捧げたい。本書に限らず、拙いフランス語と不甲斐ない研究能力に涙割りの酒をあおるのが一再ならずの日々である。それに堪えられるのも、君達がいてくれるからこそだ。

参考文献一覧

【サン・テミリオン／ボルドー】

Arc en rêve Centre d'architecture, *Bordeaux 1995-2005-2015*, Bordeaux, 2004

BESCHI Alain, STEIMER Claire et al., *Estuaire de la Gironde – Paysages et architectures viticoles*, «Image du patrimoine» nº 294, Lyon, Lieux Dits, 2015

BRIFFAUD Serge et al., *Lecture d'un paysage – La Juridiction de Saint-Emilion*, Bordeaux, Ecole d'architecture et de paysage de Bordeaux, 2000

BOUTOULLE Frédéric, BARRAUD Dany et PIAT Jean-Luc (sous la direction de), *Fabrique d'une ville médiévale – Saint-Emilion au Moyen Age*, Bordeaux, Aquitania, juillet 2011

BOUTOULLE Frédéric et al. (sous la direction de), *Saint-Emilion – Une ville et son habitat médiéval (XIIᵉ – XVᵉ siècles)*, cahiers du patrimoine nº 114, Lyon, Lieux dits, 2016

CAUE de la Gironde, *Architectures agricoles de Gironde*, Bordeaux, Le Festin, 2014

(collectif), *Patrimoine et paysages culturels*, actes du colloque international de Saint-Emilion, 30 mai – 1ᵉʳ juin 2001, Bordeaux, Confluences, octobre 2001

Communauté de communes de la Juridiction de Saint-Emilion, *Dossier de Candidature Label pays d'art et d'histoire*, 2006

Communauté de communes de la Juridiction de Saint-Emilion, *Z.P.P.A.U.P – Règlement*, mars 2007

Communauté de communes de la Juridiction de Saint-Emilion, *Juridiction de Saint-Emilion – Elaboration du plan de gestion*, janvier 2013

Communauté de communes du Grand Saint-Emilionnais, *Aire de mise en valeur de l'architecture et du patrimoine – Rapport de présentation*, mai 2016

Commune de Saint-Emilion, *Plan de Sauvegarde et de Mise en Valeur – Rapport de présentation*, approbation du conseil municipal du 10 février 2010

Département de la Gironde et Communauté de communes de la Juridiction de Saint-Emilion, *Projet de territoire*, avril 2004

GODIER Patrice, SORBETS Claude et TAPIE Guy (sous la direction de), *Bordeaux métropole – Un futur sans rupture*, Marseille Parenthèse, 2009

GROLLIMUND Florian, *Médoc Estuaire – Des vignes aux rivages*, Bordeaux, Le Festin, 2016

Juridiction de Saint-Emilion, *Charte patrimoniale pour la mise en valeur d'un plan de gestion*, 24 juillet 2001

LARUE-CHARLUS Michèle (coordination), *Bordeaux 2030 – Vers le grand Bordeaux, une métropole durable*, Bordeaux, Direction générale de l'aménagement de la ville de Bordeaux, 2009

LARUE-CHARLUS Michèle (coordination), *Habiter Bordeaux, la ville action*, Bordeaux, Direction générale de l'aménagement de la ville de Bordeaux, 2011

LARUE-CHARLUS Michèle (coordination), *2030 : Vers le grand Bordeaux du croissant de lune à plaine lune*, Bordeaux, Direction générale de l'aménagement de la ville de Bordeaux, 2013

LURTON Pierre (sous la direction de), *Château Cheval Blanc*, Paris, Hervé Chopin, 2014

MONIOT Anne-Laure, *Bordeaux France – Patrimoine mondial de l'Unesco*, Bordeaux, Direction générale de l'aménagement de la ville de Bordeaux, 2013

(monographie), *Valode & Pistre Architectes – Selected and current works*, Mulgrave (Australie), The Image Publishing Group Pty Ltd, 2005

République Française, *Vignoble & villages de l'Ancienne Juridiction de Saint-Emilion*, dossier de présentation en vue de l'inscription sur la liste du patrimoine mondial de l'UNESCO au titre de paysage culturel, juin 1998

(revue), *Terre de vin*, nº hors-série : «la Cité du vin», juin 2016

SIMMAT Benoist, *Bordeaux Connection – Une enquête haletante au cœur de la mafia des grands crus*, Paris, Editions First, 2015

VEILLETET Pierre et FESSY Georges, *L'Entrepôt Lainé à Bordeaux – Valode & Pistre*, Paris, Demi-cercle, 1992

鳥海基樹：「ワインと葡萄畑が織りなす美味しい景観－あるいは世界遺産サン・テミリオンの文化的景観とその保全的刷新について」、『談』別冊：「Shikohin world alcohol 酒」、2006年3月、pp.102-119

山本昭彦：『ボルドー・バブル崩壊－高騰する「液体資産」の行方』、東京：講談社＋α新書、2009年

ローサー、ジェイムズ（乙須敏紀訳）：『ボルドー－ボルドーワインの文化、醸造技術、テロワール、そして所有者の変遷』、東京：ガイアブックス、2011年

鳥海基樹・斎藤英俊・平賀あまな：「フランスに於けるワイン用葡萄畑の景観保全に関する研究－一般的実態の整理とサン・テミリオン管轄区の事例分析」、『日本建築学会計画系論文集』、Vol.78-No.685、2013年3月、pp.643-652

【シャンパーニュ】

APC, *Charte Eoliennes et Paysages du Champagne*, novembre 2008

APC, *Reims – Colline Saint-Nicaise – Paysage culturel du Champagne – V.U.E. et mode de gestion des zones centrales et tampon*, juillet 2009

APC, *Rapport d'activités 2010*

APC, *Rapport d'activités 2012*

APC, *Rapport d'activités 2013*

APC, *Rapport d'activités 2015*

APC, *Charte des paysages du Champagne – Candidature des CMCC au patrimoine mondial*, octobre 2011 a

APC, *CMCC en perspective – Un projet à partager*, actes du séminaire, Aÿ, Villa Bissinger, 27 et 28 octobre 2011 b

APC, *Inventaire du patrimoine souterrain de la Champagne viticole – Candidature des CMCC au patrimoine mondial de l'Unesco*, 2011 c

APC, *Inventaire du patrimoine industriel du Champagne – Candidature des CMCC au patrimoine mondial de l'Unesco*, 2012

APC, *CMCC – Un monde illustré et inconnu*, Reims, Editions de Larenée, 2013

APC, *CMCC – Dossier de presse*, 2014 a

APC, *CMCC – Résumé analytique*, 2014 b

APC, *CMCC*, tome II, 2014 c

APC, *CMCC*, tome III, 2014 d

APC, *CMCC – Plan de gestion*, 2014 e

APC, *CMCC*, ANNEXE 2 : Inventaires et études scientifiques, 2014 f

APC, *CMCC*, ANNEXE 3 : Documents cartographiques, 2014 g

APC, *CMCC*, ANNEXE 4 (partie 1/2 et partie 2/2) : Arrêtes et documents d'urbanisme, 2014 h

AUDRR, *Référentiel architectural, patrimonial et paysager – Dans le cadre de la candidature Paysages du Champagne au patrimoine mondial de l'Unesco*, 2009

BAUDEZ-SCAO Caroline et GUILLARD Michel, *Vues panoramiques des vignobles de la Champagne – Evolution entre 1887 et 2007*, Mercurol, Yvelinédition, 2011

Ecomusée de la région de Fourmies-Trélon, *Champenoises – Champagne 2000*, catalogue de l'exposition, 2000

CIVC, *Viticulture durable en Champagne – Guide pratique*, hors série *Le Vigneron champenois*, 2009

CREPIN Amandine, *La Gestion des paysages culturels inscrits au patrimoine mondial de l'Unesco : l'exemple des paysages du champagne*, Mémoire de recherche à l'Université de Reims, septembre 2007

DELOT Catherine, LIOT David et THOMINE-BERRADA Alice (sous la direction de), *Les Arts de l'effervescence – Champagne !*, catalogue de l'exposition au Musée des Beaux-Arts de Reims, 14 décembre 2012 – 26 mai 2013, Paris, Somogy éditions d'art, 2012

DESBOIS-THIBAULT Claire, PARAVICINI Werner et POUSSOU Jean-Pierre (sous la direction de), *Le Champagne – Une histoire franco-allemande*, Paris, Presses de l'université Paris-Sorbonne, 2011

DOREL-FERRE Gracia (sous la direction de), *Le Patrimoine industriel de l'agroalimentaire en Champagne-Ardenne et ailleurs*, actes du colloque de l'APIC – Reims, 7 et 8 novembre 1998, CRDP Champagne-Ardenne, 2004

DOREL-FERRE Gracia (sous la direction de), *Le Patrimoine des caves et des celliers – Vins et alcools en Champagne-Ardenne et ailleurs*, actes du colloque international de l'APIC – Aÿ, 17, 18 et 19 mai 2002, CRDP Champagne-Ardenne, 2006

DOREL-FERRE Gracia (sous la direction de), *Patrimoine de l'industrie agroalimentaire – Paysages, usages, images*, actes du colloque de l'APIC – Reims, 3 et 4 mai 2007, CRDP Champagne-Ardenne, 2011

DUCOURET Bernard, *Epernay – Cité du champagne*, Lyon, Lieux dits, 2010

GUILLARD Michel et TRICAUD Pierre-Marie (sous la direction de), *Côte des Blancs en Champagne – Coteaux, maisons et caves*, Mercurol, Yvelinédition, 2013

GUILLARD Michel et TRICAUD Pierre-Marie (sous la direction de), *Encyclopédie des caves de Champagne*, Mercurol, Yvelinédition, 2014

IAU-IdF, *Gestion des sites patrimoniaux – Etude comparative en vue de l'élaboration du Plan du Gestion des Paysages de Champagne*, septembre 2007 a

IAU-IdF, *Le Patrimoine bâti des villages de la Champagne viticole – Principales typologies et enjeux*, septembre 2007 b

IAU-IdF, *Inventaire des paysages viticoles champenois*, septembre 2008

JOLYOT Michel, *Avenue de Champagne – Epernay*, Reims, Atelier Michel Jolyot, 2014 a

JOLYOT Michel, *Caves de Champagne*, Reims, Atelier Michel Jolyot, 2014 b

Mission CMCC Patrimoine mondial, *Rapport d'activités 2015*

MAHE Patrick, *Culture Champagne*, Paris, Editions du Chêne, 2014

(revue), *Monuments historiques*, n° 145 : «Champagne-Ardenne», Paris, Caisse nationale des monuments historiques et des sites, juin-juillet 1986

PNR de la Montagne de Reims, *Amélioration qualitative des paysages viticoles – Diagnostic opérationnel*, janvier 2007 a

PNR de la Montagne de Reims, *Charte du Parc – Objectif 2020*, 2007 b

PNR de la Montagne de Reims, *Intégration d'un bâtiment de gros volume – Bien réussir*, 2007 c

Jeune Chambre Economique d'Epernay et sa région, *Les Impacts de la candidature au patrimoine mondial de l'Unesco sur l'attractivité de notre territoire*, décembre 2012

PNR de la Montagne de Reims, *Montagne de Reims – Un paysage d'excellence pour un vin d'exception*, 2013

クラドストラップ、ドン＆ペティ（平田紀之訳）:『シャンパン歴史物語－その栄光と受難』、東京:白水社、2007 年

山本昭彦：『死ぬまでに飲みたい30本のシャンパン』、東京：講談社＋α新書、2008年

【ブルゴーニュ】

ANATOLE-GABRIEL Isabelle (sous la direction de), *La Valeur patrimoniale des économies de terroir*, actes du colloque tenu les 18 et 19 février 2015, Dijon, Editions universitaires de Dijon, 2016

Direction régionale de l'environnement de Bourgogne, *Orientations de gestion du site classé de "la Côte méridionale de Beaune"*, mars 2000a

Direction régionale de l'environnement de Bourgogne, *Restauration et construction de murets, cabottes et ouvrages hydrauliques dans le site classé de "la Côte méridionale de Beaune" – Guide technique*, mars 2000b

Direction régionale de l'environnement de Bourgogne, *Dossier de classement au titre des sites de la Côte de Nuits – Etude paysagère*, novembre 2014

Bourgogne Tourisme, *La Bourgogne et le tourisme vitivinicole – Une filière phare du tourisme régional*, 2008

AICVBPMU, *Charte territoriale des CVB – Candidature pour l'inscription des CVB sur la liste du patrimoine mondial de l'Unesco*, 2011

AICVBPMU, *Mission de recensement du patrimoine d'intérêt local – Côte viticole entre Dijon et les Maranges (Côte d'Or et Saône-et-Loire) – Fiches de présentation synthétique des éléments recensés*, février 2012a

AICVBPMU, *Les CVB – Candidats au patrimoine mondial de l'Unesco*, 2012b

AICVBPMU, *Les CVB – Dossiers de candidature à l'inscription sur la liste du patrimoine mondial de l'Unesco*, tome (1), 2012c

AICVBPMU, *Les CVB – Dossiers de candidature à l'inscription sur la liste du patrimoine mondial de l'Unesco*, tome (2), 2012d

AICVBPMU, *Les Climats de Bourgogne – Une mosaïque de vignes*, Rouen, La Petite Boîte, 2012e

AICVBPMU, *CVB – Un patrimoine millénaire exceptionnel*, Grenoble, Glénat, 2013

Direction régionale de l'environnement de Bourgogne, *Dossier de classement au titre des sites de la Côte de Nuits – Etude paysagère*, novembre 2014a

AICVBPMU, *CVB expliqués aux enfants*, 2014b

AICVBPMU, *Les CVB – Dossier de candidature pour l'inscription des «Climats» du vignoble de Bourgogne sur la liste du patrimoine mondial – Actualisation 2014 du plan de gestion*, version au 26 août 2014c

AICVBPMU, *Les CVB – Addendum en réponse à la demande d'informations complémentaires d'ICOMOS*, novembre 2014d

AICVBPMU, *Les CVB – Addendum II en réponse à la demande d'informations complémentaires d'ICOMOS du 23 décembre 2014*, février 2015a

AICVBPMU, *De la Bourgogne à Bonn – Point d'étape sur la route du patrimoine mondial*, dossier de presse, mai 2015b

BIVB, *En route vers les bourgognes – Caves et fêtes touristiques – Guide 2017*, 2017

GRACIA Jean-Pierre, *Les Climats du vignoble de Bourgogne comme patrimoine mondial de l'humanité*, Dijon, Editions Universitaires de Dijon, 2012

PERROY François et WYAND Jon, *Une Année en Corton – Rencontres en haut lieu*, Grenoble, Glénat, 2014

POUPON Pierre et LIOGIER D'ARDHUY Gabriel, *En Bourgogne – Cabottes et meurgers*, Dijon, Fuchey s.a., 1990

奥山久美子：『ブルゴーニューコート・ドールの26村』、東京：ワイン王国、2011年

ノーマン、レミントン：『ブルゴーニュのグラン・クリュ』、東京：白水社、2013年

プレスイール、レオン（遠藤ゆかり訳）：『シトー会』、東京：創元社、2012年

山本博：『ブルゴーニュワイン－地図と歩く、黄金丘陵』、東京：柴田書店、2009年

リゴー、ジャッキー（野澤玲子訳）：『ブルゴーニュ－華麗なるグランクリュの旅』、東京：作品社、2012年

【ワインと建築・都市計画・景観】

AMBROISE Régis, FRAPA Pierre et GIORGIS Sébastien, *Paysages de terrasses*, Aix-en-Provence, Edisud, 1989

ANABF, *La Pierre d'angle*, n° 41 : «Paysages de vigne et architectures de vin», mars 2006

ANSON Rafael, *Arquitectura del vino - Bodegas españolas*, Barcelona, Lunwerg, 2010

BODINIER Bernard, LACHAUD Stéphanie et MARACHE Corinne, *L'Univers du vin – Hommes, paysages et territoires*, acte du colloque de Bordeaux (4-5 octobre 2012), Rennes, Presses Universitaires de Rennes, 2014

CAMOU Christiane et DUBARRY Françoise, *Les nouveaux Paysages de la vigne*, Paris, Ulmer, 2016

CAUQUELIN Anne, *L'Invention du paysage*, Paris, Presses universitaires de France, 2000

CIVIDINO Hervé, *Architectures agricoles – La modernisation des fermes 1945-1999*, Rennes, Presses universitaires de Rennes, 2012

COLOMBO Régis et THOMAS Pierre, *Vignobles suisses*, Lausanne, Favre, 2003

CASAMONTI Marco et PAVAN Vincenzo, *Caves – Architectures du vin 1990-2005*, Arles, Actes Sud, 2004

CHAIX Philippe, *Wine by design – L'architecture au service du vin*, Paris, Flammarion, 2016

CHIORINO Francesca, *Architettura e vino – Nuove cantine e il culto del vino*, Milano, Electa, 2008

DATZ Christian and KULLMANN Christof, *Winery Design*, Kempen, teNeues Verlag GmbH, 2006

DATZ Christian and KULLMANN Christof, *Wine & Design*, Kempen, teNeues Verlag GmbH, 2007

DETHIER Jean (sous la direction de), *Châteaux Bordeaux*, Paris, Centre Georges Pompidou, 1988

DUBRION Roger-Paul, *Les Routes du vin en France au cours des siècles*, Paris, GFA Editions, 2011

FOBELETS Astrid et al., *Les plus belles Caves à vin du monde*, Antwepen, VdH books, 2008

GARRIC Jean-Philippe, *Vers une agriteture – Architecture des constructions agricoles (1789-1950)*, Bruxelles, Mardaga, 2014

GAVIGNAUD-FONTAINE Geneviève et al., *Caves coopératives en Languedoc Roussillon*, Lyon, Lieux Dits, 2010

HERBIN Carine et ROCHARD Joël, *Les Paysages viticoles- Regards sur la vigne et le vin*, Bordeaux, Féret, 2006

HINKEL Richard Paul, *The Architecture of wine- Clos Pegase Winery*, California, Global Interprint, 2009

HUART Annabelle (d'), *Ricardo Bofill – Taller de arquitectura*, Paris, Editions du Moniteur, 1992

ICOMOS, *Les Paysages culturels viticoles – Etudes thématique dans le cadre de la Convention du Patrimoine mondial de l'UNESCO*, juillet 2005

IFV, *Gestion des paysages viticoles – Guide méthodologique de la démarche à destination des territoires*, mai 2015

INAO et Ministère de l'agriculture et de la pêche, *Appellations d'Origine Contrôlée & Paysages*, 2006

INTERLOIRE, *Paysages de vignes et de vins – Patrimoine, enjeux, valorisation*, actes du colloque international à l'Abbaye Royale de Fontevraud, 2-4 juillet 2003, Angers, Interloire, 2003

ITV, «Les Vignobles dans le paysage», dans *Les cahiers itinéraires d'itv France*, n° 5, novembre 2002

JODIDIO Philip, *Tadao Ando – Château La Coste*, Arles, Actes Sud, 2016

LACUESTA Raquel, *Catedrales del vino – Arquitectura y paisaje*, Manresa (Spain), Angle Editorial, 2009

LANGLOIS Gilles-Antoine, *Château Soutard en Saint-Emilion*, Paris, Somology, 2015

LEMOINE Véronique et CLEMENS Henry, *Des Vignes & des hommes – Quand la vigne sculpte le paysage*, Bordeaux, Féret, 2017

MERIC Jean-Pierre, *Le Château d'Arsac de 1706 à nos jours*, Bordeaux, Féret, 2000

MEYHOFER Dirk und FRAHM Klaus, *Die Architektur des Weines*, Stuttgart, Av Edition GmbH, 2015

Ministère de l'agriculture, de l'alimentation, de la pêche et des affaires rurales et Ministère de la culture et de la communication, *Qualité architecturale des bâtiments agricoles*, 2003

MOREL François, *Les plus beaux Villages du vin de France*, Paris, Flammarion, 2002

Musée valaisan de la vigne et du vin, *Murs de pierres, murs de vignes – Vignoble du Valais*, 2012

PERARD Jocelyne et PERROT Maryvonne (sous la direction de), *Paysages et patrimoines viticoles*, actes des Rencontre du Clos-Vougeot 2009, Dijon, Centre Georges Chevalier, 2010

PERRIER Jeanlou et HARTJE Hans, *Les plus beaux Chais du monde*, Losange, Chamalières, 2005

PIGEAT Jean-Paul, *Les Paysages de la vigne*, Paris, Solar, 2000

PIRAZZINI Veronica, *Caves*, Arles, Actes Sud, 2008

PUIG Jordi y RIEU Bernard, *Pirene Nostrum – El vessant mediterrani dels Pirineus*, Sant Lluís (España), 2006

REVILLON Alexandra, GENDRON Etienne et GUILLARD Jacques, *Vins et villages de France*, Vanves, Chêne, 2015

REY Daniel et JAMIN Geneviève, *50 chais d'exception en terre d'Aquitaine*, Saint-Brice, Autils, 2016

ROCHARD Joël, *Vignes et terroirs – Splendeur des paysages du monde*, Paris, France Agricole, 2017

ROGER Alain, *Court traité du paysage*, Paris, Gallimard, 1997

STANWICK Sean and FOWLOW Loraine, *Wine by design*, Chichester, JohnWiley & sons, 2010

UNESCO World Heritage Centre, *World Heritage Expert Meeting on Vineyard Cultural Landscapes 11-14 July 2001, Tokaj, Hungary*, 2002

WEBB Michael, *Adventurous Wine Architecture*, Mulgrave (Australie), The Image Publishing Group Pty Ltd, 2005

WOSCHEK Heinz-Gert, DUHME Denis und FRIEDERICH Katrin, *Wein und Architektur*, Münche, Detail, 2014

『a+u』、No.457(特集：ワインと建築)、2008年10月

【ワイン観光】

AFIT (ALLEMAND Edith et BOUSSEAU Brigitte (sous la direction de)), *Réussir l'accueil dans les caves*, Paris, AFIT, 2004

ANDREW Mark et al., *Wine trails – Plan 52 perfect weekends in wine country*, Oakland, 2015

Atout France (DUMONT Monica et LESPINASSE-TARABA Corinne), *Tourisme et vin – Les clientèles françaises et internationales, les concurrents de la France. Comment rester compétitif*, Paris, Atout France, 2010

Atout France (JURCIK Ludmila et al.), *Tourisme et vin – Réussir la mise en marché*, Paris, Atout France, 2013

BESSIERE Jacinthe, *Valorisation du patrimoine gastronomique et dynamiques de développement territorial – Le haut plateau de l'Aubrac, le pays de Roquefort et le Périgord noir*, Paris, L'Harmattan, 2001

BONNET-CARBONELL Jocelyne (sous la direction de), *Patrimoine vigneron européen, œnotourisme et partage du vin*, Paris, L'Harmattan, 2016

CASTAING Yohan, *Œnotourisme – Mettez en valeur votre exploitation viticole*, Paris, Dunod, 2007

CASTAING Yohan, *Réussissez votre projet d'œnotourisme*, 2e édition, Paris, Dunod, 2013

CESAR Gérard, *Rapport d'inforamtion fait au nom de la commission des Affaires économiques et du Plna par le groupe de travail ur l'avenir de la vitivulture française*, juillet 2002

DUBŒUF Georges, *Beaujolais, la passion partagée*, Paris, Le Cherche Midi, 2016

DUBRULE Paul, *L'Œnotourisme : une valorisation des produits et patrimoine vitivinicoles*, rapport présenté aux ministres de l'Agriculture et de la pêche et du Tourisme, mars 2007

FAUGUET Eric, *Balades vigneronnes – Œnologie, routes des vins, gîtes*, Ivry-sur-Seine, Pélican, 2015

GRISON Pierre, *Le Hameau du vin*, Romanèche-Thorins, Hameau Dubœuf, 1996

LIGNON-DARMAILLAC Sophie, *L'Œnotourisme en France – Nouvelle valorisation des vignobles – Analyse et bilan*, Bordeaux, Féret, 2009

MENARD Jean-Patrick et CELLARD Matthieu, *Retours aux Sources – La cuisine de Nicolas Masse aux Sources de Caudalie*, Grenoble, Glénat, 2011

(série Michelin), *Routes des vignobles en France – Spécial œnotourisme*, Boulogne-Billancourt, Michelin, février 2013

Ministère de l'agriculture et de la pêche, *Plan quinquennal de modernisation de la filière vitivinicole française*, 29 mai 2008

PERIS-ORTIZ Marta et al. (edited by), *Wine and tourism – A strategic segment for sustainable economic development*, Cham (Switzerland), Springer International Publishing AG, 2015

(série Petit Futé), *Tourisme et vignoble en France 2013 – Les 100 plus belles routes des vins*, Paris, Nouvelles Editions de l'Université, 2012

(série Petit Futé), *Guide de l'œnotourisme 2017 – Les 100 belles routes des vins de France*, Paris, Nouvelles Editions de l'Université, 2016

PIVOT Bernard, *Bienvenue au Hameau Dubœuf – Dubœuf en Beaujolais*, Romanèche-Thorins, Hameau Dubœuf, 2013

RESNICK Evelyne et ROANY James (de), *Guide pratique de l'œnotourisme*, Paris, Dunod, 2014

(revue), *Le Festin – Patrimoine & culture en Aquitaine*, n° 93 : «Spécial Vin & tourisme», printemps 2015

(revue), *Revista de Cultura e Turismo*, ano 08 – n° 3 : «Edition spéciale : Vin, patrimoine, tourisme et développement : convergence pour le débat et le développement des vignobles du monde», Outubro 2014

ROZENBAUM Isabelle, *La Cité du vin*, Bordeaux, Elytis, 2016a

ROZENBAUM Isabelle, *Tentative d'épuisement d'un lieu bordelais – Architecture et photographie au XXIᵉ siècle – La Cité du vin*, Bordeaux, Elytis, 2016b

THACH Liz and CHARTERS Steve (edited by), *Best practices in global wine tourism – 15 case studies from around the world*, New York, Miranda press, 2016

SAINT VAULRY Violiane (de), *Les Sources de Caudalie – Un art de vivre au cœur des vignes*, Grenoble, Glénat, 2016

Vigneron indépendant, *Guide pratique - Devenir un pro de l'œnotourisme*, 2013

VITOUR, *Guide européen pour la protection et la mise en valeur des paysages culturels viticoles*, 2012

VITOUR, *Transfer of good policy practices for wine cultural lanscape enhancement*, January 2013

ヴィニョー、ジャン＝ポール：『シテ・デュ・ヴァン―文化の世界』、Bordeaux, Editions Sud Ouest, 2016

安田亘宏：『フードツーリズム論―食を活かした観光まちづくり』、東京：古今書院、2013年

ワイナート編集部（編）：『ボルドーシャトー訪問完全ガイド』、東京：美術出版社、2012年

ワイナート編集部（編）：『ブルゴーニュアペラシオン完全ガイド』、東京：美術出版社、2012年c

ワイナート編集部（編）：『シャンパーニュメゾン訪問完全ガイド』、東京：美術出版社、2013年a

ワイナート編集部（編）：『ブルゴーニュワイナリー訪問完全ガイド』、東京：美術出版社、2012年b

【ワイン・食品関連法制】

BAHANS Jean-Marc et MENJUCQ Michel, *Droit de la vigne et du vin – Aspects juridiques du marché vitivinicole*, 2ᵉ édition, Bordeaux, Féret, 2010

BARABE-BOUCHARD Véroqnieu et HERAIL Marc, *Droit rural*, 2ᵉ édition, Paris, Ellipses, 2011

BORLOO Jean-Louis (sous la direction de), *Grenelle 2 – Impacts sur les activités économiques*, Rueil-Malmaison, Lamy, 2010

(collectif), *Histoire et actualités du droit viticole – Le Robe et le Vin*, Bordeaux, Féret, 2010

HANNIN Hervé (sous la direction de), *La Vigne et le vin – Mutations économiques en France et dans le monde*, Paris, Documentation française, 2010

HERMON Carole et DOUSSAN Isabelle, *Production agricole et droit de l'environnement*, Pairs, LexisNexis, 2012

JEGOUZO Yves, (sous la direction de), *Le Grenelle II commenté – Impacts de la loi no 2010-788 d'engagement national pour l'environnement sur le droit de l'urbanisme*, Paris, Le Moniteur, 2011

PLANCHET Pascal, *Droit de l'urbanisme et protection du patrimoine – Enjeux et pratiques*, Paris, Le Moniteur, 2009

POMEL Bernard, *Réussir l'avenir de la viticulture de France – Plan national de restructuration de la filière viti-vinicole française*, rapport présenté au Premier ministre, mars 2006

蛯原健介：『はじめてのワイン法』、東京：虹有社、2014年

高橋梯二：『農林水産物・飲食品の地理的表示―地域の産物の価値を高める制度利用の手引』、東京：農山漁村文化協会、2015年

山本博（他）：『世界のワイン法』、東京：日本評論社、2009年

【ワイン全般】

BIENAIME Hélène, *100 conseils pour travailler dans le vin*, Levallois-Perret, Studyrama, 2012

(catalogue de l'exposition), *La Vigne et le vin*, Paris, La Manufacture et la Cité des sciences et de l'industrie, 1988

BLOUIN Jacques, *Le Dictionnaire de la vigne et du vin*, Paris, Dunod, 2007

CHAPUIS Robert, *La Renaissance d'anciens vignobles français disparus*, Paris, L'Harmattan, 2016

COUTIER Martine, *Dictionnaire de la langue du vin*, Paris, CNRS Editions, 2013

DELBREL Sophie et GALLINATO-CONTINO Bernard (sous la direction de), *Les Hommes de la vigne et du vin – Figures célèbres et acteurs méconnus*, Paris, Editions du Comité des travaux historiques et scientifiques, 2011

DUPONT Jacques, *Invignez-vous !*, Paris, Grasset, 2011

FIGEAC-MONTHUS Marguerite et LACHAUD Stéphanie, *La Construction de la grande propriété viticole en France et en Europe XVIᵉ-XXᵉ siècles*, Bordeaux, Féret, 2015

JUAREZ Christophe, *France, ton vin est dans le rouge*, Paris, François Bourin, 2011

LACHIVER Marcel, *Vins, vignes et vignerons – Histoire du vignoble français*, Paris, Fayard, 1988

LARAMEE DE TANNENBERG Valéry et LEERS Yves, *Menace sur le vin – Les défis du changement climatique*, Paris, Libella, 2015

MANTOUX Aymeric et SIMMAT Benoist, *La Guerre des vins – Plus cher que l'or, plus rare que le pétrole*, Paris, Flammarion, 2012

MARTINE Alain, *Matériel viticole*, Bordeaux, Féret, 1999

NOSSITER Jonathan, *Le Goût et le pouvoir*, Paris, Grasset & Fasquelle, 2007

PUISAIS Jacques (sous la direction de), *Vins et vignobles de France*, Paris, Larousse, 1997

RETOURNARD Denis, *La Vigne – Découvrir & Réussir*, Paris, Rustica éditions, 1997

ROUGE Alexandre, *Le Vin français – Un chef-d'œuvre en péril*, Paris, Jacuqes-Marie Laffont éditeur, 2009

SAPORTA Isabelle, *Le Livre noir de l'agriculture*, Paris, Fayard, 2011

SAPORTA Isabelle, *Vinobusiness*, Paris, Albin Michel, 2014

SAPORTA Isabelle, *Foutez-nous la paix*, Paris, Albin Michel, 2016

SAVEROT Denis et SIMMAT Benoist, *In vino Satanas !*, Paris, Albin Michel, 2008

SCHIRMER Raphaël et VELASCO-GRACIET Hélène, *Atlas mondial des vins – La fin d'un ordre consacré*, Paris, Autrement, 2010

SMITH Andy, DE MAILLARD Jacques et COSTA Olivier, *Vin et politique – Bordeaux, la France, la mondialisation*, Paris, Presses de la fondation nationale des Sciences Politiques, 2007

WOLIKOW Serge et HUMBERT Florian (sous la direction de), *Une Histoire des vins et des produits d'AOC – L'INAO, de 1935 à nos jours*, Dijon, Editions universitaires de Dijon, 2015

ウィルソン、ジェームズ・E（川本祥史監訳）:『テロワール－大地の歴史に刻まれたフランスワイン』、東京：ヴィノテーク、2010 年

大塚謙一（他）（監修・執筆）:『新版ワインの事典』、東京：柴田書店、2010 年

小阪田嘉昭（監修）:『フランス AOC ワイン事典』、東京：三省堂、2009 年

ガリエ、ジルベール（八木尚子訳）:『ワインの文化史』、東京：筑摩書房、2004 年

清水健一:『ワインの科学－「私のワイン」のさがし方』、東京：講談社ブルーバックス、1999 年

ジョンソン、ヒュー（小林章夫訳）:『ワイン物語－芳醇な味と香りの世界史』（上・中・下）、東京：平凡社、2008 年

古賀守:『ワインの世界史』、東京：中公新書、1975 年

ゴーティエ、ジャン＝フランソワ（八木尚子訳）:『ワインの文化史』、東京：白水社、1998 年

サッチ、リズ／マッツ、ティム（横塚弘毅他訳）:『ワインビジネス－ブドウ畑から食卓までつなぐグローバル戦略』、京都：昭和堂、2010 年

ジェフォード、アンドリュー（中川美和子訳）:『ワインを楽しむためのミニコラム 101 －ブドウ畑からワイングラスまで』、東京：TBS ブリタニカ、1999 年

スアード、デズモンド（朝倉文市・横山竹己訳）:『ワインと修道院』、東京：八坂書房、2011 年

竹中克行・齊藤由香:『スペインワイン産業の地域資源論－地理的呼称制度はワインづくりの場をいかに変えたか』、京都：ナカニシヤ出版、2010 年

ディオン、ロジェ（福田育弘訳）:『ワインと風土－歴史地理学的考察』、京都：人文書院、1997 年

ディオン、ロジェ（福田育弘・三宅京子・小倉博行訳）:『フランスワイン文化史全書－ぶどう畑とワインの歴史』、東京：国書刊行会、2001 年

ドゥ・ラ・レニエール、グリモ（伊藤文訳）:『招客必携』、東京：中央公論新社、2004 年

ピット、ジャン＝ロベール（大友竜訳）:『ボルドー VS. ブルゴーニュ－せめぎあう情熱』、東京：日本評論社、2007 年

ピット、ジャン＝ロベール（幸田礼雅訳）:『ワインの世界史－海を渡ったワインの秘密』、東京：原書房、2012 年

フランス、ブノワ（監修）（中野操・浜昭昭訳）:『フランスワイン－テロワール・アトラス』、東京：飛鳥出版、2005 年

ポムロール、シャルル（監修）（鞠子正訳）:『フランスのワインと生産地ガイド－その土地の岩石・土壌・気候・日照、歴史とブドウの品種』、東京：古今書院、2014 年

マシューズ、パトリック（立花峰夫訳）:『ほんとうのワイン－自然なワイン造りへの回帰』、東京：白水社、2011 年

山田健:『現代ワインの挑戦者たち』、東京：新潮社、2004 年

山本博：『フランスワイン－愉しいライバル物語』、東京：文春新書、2000 年

ラシヴェール、マルセル（幸田礼雅訳）：『ワインをつくる人々』、東京：新評論、2001 年

リゴー、ジャッキー（立花洋太訳・立花峰夫監修）：『アンリ・ジャイエのワイン造り』、東京：白水社、2005 年

リゴー、ジャッキー（編著）（野澤玲子訳）：『テロワールとワインの造り手たち』、東京：作品社、2010 年

リゴー、ジャッキー（立花洋太訳・立花峰夫監修）：『アンリ・ジャイエのブドウ畑』、東京：白水社、2012 年

ルプティ・ド・ラ・ビーニュ、アントワーヌ（星埜聡美訳）：『ビオディナミ・ワイン－35 の Q ＆A』、東京：白水社、2015 年

【映画・ドキュメンタリー】

BEKA Ila et LEMOINE Louise (un film et un livre de), *Pomerol – Herzog & De Meuron*, Bordeaux, BêkaPartners, 2013

LE MAIRE Jérôme (un film de), *Premiers Crus*, DVD, Dreux, M6 Vidéo, 2015

NHK：『ヨーロッパワイン紀行』（DVD マガジン「NHK 世界遺産 100」No.28）、東京：小学館、2010 年

ノシター、ジョナサン（監督）：『モンドヴィーノ』（DVD：東北新社、2006 年）

ローチ、ケン（監督）：『天使の分け前』（DVD：角川書店、2013 年）

ローチ、デヴィッド／ロス、ワーウィック（監督）：『世界一美しいボルドーの秘密』（DVD：TC エンタテイメント、2015 年）

【その他】

アトキンソン、デーヴィッド：『新・観光立国論』、東京：東洋経済新報社、2015 年

アリエス、ポール／テラス、クリスチャン：『ジョゼ・ボヴェ－あるフランス農民の反逆』、東京：柘植書房新社、2002 年

石井圭一：『フランス農政における地域と環境』、東京：農山漁村文化協会、2002 年

大泉一貫：『日本の農業は成長産業に変えられる』、東京：洋泉社、2009 年

岡部明子：『サステイナブル・シティ－EU の地域・環境戦略』、京都：学芸出版社、2003 年

川島智生：『近代日本のビール醸造史と産業遺産』、京都：淡交社、2013 年

コバヤシ、コリン：『ゲランドの塩物語－未来の生態系のために』、東京：岩波新書、2001 年

自治体国際化協会：『フランスの都市計画－その制度と現状』、2004 年

神門善久：『日本の食と農』、東京：NTT 出版、2006 年

神門善久：『さよならニッポン農業』、東京：日本放送協会出版会、2010 年

神門善久：『日本農業への正しい絶望法』、東京：新潮新書、2012 年

島村菜津：『スローフードな人生！－イタリアの食卓から始まる』、東京：新潮文庫、2003 年

島村菜津：『バール、コーヒー、イタリア人－グローバル化もなんのその』、東京：光文社新書、2007 年

島村菜津：『スローシティ－世界の均質化と闘うイタリアの小さな町』、東京：光文社新書、2013 年

副島隆彦・中田安彦：『ヨーロッパ超富豪権力者図鑑』、東京：日本文芸社、2010 年

東京文化財研究所国際文化財保存修復協力センター（編）：『フランスに於ける歴史的環境保全－重層的制度と複層的組織、そして現在』、2005 年

鳥取絹子：『フランスのブランド美学』、東京：文化出版局、2008 年

鳥海基樹：「フランスの都市計画の広域化と地方分権－機能不全、策定組織、補完措置を軸に」、『新世代法政策学研究』（北海道大学グローバル COE プログラム『多元分散型統御を目指す新世代法政策学研究』紀要）、第 7 号、2010 年 7 月、pp.249-289

橋本周子：『美食家の誕生－グリモと〈食〉のフランス革命』、愛知：名古屋大学出版会、2014 年

八田達夫・高田眞：『日本の農林水産業－成長産業への戦略ビジョン』、東京：日本経済新聞出版社、2010 年

ピット、ジャン＝ロベール（千石玲子訳）：『美食のフランス－歴史と風土』、東京：白水社、1995 年

ブローデル、フェルナン（桐村泰次訳）：『フランスのアイデンティティ－第 II 篇：人々と物質的条件』、東京：論創社、2015 年

ベルク、オギュスタン（中山元訳）：『風土学序説－文化をふたたび自然に、自然をふたたび文化に』、東京：筑摩書房、2002 年

ベルク、オギュスタン（鳥海基樹訳）：『理想の住まい－隠遁から殺風景へ』、京都：京都大学学術出版会、2017 年

ボヴェ、ジョゼ／デュフール、フランソワ（新谷淳一訳）：『地球は売り物じゃない！ジャンクフードと闘う農民たち』、東京：紀伊國屋書店、2001 年

マンドゥラース、アンリ：『農民のゆくえ』、東京：財団法人農政調査委員会、1973 年

宗田好史：『なぜイタリアの村は美しく元気なのか－市民のスロー志向に応えた農村の選択』、京都：学芸出版社、2012 年

山口昭三：『日本の酒蔵』、福岡：九州大学出版会、2009 年

やまさかのぼる（山下茂）：『「脱ミシュラン」フランス巡り－やまさか爺回想録』、東京：第一法規、2017 年

山下一仁：『農協の大罪－「農政トライアングル」が招く日本の食糧不安』、東京：宝島社新書、2009 年

山下一仁：『農業ビッグバンの経済学－真の食料安全保障のために』、東京：日本経済新聞出版社、2010 年

山下一仁：『日本農業は世界に勝てる』、東京：日本経済新聞出版社、2015 年

吉田元：『近代日本の酒づくり－美酒探求の技術史』、東京：岩波書店、2013 年

【漫画】

亜樹直＋オキモト・シュウ：『神の雫（1）～（44）』（モーニング KC）、東京：講談社、2005 年～2014 年

尾瀬あきら：『夏子の酒（1）～（12）』（モーニングコミックス）、東京：講談社、1988 年～1991 年

尾瀬あきら：『奈津の蔵 (1) 〜 (4)』(モーニングKC)、東京：講談社、1999年〜2000年
尾瀬あきら：『蔵人 (1) 〜 (10)』(ビッグコミックス)、東京：小学館、2006年〜2009年

略称一覧

ABF：Architecte des Bâtiments de France (歴史的環境監視建築家)

ADASEA：Association Départemental pour l'Aménagement des Structures des Exploitations Agricoles (県営農構造整備協会)

AFIT：Agence Française de l'Ingénierie Touristique (フランス観光開発庁)

AGIR：Aménagement et GestIon duRable (持続的空間整備・管理)

AICVBPMU: Association pour l'Inscription des Climats du Vignoble de Bourgogne au Patrimoine Mondial de l'Unesco (ブルゴーニュのブドウ畑のクリマをユネスコの世界遺産に登録する協会)

ANABF：Association Nationale des ABF (全国歴史的環境監視建築家協会)

AOC: Appellation d'Origine Contrôlée (原産地統制呼称制度)

APIC：Association pour le Patrimoine Industriel de Champagne-Ardenne (シャンパーニュ・アルデンヌ産業遺産協会)

AUDRR：Agence d'Urbanisme, de Développement, de prospective de la Région de Reims(ランス地方都市計画・発展・予測機構)

AVA: Association des Viticulteurs d'Alsace (アルザス・ブドウ栽培者協会)

AVAP：Aire de mise en Valeur de l'Architecture et du Patrimoine (建築・文化財活用区域)

BIVB：Bureau Interprofessionnel des Vins de Bourgogne (ブルゴーニュ・ワイン職域横断審議会)

CDCES：Commission Départementale de la Consommation des Espaces Agricoles (県農業空間消費審議会)

CDOR：Commission Départementale d'Orientation Agricole (県農業基本委員会)

CFPPA：Centre de Formation Professionnelle et de Promotion Agricole (職業訓練・農業推進センター)

CIVA: Conseil Interprofessionnel des Vins d'Alsace (アルザス・ワイン職域横断審議会)

CIVB: Conseil Interprofessionnel du Vin de Bordeaux (ボルドー・ワイン職域横断審議会)

CIVC：Comité Interprofessionnel du Vin de Champagne (シャンパーニュ・ワイン職域横断委員会)

CLAVAP：Commission Locale chargée du suivi de l'AVAP (建築・文化財活用区域委員会)

CMCC：Coteaux, Maisons et Caves de Chapagne (シャンパーニュの丘陵・メゾン・酒蔵)

CRTA: Comité Régional de Tourisme d'Aquitaine (アキテーヌ地方圏観光審議会)

CVB: Climats du Vignoble de Bourgogne (ブルゴーニュのブドウ畑のクリマ)

DDAF: Direction Départementale de l'Agriculture et de la Forêt (県農業・林野局)

DDE: Direction Départementale de l'Equipement (県施設局)

DDT：Direction Départementale des Territoires (県土局)

DIREN: Direction Régionale de l'ENvironnement (地方圏環境局)

DRAC：Direction Régionale des Affaires Culturelles (地方圏文化局)

DRC: Domaine de la Romanée-Conti (ドメーヌ・ドゥ・ラ・ロマネ・コンティ)

DREAL：Direction Régionale de l'Environnement, de l'Aménagement et du Logement (地方圏環境・空間整備・住宅局)

EBC：Espace Boisé Classé (指定樹林地)

ERP：Etablissement Recevant du Public (不特定多数受入施設)

HBM：Habitation à Bon Marché (低家賃住宅)

IAU-IdF：Institut d'Aménagement et d'Urbanisme – Ile-de-France (イル・ドゥ・フランス空間整備・都市計画研究所)

IFVV: Institut Français de la Vigne et du Vin (フランス・ブドウ畑・ワイン研究所)

INAO: Institut National des Appellations d'Origine (国立原産地統制呼称院)

ITV: Institut Technique de la Vigne et du Vin (ブドウ畑・ワイン技術研究所)

IFV: Institut Français de la Vigne et du Vin (フランス国立ブドウ畑・ワイン研究所)

IUVV：Institut Universitaire de la Vigne et du Vin (ブルゴーニュ大学附属ブドウ畑・ワイン研究所)

LDTR: Loi reative au Développement des Territoires Ruraux (農村領域の発展に関する法律)

LOADT：Loi d'Orientation pour l'Aménagement et le Développement du Territoire (空間整備・国土開発基本法)

Loi SRU: Loi relative à la Solidarité et au Renouvellement Urbain

LVMH：Louis Vuitton - Moët et Hennessy (ルイ・ヴィトン・モエ・エ・ヘネシー)

MAE：Mesure Agri-Environnementale (農環境補助金)

MH: Monument Historique (歴史的モニュメント)

MTPB: Moniteur des Travaux Publics et du Bâtiment (公共工事・建物旬報)

OCM Vin: Organisation Commune du Marché Vin (ワイン共通市場制度)

ODGCN : Organisme de Défense et de Gestion des Costières de Nîmes（コスティエール・ドゥ・ニーム保護・管理委員会）

OGAF : Opération Groupée d'Aménagement Foncier（土地整備集中事業）

OIV : Organisation Internationale de la Vigne et du Vin（国際ブドウ農業・ワイン生産機構）

ONIVINS : Office National Interprofessionnel des VINS（全国ワイン関連職業横断委員会）

ONF : Office National des Forêts（国立森林事務所）

OPAH : Opération Programmée d'Amélioration de l'Habitat（住宅改善プログラム事業）

PADD: Projet d'Aménagement et de Développement Durable（空間整備・持続的開発プロジェクト）

PAEN : Protection des terres Agricoles et des Espaces Naturels périurbains（都市周縁農地・自然空間保護制度）

PDU: Plan de Déplacements Urbains（都市交通プラン）

PETR: Pôle d'Equilibre Territorial et Rural（国土・地方均衡拠点）

PLH: Programme Local de l'Habitat（地域住宅プログラム）

PLU: Plan Local d'Urbanisme（地域都市計画プラン）

PLUi : PLU intercommunal（基礎自治体横断型地域都市計画プラン）

PNR : Parc Naturel Régional（地方圏自然公園）

POS: Plan d'Occupation des Sols（土地占用プラン）

PPR : Plan de Prévention des Risques（危険防止プラン）

PRRI : Plan de Prévention des Risques d'Inondation（洪水危険防止プラン）

PSMV: Plan de Sauvegarde et de Mise en Valeur（保全・活用プラン）

RCAHMS : Royal Commission on the Ancien and Historical Monuments of Scotland（スコットランド古代歴史的モニュメント委員会）

RLP : Règlement Local de Publicité（地域屋外広告物規則）

RNU : Règlement National d'Urbanisme（全国都市計画規則）

SAFER : Société d'Aménagement Foncier et d'Etablissement Rural（土地整備・農村施設公社）

SCOT: Schéma de COhérence Territoriale（広域一貫スキーム）

SCOTER : SCOT d'Epernay et sa Région（エペルネ都市圏広域一貫スキーム）

SCOT2R : SCOT de la Région de Reims（ランス都市圏広域一貫スキーム）

SD : Schéma Directeur（指導スキーム）

SDAP : Service Départemental de l'Architecture et du Patrimoine（県建築・文化財課）

SDAU : Schéma Directeur d'Aménagement et d'Urbanisme（空間整備・都市計画指導スキーム）

SFU : Société Française des Urbanistes（フランス都市計画家協会）

SGV : Syndicat Général des Vignerons（ブドウ農総合組合）

SGVCR : Syndicat Général des Vignerons des Côtes du Rhône（コート・デュ・ローヌブドウ農総合組合）

SIVOM : Syndicat Intercommunal à VOcations Multiples（多目的事務組合）

SNCF : Société Nationale des Chemins de Fer（フランス国鉄）

SPR : Site Patrimonial Remarquable（優品文化財地区）

SRADDT : Schéma Régional d'Aménagement et de Développement Durable du Territoire（地方圏領域整備・持続的開発スキーム）

SS: Secteur Sauvegardé（保全地区）

TGV: Train à Grande Vitesse（新幹線）

UVB : Union des Vignerons du Beaujolais（ボージョレブドウ農ユニオン）

VDN : Vin Doux Naturel（天然甘口ワイン）

VPAH: Villes et Pays d'Art et d'Histoire（芸術・歴史の都市・郷土）

ZAP : Zone Agricole Protégée（農業保護区域）

ZNIEFF: Zone Naturelle d'Intérêt Ecologique, Faunistique et Floristique（生態学的・動物相的・植物相的価値自然区域）

ZPPAUP: Zone de Protection du Patrimoine Architectural, Urbain et Paysager（建築的・都市的・景観的文化財保護区域）

図版出典一覧（以下に記載のないものは全て筆者撮影・作成）

序　図4：MOREL (2002)／図5：誘致運動公式ホームページ／図6：ITV (2002)／図7：Musée valaisan de la vigne et du vin (2012)

第1章　図3・4：AMBROISE, FRAPA et GIORGIS (1989)／図5：wikipedia «Vigne de Sarragachies»／図8・10：ITV (2002)／図13：Libération

第2章　図3：Ministère de l'environnementL, *Les Protections – Sites, abords, secteurs sauvegardés*, ZPPAUP, 1995／図4：LARUE-CHARLUS（coordination）(2009)／図5：Communauté de communes du Grand Saint-Emilionnais (2016)

第3章 図5：COLOMBO et THOMAS (2003) ／図13：VITOUR パンフレット

第4章 図3：注1のREJALOT論文／図4：Communauté de communes du Grand Saint-Emilionnais (2016) ／図12：Commune de Saint-Emilion (2010) ／図13：République Française (1998) ／図14：La Vigne et le vin (1988) ／図15：PUISAIS (sous la direction de) (1997)

第5章 図6：APC (2014a) ／図7：GUILLARD et TRICAUD (sous la direction de) (2013) ／図8・15・18・25・29：CIVC公式サイト／図26：AUDRR (2009) ／図27：APC (2014g) ／図28：PNR de la Montagne de Reims (2013) ／図30：PLU de la ville de Reims ／図31：APC (2014d) ／図32：PNR de la Montagne de Reims (2012)

第6章 図11：POUPON et LIOGIER D'ARDHUY (1990) ／図13：AICVBPMU (2014d) ／図14：Direction régionale de l'environnement de Bourgogne (2000b) ／図16：AICVBPMU (2014c) ／図18：AICVBPMU (2015a) ／図19・21：AICVBPMU (2012d) ／図20：PERROY et WYAND (2014) ／図22：Direction régionale de l'environnement de Bourgogne (2000a) ／図23：AICVBPMU (2014c)

第8章 図2：HINKEIL(2009) ／図3：VEILLETET et FESSY (1992) ／図4：DETHIER (sous la direction de) (1988) ／図8：(série Petit Futé) (2012) ／図9：(série Petit Futé) (2016) ／図10：(série Michelin) (2013) ／図12：MENARD et CELLARD (2011) ／図13：SAINT VAULRY (2016) ／図24：ヴィヴァンコ財団公式ホームページ／図28：AICVBPMU (2012e) ／図33：PIVOT (2013)

第9章 図1：WEBB (2005) ／図6：LACUESTA (2009) ／図7：CASAMONTI et PAVAN (2004) ／図8：ANSON (2010) ／図9：GAVIGNAUD-FONTAINE (2010) ／図12：HUART (1992)

索引

【アルファベット】

ABF 51, 57, 60, 65-67, 79-81, 126-127, 133, 135-136, 144, 171, 178, 181, 189, 221, 223, 231, 239, 293, 347, 356-358, 361-362, 365, 367, 377, 379-380

AFIT 288, 307, 381

AICVBPMU 214, 216, 379

AOC 23, 27, 45, 51, 53, 60, 68-69, 73, 77-78, 107, 120, 122, 126, 133, 136, 139, 151, 155, 173,175, 184-185, 188-191, 203, 207, 213, 219-220, 223, 233, 238-239, 261-265, 267, 271, 278, 282, 287, 294, 345

APC 146, 184-186, 189, 378

APIC 163, 166

Atout France 219, 243, 288-289, 296-297, 310

AUDRR 172, 177, 185, 188-189

AVAP 64-65, 67, 76, 123, 126-131, 136, 174, 176, 178, 181-184, 188, 214, 219, 222, 228-229, 231, 237, 239, 293, 347, 361-363, 365, 374

BIVB 78, 214, 217, 315

CAUE 25, 61, 80, 187, 218, 365, 372

CIVB 72, 278, 299, 301

CIVC 146-147, 170, 184-185, 189-193

DDE 61, 73, 109, 122, 136, 141, 217

DIREN 61, 109, 122, 136

DRAC 61, 122, 128, 136, 189, 215, 329, 352

EBC 76, 122,188

INAO 20, 60, 69, 78, 82, 122, 133, 135-136, 175, 184, 189, 219, 266-267, 345, 373, 379

ITV 19, 44

LVMH 134, 255, 298, 347

MH 38, 63-67, 73, 77, 79, 81, 118, 120, 123, 126, 129, 137-138, 156, 158, 167, 174, 176, 180, 183, 219, 221, 228-229, 236, 239, 267, 282-283, 293, 311, 316, 353, 356-357, 365, 375, 379

OIV 99, 170, 266-267

PADD 76, 189

PLU 69, 73, 75-78, 80-81, 123-124, 129-132, 175-178, 181-184, 188-189, 212, 214, 216, 225-226, 231, 239, 362, 375

PLUi 67, 123, 131

PNR 69-70, 177, 187-188, 191, 365, 380

POS 76, 118, 120, 122, 124, 173, 177, 225

PSMV 66, 75, 119-120, 123, 128, 130, 182

RCAHMS 92

RLP 128, 228, 374

RNU 73, 75, 118, 131, 175, 221, 225-226, 231, 357

SCOT 72, 74-75, 77, 82, 123, 131-132, 176, 181, 189, 212-213, 224-227, 233, 357

SDAP 61, 122, 125, 177, 189, 217

SPR 64

SS 63-64, 66-68, 75, 106, 114, 118-120, 123, 128, 130, 136, 156, 176, 179, 181-183, 219, 229, 231, 237, 293, 347, 363

TOURVIN 123, 295, 379

VITOUR 99, 123, 294-295, 379

VPAH 72, 123, 125, 181, 219

ZNIEFF 77, 120, 122-123, 127, 171

ZPPAUP 63-65, 67-68, 77, 79, 119, 123-126, 128-130, 135-136, 156, 173-174, 176, 179-183, 191, 229, 239, 268, 293, 347, 361-363, 365

X-TU（→エクス・チュを見よ）

ランス山岳 PNR 70, 177-178, 184, 187-190

【一般事項】

アグイユ 40, 42-43, 54, 375

アグリテクチャー 372-373

アール・デコ 158, 165

アール・ヌーヴォー 156, 165

ヴァナーキテクチャー 375, 377

ヴィクトリアン・ゴシック 151, 156

栄光の三日間 313-314

エッソール 154-155, 162, 171, 177-178

益獣 43, 112, 261, 270

益虫 43, 47, 112, 114, 122, 141, 261, 269-270

屋外広告物 45, 52, 80, 124, 128, 132, 176-177, 219, 222, 227-228, 239, 241, 286, 293, 374

ガイドライン 65, 70, 78-79, 82, 176, 188, 191, 219, 221, 223, 377, 380

拡張 44-48, 50-51, 56, 112-114, 139, 222, 259-262, 264-265

客土 206-207, 244

カドル 159, 171, 178, 375

カボット 201, 205, 207-210, 216, 219, 221, 231, 239, 244, 246, 315, 375

空積み 43, 53, 159, 205-206, 244, 315, 375

緩衝地帯 27, 124, 131-132, 140, 174, 178-182, 187-190, 198, 215-216, 220, 222-225, 236-237, 239-240, 245

看板 128, 227-228, 293, 374

記憶遺産 26, 86, 259, 268, 301, 311, 376

基礎自治体横断型地域都市計画プラン（→PLUiを見よ）

基礎自治体土地利用図 73, 75, 77, 123-124, 130-131, 226, 361

空間整備・持続的開発プロジェクト（→PADDを見よ）

クリマ 17, 27, 91, 149, 198-202, 204-206, 210, 213-214, 217, 221, 229, 234-238, 240-241, 243-244, 261, 287, 315, 375

クレイエール 148, 151, 160-162, 172, 174, 176, 180, 183-184, 190, 268, 298

芸術・歴史の都市・風土（→VPAHを見よ）

景勝地 42, 61, 63, 65-67, 79, 118, 120, 126, 162, 174, 176, 178, 180, 183, 188, 190, 212-213, 216, 236-238, 240-241, 243-244, 261, 287, 315, 375

原産地異義申し立て呼称 262-263

原産地統制呼称（→AOCを見よ）

憲章 70, 76, 78-79, 82, 99, 115, 122-125, 129, 176, 178-179, 181, 183-185, 187-191, 216, 221, 224, 229, 240, 245

建築的・都市的・景観的文化財保護区域（→ZPPAUPを見よ）

建築・文化財活用区域（→AVAPを見よ）

減築 112, 140, 170, 269-270

広域一貫スキーム（→SCOTを見よ）

公共空間（整備）76, 82, 123, 159, 172, 181-182, 191, 228, 373

構成資産 51, 107, 131-132, 149, 174, 177, 179-180, 182, 187-189, 194, 198, 202, 215-218, 220, 222-225, 233-234, 236-237, 239-240, 299

耕作放棄 37-38, 40, 42-46, 51-52, 111, 253, 269

コニャック・ブルース・パッション 315

コモンズ 206-207, 209, 244, 246, 278, 375

コンパクト・シティ 117, 132, 173, 214, 244, 374

コンパクト・スプロール 51, 374

コンパクト・マーケット 51, 132, 374

サン・ヴァンサン・トゥールナンの祭り 313-314

参画区域 176, 188-189, 191, 216

産業遺産 26, 97-98, 144, 149, 151, 160, 163, 166, 190, 203, 268, 376

指定樹林地（→EBCを見よ）

社会的品質 264

『シャトー・ボルドー』展 19, 281, 284

仕様書（原産地統制呼称制度の）39, 121-122, 133, 175, 219, 263-264

食料主権 381

審美化 168, 200

進歩的伝統主義 55

スターキテクチャー 353-354, 360, 364, 375

スタグリテクチャー 372

スプロール 25, 45, 51, 73, 81-82, 107, 112, 156, 172, 187, 225, 227, 283, 374

スマート・シュリンキング 117, 214, 244, 374

スマート・スプロール 51, 117, 173, 214, 219, 224, 244, 374

生態学的・動物相的・植物相的価値自然区域（→ZNIEFFを見よ）

『世界一美しいボルドーの秘密』（映画）46, 258, 359

全国都市計画規則（→RNUを見よ）

草生栽培 114, 155, 264, 269

太陽光発電 126

食べられる景観 14

段々畑36-42, 60, 68, 72, 126, 140, 201, 203, 206

地域屋外広告物規則（→RLPを見よ）

地域食料ガヴァナンス78

地域都市計画プラン（→PLUを見よ）

地球温暖化 18, 52-54

地方越権 219, 224-245

地方圏自然公園（→PNRを見よ）

地方集権 26-27, 62, 129, 131, 214, 219, 224-225, 244, 377-378

地理的表示（→AOCも参照のこと）27, 68, 263

中央分権 61, 65, 73, 75, 81, 123, 130-131, 135, 176, 184, 217, 221-222, 224, 229, 240, 293, 377-379

テロワリスト 266-267

テロワール 17, 23, 27, 54, 78, 82, 236, 238, 265-268, 271, 289, 376

トゥール・ドゥ・フランス 181-182, 257, 292

都市スプロール（→スプロールを見よ）

土壌流失 43, 45, 52, 114, 199, 206, 244

土地占用プラン（→POSを見よ）

土留め壁 17-18, 24, 38-44, 50, 60, 68-69, 76, 110, 112, 178, 205-206, 210, 268

喉が鳴る景観 14, 34, 372, 380

ナチューラ 2000 72, 171

ハイブリッド・ヴァナキュラリズム 28, 365-367, 372

挽回景観 37, 39, 42, 71

ビルバオ効果 302, 372

風力発電 126, 176, 179, 233, 237, 240-241

フォントヴロー（会議・憲章）22-23, 99, 361

プチ・フテ 291-292

ブドウ畑と発見（ラベル）219, 290

フランスの美食術 26, 86-89, 165, 244, 266, 271, 311, 376

『プルミエール・クリュ』（映画）14, 314

文化的景観 45, 89-90, 92, 106, 190, 203-205, 232-234, 237, 241-243, 268, 312

ヘラクレス・プログラム 209, 236, 239, 375

保全地区（→SSを見よ）

保全・活用プラン（→PSMVを見よ）

マンガストロノミー 14

ミシュラン 279, 285, 291-292, 297, 299, 311

ミュルジェール 199, 201, 205-207, 209-210, 216, 219, 221, 231, 237-239, 244, 246, 375

ミュレ 199, 201, 205-207, 209, 221, 231

無形遺産 26, 42, 86, 88, 90-92, 244, 266, 311, 376

メセナ 27, 129, 144, 149, 157, 169-170, 1719, 180, 185, 190

『モンドヴィーノ』（映画）14, 263, 266

優品文化財地区（→SPRを見よ）

予防考古学区域 77, 118

歴史的モニュメント（→MHを見よ）

6次産業 27, 116, 151, 268-269, 372, 375-376

ロードサイド（開発）51, 75, 108-109, 118, 122, 132, 225, 227

ワインエキスポ 52, 319-320

ワイン街道 276, 285, 310, 314

ワイン観光プログラム（→VITOURを見よ）

ワインテラピー 296

ワイン巡りプログラム（→TOURVINを見よ）

【人名・建築アトリエ名】

アニョレッティ、マウロ 232

アルノー、ベルナール 134, 254-255, 298, 347

安藤忠雄 354

アンブロワーズ、レジ 21, 45

ヴァロッド・アンド・ピストル 138, 283

ヴィルモット、ジャン＝ミッシェル 159, 340, 354, 358-360

ウェブ、マイケル 328-330, 338

ヴェルテメール、アラン 254-256
エクス・チュ（→本文中ではX-TUと表記）302-303
カーズ、シルヴィ 300-302, 351
カスティジャ、フィリップ 301
ガスティン、ジャン（ドゥ）340, 346, 351
カッソン＝マン 303-304
カティアール、フロランス 296
カラトラヴァ、サンチャゴ 336-337, 344
ガレ、エミール 165
ギヤール、ミッシェル 16, 19
グラヴァリ＝バルバ、マリア 18, 353
クリコ、バルブ＝ニコラ（クリコ未亡人）91, 149-150
グレイヴス、マイケル 280
クレマン、ジル 353
ゲーリー、フランク 302, 336-337, 354
ゴンドラン、フランソワ 125, 136, 362
シャルボノ、ジョルジュ 169
ジュアン、パトリック 351, 361-362
シュヴァル、ピエール 185
ジュペ、アラン 138, 185, 300, 345
ジョンソン、ヒュー 19, 146, 267, 332
シラク、ジャック 138-139, 272, 300
ズヴェニゴロドスキー、カミーユ 362
スタルク、フィリップ 282, 340, 350-351
セザール、ジェラール 288
ディオン、ロジェ 14, 18, 36, 51, 196, 252
ディロン、パトリック 340, 346, 351
デュブフ、ジョルジュ 305, 317-319
デュブリュル、ポール 34, 289-290
ドゥ＝ヴィレーヌ、オベール 196, 214-215, 246
トリコー、ピエール＝マリー 16, 23, 185
ドレル＝フェレ、グラシア 163
ドン・ペリニオン 155, 176, 178, 180
ヌーヴェル、ジャン 134, 340, 354, 363
ノシター、ジョナサン 14, 266-267
パーカー、ロバート 14, 261
ピット、ジャン＝ロベール 14-15, 35-36, 39, 48, 51, 88, 111, 207, 252, 276, 339, 373
ピノー、フランソワ 254-255, 257
フィリップ剛胆公 235
プラッツ、ミシェール 97
ブローデル、フェルナン 30, 116
ブルジョワ、ルイーズ 354
ブレス、ポール 335
ペイノー、エミール 19
ベッシ、アラン 329-330
ペドラボルド、ファビアン 340, 349, 366
ヘルツォーグ＆ドゥ＝ムーロン 21, 354, 357-358
ボヴェ、ジョゼ 88, 264
ボッタ、マリオ 340, 344, 354, 360
ボフィル、リカルド 340, 343-346, 352
ポメリー、ルイーズ（ポメリー夫人）91, 163, 169

ポメル、ベルナール 289
ボルザンバルク、クリスチャン（ドゥ）134, 340, 347-348, 356, 363, 367, 372
マグレ、ベルナール 299
マジエール、フィリップ 352-353
マジエール、ベルナール 336-337, 340, 353, 358
マッス、ニコラ 297
マビー、ジャック 21-22
マルティネル・イ・ブルネッ、セサール 335
モンダヴィ、ロバート 279, 338
ラリック、ルネ 165, 169
リニョン＝ダルマイヤック、ソフィー 14, 24, 277
リュルトン、ピエール 134, 255, 347
ルヴュー、エレーヌ 300
レブザメン、フランソワ 196
ロシャール、ジョエル 19, 21
ロジェ、アラン 168, 200
ロレ、ベルナール 107, 124, 361-362

【組織名】
イコモス 22-23, 27, 45, 67, 106, 108, 118, 123, 136, 185, 196, 204, 210-211, 231-232, 234-237, 239, 243, 245, 247, 380
欧州連合 41, 44-45, 50, 68, 72, 88-89, 99, 123, 147, 171, 192, 209, 239, 256, 263, 289-290, 295, 301, 364, 379
賢人会議 79-80, 123, 127, 365, 377, 380
県建築・文化財課（→SDAPを見よ）
県施設局（→DDEを見よ）
建築・都市計画・環境助言機構（→CAUEを見よ）
国際ブドウ農業・ワイン業機構（→OIVを見よ）
国立原産地統制呼称院（→INAOを見よ）
国立ブドウ畑・ワイン技術研究所（→ITVを見よ）
コルトン景観協会 218
シトー会 196-197, 200-201, 203-205, 234, 237, 310, 329
シャンパーニュ・アルデンヌ産業遺産協会（→APICを見よ）
シャンパーニュ景観協会（→APCを見よ）
シャンパーニュ・ワイン職種横断委員会（→CIVCを見よ）
スコットランド古代歴史的モニュメント委員会（RCAHMS を見よ）
世界遺産委員会 101, 118, 124, 147, 231-234, 236, 241-242, 245, 380
世界遺産センター 22-23, 106, 146-147, 176, 193
タストヴァン（利き酒）騎士団 228, 314
地方圏環境局（→DIRENを見よ）
地方圏文化局（→DRACを見よ）
フランス観光開発機構（→Atout Franceを見よ）
フランス観光開発庁（→AFITを見よ）
ブルゴーニュのブドウ畑のクリマをユネスコの世界遺産 に登録する協会（→AICVBPMUを見よ）
ブルゴーニュ・ワイン職種横断審議会（→BIVBを見よ）
文化財団 129, 181, 209, 239
ボルドー・ワイン職域横断審議会（→CIVBを見よ）
名士団（サン・テミリオンの）133, 135, 260
ユネスコ 22, 55, 71, 86, 88-89, 97, 107, 146-148,

193, 232-233, 241, 362
ランス山岳地方圏自然公園（→ランス山岳PNRを見よ）
ランス地方都市計画・発展・予測機構（→AUDRRを見よ）
ルイ・ヴィトン・モエ・エ・ヘネシー（→LVMHを見よ）
歴史的環境監視建築家（→ABFを見よ）
ワイン観光上級審議会 289, 296

【造り手・関連企業名】（シャトー、メゾン、あるいはボ
　　デガ等は割愛して表現することも多いので、固有名
　　詞を記した後にそれらを括弧で表記した）
アンジェリュス（シャトー）258, 260, 340, 355, 358
イケム（シャトー）54, 64-65, 254-255, 298
イシオス（ボデガ）336-337, 344
ヴーヴ・クリコ 151-152, 162, 255, 298
エドシック 150, 152, 162, 255, 298
オーゾンヌ（シャトー）109-110, 347, 355
オー・ブリオン（シャトー）258, 301, 330, 346
カンティーナ・ペトラ 344, 360
カントナック・ブラウン（シャトー）254, 352
クリュッグ 91, 150, 162, 169, 255, 298
クロ・ペガス 280
コス・デストゥルネル（シャトー）254, 332, 340-341,
　　358, 364
サント・エレーヌ圧搾所 159, 177
シュヴァル・ブラン（シャトー）110, 134, 136, 254-255,
　　258, 298, 340, 347-349, 355, 362-364, 367,
　　373
スターリング・ワイナリー 279
スタール（シャトー）129, 257, 260, 340, 349, 362,
　　366
スミス・オー・ラフィット（シャトー）296-297
ダルサック（シャトー）340, 343, 345, 353
テタンジェ 151-152, 255, 306
ドゥ＝カステランヌ 167-168, 180, 306
ドミナス・ワイナリー 357-358
ドメーヌ・ドゥ・ロマネ・コンティ 196, 214
トロロン・モンド（シャトー）350
パヴィ（シャトー）257, 340, 355, 364
バカラ（・クリスタル）255, 376
バランド＆ムヌレ倉庫 340, 352
パルメ（シャトー）332
ピション・ラランド（シャトー）332
ピション・ロングヴィル（シャトー）332
ピション・ロングヴィル・バロン（シャトー）340, 343,
　　346, 351, 366
フェラン（シャトー・ドゥ）350
フォジェール（シャトー）254, 340, 360-362
プリウレ・リシーヌ（シャトー）261, 352, 355
ベデスクロー（シャトー）340, 359
ペトリュス（シャトー）21, 257, 263, 301, 340, 357-
　　358
ペビー・フォジェール（シャトー）361-362, 379
保険・年金共済組合 257, 260
ポメリー 148, 151-152, 156, 162-163, 168, 174, 176,
　　182, 306, 310
ボランジェ 91, 150

マルキ・ダレム（シャトー）340, 366
マルゴー（シャトー）64, 254, 261, 340, 365-367, 372
マルケス・デ・リスカル（ボデガ）336
ムートン（・ロートシルト）（シャトー）257-259, 272,
　　301, 333, 339-340
メルシエ 148, 160, 162, 168, 255, 298, 306, 310
モエ・エ・シャンドン 148, 160, 162, 180, 255, 298,
　　306
モンダヴィ・ワイナリー 279
モンバジャック（シャトー・ドゥ）316
モンラベール（シャトー）361
ラギオール 271, 273
ラグランジュ（シャトー）353
ラ・コスト（シャトー）354
ラトゥール（シャトー）254, 261, 301
ラトゥール・ドゥ・ベッサン（シャトー）340, 363-364
ラ・ドミニク（シャトー）134, 136, 254, 309, 340,
　　363, 373
ラフィット（・ロートシルト）（シャトー）64, 261, 263,
　　301, 340, 343-345, 352
ランシュ・バージュ（シャトー）300, 340, 351
ルイナール 81, 152, 156, 161-162, 174, 176, 180,
　　183, 255
レ・カルム・オー・ブリオン（シャトー）340, 350-351

【博物館・観光施設】
イマジナリウム 244, 317
ヴィヴァンコ財団 304
ウンターリンデン博物館 276
カシシウム 244, 317
カディヤック・ワインの家 316-317
グッゲンハイム美術館 302, 311, 337
クリマの家 244
コーダリーの泉 296-297, 337, 354
ディズニーランド 281
ディズニー・ワールド 318
デュブフ村 304-306, 317-319
ブルゴーニュ・ワイン博物館 276, 306
フルミ＝トレロン地域エコミュージアム 163-165
ワイン都市 16, 138, 185, 243, 271, 284, 300-306,
　　378
ワイン・仲買博物館 299

【地名・モニュメント名】（多用されるサン・テミリオン、
　　ボルドー、シャンパーニュ、ブルゴーニュを除く）
アイ 152-155, 171, 175-177, 184, 187
アルザス 21, 36, 50 72, 256, 276, 286, 288, 290-
　　291, 321
アルト・ドゥロ 22, 92-93, 96, 98-99, 109, 294
ヴァッハウ渓谷 22, 92, 100
ヴェズレー 240, 310
エペルネ 72, 76, 145, 147-148, 152-153, 156-158,
　　160, 167, 171-173, 176, 179-181, 184, 188,
　　276, 290, 306, 321, 330, 373
オーヴィレール 152-155, 159, 174-178, 187

397

オーヴィレール修道院 155, 174, 180, 298

オスピス・ドゥ・ボーヌ 201-202, 204, 218, 243, 313-314

オルチャ渓谷 92, 96, 98, 235

ガロンヌ河 283, 299, 303

グラーヴ 137, 254, 282, 284, 294, 299, 321, 340

クール・サン・テミリオン 138-139

クロ・ドゥ・ヴージョ 197, 200, 216, 218, 313

コート・ドゥ・ボーヌ 65, 99, 197-198, 210, 215, 220-223, 225, 239, 286, 377, 379

コート・ドゥ・ニュイ 196-198, 215, 223, 290, 313, 315

コルトン 200, 218, 246, 290, 313, 323

サラガシ 38-39, 267

サン・セバスティアン 295, 311, 337

サンティアゴ・デ・コンポステーラ 295

サン・テチエンヌ・ドゥ・リース 360-361, 379

サン・ニケーズ丘陵 144, 148, 150-152, 156-157, 160-161, 166, 169, 172, 174-177, 180, 182, 184, 188, 330, 373

サン・ニケーズ教会 158

シャトー・クロ・ドゥ・ヴージョ 204, 216, 228

シャルトロン 268, 281, 283-284, 299, 324, 342, 346

シャンパーニュ大通り 76, 148, 150-152, 156-157, 160, 167, 172, 174, 176-177, 180-182, 184, 188-189, 191, 330, 373

シャンパーニュ公園（→ポメリー公園を見よ）

ジュヴレ・シャンベルタン 207, 217, 223-224, 227, 230-231, 258

シュマン・ヴェール庭園都市 158, 166, 169, 182

ソーテルヌ 36, 54, 64-65, 94, 137, 254, 299, 321

ソーヌ河 197-198

チンクエ・テッレ 22, 37, 43, 92, 96, 99-100, 109, 203, 294, 322

ディジョン 67, 72, 106, 196-197, 200, 202-204, 212, 214-215, 217, 219, 224-231, 233-238, 243-245, 290, 330

トカイ 22, 49, 92-93, 96-98, 100

ドルドーニュ河 72, 109, 111, 120

ナパ（・ヴァレー）23-24, 27, 277, 279-281, 294-295, 298, 301, 322, 338, 357

ニュイ・サン・ジョルジュ 212, 217, 223-225, 227-228, 230-231, 240, 244, 317, 320

バニュルス 39-43, 48, 54, 74, 88, 91, 209, 375

ピエモンテ 92, 95-96, 152, 166, 310

ピコ島 22, 92, 94, 96, 98, 100, 203

ビルバオ 295, 302, 311, 337

ピレネー 40, 42, 91-92

プリモシュテン 92, 204

ベルシー 137-139

ポイヤック 117, 254, 282, 306, 340, 351, 359

ボジョレー 21, 91, 305, 320, 341

ポメリー公園 169-170, 180

ボーヌ 62, 196, 200-202, 204, 209, 212, 214-215, 217, 219, 223-230, 235-239, 243-244, 276, 306, 313

ポムロール 21, 111, 116-117, 254, 257, 259, 267, 299, 316, 340, 357

ポルト 93, 97-98, 100-101, 295

マルイユ・シュール・アイ 152-155, 175-177, 187, 190

マルゴー（村）254, 261, 282, 294, 332, 340, 352, 366

マルヌ運河 157, 165

マルヌ河 153, 156-157, 167, 172, 176-177, 184

ムルソー 197, 205, 221, 230-231, 313-314

メドック 64, 76, 86, 106-107, 111-112, 117, 133, 137-138, 255, 259, 261, 272, 284, 294-295, 299, 301

モンタルチーノ 48, 100, 233, 235-236

ラヴォー 87, 92-93, 96, 98-100, 109

ランス 62, 72, 144-145, 148, 151-153, 156-158, 161-162, 167, 171-172, 175-176, 179, 181, 184, 188-189, 290, 306, 321, 330, 373

ランス大聖堂 148, 150, 162, 172, 179, 182, 295, 310, 312

リオハ 27, 92, 96, 101, 233, 235-236, 247, 295, 304

リブルヌ 51, 108, 112, 114, 117-118, 122, 131-132, 295

ロマネ・コンティ 200, 207, 215

ロワール 22, 71, 86, 92, 98-100, 125, 194, 288, 290, 294-295, 306, 312, 379

鳥海 基樹（とりうみ もとき）

1969年生まれ。首都大学東京准教授。2001年フランス国立社会科学高等研究院（EHESS）博士課程修了（Docteur (études urbaines)）。2004年日本ソムリエ協会ワインエキスパート。2015年サン・テミリオンを含むフランスの文化財保護研究で日本イコモス奨励賞。2016-2017年EHESS客員研究員。2017年の訳書にオギュスタン・ベルク『理想の住まい−隠遁から殺風景へ』（京都大学学術出版会）、共著に西村幸夫編『都市経営時代のアーバンデザイン』（学芸出版社）。

ワインスケープ
──味覚を超える価値の創造

発行日	2018年6月26日　初版第一刷発行
著　者	鳥海 基樹
発行人	仙道 弘生
発行所	株式会社 水曜社 〒160-0022 東京都新宿区新宿 1-14-12 TEL03-3351-8768　FAX 03-5362-7279 URL suiyosha.hondana.jp/
本文DTP	小田 純子
装　幀	西口 雄太郎（青丹社）
印　刷	日本ハイコム 株式会社

©TORIUMI Motoki 2018, Printed in Japan　　ISBN 978-4-88065-445-4 C0036

本書の無断複製（コピー）は、著作権法上の例外を除き、著作権侵害となります。
定価はカバーに表示してあります。落丁・乱丁本はお取り替えいたします。

地域社会の明日を描く──

想起の音楽
表現・記憶・コミュニティ
アサダワタル 著
2,200 円

和菓子　伝統と創造
何に価値の真正性を見出すのか
森崎美穂子 著
2,500 円

まちを楽しくする仕事
まちづくりに奔走する自治体職員の挑戦
竹山和弘 著
2,000 円

文化芸術基本法の成立と文化政策
真の文化芸術立国に向けて
河村建夫・伊藤信太郎 編著
2,700 円

アーツカウンシル
アームズ・レングスの現実を超えて
太下義之 著
2,500 円

「間にある都市」の思想
拡散する生活域のデザイン
トマス・ジーバーツ 著　蓑原敬 監訳
3,200 円

クラシックコンサートをつくる。つづける。
地域主催者はかく語りき
平井滿・渡辺和 著
2,500 円

コミュニティ 3.0
地域バージョンアップの論理
中庭光彦 著
2,500 円

無形学へ　かたちになる前の思考
まちづくりを俯瞰する５つの視座
後藤春彦 編著
3,000 円

学びあいの場が育てる地域創生
産官学民の協働実践
遠野みらい創りカレッジ 編著
樋口邦史・保井美樹 著
2,500 円

包摂都市のレジリエンス
理念モデルと実践モデルの構築
大阪市立大学都市研究プラザ 編
3,000 円

都市と堤防
水辺の暮らしを守るまちづくり
難波匡甫 著
2,500 円

防災福祉のまちづくり
公助・自助・互助・共助
川村匡由 著
2,500 円

全国の書店でお買い求めください。価格はすべて税別です。